Titolo originale: *The Atlantis Syndrome*

First published in the United Kingdom in 2001
by Sutton Publishing Limited - Phoenix Mill
Thrupp-Stroud-Gloucestershire-GL5 2BU

Traduzione di Barbara De Filippis e Franco Ossola
Prima edizione in questa collana: aprile 2005

Roma, Casella postale 6214

ISBN 88-541-0320-9

www.newtoncompton.com

Realizzazione a cura di Corpotre, Roma
Stampato nell'aprile 2005 dalla Legatoria del Sud s.r.l., Ariccia (Roma)

Paul Jordan

La Sindrome di Atlantide

Tutte le ipotesi e le teorie che si sono accumulate
fin dai tempi di Platone, e che tracciano
un quadro chiaro e completo di ciò che Atlantide
ormai rappresenta

Newton & Compton editori

Alla memoria di mio padre

RINGRAZIAMENTI

Vorrei ringraziare la dottoressa Ruth Whitehouse, il dottor John Wilkins, la dottoressa Jane Renfrew e il dottor Ken Feder per l'utilissima revisione del manoscritto e i professori Colin Renfrew e Garret Fagan per i generosi commenti.

Introduzione

Dopo aver vissuto mille incredibili avventure attraverso i mari dall'oceano Pacifico, fino al Mediterraneo, passando per l'oceano Indiano e il Mar Rosso, nonché attraverso lo stretto di Gibilterra, in cerca di tesori nei relitti dei vascelli spagnoli nella Vigo Bay, il sottomarino *Nautilus* del capitano Nemo si diresse a sud-est dell'Atlantico. Erano i primi anni Sessanta del XIX secolo.

Il professor Arronax, l'ospite non invitato del capitano, una mattina si accorse che il *Nautilus* si era fermato in acque basse ad una longitudine di circa 16° ed una latitudine di 32°, «a centocinquanta leghe dalla costa», come dice nel suo racconto: in altre parole, a circa 450 miglia nautiche dalla costa del Marocco, a nord delle Canarie e poco a sud-est di Madeira. Il capitano invitò poi il professore ad una passeggiata sottomarina che era sicuro sarebbe stata di suo gradimento. Durante questa escursione il sottomarino si arrampicò su una piccola montagnola sotto le profondità dell'oceano.

Ecco come il professore ci racconta la storia:

> La montagna si ergeva non più di 200 o 250 m sopra il fondale marino, ma, dall'altro lato, dal doppio di questa altezza dominava il fondale dell'oceano. I miei occhi vagavano per una vasta area illuminata da violenti lampi di luce. Infatti, non si trattava di una semplice montagna, ma di un vulcano.
>
> A 15 m circa dalla sommità, in una pioggia di pietre e cenere vulcanica, un largo cratere vomitava torrenti di lava che ricadevano sotto forma di cascate di fuoco nel mezzo della massa liquida. In questo modo, il vulcano illuminava il fondale dell'oceano come fosse una immensa torcia, fino ai limiti estremi dell'orizzonte. Ho detto che il cratere sottomarino gettava fuori lava, ma non vi erano fiamme. Le fiamme infatti si nutrono di ossigeno e non possono svilupparsi sott'acqua, ma le correnti di lava, che possiedono in se stesse l'incandescenza, possono produrre un calore bianco, che combatteva vigorosamente contro l'acqua tutt'attorno e al contatto si trasformava in vapore.
>
> Proprio là, sotto i miei occhi, distrutta rovinosamente, giaceva una città, coi tetti aperti verso il cielo, i templi crollati, gli archi spostati, le colonne che giacevano sul terreno, e da ognuna di queste rovine si poteva ancora riconoscere il carattere massiccio dell'architettura toscana. Più avanti, alcuni resti di un gigantesco acquedotto, qui l'alta base di un'acropoli, con il profilo fluttuante di un partenone, là tracce di un molo, come se un antico porto avesse precedentemente fatto capolino dall'oceano con le sue navi mercantili e i galeoni da guerra. Anco-

ra più avanti, lunghe linee di mura affondate e vaste strade deserte, una perfetta Pompei sottomarina, ecco cosa mi aveva portato a vedere capitan Nemo.

Dove mi trovavo? Dove? Dovevo scoprirlo ad ogni costo. Cercai di proferir parola, ma il capitano mi fermò con un gesto e, sollevando un pezzo di roccia calcarea, si diresse verso una roccia basaltica nera e tracciò con questa un'unica parola: ATLANTIDE.

Un lampo mi attraversò la mente! Era l'Atlantide di Platone, la Meropia di Teopompo, il continente negato da Origene, Porfirio, Giamlico, D'Anville, Malte-Brun e Humboldt che collocavano la storia della sua scomparsa nel regno della leggenda, sebbene la sua esistenza fosse tenuta in seria considerazione da Posidonio, Plinio, Ammiano Marcellino, Tertulliano, Engel, Buffon e D'Averzac. Ed ora era davanti ai miei occhi, le sue rovine testimonianze innegabili della catastrofe che l'aveva colpita.

La scena della sua distruzione giace oltre l'Europa, l'Asia e il Nord Africa, oltre le Colonne d'Ercole, dove i potenti figli di Atlantide hanno vissuto, e contro i quali la prima guerra dell'antica Grecia fu combattuta. Fu lo stesso Platone a scrivere la storia delle potenti imprese che ebbero luogo in quei lontani ed eroici giorni.

Un destino inconoscibile mi faceva trovare ora sopra una delle montagne del continente perduto.

Mentre cercavo di fissare nella mente ogni dettaglio di quello spettacolo grandioso, il capitano Nemo rimaneva immobile, come trasformato in muta pietra, poggiato su una roccia ricoperta di muschio. Sognava forse quelle generazioni da tanto scomparse? Chiedeva forse loro il segreto del destino dell'umanità? E fu allora che apparve la Luna attraverso le acque, spargendo i suoi raggi pallidi sul continente sepolto. Non era che un bagliore, ma che effetto indescrivibile produceva! Il capitano si alzò, lanciò un'ultima occhiata all'immensa distesa e mi ordinò di seguirlo. Scendemmo rapidamente dalla montagna e vidi subito la lanterna del *Nautilus* che brillava come una stella. Il capitano si diresse senza esitazione verso di esso, ed entrambi salimmo a bordo mentre i primi raggi di luce imbiancavano la superficie dell'oceano.

Scrivendo alla fine degli anni Sessanta del 1800, Jules Verne, prendendosi solo una piccola licenza poetica, basava la sua visita alle rovine di Atlantide in *Ventimila leghe sotto i mari* sui racconti dedicati al continente perduto che erano disponibili alla lettura degli europei colti del XIX secolo. Tutto questo materiale risaliva, e risale, a Platone, negli scritti del quale il nome e l'idea stessa di una terra chiamata Atlantide compaiono per la prima volta: non vi è infatti menzione alcuna in scritti greci e non prima dell'epoca in cui visse Platone che morì nel 347 a.C. Gli altri scrittori classici, e i più recenti europei, che Verne fa nominare al professor Arronax nel suo racconto, non hanno fatto altro che riprendere e commentare ciò che Platone aveva scritto su Atlantide prima di loro, sia a favore che contro l'esistenza del famoso continente, come il professore fa giustamente notare. Teopompo lo descrisse solo pochi anni dopo Platone, ma all'epoca di Verne, come del resto nella nostra, i suoi scritti erano conosciuti solo tramite quelli di autori classici più tardi che lo citavano. Il continente distante da lui descritto, abitato, tra gli altri dai Meropi, è stato identificato con

Atlantide da alcuni scrittori successivi, ma forse nella mente dell'autore non coincideva propriamente con quello descritto da Platone. Teopompo lo descriveva infatti come ancora esistente e mai distrutto da cataclisma alcuno, punto invece centrale nel racconto di Platone, e non ci sono altri dettagli comuni ai due resoconti se non quello che gli abitanti del lontano continente un giorno ebbero l'intezione di invadere l'Europa. Alcuni hanno ipotizzato che il continente abitato dai Meropi rappresentasse una vaga conoscenza che nei tempi classici si poteva avere delle Americhe, molto prima che i Vichinghi o i monaci irlandesi o Colombo vi giungessero, ma i dettagli del racconto sono troppo fantasiosi per ispirare fiducia.

Anche durante il Rinascimento alcuni hanno voluto associare in qualche maniera l'Atlantide di Platone alle Americhe, ad esempio, come la fonte scomparsa delle civiltà americane (come le prime civiltà del vecchio continente), o come continente che, prima della sua distruzione, si trovava vicino alle Americhe, forse in qualche punto tra le Indie occidentali.

Verne descrive Atlantide come una sorta di città classica, molto simile all'Atene di Platone, sebbene con un'architettura in stile toscano, ed infatti la pone nell'Atlantico, ma non troppo lontano dalle Colonne d'Ercole, termine usato in epoca classica per descrivere lo sbocco verso il Mediterraneo dello stretto di Gibilterra. Verne segue Platone anche nell'attribuzione alla perduta Atlantide di una guerra contro la Grecia. Sebbene non attribuisca direttamente la distruzione di Atlantide all'azione vulcanica (Platone menzionava solo un terremoto), l'ancora attivo cratere del vulcano sottomarino da lui descritto domina l'intera scena che rievoca per noi lettori l'antica civiltà distrutta, e naturalmente fornisce anche la luce che ci permette di osservarla. Qualcosa di simile ad un vulcano ricorre nelle menti dell'uomo come mezzo naturale a causa del quale una grande antica civiltà potrebbe essere stata distrutta, e praticamente cancellata dalla documentazione archeologica, come accadde a Pompei, finché gli esperti non ne riportarono alla luce i resti. Il vulcano di Verne fa parte di una costellazione di dettagli in continuo sviluppo che concorrono alla piena realizzazione della storia di Atlantide, come anche la collocazione tra le isole atlantiche, le Canarie e Madeira. Naturalmente, tali dettagli variano con le diverse teorie su Atlantide: meteore al posto di vulcani, isole caraibiche invece di quelle più vicine all'Africa.

In questo libro raccoglieremo la serie completa delle caratteristiche che contraddistinguono la storia di Atlantide e che si sono accumulate fin dai tempi di Platone, prestando particolare attenzione all'idea ed all'attitudine che sostengono la perdurante immagine della perduta civiltà.

Ci occuperemo cioè della "Sindrome di Atlantide", della concorrenza di "sintomi", se vogliamo, che danno vita all'immagine del mondo perduto. Praticamente chiunque è sensibile all'idea del continente perduto, specialmente nella nostra epoca dominata dalla fantascienza. Questo mi porta a ritenere che nella psiche umana esista un qualche tipo di predisposizione a credere all'esistenza di una passata età dell'oro, a cataclismi dimenticati, ad esseri superiori lontani nel tempo o nello spazio, all'aiuto che forze esterne all'umanità possono portare, o al senso di paura che possono provocare. Questa "immagine" non deve essere necessariamente definita "Atlantide", e per essa ci sarebbero diverse collocazioni in questo mondo, o anche su altri. Un intero sistema di idee tra loro correlate si ritrovano in "Atlantide" in quanto concetto, una "sindrome" da esplorare in dettaglio, chiedendosi se vi siano delle verità in essa e, se non ve ne sono, analizzare il perché un tale insieme di idee si sia dimostrato così duraturo nel tempo e nello spazio.

A parte il vulcano, Jules Verne (la cui storia del capitano "Nessuno" e del suo meraviglioso sottomarino fu pubblicata nel 1870) poco aggiunge al racconto di Platone. Gli altri autori da lui menzionati sono tipiche autorità classiche o scrittori, per lo più francesi, del XVIII e XIX secolo. Alcuni di questi ultimi avevano iniziato a speculare sulla possibile collocazione di Atlantide all'interno, o nei pressi, del Nuovo Mondo, ma non si erano spinti molto oltre. Sarebbe stato invece uno scrittore americano a dare ad Atlantide nuovi orizzonti, una dozzina di anni dopo la pubblicazione del pionieristico romanzo del genere fantascientifico di Verne.

Ignatius Donnelly si spinse molto oltre Platone e diede l'avvio ad una scuola di pensiero di natura archeologica che trovò per qualche tempo il favore di alcuni accademici, ma che ora viene ripudiata completamente dall'ortodossia, e mantenuta in vita con entusiasmo nel mondo di quella che potremmo definire archeologia alternativa. I successori di Donnelly si sono spinti tanto oltre il loro maestro quanto lui si era spinto oltre Platone.

Ma prima di inoltrarci all'interno del pensiero di Donnelly e di chi è venuto dopo di lui, dobbiamo conoscere ciò che i primi autori che si occuparono di Atlantide scrissero a tal proposito, e considerare bene ciò che intendevano dire. Che tipo d'uomo era colui che lanciò per primo l'idea di Atlantide?

1
L'opera incompiuta di Platone

Di Oscar Wilde si diceva che se le sue opere erano divertenti, sentirlo parlare di persona lo era ancora di più. Qualcosa di simile sembra essere applicabile al filosofo ateniese Platone, anche se non in senso umoristico. I filosofi non sempre sono noti per la loro capacità di espressione letteraria, ma Platone è secondo forse solo a Nietzsche per la maniera fantasiosa e la classe con cui maneggiava le proprie idee filosofiche. Ciò è da considerarsi cosa alquanto notevole soprattutto perché aveva luogo in un'epoca in cui l'idea di scrivere e pubblicare letteratura di qualsiasi tipo era relativamente nuova. Diversamente dagli altri autori classici, possediamo ancora tutte le opere di Platone, che visse e scrisse ad Atene più di 2300 anni fa. Tale era la sua reputazione in epoca classica, in quella medievale e durante il Rinascimento, che tutte le sue opere scritte sono giunte fino a noi. (Cosa abbastanza curiosa, l'unica opera di Platone che rimase in circolazione durante il Medioevo furono proprio i primi due terzi del *Timeo* – opera in cui Atlantide viene nominata per la prima volta – sotto forma di "una indecifrabile versione latina" tenuta in grande considerazione a causa delle speculazioni cosmologiche che conteneva).

Lo stesso Platone sembra tenesse i suoi scritti in minore considerazione rispetto al lavoro con gli studenti nell'Accademia fondata nella sua nativa Atene circa nel 387 a.C. In uno dei suoi testi (*Fedro*) egli fa pronunciare a Socrate un verdetto non molto favorevole sulla importanza dei testi scritti, e nella sua settima epistola (se veramente sua) egli fa un paragone tra lo scarso valore della parola scritta e quello prezioso dello scambio verbale tra intelletti impegnati nella ricerca filosofica. I suoi stessi scritti filosofici hanno la forma di conversazioni tra uomini d'intelletto che esplorano questioni sociali, morali, scientifiche e filosofiche. Egli non compare mai come personaggio nei suoi scritti e attribuisce di solito un ruolo di primo piano al suo mentore Socrate, il quale, tra l'altro, non ci ha lasciato nessuna opera scritta. Quasi sempre, gli altri personaggi dei suoi dialoghi sono persone reali la cui esistenza storica è attestata. Alcuni personaggi anonimi a volte vengono aggiunti per esprimere in modo indiretto le opinioni di Platone, ma è molto probabile che anche gli altri, e Socrate in particolare, esprimessero le idee dell'autore. I suoi lettori, naturalmente, non avrebbero mai pensato, neanche per un momento, che venissero loro offerti resoconti letterali di conversazioni che in realtà non ebbero mai luogo, e noi, a nostra volta, dobbiamo sempre ricordare che, quando si tratta di Platone, ci troviamo di fronte ad una filosofia espressa non solo con stile ma con grande capacità immaginativa. Platone visse, inoltre, fino alla veneranda età di ottant'anni: il suo punto di vista cambiò durante il corso della sua vita, come accade a tutti noi, e questo vale anche per la sua padronanza intellettuale.

Ciò che Platone scrisse su Atlantide fu il frutto della sua età avanzata, e non credo di far torto al suo genio nell'osservare che tutto ciò che nelle sue opere riguarda Atlantide è introdotto in modo goffo, sviluppato inconsistentemente e infine abortito in una trilogia incompleta di opere che l'autore sembra aver abbandonato, o almeno messo da parte, per avere il tempo di terminare un'altra opera, che considerava più importante. Si tratta delle *Leggi*, a cui manca la scintilla immaginativo-letteraria delle opere precedenti e in cui egli sposa una visione illiberale e piuttosto desolante in quanto ad accordo pratico tra politica e misure legali: la cosa più lontana che Platone, alla fine dei suoi giorni, potesse concepire rispetto ad un mondo ideale.

La filosofia di Platone considerata nella sua interezza è un tentativo fondamentalmente razionalistico di arrivare ad un sistema di assoluta validità non solo in termini scientifici, ma anche politici, legali, etici e teologici. Di lignaggio aristocratico, Platone aveva rapporti sia con i democratici che con i conservatori; visse però in tempi alquanto difficili e deludenti, particolarmente destabilizzanti per la sua persona. Trovare rifugio in una validità filosofica universale che lo allontanasse dal mondo corrotto in cui viveva era il suo scopo principale. Dall'età di trent'anni, Platone assistette alla disfatta di Atene da parte di Sparta che aveva acquisito potere dopo la sconfitta dei Persiani nel 479 a.C, e poi alle lotte intestine alla sua città natale. Il processo a cui fu sottoposto Socrate nel 399 a.C. spinse Platone ad un esilio temporaneo, durante il quale forse visitò l'Italia, compresa la Sicilia per la prima volta, ed anche l'Egitto, sebbene egli non lo disse mai direttamente. (Avrebbe benissimo potuto leggere i racconti sull'Egitto che si trovano nell'opera di Erodoto, che vi si recò proprio prima dell'epoca di Platone). Tornato ad Atene, decise di abbandonare l'idea di una carriera nel campo della politica interna e concentrò la sua attenzione sull'Accademia, la cui reputazione brillava nel campo della matematica, delle scienze (con la biologia al primo posto) e della filosofia. Il boschetto dell'Accademia deve essere stato per lui un rifugio sicuro ed accogliente dal deludente mondo esterno: un posto dove l'idea di una società ideale poteva essere elaborata in opere come la *Repubbli-*

ca senza le conseguenze spiacevoli legate al tentativo di realizzare quelle idee nel mondo reale.

Platone era però destinato alla politica pratica, non ad Atene, ma più lontano, in Occidente, in Sicilia, forse con prevedibili risultati deludenti. Probabilmente non molto tempo dopo che ebbe completato la *Repubblica*, con la sua visione di una società austeramente comunista e saggiamente autoritaria, Platone fu invitato a Siracusa, ricca città commerciale, nel 367 a.C., per occuparsi dell'educazione del futuro governatore Dionisio. Ma il giovane si rivelò materiale inadatto al ruolo di principe-filosofo che Platone immaginava per lui, e lo congedò subito insieme ai suoi sostenitori. Platone cercò di salvare la situazione, inutilmente, ma infine si decise a venir via dalla Sicilia nel 360 a.C., portandosi dentro un duraturo disgusto per gli eccessi materialistici e la grossolana sensualità dello stile di vita di cui era stato testimone a Siracusa. All'età di settant'anni, si erano accumulate quindi nell'animo del filosofo la delusione per l'esperienza politica ateniese, quella per l'ultimo esperimento educativo andato a rotoli e quella per il fallimento pratico dei suoi ideali politici, costretti ad inginocchiarsi inesorabilmente di fronte agli interessi commerciali e al potere della ricchezza.

Tornato ad Atene, Platone si rimise all'opera con i suoi studenti, scrisse della sua esperienza in Sicilia e ricominciò a dedicarsi agli scritti filosofici. Più o meno nel 355 a.C. si imbarcò nella scrittura di quella che doveva essere una trilogia di dialoghi che avrebbe dovuto esprimere la sua matura, se non senile, visione di Dio, della natura e del posto dell'uomo nel mondo e nella storia. Le tre opere avrebbero dovuto essere il *Timeo*, portato effettivamente a termine, il *Crizia*, incompleto, e il mai iniziato *Ermocrate*. Considerate nell'insieme, dovevano costituire una serie di conversazioni che avrebbero avuto luogo nel 421 a.C. durante un'annuale festività ateniese molto simile al nostro Natale, ma che cadeva a metà agosto. Platone doveva aver circa settant'anni al tempo delle conversazioni che si proponeva di riportare. La vivace leggibilità della maggior parte dell'opera di Platone è ben espressa all'inizio del *Timeo*, in cui compare lo stesso cast della precedente *Repubblica*.

SOCRATE: Uno, due, tre: e dov'è, caro Timeo, il quarto di quelli che ieri invitai a pranzo e che oggi mi invitano?

TIMEO: Si è ammalato, Socrate: certamente non si sarebbe assentato di sua volontà da questo incontro.

SOCRATE: È dunque compito tuo e di costoro svolgere anche la parte che spettava all'assente?

TIMEO: Certamente, e per quanto ci è possibile nulla tralasceremo: non sarebbe giusto, infatti, che dopo che siamo stati accolti da te nei modi che si convengono agli ospiti, noi che siamo rimasti, non avessimo la volontà di ricambiare la tua ospitalità.

Socrate, che avrebbe avuto circa cinquant'anni, è, come sempre, l'uomo chiave delle discussioni, ma nella parte che possediamo della progettata trilogia, Timeo, un astronomo di Locri, in Italia, e l'ateniese Crizia (che era il bisnonno di Platone) gestiscono il gioco del dialogo per la maggior parte del tempo. (Ermocrate, cosa abbastanza interessante, era un generale di Siracusa che aveva combattuto al fianco di Sparta contro Atene, circa cinquant'anni prima dell'esperienza siciliana di Platone).

Il *Timeo* inizia rifacendosi alla *Repubblica*, con Socrate che ancora una volta dà vita ad una sorta di ideale stato autosufficiente in cui ciascuno conosce la sua posizione, nessuno si dà al commercio né all'accumulo di inutili ricchezze. Egli afferma poi che gli piacerebbe vedere come sarebbe un simile tipo di stato messo realmente in pratica, ed in particolare come in esso verrebbe affrontata la questione della guerra. Incipit abbastanza strano per un'opera filosofica che tratta in particolar modo argomenti scientifici più che questioni etiche e sociali. Prima che Timeo possa andare avanti con questo argomento, Crizia (che avrebbe avuto circa novant'anni) inizia a raccontare la sua prima versione della storia di Atlantide, affermando senza dare prove schiaccianti che la società ideale delineata da Socrate gli aveva riportato prepotentemente alla mente qualcosa che aveva sentito dire su Atene dal nonno (che si chiamava sempre Crizia) durante un'altra festività annuale (in ottobre, questa volta), quando egli era ancora un ragazzo. Dobbiamo però ricordare che il Crizia di questi dialoghi è il bisnonno di Platone, il quale sarebbe stato anch'egli un ragazzo quando queste ipotetiche conversazioni avrebbero avuto luogo. La coincidenza dei due insiemi di circostanze mi fa pensare piuttosto ad un "genio al lavoro"...

Comunque stiano le cose, Crizia propone di offrire un breve contributo al noto ateniese dei tempi andati e, in un modo che ha impressionato molti dei moderni critici della storia che egli sta per raccontare, insiste nel rassicurare i suoi ascoltatori che ciò che sta per rivelare «sebbene strano, è assolutamente vero». Questa dichiarazione invece non contiene nulla di così insolito, dato che Platone in più di una occasione introduce gli argomenti mitologici dei suoi scritti con simili affermazioni. Nel *Gorgia*, ad esempio, la storia dell'isola dei Beati (che rappresenta l'idea che i Greci avevano del paradiso) e del Tartaro (la versione greca dell'inferno e del purgatorio) iniziano con simili rassicurazioni, questa volta messe in bocca a Socrate, che incoraggia i presenti ad «ascoltare una storia molto bella, che credo riterrete inventata, ma che io considero vera, perché quanto sto per raccontarvi è l'assoluta verità». Ancora, questa volta riguardo al mito dell'immortalità e della reincarnazione, nel *Menone*, Platone fa dire a Socrate che si tratta «di qualcosa di vero... ed interessante». In linea generale, Platone, sebbene moralmente acerrimo nemico della menzogna e della falsità, era pronto a concedere valore di verità "più alte" ai miti, e fu pioniere di un approccio filosofico alle affermazioni religiose ancora in uso oggi. In alcuni casi, interpretava i miti nello stesso modo in cui molti scrittori moderni che si occupano del tema di Atlantide tendono a fare, ovvero come una storia dal valore scientifico rimasta in memoria col passare del tempo in termini mitologici. All'inizio del *Timeo*, la storia di Fetonte, che un tempo perse il controllo del carro di fuoco di suo padre, il dio Sole, e inaridì la terra finché Zeus non lo fermò con un fulmine, viene interpretata come un evento astronomico realmente accaduto. «Questa storia ha l'apparenza di un mito, ma la sua verità giace nel movimento dei corpi celesti che ruotano intorno al mondo e nella distruzione delle cose della Terra a causa di una grande conflagrazione».

Atre volte, Platone sembra aver semplicemente rappresentato in termini fittizi gli argomenti che intendeva trattare, per il bene dei propri lettori: nel *Sofista*, l'ospite di Elea dice: «Dobbiamo raccontare storie piacevoli per alleviare la sofferenza: vi è una massa di antiche leggende che dobbiamo ora utilizzare a questo scopo». E ciò che introduce a questo punto non è infatti il vero mito greco, ma una prima delineatura dell'idea platonica del ciclo di distruzione e rinascita. Nel *Fedro*, Platone quasi ammette il processo inventivo sottostante alla storia di Atlantide quando il protagonista osserva «...è facile per te, Socrate, inventare storie sull'Egitto o su altri posti di cui hai voglia di parlare». Perciò, tenendo presente tutti questi casi, sebbene egli non definisca mai la storia di Atlantide utilizzando la parola mito, non vi è ragione di pensare che egli l'abbia trattata in modo differente dal suo usuale approccio al materiale mitico utilizzato nelle altre sue opere. In ogni caso, presentare materiale inventato come resoconto veritiero (come nel caso dei discorsi dello statista) era una tipica convenzione letteraria del mondo classico. Ad un livello meno elevato, i giornalisti del giorno d'oggi compiono lo stesso processo. Platone si spinse addirittura, nel *Parmenide*, a far conversare a lungo Socrate con qualcuno che egli non aveva mai incontrato in realtà, e vi sono racconti di commentatori di epoche successive sul fatto che Socrate in persona si era lamentato, prima di morire, di tutte quelle cose che «il giovane Platone» continuava a fargli dire nei suoi scritti.

Il Crizia della progettata trilogia è, ricordiamolo ancora una volta, il bisnonno di Platone, novantenne al tempo della storia. Egli afferma di aver saputo la storia da ragazzo dal proprio nonno, altro personaggio sempre di nome Crizia, che era figlio di un certo Dropide, parente, o forse addirittura fratello, dell'uomo con cui la storia comincia (la genealogia di Platone non è del tutto chiara). Questa catena di discendenti ci ha riportato circa al 600 a.C. e ad un ateniese molto importante di nome Solone, che si rivela essere un lontano antenato di Platone. Solone, aristocratico discendente degli ultimi re di Atene, fu il fautore della fine dell'esclusivo controllo aristocratico sul governo ateniese a favore di chi era ricco ma non di nascita, atto che arrecava qualche sollievo ai poveri e garantiva un codice di leggi più umano. Per l'opera compiuta egli fu conosciuto come uno dei sette savi greci. Egli è noto anche come uno dei primi grandi poeti di Atene, ma nessuna sua opera è giunta ai giorni nostri.

Quando le riforme da lui proposte furono applicate, Solone lasciò Atene per un viaggio d'affari e, così continua la storia, per evitare di trovarsi nei paraggi se e quando le sue riforme fossero state modificate. Qualche tempo dopo il 600 a.C., i suoi viaggi lo portarono in Egitto: non l'Egitto dei tempi gloriosi del Nuovo Regno con faraoni quali Ramesse II di Tebe, ed ovviamente neanche il remoto Antico Regno governato da Menfi, ma un Egitto che aveva appena conosciuto la sconfitta, il declino e la discontinuità culturale, costretto a scendere a patti con un ruolo ridotto nel mondo, al punto che i mercanti greci erano riusciti ad assicurarsi un emporio commerciale indipendente a Naucratis sulla costa del delta, come le aziende (*kontor*) della lega anseatica nell'Europa tardo medievale.

Al tempo della visita di Solone, l'Egitto stava vivendo una rinascita del potere dello stato e dell'orgoglio culturale, che aveva il suo centro in una città del delta che i Greci chiamavano Sais, e da questa prese il nome l'intera epoca successiva della storia egizia, che è infatti nota come periodo saitico. A quel tempo la nuova élite ripensava ai giorni gloriosi della precedente storia egiziana con intenso entusiasmo, bramosa di riportare in vita per quanto possibile i riti religiosi, le tradizioni faraoniche, la lingua propria dei tempi antichi, nonostante tutte queste cose fossero state pesantemente alterate dalle vicissitudini della storia. Cosa per nulla strana, spesso essi esagerarono, un po' come i vittoriani che volevano "restaurare" le chiese ed invece costruirono nuovi palazzi gotici. Molto del loro passato veniva frainteso e inavvertitamente distorto, ed a volte inventavano tutto da capo come ad esempio quando contraffecero un'iscrizione delle piramidi perché sembrasse un'antica testimonianza delle opere di Cheope a Giza di circa duemila anni prima, riempiendola di anacronismi. Questo era il tardo Egitto visitato da Solone: ancora riconoscibile nell'eredità dei tempi passati, ma privo della precedente gloria e molto alterato dal contatto con le realtà del mondo come era nel VI secolo a.C.

Nell'Egitto saitico, secondo ciò che il più giovane Crizia racconta a Socrate ed agli altri, Solone conversò lungamente con i sacerdoti egizi, che lo istruirono sulla storia da lungo tempo dimenticata della città di Atene, in Grecia. Atene infatti, in base a ciò che egli udiva, un tempo possedeva il miglior governo possibile, non dissimile dallo stato ideale proposto da Socrate, prima che una lunga serie di cataclismi a livello globale ne cancellassero ogni memoria, eccetto nelle documentazioni degli Egizi. Questi resoconti, così ci viene fatto intendere, furono visti dallo stesso Solone, intagliati sotto forma di geroglifici su colonne di pietra. Innanzi tutto dobbiamo ricordare che al giorno d'oggi non possediamo alcuna documentazione egizia che descriva un primitivo Stato ad Atene né la sua distruzione avvenuta durante un'inondazione cataclismatica. In generale, i resoconti egizi si occupano poco o nulla degli eventi degli altri paesi, che non suscitavano alcun interesse nei discreti, e compiaciuti, Egizi, a meno che non coinvolgessero direttamente il loro regno. Né in essi si trova traccia di un insieme di cataclismi a livello mondiale, di incendi o inondazioni che siano, come sosteneva l'informatore di Solone. Essi, infatti, anche con la massima estrapolazione, non andavano indietro oltre il 3000 a.C., nonostante il sacerdote che faceva da cicerone a Solone affermasse che la storia egizia aveva avuto inizio 8000 anni prima della loro conversazione, e quella di Atene addirittura migliaia di anni prima! Alla luce degli studi archeologici sia sulla Grecia che sull'Egitto, sappiamo che 10.500 anni fa non esisteva alcuna Atene, solo gruppi di cacciatori della tarda età della Pietra, e uno stile di vita non dissimile veniva attuato nella valle del Nilo.

Neanche l'agricoltura esisteva in quei posti nell'8600 a.C., è da escludersi pertanto una società di tipo civile. C'è qualcosa di erroneo quindi nelle date attribuite dai sacerdoti saitici nel racconto di Solone. Diverse spiegazioni esistono, come vedremo. Ma prima, vale la pena citare per intero le parole che Platone fa pronunciare a Crizia come resoconto di ciò che i sacerdoti egizi dissero a Solone qualche tempo dopo il 600 a.C. circa.

> Dicono infatti le scritture quanto grande fu quella potenza che la vostra città sconfisse, la quale invadeva tutta l'Europa e l'Asia nel contempo, procedendo dal di fuori dell'oceano Atlantico. Allora infatti quel mare era navigabile, e davanti a quell'imboccatura che, come dite, voi chiamate Colonne di Ercole, aveva un'isola, e quest'isola era più grande della Libia e dell'Asia messe insieme: partendo da quella che era possibile raggiungere le altre isole per coloro che allora compivano le traversate, e dalle isole a tutto il continente opposto che si trovava intorno a quel vero mare. Infatti tutto quanto è compreso nei limiti dell'imboccatura di cui ho parlato appare come un porto caratterizzato da una stretta entrata: quell'altro mare, invece, puoi effettivamente chiamarlo mare e quella terra che interamente lo circonda puoi veramente e assai giustamente chiamarla continente.

I sacerdoti egiziani, sia per tramite del giovane Crizia che di Platone, sembrano aver raccontato a Solone dell'esistenza di un continente dall'altra parte dell'Atlantico, un po' come a Teopompo viene attribuita la storia di un continente in cui vivevano i Meropi. Che tentazione forte sarebbe identificare questo continente con le Americhe, ma non si trat-

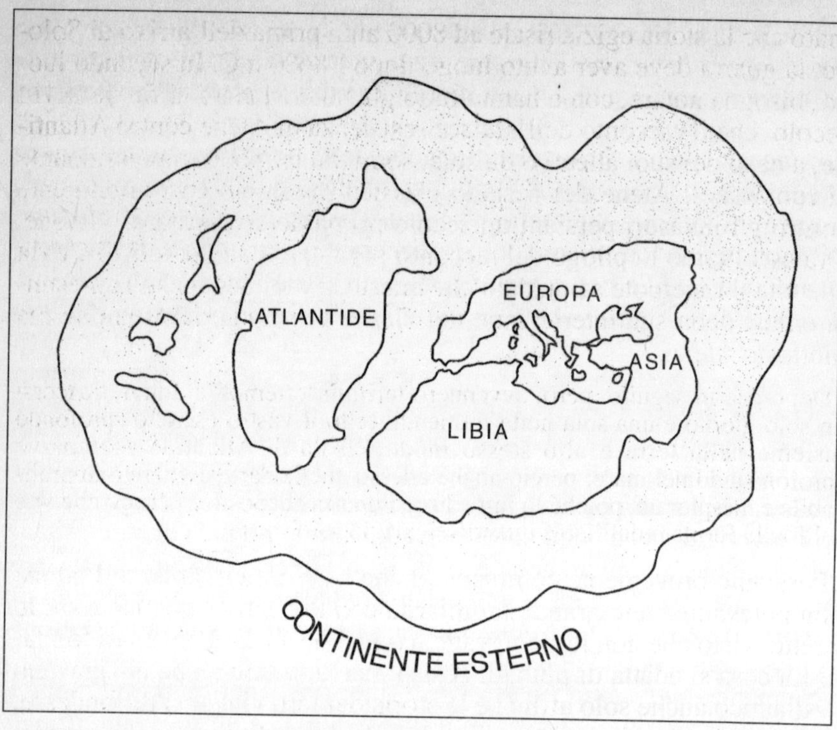

La geografia di Atlantide secondo il racconto di Platone, con un immaginario altro continente esterno che circonda il mondo.

ta di Atlantide, che veniva descritta come un'isola, anche se immensa, nell'oceano Atlantico da Crizia, molto più vicina al Mediterraneo ed allo stretto di Gibilterra.

In quest'isola di Atlantide vi era una grande e meravigliosa dinastia regale che dominava tutta l'isola e molte altre isole e parti del continente: inoltre governavano le regioni della Libia che sono al di qua dello stretto sino all'Egitto, e l'Europa sino alla Tirrenia. Tutta questa potenza, radunatasi insieme, tentò allora di colonizzare con un solo assalto la vostra regione, la nostra, e ogni luogo che si trovasse al di qua dell'imboccatura. Fu in quella occasione, Solone, che la potenza della vostra città si distinse nettamente per virtù e per la forza dinanzi a tutti gli uomini: superando tutti per coraggio e per le arti che adoperavano in guerra, ora guidando le truppe dei Greci, ora rimanendo di necessità sola per l'abbandono da parte degli altri, sottoposta a rischi estremi, vinti gli invasori, innalzò il trofeo della vittoria, e impedì a coloro che non erano ancora schiavi di diventarlo, mentre liberò generosamente tutti gli altri, quanti siamo che abitiamo entro i confini delle Colonne d'Ercole.

Due punti importanti da notare in questo passaggio. Per prima cosa, il sacerdote saita racconta a Solone che Atlantide combatté una guerra sia contro Atene che contro l'Egitto, quindi, dato che aveva già affermato che la storia egizia risale ad 8000 anni prima dell'arrivo di Solone, la guerra deve aver avuto luogo dopo l'8600 a.C. In secondo luogo, bisogna notare, come hanno fatto gli studiosi classici fin dal XVIII secolo, che il racconto dell'audace resistenza di Atene contro Atlantide, a capo dei suoi alleati o da sola, somiglia in modo impressionante al ruolo che l'Atene del periodo classico interpretò così nobilmente contro gli invasori persiani un secolo prima della nascita di Platone. Ora ascoltiamo l'epilogo del racconto per intero dalle parole di Crizia che cita il sacerdote saita, dato che questo ci rammenta che la presunta enfasi della sua interiezione nel *Timeo* non riguarda Atlantide ma piuttosto Atene.

Dopo che in seguito, però, avvennero terribili terremoti e diluvi, trascorsi un solo giorno e una sola notte tremendi, tutto il vostro esercito sprofondò insieme nella terra e allo stesso modo l'isola di Atlantide scomparve sprofondando nel mare: perciò anche adesso quella parte di mare è impraticabile e inesplorata, poiché lo impedisce l'enorme deposito di fango che vi è sul fondo formato dall'isola quando si adagiò sul fondale.

Possiamo brevemente commentare che i Greci del tempo di Platone non potevano avere grande familiarità con l'oceano Atlantico oltre lo stretto, visto che non lo ritenevano navigabile a causa dei bassi fondali. La cosa si adatta di più agli scaltri mercanti fenici che navigavano l'Atlantico anche solo affinché la storia dei loro viaggi si diffondesse, e che erano pronti a spingersi molto oltre pur di proteggere i propri monopoli, come ben sappiamo. Erodoto racconta una storia simile di basse acque non praticabili nell'oceano Indiano incontrate dagli Egizi che avevano fatto vela fuor del Mar Rosso. È stato suggerito che le impraticabili secche di Platone, benché fangose, riflettano qualche pallida conoscenza che i Fenici potevano avere del mar dei Sargassi e della vita marina ottenuta sulla costa occidentale delle Azzorre. Più probabilmente i Fenici raccontavano frottole a proposito della loro base commerciale a Tartesso sull'estuario del Guadalquivir a nord di Cadice – dove si recavano soprattutto in cerca di metalli – che fu infine chiusa definitivamente a causa di pesanti depositi di limo dopo il 500 a.C.

In ogni caso, Crizia ricorda ai suoi ascoltatori che questo nobile ateniese dei tempi passati credeva alla storia di Atlantide ed alla scomparsa avvenuta in un tempo non specificato dopo la guerra, intorno all'8600 a.C.: la simultanea scomparsa di Atene ed Atlantide è in linea con l'idea proposta da Platone di un generale catastrofismo ciclico. Egli conclude con lo sforzo, per nulla convincente, di rinforzare la nozione di Stato ideale precedentemente sostenuta da Socrate.

Queste parole che hai ascoltato, Socrate, riassunte per sommi capi, sono quelle pronunciate dal vecchio Crizia, secondo la versione di Solone: mentre ieri tu parlavi dello Stato e degli uomini che delineavi, rimanevo meravigliato richiamando alla memoria proprio le cose che ora ho raccontato e osservando che per una incredibile coincidenza avevi in gran parte perfettamente aderito con quelle cose che disse Solone.

Naturalmente, Socrate non aveva minimamente nominato Atlantide, della quale, come gli altri due personaggi, non aveva mai sentito parlare. E a dirla tutta, il suo stato ideale non ha poi questa grande somiglianza con la versione del vecchio ateniese riportata dal giovane Crizia, se non in termini generali nel fatto che la descrizione ampollosa di questa Atene da lungo dimenticata corrisponde nella forma alle parole che Socrate cercava per la sua società ideale. Come prefazione ad un testo sulla creazione dell'universo e dell'umanità, portata avanti da Timeo nel resto dell'opera con una sorta di spirito scientifico, la storia dell'antica Atene e della guerra contro Atlantide appare piuttosto goffa. Il fatto che Platone continui nella seconda opera della sua trilogia a parlare così tanto di Atlantide suggerisce che l'inserimento della storia solo in breve accenno nel *Timeo* era una mossa pianificata, per poter poi inserire senza discontinuità il tema più importante del *Crizia*, che, possiamo concludere, non era altro che una panoramica moralistica sulla storia antica (Ermocrate nella parte finale della trilogia ci conduce fino alla storia moderna del mondo greco). Ma il modo in cui la storia di Atlantide sembra trasformarsi nel *Crizia* in dettagli ossessivi quanto irrilevanti per poi giungere ad un finale incompleto ed abortito, potrebbe ugualmente suggerire che l'alquanto anziano Platone perse contatto con l'oggetto delle sue disquisizioni e non riuscì a portarlo a termine. Un racconto su Platone, di più tarda data, descrive il filosofo morente alla sua scrivania come Karl Marx, mentre scrive, anche se l'incompleto *Crizia* può aver dato vita a questa idea più che esserne una prova. (Secondo un altro racconto Platone morì durante un ricevimento nuziale). Se le *Leggi* sono davvero l'ultima opera di Platone, allora egli potrebbe essersi votato a questa asciutta e vuota produzione (che da sola sembra mostrare tracce di revisione incompleta) come ultima possibilità di esprimere la sua finale visione delle questioni umane, abbandonando la trilogia che non riusciva né a sviluppare né a rimaneggiare a causa dell'ostacolo ormai creato con la storia di Atlantide. Egli morì nel 347 a.C. all'età di ottant'anni.

Il racconto di Atlantide contenuto nel *Crizia* è molto più lungo e dettagliato (al punto di diventare noioso) di quello del *Timeo*; ed è inoltre, in fatto di datazioni, alquanto contrastante con l'opera precedente. All'inizio veniamo a sapere: «Per prima cosa ricordiamoci che in totale erano 9000 anni da quando, come si racconta, scoppiò la guerra tra i popoli che abitavano al di là rispetto alle Colonne d'Ercole e tutti quelli che abitano al di qua; e questa guerra bisogna ora descriverla compiutamente». (Dato che il *Crizia* è opera incompleta, non si arriva al resoconto della guerra). Da notare il fatto che la guerra, implicitamente datata dopo l'8600 a.C. nel *Timeo*, viene ora fatta risalire al 9420 a.C. circa, 900 anni prima della festività del 421 a.C. durante la quale la conversazione in corso sta avendo luogo. Questa datazione sembra avere più che altro un valore sentimentale per l'autore, e non ispira alcuna fiducia nell'idea che egli fosse ansioso di raccontare fatti storici in modo scrupoloso. Fa pensare piuttosto che Platone non si preoccupasse affatto di questi dettagli, dato che lo scopo del racconto non sembra essere quello di scrivere di fatti storici, ma sembra avere altre finalità.

Dopo una breve reiterazione del vasto profilo della storia come era raccontata nel *Timeo* – Atene da una parte, i sovrani di Atlantide dall'altra, provenienti da un'isola più grande della Libia e dell'Asia, ora affondata a causa di terremoti che hanno lasciato una barriera di fango – Crizia promette che il suo resoconto coprirà la storia di tutte le nazioni dell'epoca (cosa che poi non porterà a termine) cominciando dai protagonisti della guerra, ed innanzi tutto da Atene. Cosa piuttosto interessante, qui non vi è nessuna affermazione iniziale che le informazioni date provengano da resoconti egizi: assistiamo al portavoce platoniano del momento, ovvero Crizia, che ci racconta i fatti. La prima informazione che ci dà è che in tempi passati gli dèi si divisero tra loro le varie parti del mondo ed Atena ed Efesto ottennero Atene; è comunque estremamente improbabile che in qualsiasi resoconto egiziano potesse trovarsi un'affermazione di questo genere. Anche se così fosse, ammettendo un qualche tipo di identificazione di divinità egizia con Efesto e Atena (come ad esempio Khnum e Neith), non possiamo di certo considerare l'affermazione come un fatto storicamente assodato.

Crizia va avanti rivisitando lo scenario, già delineato nel *Timeo*, dei successivi cataclismi per spiegare come mai nessuno ad Atene ai suoi tempi sapesse qualcosa dell'antica città oltre ad alcuni nomi tramandati per tradizione. I sopravvissuti, «genti non colte di montagna», di ciascun episodio d'inondazione e terremoto se la passavano piuttosto male per pensare alla storia ed ai posteri. Crizia fa saggiamente notare che «le analisi di tipo storico cominciano con la vita cittadina insieme al tempo libero, quando la gente si accorge di avere ormai tutto ciò che è necessario alla vita quotidiana, non prima. Ed è per questo che i nomi degli antichi, senza le loro opere, si sono tramandati». Dopo di che Platone descrive i resoconti egizi come una sorta di conferma dei nomi che si sono tramandati nella tradizione ateniese ed afferma che a Solone alcuni di questi furono rivelati dai sacerdoti di Sais durante la descrizione della guerra tra Atene e Atlantide, ma, dato che in quest'opera incompleta non si giunge alla parte che avrebbe dovuto essere dedicata alla guerra, non arriviamo mai a risentirli nominare in questo contesto. Crizia continua poi con un dettagliato resoconto della costituzione dell'Atene di 9000 anni prima, ancora una volta senza suggerire che queste informazioni provengano da fonti egizie, sebbene, ricordiamolo, lo stesso Crizia aveva precedentemente affermato che era stato proprio a causa dell'incredibile somiglianza tra lo stato ideale di Socrate e l'antica Atene rivelata a Solone durante il viaggio in Egitto che gli era tornata in mente la storia di Atlantide.

Il quadro che ora Crizia dipinge dell'Atene che combatté contro Atlantide è ovviamente somigliante in modo straordinario allo stato ideale proposto nella precedente opera di Platone, la *Repubblica*, scritta prima del 370 a.C. Ci dice che nella primigenia Atene un'élite militare governava lo stato dalle alture dell'Acropoli, col supporto di una classe di artigiani altamente capaci che vivevano sui pendi più bassi e di un'altra di contadini che avevano dimora nei campi. La città era autosufficiente e tutti i beni erano condivisi dai cittadini; i guerrieri ricevevano quanto serviva loro, e non di più, dalla popolazione che difendevano. Nulla cambiava, né ce n'era l'intenzione, di generazione in generazione. La vita non era complicata dall'avidità né dall'ambizione. Non esisteva il commercio né l'idea di allargare lo stato fino a farne un impero. Non c'è forse bisogno di dirlo, questa antichissima Atene non aveva la minima somiglianza con quella dei tempi in cui visse Platone, e, possiamo permetterci di affermare, neanche con descrizioni precedenti della città. Allo stesso tempo, memorie di più semplici stili di vita di un paio di secoli prima, prima dell'espansione del commercio e della crescita di fazioni il cui potere si basava sulla ricchezza, può essersi trasformata in Platone in una desiderabile immagine di come la vita avrebbe dovuto essere.

A questo punto Crizia inserisce alcuni argomenti teorici per mostrare come l'abbondante produzione agricola di 9000 anni prima si sia deteriorata fino alle condizioni molto più sfavorevoli dei suoi giorni a causa dell'erosione della terra, sebbene l'affermazione che il terreno dell'Acropoli di Atene sia stato raso al suolo in una sola notte di piogge di straordinaria violenza in un epoca di terremoti ed inondazioni non sia molto attendibile dal punto di vista geologico. A questo punto compare un breve accenno al fatto che i dettagli della precedente estensione e delle condizioni dell'hinterland attico furono rivelate a Solone dai sacerdoti egizi, e, ancora una volta, non possiamo far altro che notare l'estrema improbabilità di questa affermazione alla luce della nostra conoscenza dei resoconti egizi ed all'impossibilità dell'esistenza di uno stanziamento attico agricolturalmente avanzato nel 9600 a.C. Al tempo di Platone, comunque, ad Atene erano ancora visibili tracce della città micenea, antiche mura sull'Acropoli, ad esempio, già allora antiche di più di sei secoli. Platone potrebbe quindi aver derivato l'idea di una precedente città immensamente antica da resti visibili come questi.

In linea con il nobile ritratto dell'antica società ateniese già dipinto,

Crizia ci dice che gli edifici pubblici dell'élite dei guerrieri e dei sacerdoti erano privi di oro e argento, «di questi metalli infatti non facevano assolutamente uso, e perseguivano piuttosto una via di mezzo tra sfarzo arrogante e illiberale spilorceria, abitando case dignitose, nelle quali essi stessi e i figli dei loro figli invecchiavano e che lasciavano via via in eredità ad altri uguali a loro». Vedremo che questa situazione è in netto contrasto con la vita ad Atlantide. Crizia conclude il quadro delle gioie della vita dell'antica Atene in questo modo: «Tali dunque essendo questi uomini e in tal modo sempre amministrando secondo giustizia la propria città e la Grecia, erano stimati in tutta l'Europa e in tutta l'Asia per la bellezza del corpo e per ogni tipo di virtù dell'animo, ed erano fra tutti gli uomini del loro tempo i più famosi».

Se davvero i sacerdoti egizi raccontarono tutto ciò a Solone, potremmo anche pensare che non stessero facendo altro che adulare, in modo alquanto vistoso, un visitatore ateniese del calibro dello statista.

Ora ci troviamo di fronte ad un certo numero di passi del *Crizia* che sarebbero molto difficili da mandar giù se non fossimo già scettici riguardo al reale valore storico di ciò che stiamo leggendo. Crizia ci dice che sta per informarci in modo franco del carattere delle genti che combattevano la guerra sull'altro fronte, «se in noi non è spento il ricordo di ciò che udimmo quando eravamo ancora bambini». Perciò, a quanto dice, sta per raccontare in base a ciò che egli riesce a ricordare. Pochi versi più avanti afferma che Solone aveva preso appunti in merito a quanto le sue fonti egiziane gli raccontarono con l'idea di utilizzare la storia in una sua poesia e che questi appunti sono ora in suo possesso. Non è completamente chiaro se questi appunti siano esaurienti o siano solo liste dei nomi delle personalità che presero parte alla guerra. L'ultima ipotesi è forse la più probabile, dato che Crizia sostiene di averli imparati tutti a memoria da bambino. (Al supposto tempo della narrazione egli ha novant'anni, ricordiamolo). Coloro che vogliono dare un significato letterale al racconto di Platone su Atlantide tengono in eccessiva considerazione il dichiarato possesso di queste note da parte di Crizia, cosa che potrebbe spiegare forse la minuzia sproporzionata di quanto segue sulla mitica città, sempre se crediamo alle straordinarie documentazioni dei sacerdoti egiziani su cui gli appunti sono basati. La questione dei nomi è già bizzarra di per sé in quanto Platone sembra preoccuparsi di un'obiezione ovvia al suo resoconto che gli verrebbe fatta se in questo attribuisse nomi greci alla popolazione di Atlantide. La spiegazione che ci viene offerta è che a Solone vennero riferiti prima i nomi degli abitanti di Atlantide in egiziano dai sacerdoti, per scoprire poi che gli Egizi li avevano tradotti nella loro lingua dall'originale atlantideo: quando il significato dei singoli nomi gli venne spiegato, Solone fu in grado di tradurli in gre-

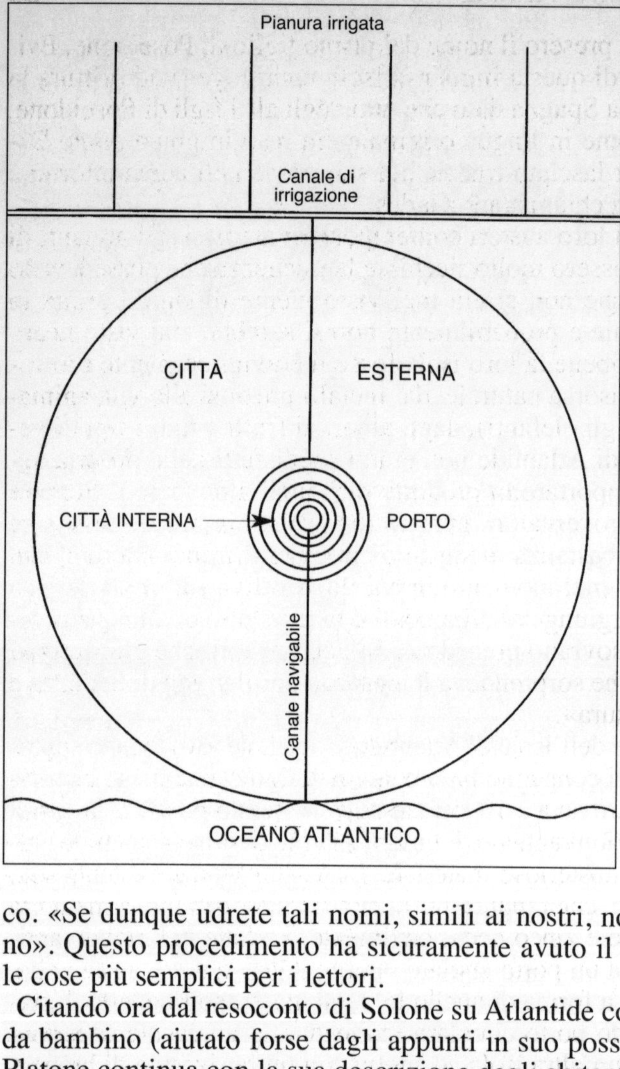

La città di Atlantide secondo la descrizione fatta da Crizia.

co. «Se dunque udrete tali nomi, simili ai nostri, non vi sembri strano». Questo procedimento ha sicuramente avuto il merito di rendere le cose più semplici per i lettori.

Citando ora dal resoconto di Solone su Atlantide come l'aveva udito da bambino (aiutato forse dagli appunti in suo possesso), il *Crizia* di Platone continua con la sua descrizione degli abitanti di Atlantide, dicendoci per prima cosa che la ripartizione delle terre tra gli dèi diede Atlantide a Poseidone, il quale vi pose come abitanti i figli che egli stesso aveva avuto da una mortale, abitante dell'isola, di nome Cleito, dopo aver apportato qualche modificazione su larga scala dello scenario locale, cosa che ovviamente non deve essere presa alla lettera. Il dio demolì colline, creò cinture circolari di acqua e fece germogliare prestamente la primavera. Generò in stile biblico cinque coppie di figli semi mortali e divise l'isola in dieci principati, donando al primo nato, di nome Atlas, il più grande e conferendogli il titolo di re dei re. (Tutto ciò non può che avere un carattere mitologico). L'isola e il mare in cui si trovava presero il nome dal primo figlio di Poseidone. Evidentemente, parte di questa immensa isola raggiungeva addirittura la costa atlantica della Spagna dato che uno degli altri figli di Poseidone, Gadirus (il suo nome in lingua originale era reso in greco come Eumelo) sembra aver lasciato traccia del suo nome nell'aerea intorno a Cadice, che i Greci chiamavano Gades.

Diversamente dai loro austeri contemporanei ateniesi, gli abitanti di Atlantide si dice fossero molto ricchi «e la ricchezza che possedevano eran così grande che non si era mai visto niente di simile prima in nessun palazzo reale e probabilmente non si sarebbe mai visto neanche in futuro». Sebbene la loro isola fosse meravigliosamente prolifica in ogni tipo di risorsa naturale, dai metalli preziosi alla vita animale (vi erano anche gli elefanti), dagli alberi ai frutti a tutti i tipi di vegetali, gli abitanti di Atlantide non erano soddisfatti della propria autosufficienza ed importarono prodotti vari dagli altri imperi. Sempre diversamente dai governatori ateniesi loro contemporanei, nessun re di Atlantide era abbastanza modesto da lasciare il trono intatto al suo successore, infatti «nel momento in cui un re saliva sul trono del suo predecessore, vi aggiungeva ornamenti e faceva tutto quello che poteva per superare il sovrano precedente in opulenza, finché giunsero ad una dimora reale che sorprendeva lo sguardo per il grado di bellezza e la qualità della fattura».

La città principale dell'isola di Atlantide, dove risiedeva il capo supremo, era una sorta di congegno basato su un design rigidamente circolare, il cui centro si trovava a 10 km dal mare, tenendo presente la variabilità delle misurazioni antiche. Le mura esterne dell'isola centrale erano ricoperte di un misterioso materiale, l'oricalco (nome esistente solo ai templi di Platone, che rappresentava con tutta probabilità la memoria di una lega di rame e zinco occasionalmente prodotta nel mondo antico), e circondate da un porto anulare interno. Oltre questo, a sua volta, si trovava un'isola a forma di anello le cui mura erano ricoperte di stagno, poi un secondo porto circolare (collegato da un canale coperto a quello interno) ed un'altra isola ad anello con mura rivestite di bronzo, essa stessa circondata da un grande porto che comunicava con l'interno e l'esterno fino al mare, e con un canale opposto che conduceva all'interno verso la piana irrigata dietro la città. L'intera area della città esterna oltre il grande porto anulare era riempita dalle abitazioni della gente di Atlantide, fino alle mura di pietra che circondavano l'intero posto. La descrizione che Platone fa della città è sufficentemente dettagliata e precisa da rendere possibile la creazione di una pianta della capitale di Atlantide, la cui perfezione geometrica in stile pitagorico sarebbe già sufficiente di per sé a far nascere sospetti sulla sua invenzione.

Ricco e sontuoso, l'arredamento urbano della città di Atlantide viene discritto da Platone in modo elaborato e con dovizia di particolari:

templi ricoperti d'argento (compreso quello dedicato a Poseidone) con enormi collezioni di statue d'oro all'interno ed all'esterno (comprese le statue sia di dèi che di privati cittadini), tetti d'avorio lavorato in oro e argento (e oricalco), giardini, palestre, un ippodromo, cantieri navali affollati di triremi ed equipaggiamento. Tutto il racconto somiglia ad un sogno ossessivo di lusso sfrenato (in netto contrasto con la precedente descrizione della modestia di Atene), francamente inconcepibile da accettare come tratto dalle documentazioni egiziane. Non è difficile, comunque, immaginare come la fantasia fervente di Platone abbia potuto costruire questo quadro a partire dalla propria esperienza e da ciò che i Greci sapevano del mondo che esisteva oltre i confini della loro civiltà. Babilonia, ad esempio, negli scritti di Erodoto, che morì proprio nello stesso periodo in cui Platone nacque, offre un esempio di vita lussuosa, spintasi così oltre nella decadenza da presentare giardini pensili, mentre Ecbatana, la capitale dei Medi, era circondata da sette anelli di mura di varie sfumature attraversate da tunnel. I porti fenici di Gades (Cadice) e Tartesso sulla costa atlantica della Spagna (fuori dalle Colonne d'Ercole) possono aver anch'essi avuto un ruolo nelle descrizioni di Platone: il declino di quest'ultimo prima della sua epoca sembra essersi lasciato dietro uno scenario di incuria e fango alla foce del Guadalquivir, che il filosofo può aver trovato suggestivo. La commercialmente aggressiva città fenicia di Cartagine sulla costa nordafricana possedeva un grande porto circolare circondato da darsene che potevano contenere fino a 220 navi alla volta, con un'isola centrale dove era situato il quartier generale della flotta. Il porto circolare era collegato tramite un canale ad un altro quadrato, e sia questi che la stessa città erano protetti all'interno di una recinzione muraria: il centro di Cartagine era poi circondato da mura proprie. Cartagine era la grande rivale commerciale di Siracusa, in Sicilia, proprio quella stessa città dove gli ideali politici e culturali del filosofo si erano dolorosamente scontrati con l'ambizione e l'avidità del principe allievo che Platone voleva trasformare in sovrano filosofo. Siracusa, come Cartagine, possedeva alcune caratteristiche che coincidono in modo preciso con quelle della capitale di Atlantide: si trattava anche in questo caso della città principale di una grande isola occidentale (se non immensa e nell'Atlantico), ricca di minerali e fiorente in campo agricolo, con fonti calde e fredde proprio come in Atlantide. Città tra le più vaste e ricche del mondo noto ai Greci, era divisa in quattro quartieri protetti da mura, con la roccaforte in cima ad un promontorio tra due porti ricchi di navi. La posizione sulla soglia di una piana fertile circondata da montagne si riflette chiaramente nel resoconto di Platone attraverso le parole di Crizia. Siracusa era anche nemica di Atene e il suo avido governatore Dionisio I invase la Tirrenia in Italia proprio come secondo Crizia (che così continua coi

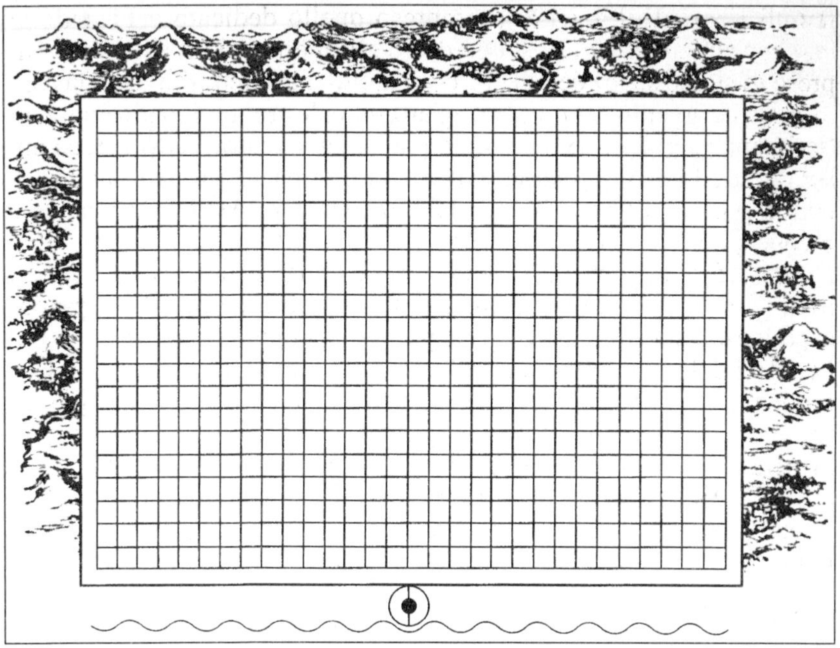

La pianura di Atlantide.

suoi ricordi di cosa il sacerdote egizio avesse detto a Solone) avevano fatto gli abitanti di Atlantide.

In primo luogo tutto quanto il territorio si diceva che fosse alto e a picco sul mare, mentre tutt'intorno alla città vi era una pianura, che abbracciava la città ed era essa stessa circondata da monti che discendevano fino al mare, piana e uniforme, tutta allungata, lunga tremila stadi sui due lati e al centro duemila stadi dal mare fin giù.

Si tratterebbe di circa 550 per 370 km, ma non ci viene detto quanto si estendano le aree montagnose oltre la pianura, sebbene siano ricche di villaggi, corsi d'acqua, laghi, prati, alberi e animali. Anche se le montagne coprivano gran parte del terreno, è evidente che le dimensioni ora citate sono inferiori a quelle di un'isola più grande del Nord Africa e dell'Asia messe insieme, come afferma Crizia, anche tenendo conto di come esse erano conosciute ai tempi di Platone. Le dimensioni massime dell'isola triangolare della Sicilia corrispondono a circa la metà della misurazione proposta per le pianure di Atlantide.

Atlantide inoltre, e non sarà una coincidenza, possiede una certa somiglianza con la casa di Nausicaa nell'*Odissea* di Omero, descritta dalla stessa come segue:

[...] circondata da alte merlature, con un grande porto su ciascun lato e da una stretta strada lastricata dove le navi vengono trascinate fino alla strada... si può vedere vicino al sentiero un bel boschetto di pioppi... dove ci sono il parco e i giardini reali di mio padre... dove le cime degli alberi si allungano verdi verso l'alto... ci sono due fonti... vi è un posto di incontro per le genti, costruito su ciascun lato del bellissimo tempio dedicato a Poseidone, con blocchi di roccia profondamente stratificati nel terreno... mura di bronzo con in cima tegole dipinte in smalti blu circondano il cortile... porte dorate con montanti d'argento... anche l'architrave d'argento e la maniglia di oro.

Corfù sembra essere il prototipo della patria di Nausicaa e dei Feaci, sebbene anche descrizioni di stazioni commerciali fenicie sono state proposte come fonte di ispirazione. Platone diffidava dei poeti, al punto da suggerire che perfino l'*Iliade* e l'*Odissea* dovessero essere bandite in uno Stato ideale, ma sapeva bene il fatto suo e ben conosceva Omero. Crizia continua il suo racconto della geografia generale di Atlantide con la descrizione di un prodigioso sistema di fossati e cunette per l'irrigazione della pianura ed una impressionante stima della forza lavoro umana disponibile ai governatori dei dieci principati di Atlantide, sia in tempo di pace che di guerra. I poteri di ciascuno dei principi sono descritti come assolutamente autocratici («Punivano e condannavano a morte chiunque desiderassero»), sebbene alla fine limitati dai precetti divini avuti direttamente da Poseidone e trascritti su pilastri di oricalco nel tempio dedicato al dio al centro dell'isola.

I principi si incontravano ad intervalli regolari per rivedere gli obblighi che ciascuno aveva nei confronti dell'altro e rinnovare il patto di solidarietà che li legava in base alle leggi dettate da Poseidone con la caccia e il sacrificio di un toro, a cui tagliavano la gola «sulla cima del pilastro, lasciando scorrere il sangue sopra l'iscrizione», e dopo «i principi indossavano i loro più lussuosi abiti da lutto e sedevano sul terreno vicino alle ceneri delle vittime per tutta la notte». Platone non amava molto i monarchi non controllati e avidi, ma nel suo resoconto di Atlantide afferma che i governatori dell'isola continuarono per un lungo periodo a comportarsi in modo eccellente e quasi divino nonostante la ricchezza e il potere immenso di cui disponevano fino a che la loro natura fin troppo umana non ebbe la meglio. Da questo punto in poi è necessario citare il *Crizia* fino alla fine, o meglio fino a quando si interrompe, a metà di una frase:

Per molte generazioni, finché fu abbastanza forte in loro la natura divina, erano obbedienti alle leggi e bendisposti nell'animo verso la divinità che aveva con loro comunanza di stirpe: avevano infatti pensieri veri e grandi in tutto, usando mitezza mista a saggezza negli eventi che di volta in volta si presentavano e nei rapporti reciproci. Di conseguenza, avendo tutto a disdegno fuorché la virtù, stimavano poca cosa i beni che avevano a disposizione, sopportavano con serenità, quasi fosse un peso, la massa di oro e delle altre ricchezze, e non vacillavano, ebbri per effetto del lusso e senza più padronanza di sé per via della ricchezza; al contrario, rimanendo vigili, vedevano con acutezza che tutti questi beni si accrescono con l'affetto reciproco unito alla virtù, mentre si logorano per eccessivo zelo e stima e con loro perisce anche la virtù.

Ebbene, come risultato di un tale ragionamento e finché persisteva in loro la natura divina, tutti i beni che abbiamo precedentemente enumerato si accrebbero. Quando però la parte di divino venne estinguendosi in loro, mescolata più volte con un forte elemento di mortalità e il carattere umano ebbe il sopravvento, allora, ormai incapaci di sostenere adeguatamente il carico del benessere di cui disponevano, si diedero a comportamenti sconvenienti, e a chi era capace di vedere apparivano laidi, perché avevano perduto i più belli tra i beni più preziosi, mentre agli occhi di coloro che non avevano la capacità di discernere la vera vita che porta alla felicità allora soprattutto apparivano bellissimi e beati, pieni di ingiusta bramosia e di potenza. Tuttavia il dio degli dèi, Zeus, che governa secondo le leggi, poiché poteva vedere simili cose, avendo compreso che questa stirpe giusta stava degenerando verso uno stato miserevole, volendo punirli, affinché, ricondotti alla ragione, divenissero più moderati, convocò tutti gli dèi nella loro più augusta dimora, la quale, al centro dell'intero universo, vede tutte le cose che partecipano del divenire, e dopo averli convocati disse...

Così termina la prima descrizione al mondo di Atlantide, scritta per mano di Platone, interrotta nel bel mezzo di un'espressione molto poco egiziana ma molto platonica di uno spaventoso avvertimento ai suoi amici ateniesi della metà del IV secolo a.C: forse un avvertimento per tutti noi. Dobbiamo però ricordare che nel *Timeo* sia la virtuosa Atene che la viziosa Atlantide affondarono a causa dell'inondazione catastrofica di una notte, uno dei sempre ricorrenti cicli di distruzione platonici che sarebbe stato seguìto dalla rinascita per Atene ma, apparentemente, non per Atlantide, scomparsa per sempre. Se l'opera fosse completa, gli abitanti di Atlantide, immaginiamo, avrebbero subìto prima il castigo divino (la guerra con Atene?) e quindi riportati sulla retta via, solo per essere poi spazzati via dalla catastrofe naturale nel finale.

2
Lo scopo di Platone

L'Atene descritta da Platone nel *Timeo* e nel *Crizia* riflette in parte, con le dovute esagerazioni ideologiche, il ricordo della sua città natia quale era uno o due secoli avanti, prima che la ricchezza economica e la faziosità politica la riducessero a come si presentava al filosofo ai suoi giorni: era il ricordo della più che nobile Atene che aveva bramato a lungo di vincere la battaglia contro il dispotico e avido invasore persiano della Grecia.

Anche i Persiani giocarono un ruolo nella creazione della storia di Atlantide: invasori che minacciavano la Grecia all'inizio del V secolo a.C. e che avevano già conquistato, tra gli altri, l'Egitto. Gli usi, i costumi e le gesta dei Persiani trovano un loro posto nella storia del continente perduto, accanto a dettagli topografici e culturali ripresi dalle città di Cartagine e Babilonia. Da un lato, gli abitanti di Atlantide erano dei barbari nel senso in cui gli antichi Greci intendevano questo termine: non parlavano greco (non possedevano nomi greci prima della traduzione, ricordiamolo) e perciò agli occhi dei Greci non facevano altro che balbettare un confuso "bla bla bla" che era il segno distintivo dei barbari e che procurò loro questo appellativo; inoltre, vivevano ostentando il lusso e la loro forma di governo era la monarchia assoluta (con al massimo qualche legge da rispettare), proprio come ci si aspetterebbe dai barbari.

Dall'altro lato, gli abitanti di Atlantide hanno anche molto in comune col mondo greco e, soprattutto, con la Sicilia (la geografia dell'isola, la città principale, l'abilità navale, la ricchezza e l'avidità) al punto tale che la nemesi di Atlantide nel racconto di Platone può essere letta in parte come un lungo lamento retrospettivo del suo impegno fallito negli affari politico-filosofico-governativi dell'isola. Ma, naturalmente, non fu Siracusa alla fine a stimolare Platone: fu invece la sua nativa Atene degli anni formativi della sua vita e da adulto, un'Atene in rapido declino dal sentiero della grandezza e della virtù a causa, secondo il filosofo, della corruzione nata dalla ricchezza, dal potere e dagli usi e costumi abietti che si erano venuti affermando. In risposta all'emergenza persiana, Atene si era costruita una serie di alleanze, riunite in una lega, che si trasformò ben presto in un impero commerciale sfruttatore dei suoi alleati a vantaggio del proprio desiderio di ostentazione e lusso, fino a che la guerra con gli abitanti di Sparta (che rimanevano molto vicini all'ideale platoniano) distrussero quell'impero e ridussero Atene alla guerra civile. Nel suo ritratto di Atlantide in declino, Platone fece confluire tutto ciò che trovava spiacevole dell'Atene, e più largamente del mondo greco, dei suoi giorni, verso la fine di una lunga e deludente vita.

I ricchi despoti di Atlantide, come i demagoghi di Atene alla vigilia del disastro, controllavano non solo la propria terra, ma molte altre isole (perfino parti del continente che si trovava oltre il loro, con strade interne nel Nord Africa, in Italia e in Egitto); la loro capitale è un capolavoro di costruzione artificiale come la capitale ateniese ricostruita dopo le guerre contro i Persiani; il complesso costituito dal tempio centrale un'orgia di avorio, argento, oro (ed oricalco) con gigantesche collezioni di statue (come il Partenone ateniese con la grande statua dedicata ad Atena); i palazzi dei governatori copiosamente decorati e arredati, proprio come i ricchi cittadini dei tempi di Platone si erano votati all'ostentazione privata nelle proprie case, a volte rivaleggiando con la grandezza e lo splendore degli edifici pubblici. La capitale dell'isola scomparsa così come ce la descrivono il *Timeo* e il *Crizia* è, soprattutto, l'Atene dei giorni di Platone, esagerata per produrre un effetto sul lettore. E gli dèi, così sembrava a Platone, si erano già imbarcati sulla via della distruzione dell'arrogante e smisurata città, non ancora con terremoti ed inondazioni ma con guerre e sconfitte, perdita di territori e lotte intestine. Non c'è motivo di credere che Platone si aspettasse una catastrofe naturale che presto giungesse a punire Atene su larga scala (questi particolari nella storia di Atlantide erano prodotti della sua maestria artistica), ma anche per questo tipo di dettagli egli poteva trovare dei prototipi a lui vicini. Quando aveva meno di un anno, infatti, forti terremoti scossero la terra in molta parte della Grecia, con effetti anche sui mari, come ci dice lo storico Tucidide, che potrebbe avere un peso diretto sulla storia scritta da Platone.

Ad Orobia nell'Eubea, il mare affondò rispetto alla esistente linea costiera e poi tornò indietro in una enorme ondata, che sommerse parte della città lasciandone parte sotto le sue acque anche quando si ritirò: quello che una volta era terra ora è mare. Alcuni degli abitanti non furono in grado di fuggire correndo a ripararsi su terreni più elevati e andarono dispersi nell'inondazione. Una inondazione simile ebbe luogo anche ad Atalante, l'isola a largo della costa di Locri: qui parte delle fortificazioni ateniesi furono spazzate via ed una delle due navi che si trovavano accanto alla spiaggia andò distrutta.

Una nave ateniese distrutta ed un'isola chiama Atalante in parte affondata! Praticamente uno schizzo degli eventi avvenuti subito dopo la guerra tra Atene ed Atlantide, come dichiarava Crizia, nulla a che fare con la documentazione egiziana. In epoche vicine alla preparazione del *Timeo* e del *Crizia*, ci furono smottamenti ed inondazioni in seguito ad un terremoto nel golfo di Corinto, che portarono all'affondamento di tre località, Elice, Egina e Bura nel 373 a.C. Secondo Diodoro Siculo nel I secolo a.C., «intere città con tutti i loro abitanti scomparvero». Elice in particolare soffrì i danni peggiori, scomparendo del tutto e portando con se il famoso tempio di Poseidone (che caso!). Nessun corpo fu mai trovato e in seguito le secche resero la navigazione della zona più che pericolosa.

Non è improbabile che, in modo molto generico, ricordi una precedente catastrofe di proporzioni più vaste di quelle menzionate poco sopra nel golfo di Corinto ed Eubea possano essere giunti fino a Platone ed aver colpito la sua immaginazione al punto tale da spingerlo a mettersi a scrivere la storia di Atlantide. Non è neanche improbabile che Solone (o Platone stesso, se mai si è recato in Egitto) abbia tratto qualche vaga idea di questa catastrofe dalle documentazioni egiziane, anche se, fosse questo il caso, queste a noi non sono mai giunte. Non si trattava di documentazioni riguardanti una guerra tra Atene ed Atlantide nel 9000 a.C. o giù di lì, né della distruzione di un'isola nell'oceano Atlantico, ma di eventi accaduti solo un migliaio di anni prima nel Mediterraneo, che non offrono alcuna credibilità alle precise affermazioni storico-geografiche dell'opera di Platone.

Gli avvenimenti in questione riguardarono una civiltà non greca che fiorì su Creta ed altre isole dell'Egeo prima che gli stessi Greci salissero al potere in terra greca, e successivamente sulle isole. Si tratta di quella civiltà che conosciamo col termine di "minoica" antica tanto quanto quella egizia, risalente indietro fino al 3000 a.C. L'apogeo di questa civiltà fu tra il 2100 e il 1500 a.C., contemporaneo al Medio Regno egizio ed ai primi anni del Nuovo Regno. Sembra certo che vi fossero scambi commerciali tra gli Egizi e la Creta minoica tramite la città egiziana di Avaris sul Delta; documentazioni e dipinti su tombe egiziane contengono elementi che possono ben essere di origine cretese, anche se, nella forma in cui sono giunti fino a noi, non ci dicono nulla di guerre con l'Egitto, né con Atene, di terremoti, inondazioni ed affondamenti. Inoltre non suggeriscono alcuna conoscenza dettagliata della cultura egea da parte egizia. La moderna archeologia ha rivelato la distruzione, causata da un disastro naturale, di una particolare comunità minoica su un'isola che oggi chiamiamo Santorini, da sant'Irene (i greci la chiamavano Thera), e del declino finale dell'intera civiltà minoica qualche tempo dopo.

Alcuni archeologi hanno ritenuto che storie della catastrofe avvenuta a Thera, riflesse anche negli eventi di cui fu vittima la vicina Creta, e del collasso della cultura cretese più o meno nello stesso periodo, possano essere in qualche modo giunte a Platone, molto probabilmente tramite l'Egitto, ed abbiano giocato un ruolo di primo piano nella creazione della storia di Atlantide, sia offrendo ispirazione all'immaginazione artistica del filosofo che sotto forma d'informazione diretta fraintesa forse in quanto a cronologia e geografia. Non è escluso che la documentazione egiziana, perduta dai tempi di Solone o di Platone, possa aver contenuto allusioni ad un disastro naturale, che distrusse almeno in parte il mondo minoico, e del successivo declino del potere di Creta, nonostante quanto detto sulla mancanza di dettagli che di solito si trovano nelle documentazioni egizie in proposito alle altre civiltà (come è il caso di Creta). Anche è possibile che Solone o Platone abbiano preso un abbaglio circa le dimensioni, la posizione e l'antichità della scomparsa civiltà di Creta, forse gonfiando le cifre moltiplicandole per dieci, così che 900 anni prima di Solone divennero nelle loro parole 9000 anni, e ciò vale anche per le dimensioni dell'isola, che furono allo stesso modo accresciute (anche se la descrizione che Platone fa di Atlantide non corrisponderebbe a quella di Creta neanche riportando le dimensioni alla loro realtà).

Resta strano comunque il fatto che Erodoto, il quale visitò l'Egitto (ed anche il tempio di Sais) prima di Platone (o dopo Solone, se preferite vederla in questo modo), e riferì più di una storia raccontatagli dal suo esemplare di sacerdote egizio, non alluda a nulla che somigli alla catastrofe che colpì Creta provocandone il declino (lasciamo da parte Atlantide per il momento). Alcune delle cose che gli informatori egizi apparentemente dissero ad Erodoto sono talmente fantasiose da spingerci a credere che si trattasse di impostori, o di persone che si burlavano palesemente del loro ascoltatore, o addirittura che Erodoto non si sia preoccupato troppo della plausibilità del suo racconto purché ne venisse fuori una bella storia dal sapore esotico: forse per Solone e Platone fu lo stesso. (Cosa abbastanza interessante, comunque, Erodoto suggerisce che gli Egizi possedevano documentazioni a riguardo della guerra di Troia, che possono non essere giunte a Platone. Sembra chiaro quindi che Platone abbia tratto molto da Erodoto nella sua presentazione della storia di Atlantide: la longevità della civiltà egizia ad esempio viene enfatizzata da Erodoto, come anche la sua immunità agli effetti dei cambiamenti meteorologici).

Anche passando sopra al silenzio di Erodoto (e di altri scrittori greci prima di Platone) riguardo ad Atlantide o a qualcosa di simile, alcuni hanno fatto notare che forse Solone stesso abbia frainteso i numerali egizi (è improbabile che possano essere stati gli stessi Egizi), o li trascrisse male o ancora li ricordò male, mentre familiarizzava con le ipotetiche documentazioni egizie in proposito; o forse Crizia, o lo stesso Platone incorsero in un errore, così che Platone si trovò ad affrontare il fatto che l'immensa isola perduta non poteva trovarsi nel

Mediterraneo viste le sue dimensioni ed andava forzatamente posizionata al di fuori di questo. Si tratta di ipotesi allo stato puro, dato che documentazioni egizie in proposito non ne possediamo (né riassunti di queste da parte di qualsivoglia autore), a dimostrazione del fatto che essi scrissero anche un vago resoconto della distruzione di Thera e della scomparsa della potenza minoica. La stessa accusa di pura speculazione deve essere rivolta anche contro l'ingegnosa ipotesi che, secondo gli Egizi, Creta fosse una vasta isola occidentale con altre isole ed un vasto entroterra, l'Europa, e che si trovasse tra la Libia e l'Asia se per Asia intendiamo, come facevano i Greci, la moderna Anatolia. Platone, così secondo l'ipotesi, potrebbe aver frainteso un appunto di Solone fino a credere che Atlantide giacesse tra (*meson*) la Libia e l'Asia anziché essere più grande (*meidzon*) della Libia e dell'Asia. Pura speculazione!

Fu una lettera anonima indirizzata al londinese «Times» nel 1909 a suggerire per la prima volta che l'improvvisa fine della cultura minoica intorno al 1450 a.C. (come rivelava la ricerca archeologica) poteva star dietro le quinte della storia di Atlantide. Poco prima della seconda guerra mondiale, osservazioni sull'ovvia distruzione di natura vulcanica dell'isola di Thera vennero a combinarsi con la scoperta archeologica del collasso culturale (che coinvolgeva incendi in diversi siti) per creare un quadro della fine di una scintillante civiltà, che allora era ritenuta un grande impero marittimo, distrutto da un terribile disastro naturale. Notizie sull'intera faccenda, probabilmente già allora alterate, potrebbero essere giunte in Egitto per essere poi ben documentate da stimolare Solone e Platone nove secoli più tardi. La conclusiva occupazione di Creta ad opera della Grecia micenea un migliaio di anni prima di Platone potrebbe aver fornito l'idea della sconfitta ateniese degli abitanti di Atlantide.

L'attività vulcanica nei pressi di Thera era stata oggetto di descrizioni da parte di autori classici come Plinio nel I secolo d.C. e la natura vulcanica dell'isola di Santorini (ciò che rimaneva di Thera) era ben nota nel XIX secolo: il capitano Nemo la visita in *Ventimila leghe sotto i mari*, senza collegarla in alcun modo con Atlantide (anche se già nel 1855 era stata suggerita l'ipotesi che Thera fosse Atlantide, dopo una prima scoperta di materiale archeologico sull'isola). Ma le date di ciascuna delle maggiori eruzioni del vulcano, il cui calderone forma chiaramente la base dell'anello dell'isola ai giorni nostri, erano sconosciute. Dopo la seconda guerra mondiale ricerche oceanografiche scoprirono due strati di ceneri vulcaniche attribuibili a Thera nei sedimenti sul fondale della parte orientale del Mediterraneo, il più basso di considerevole età geologica, ma quello superiore datato al carbonio a più tardi del 3000 a.C. Cenere proveniente da Thera ricopriva inoltre molta parte dell'isola di Creta ed una delle isole Cicladi. (Thera-Santorini è la più meridionale delle Cicladi, dista solo 110 km in direzione nord da Creta). Fu inoltre scoperto che a Thera si era verificata un'esplosione così immensa da superare quella di Krakatoa del 1883. Sia a Thera che a Krakatoa, il cataclisma finale si era verificato dopo una serie di disturbi di entità minori e terremoti. Il vulcano indonesiano forniva un quadro vivo di cosa poteva essere accaduto a Thera: dopo mesi di piogge di pomice ebbero luogo quattro esplosioni così violente da essere sentite a 3000 km di distanza, in Australia, e il buio cadde su Giava e Sumatra; a centinaia di chilometri di distanza dal centro del vulcano, ondate di scosse ruppero vetri e incrinarono mura; alla fine due terzi di Krakatoa erano affondati nel mare, creando onde di maremoto (*tsunami*) alte fino a 30 m nelle quali affogarono più di 35.000 persone. Quando scriviamo che la caldera di Santorini è quattro volte più larga di quella di Krakatoa e di un terzo più profonda, possiamo indovinare la portata dell'impatto dell'eruzione avvenuta a Thera, ma quando ebbe luogo esattamente?

Dalla fine degli anni Sessanta in poi, scavi svolti ad Akrotiri, a Thera, mostrarono che due spessi strati di pomice coprono materiale archeologico risalente al 1550-1500 a.C. sotto forma di vasellame di uno stile più tardi definito tardo minoico IA, scoperto nelle rovine di case abbandonate. Il più basso e più antico strato di pomice è spesso circa 5 m ed eroso, perciò, evidentemente, il vulcano interruppe la sua attività per un breve tempo dopo la prima eruzione (precedente la grande esplosione) che depositò lo strato superiore di pomice fino ad uno spessore massimo di 60 m, dopo di che il vulcano spento affondò nelle profondità degli abissi. La datazione orientativa del 1500 a.C., ricavata dal vasellame in ceramica per il periodo immediatamente precedente all'inizio delle turbolenze, si accorda perfettamente con una datazione al radiocarbonio che offre il 1559 ± 44 effettuata su resti carbonizzati di un albero distrutto dal primo deposito di pomice. La sequenza di eruzioni che hanno avuto luogo a Thera sembra aver avuto inizio intorno al 1500 a.C. e si può ritenere che l'evento sia stato tale (con i terremoti che lo accompagnarono su un'area molto più ampia) da affondare un'intera civiltà che aveva il suo centro a Creta, a poco più di 100 km dal vulcano. Scosse, piogge di pomice, incendi conseguenti, gigantesche ondate e mesi di oscurità possono bene aver distrutto definitivamente l'impero cretese, e notizie di tutto ciò possono aver raggiunto l'Egitto ed essere state considerate degne di nota.

Sfortunatamente, la teoria del collasso vulcanico di Creta iniziò a non essere più credibile già poco tempo dopo essere stata proposta, dato che l'archeologia aveva già suggerito il 1450 a.C. e non il 1500, come data dell'improvviso declino della civiltà minoica, che coincise su Creta con una successiva fase di arte della ceramica conosciuta col nome di tardo minoico IB. (Dopo questo, la documentazione archeologia attesta la presenza della Grecia micenea). Il tardo minoico IB non giunse a Thera (così vicina a Creta) prima della sua fine, sebbene toccasse isole più lontane, cosa che suggerisce che l'evoluzione culturale continuò su Creta ed altre isole minoiche per diverse decadi ancora. Thera fu abbandonata come risultato del disastro vulcanico. Le ricerche geologiche non permettono di coprire per oltre un anno o due l'intera sequenza di eruzioni a Thera; a Krakatoa il tutto si compì in pochi mesi. A Creta, a Nirou Khani, inoltre, mucchi di pomice sono stati trovati sepolti dentro tazze che risalgono al tardo minoico IA, senza collegamento con il materiale del tardo minoico IB, sotto la soglia di una porta che dà su un santuario, come segno, senza alcun dubbio, di pacificazione verso gli dèi che hanno scatenato le ire del vulcano di Thera; in poche, chiarissime, parole: i depositi di questo santuario datano la fine della civiltà cretese ad un'epoca chiaramente precedente. In altri luoghi di Creta, a Zakros ad esempio, particelle di cenere sono state trovate in un tardo minoico IA sigillato sotto resti del tardo minoico IB. Vi sono prove che suggeriscono il declino della vita su Creta a causa dell'esplosione di Thera, ma essa chiaramente non giunse ad una interruzione definitiva, infatti la vitalità culturale rimase attiva per almeno un'altra generazione come ci dimostra l'attraente "stile marino" del tardo minoico IB, con i tipici delfini, stelle di mare, polipi ed altri elementi della vita acquatica.

In ogni caso, gli effetti dell'eruzione non furono così gravi lontano da Thera come potrebbe suggerire il parallelo col caso di Krakatoa, con solo moderate piogge di cenere su Creta e *tsunami* di altezza non superiore agli otto metri registrate sulla costa settentrionale: è improbabile che l'agricoltura sia stata del tutto danneggiata o che i porti minoici e le flotte siano stati spazzati via dalle onde. La distruzione selettiva di alcuni ma non tutti i siti cretesi non sembra essere il risultato di un singolo terremoto di origine vulcanica, e può essere attribuita anche all'incendio doloso più che alla natura. L'opinione della moderna archeologia, inoltre, è meno incline di quanto fosse in passato a considerare la civiltà minoica come un aggressivo impero marittimo, mentre prove basate sulla crescita anulare degli alberi e sulla analisi di carotaggi sono state avanzate (e messe in discussione) per indicare una data più antica per l'eruzione, prima del 1600 a.C. La datazione al radiocarbonio di granaglie carbonizzatesi durante l'eruzione suggerisce inoltre una data troppo anticipata (tra il 1630 e il 1530 a.C.) per la fine della civiltà minoica.

Ulteriori paralleli tra l'Atlantide di Platone e la Creta minoica che un tempo apparivano interessanti, ai giorni nostri hanno perso d'attrattiva. Cnosso, la capitale della Creta minoica, non aveva nulla a che vedere con l'Atlantide di Platone ad eccezione dell'esuberanza policroma delle sue decorazioni. Le scene della danza sui tori rappresentate sui dipinti che si trovano sulle mura minoiche e le rappresentazioni della cattura del toro che compaiono su una coppia di tazze minoiche ricordano il toro sacrificato ad Atlantide di cui ci parla Platone ancora meno di quanto possano farlo i rituali faraonici egiziani, o il sacrificio del toro nella Grecia platoniana. Chiaramente, gli abitanti della Grecia minoica amavano le immersioni in mare tanto quanto quelli di Atlantide secondo Platone, ma non vi sono assolutamente mai stati elefanti su Creta.

Sappiamo che Platone aveva familiarità con Creta (giocava con l'idea di fondare in quel luogo una società sperimentale) e non è improbabile che egli non ritrovasse qualcosa di Creta in ogni appunto di Solone o nella documentazione egizia, se davvero fu Creta la base del suo racconto. In ogni caso, Platone non menziona alcun vulcano in relazione ad Atlantide (sebbene i minerali e le fonti calde possiedano caratteristiche di questo tipo), omissione alquanto strana se davvero gli antichi racconti su Thera e Creta gli fossero giunti all'orecchio. Platone aveva familiarità coi fenomeni vulcanici in quanto essi erano in atto sull'Etna quando egli si trovava in Sicilia, e, presumibilmente, anche grazie al destino di Empedocle nel cratere del vulcano.

Appare chiaro, dunque, che nessuna descrizione dettagliata della Creta minoica e del suo declino possa aver direttamente ispirato Platone, tramite Solone e Crizia attraverso alcune accurate documentazioni egizie. Tutto ciò che si può dire è che vaghe notizie di una catastrofe naturale su un'isola del Mediterraneo, alcune delle cui conseguenze possono essere state testimoniate anche in Egitto, e del declino della portata di un precedente partner commerciale possono essere giunte a Platone tramite fonti egizie. Potremmo allo stesso modo dire, ed è almeno plausibile, che la stessa leggenda mesopotamica della grande inondazione che ha ispirato i compilatori della *Genesi* giunse anche, per diversa trasmissione, a Platone. Questo significa non dire molto, o nulla del tutto, ed è molto più probabile rimanere colpiti da memorie di terremoti ed inondazioni verificatesi in luoghi a noi vicini da un punto di vista spazio-temporale, come quelli ad Atalante ed Elice per Platone, che possono essere tornati in mente al filosofo mentre si apprestava a dar vita ad Atlantide.

Come i suoi contemporanei greci in generale, Platone era praticamente "costretto" a provare una sorta di timore reverenziale per l'antichità dell'Egitto e la vastità della documentazione storica che gli stessi Egizi erano portati ad esaltare dandole contorni mitici: motivo abbastanza valido per spingere Platone a fare dei sacerdoti egizi la fonte delle proprie notizie. Potremmo anche andare avanti su questo sentiero ed ipotizzare che gli annali egizi, e quanto ne rimane a noi oggi, che ci parlano di lotte con una coalizione di "popoli del mare" che attaccarono la regione del delta intorno al 1200 a.C., possono aver contribuito alla creazione della storia dell'aggressione Atlantidea, ma a quale scopo? Nulla a riguardo delle reali gesta storiche di queste genti ha qualche connessione con ciò che spinse Platone a scrivere di un'isola di nome Atlantide e qualunque dettaglio della loro vera storia che possa, per quanto debole e distorto, essere giunto nel resoconto immaginario di Platone sarebbe talmente irrilevante in merito allo scopo che mosse il filosofo da rimanere al livello di curiosità. Oltre che incerti, dopo la dovuta ammissione di necessari cambiamenti di date, dimensioni, posizionamenti, nomi, dettagli topografici, eccetera eccetera. Lo stesso vale per i tentativi di creare una correlazione tra la storia di Atlantide e la caduta di Troia come forse derivata da una variante del racconto di Omero attraverso le documentazioni egizie, o di collegarla ai racconti fenici della perdita di Tartesso negli insabbiamenti o a ricordi di inondazioni nell'area del Mediterraneo e del Mar Nero (o del Mare del Nord, o a largo della costa atlantica del Nord Africa) quando i ghiacciai si fusero alla fine dell'ultima era glaciale. E lo stesso vale, come vedremo, per i tentativi di far risalire la storia di Platone addirittura alla civiltà Cro-Magnon di 15.000 anni fa o ai costruttori di megaliti dell'Europa occidentale dopo il 5000 a.C., o ancora a primitivi stanziamenti di Cuba che commerciava coi mercanti fenici; o, se per questo, per uno qualsiasi della moltitudine di prototipi di Atlantide che troviamo nel Mare del Nord, nel Baltico, nel mar Nero, nell'Artico, nell'entroterra anatolico, sotto la calotta glaciale meridionale e nello spazio. In un modo o nell'altro, tutti questi scenari implicano un tale grado di reinterpretazione (violenta) delle reali parole di Platone da rendere ridicolo il risultato finale.

Come afferma L. Sprague de Camp, pioniere degli studi sulle civiltà scomparse, nel suo *Il mito di Atlantide e i continenti scomparsi* del 1954 (a cui tutti gli scrittori che in seguito si occuparono dello stesso tema devono molto): «Non si possono cambiare tutti i dettagli della storia di Platone e poi continuare ad affermare che il racconto continua ad essere di Platone. Sarebbe come dire che il leggendario re Artù è "veramente" la regina Cleopatra. In fondo, c'è solo da cambiare il sesso a Cleopatra, la nazionalità, l'epoca, l'indole, l'etica, ed altri piccoli dettagli, e la somiglianza diventa ovvia». James Guy Bramwell, nel suo *Lost Atlantis*, del 1938, scrive in modo icastico: «O è un'isola dell'oceano Atlantico, o non è Atlantide». E possiamo aggiungere che non si tratterebbe di Atlantide neppure nel caso in cui la terra perduta non assomigliasse all'elaborata descrizione che ne fa Platone, non essendo altro che la scomparsa per inondazione di una comunità primitiva di cacciatori-raccoglitori o agricoltori della tarda età della Pietra.

Nel compiere violenza al racconto platonico di Atlantide allo scopo di farlo combaciare con teorie di antichissimi disastri o con terre scomparse o con mai verificati attraversamenti dell'oceano, si trascura completamente quello che era lo scopo di Platone nel descrivere Atlantide nel *Timeo* e nel *Crizia*. Di più, il carattere dell'intera opera di Platone viene trasfigurato. Platone desiderava, attraverso il dialogo filosofico, arrivare ad uno schema di vita che fosse allo stesso tempo razionale e scientifico e capace di comprendere in sé gli aspetti morali e religiosi della natura umana. La trilogia del *Timeo*, dell'incompleto *Crizia* e del mai iniziato *Ermocrate*, era tesa a sviluppare il tema del posto dell'umanità nell'universo intero, dell'essere dai primi princìpi: dalle origini e dalla natura del mondo attraverso la storia, ad una comprensione del modo migliore in cui la vita dovrebbe essere vissuta dagli esseri umani. Allo scopo evidente di collegare il *Timeo* alla precedente *Repubblica*, con le sue questioni sociali, e preannunciare lo scopo dell'intera trilogia, Platone pose il primo abbozzo di Atlantide tramite le parole di Crizia (in risposta alle riflessioni di Socrate sullo stato ideale) prima che Timeo si addentri nella disquisizione principale di questa prima parte dell'opera, ovvero in materia di cosmologia, fisica e biologia. Atlantide ricompare ancora nel *Crizia* all'inizio di quello che doveva essere un resoconto della storia umana fin dai primissimi tempi, incorporando la non tanto irragionevole, all'epoca, idea di un grande processo ciclico di comunità consecutive di esseri umani con alti e bassi allorché catastrofi naturali (o di natura divina) scacciavano le vecchie e davano vita alle nuove ripetutamente.

Questa visione ciclica della storia affondava probabilmente le sue radici nel popolo babilonese e solo di poco fu successivamente sviluppata dopo l'epoca in cui visse Platone da Beroso di Cos, che era di origini babilonesi. Noi oggi siamo talmente abituati alla prospettiva evoluzionistica giudeo-cristiana e marxista delle questioni umane, in cui vi è un inizio, una direzione, dei passi lungo un percorso ed una fine all'orizzonte, che ci risulta piuttosto facile dimenticare che le culture in cui questi concetti mancano hanno una visione del mondo in termini di grandi cicli che si ripetono eternamente, di catastrofi e rinascite e ancora catastrofi: gli Aztechi del Messico, ad esempio, condividevano questo tipo di visione con i Babilonesi ed i Greci. L'ultimo libro della trilogia platonica, l'*Ermocrate*, in cui compare un generale di Siracusa che aveva combattuto contro Atene negli anni giovanili di Platone (e dunque dopo l'epoca in cui la trilogia è ambientata), avrebbe continuato ad avere a che fare con la storia moderna e, presumibilmente, a rinforzare le idee sociali e morali che Platone desiderava diffondere. (L'ultima opera di Platone, le *Leggi*, in effetti tratta proprio di questo).

La storia di Atlantide contenuta nel *Crizia* è costruita in modo da giungere ad un climax di rabbia divina contro l'irrompere dell'ingiustizia, ed appare chiaramente che la turpitudine degli abitanti di Atlantide giace nell'avido perseguimento della ricchezza e del potere fini a se stessi ed alla perdita della virtù primigenia. Diversamente dagli austeri, autonomi, semplici e moderati contemporanei ateniesi, gli abitanti di Atlantide vivono in uno splendore selvaggio al centro di un impero, con sovrani volgarmente ricchi e pieni di superbia che non si preoccupano di danneggiare la natura con vasti schemi di irrigazione e opere di ingegneria civile, né di consumare le ricchezze minerarie della loro isola per decorare palazzi in stile stravagante. Anche i semplici cittadini di Atlantide vivono in case vistose, fanno bagni caldi in barba alle stagioni e preferiscono andare alle corse anziché nelle palestre. Tutto ciò ha un vago sentore dei mondi estranei, barbari, dei Persiani, dei Babilonesi e degli Egizi dei tempi di Platone; ma purtroppo per lui, riflette anche gli eccessi di alcune ricche città greche, inclusa quella natale del filosofo. Nel mostrare che gli abitanti di Atlantide diventano disonesti non tanto perché "barbari" quanto perché non riescono a resistere alle pressioni esercitate dalla ricchezza e dal potere tipiche degli stati barbari, Platone sostiene che sono alcuni tipi di organizzazione politica ed economica a rendere vile la vita umana ed a distruggere le persone. Con l'istinto dell'artista e la lucidità mentale del grande pensatore che era, Platone riusciva a distinguere cosa stava accadendo al suo mondo, e decise così di dare vita ad una minacciosa visione della rovina di un antico ricchissimo impero per mettere in guardia i suoi contemporanei su quello che si profilava all'orizzonte in un'epoca anche più commerciale e materialistica, col regno semi-barbaro dei Macedoni che attendeva al varco l'attimo dello sfacelo per piombare loro addosso. Alessandro il Macedone, che aveva attaccato i Persiani sul loro suolo a capo di un esercito greco, continuava a creare un vasto e nuovo impero che abbracciava larga parte del mondo antico. Egli perciò stava rendendo reale qualcosa di più somigliante all'Atlantide di Platone di qualsiasi altra cosa il filosofo potesse trovare intorno a sé in quei giorni, rendendo il mondo greco in sé più barbaro ed orientale nel processo. Platone avrebbe deplorato lo stile di vita ellenico introdotto dalle conquiste di Alessandro anche più delle tendenze negative della propria epoca, soprattutto a riguardo di quegli stili di vita materialistici e volgari che avevano decretato la morte dello spirito pellegrino di ricerca della verità che egli amava sopra ogni altra cosa. Ed è di questo che tratta la storia di Atlantide: un'analisi di cosa c'era di sbagliato nel mondo all'epoca di Platone, una visione straordinariamente profetica di ciò che di peggio deve ancora avvenire, ed un avvertimento – rivolto non solo alla propria città, né solo alla sua terra, né solo alla sua epoca – di ciò che accadrà ogni qualvolta la ricchezza e il desiderio materiale diventano la ragione unica dell'esistenza umana. L'Atlantide di Platone è un avvertimento per noi tutti e non un'opera storica, in ogni caso.

Questo giudizio sembra essere stato condiviso dal più illustre degli allievi di Platone, ovvero dal grande filosofo Aristotele che, cosa abbastanza interessante, era il figlio del medico di corte dei re macedoni e per qualche tempo fu tutore del giovane Alessandro il Macedone. Con Aristotele ci troviamo nella fastidiosa posizione di conoscere la maggior parte delle sue opere solo sotto forma di appunti o citazioni nei testi di scrittori più tardi. Ed è da una citazione della *Geografia* di Strabone, dell'inizio del I secolo d.C., che veniamo a conoscenza di cosa Aristotele pensasse della storia di Atlantide. Anche Aristotele, infatti, parla di acque basse e fangose oltre le Colonne d'Ercole, ma fa un parallelo tra la storia di Atlantide scritta da Platone e gli artifizi letterari di Omero, dichiarando che «colui che creò, distrusse», mostrando dunque di considerare il resoconto del filosofo una creazione letteraria con uno scopo filosofico. Provenendo da un eminente allievo di Platone, questo giudizio suggerisce fortemente che il filosofo non fece affermazioni informali tra i suoi studenti riguardo all'autenticità della sua storia ed inoltre che Atlantide non era nota e familiare a quei tempi (neanche in forma di abbozzo) tra le persone colte del mondo greco.

Questa conclusione è rafforzata dalla completa assenza di riferimenti all'isola di Atlantide da parte di qualsiasi filosofo prima di Platone, perfino da parte di Erodoto che aveva visitato l'Egitto prima che Platone nascesse (ed aveva visitato quello stesso tempio di Sais in cui si suppone che Solone avesse appreso la storia di Atlantide). Fu Erodoto il primo a fare riferimento alle acque oltre le Colonne d'Ercole come all'"oceano Atlantico", estensione abbastanza naturale del nome delle montagne Atlante del nord-ovest dell'Africa verso il grande mare cui si congiungevano. Non è altro che supposizione che Platone, primariamente ispirato dai racconti sull'inondazione di Atalante (a circa 100 km da Atene) che ebbe luogo quando il filosofo aveva circa un anno, fosse stato stuzzicato dalla somiglianza del nome di quella piccola isola con la radice (*Atlant-* in greco) del nome del mitico Atlante di Omero e della catena montuosa omonima. (Si dice che Atlante fu trasformato in pietra per sorreggere i cieli o tutto il globo terrestre, da cui l'uso moderno della parola "atlante"). Nel momento in cui Platone assegnava dimensioni e grandezza alla sua Atlantide che non poteva affatto essere contenuta nel Mediterraneo, la poneva automaticamente al di fuori, nell'oceano Atlantico, così chiamato dai tempi di Erodoto, il quale, ricordiamolo ancora una volta, non menziona mai Atlantide. Siamo a conoscenza di un'opera, scritta subito prima dell'epoca in cui visse Platone da un certo Ellanico di Lesbo, che veniva chiamata *Atlantis* e che non aveva però nulla a che fare con la storia di Platone ed era invece un trattato mitologico sulle figlie di Atlante: "Atlantis" significava quindi figlie "di Atlante"!

Aristotele è in testa ad una lunga fila di personaggi che non credono alla reale esistenza di Atlantide, sia appartenenti al mondo antico che ad epoche più tarde. Vi erano comunque, nelle epoche classiche alcuni che vi credevano. Di un allievo di Platone, di nome Crantore, si dice, in un'opera scritta più di 700 anni dopo, alla fine della tradizione classica della filosofia, che accettasse Atlantide come fatto storico e che ritenesse le affermazioni di Crizia, secondo le quali la storia era registrata su colonne che potevano essere viste in Egitto, assolutamente veritiere. Ciò che Proclo dice negli anni attorno al 430 d.C. riguardo ad un'opera di Crantor, già da allora perduta, scritta intorno al 300 a.C. non conta molto. Una gamma di autori antichi inclusi Teofrasto (allievo di Aristotele che aveva più di vent'anni quando Platone morì), Posidonio (che scrisse circa intorno al 70 a.C.), Tertulliano (circa 200 d.C.), Strabone e Filone di Alessandria (IV secolo d.C.) consideravano Atlantide storia e non finzione. D'altro canto, Longino (I secolo d.C.), Origene (intorno al 230 d.C.), Giamblico (300 d.C.) e Porfirio (morto nel 305 d.C.) erano tra coloro che consideravano Atlantide mito ed allegoria. Plinio, che morì nell'eruzione del Vesuvio del 79 d.C., era di larghe vedute eppure scettico, mentre Plutarco (che morì nel 120 d.C.) fu piuttosto evasivo al riguardo, ma contribuì dando un nome (circa 450 anni dopo Platone) al sacerdote che raccontò a Solone la storia di Atlantide: Senchis, che può derivare dallo stesso nome egiziano che conosciamo come Shoshenk o Sheshonk (faraone che visse intorno al 925 a.C.).

Lo stesso Proclo del 430 d.C., che sosteneva che Crantore credesse nella effettiva realtà di Atlantide, è ambivalente circa la validità storica del racconto, testimone di un inconcludente dibattito in materia sorto ad Alessandria, dove, evidentemente, neanche la grande biblioteca conteneva una documentazione tale da poter finalmente classificare il resoconto di Platone come fatto storicamente avvenuto. Ma a lui dobbiamo l'unico suggerimento che possediamo (e che non è neanche tanto persuasivo) secondo il quale nessuno nei tempi classici conosceva particolari su Atlantide che non fossero da ricondurre agli scritti di Platone. Proclo si riferisce ad un'opera di un oscuro storico e geografo del I secolo a.C. (circa 500 anni prima di lui) di nome Marcello. Nessuna delle sue opere è giunta a noi, ma esse comprendevano, secondo Proclo, un testo intitolato *Storia d'Etiopia* che egli credeva potesse sostenere Platone in qualche modo. In esso, sembra, Marcello riportava che vari esploratori dell'oceano Atlantico che avevano oltrepassato le Colonne d'Ercole avessero portato con loro al ritorno storie di isole nel mare e che una vivace controversia era andata avanti per diverso tempo tra gli studiosi di Alessandria sul significato che queste isole potevano avere in rapporto ad Atlantide. Nulla di sorprendente: molte imbarcazioni di diverse nazioni si erano avventurate nell'Atlantico ed avevano incontrato sulla loro rotta alcune delle isole più al largo delle coste africane ed europea prima del 100 a.C. Gli studiosi alessandrini avrebbero inevitabilmente ricordato Platone quando prendevano in considerazione queste isole.

Ma Marcello, sostiene Proclo, menziona tre altre isole «di estensione vastissima, una di queste consacrata a Plutone, un'altra ad Ammone e quella intermedia a Nettuno, le dimensioni della quale erano di mille stadi». Ricordiamo che la pianura, senza i prolungamenti rocciosi, dell'Atlantide di Platone era di 3000 per 2000 stadi, ma perfino queste cifre suggeriscono un'isola molto più piccola della «Libia e dell'Asia insieme», definizione che Platone dava delle dimensioni di Atlantide. L'isola di Marcello è quanto meno molto più grande di qualsiasi isola conosciuta tra le Canarie, Madeira, Capo Verde o le Azzorre che gli esploratori dei suoi tempi possano aver raggiunto nell'Atlantico. Comunque stiano le cose, le misurazioni dei tempi antichi erano sempre piuttosto flessibili e i resoconti spesso esagerati. Ma Marcello non è ancora soddisfatto, e i suoi esploratori «aggiungono inoltre che gli abitanti dell'isola avevano mantenuto intatto dai loro antenati il ricordo dell'isola Atlantica che era esistita in quel punto, e che era immensamente grande, e che per un lungo periodo governò tutte le isole dell'Atlantico ed era anch'essa consacrata a Nettuno».

Nettuno era l'equivalente romano di Poseidone, il dio fondatore di Atlantide secondo Platone. Ma all'epoca questo dio marino era il fondatore e patrono di più di una comunità marittima. (Plutone era l'equivalente dell'Ade greco ed Ammone il grande dio dell'Egitto dell'ultimo periodo). Nominalmente, Marcello, secondo Proclo, ci racconta di un gruppo di isole, conosciuto intorno al 100 a.C., i cui abitanti ricordano l'esistenza di un'isola più grande, con un impero piuttosto simile a quello che Platone attribuisce ad Atlantide. La spiegazione più semplice per questa affermazione (e le soluzioni più semplici sono sempre quelle da preferire) è che Marcello e i suoi informatori erano, cosa per nulla sorprendente, influenzati dai notissimi scritti di Platone su Atlantide, e così Marcello tramite Proclo non costituisce un affidabile sostegno alla veridicità storica dell'esistenza di Atlantide. Lo stesso si può dire delle osservazioni un tempo attribuite ad Aristotele circa un'isola scoperta dai Cartaginesi dopo pochi giorni di vela nell'Atlantico, con foreste, alberi da frutta e fiumi navigabili: questa era, infatti, opera di uno dei diversi e più tardi "pseudo-Aristotele" che si atteggiava a maestro. Quindi, non vi è nessun'altra fonte della storia di Atlantide oltre a Platone e nessuno degli autori successivi riportò mai di aver visto l'antica documentazione egizia in proposito o di aver mai sentito pronunciare un'altra parola in proposito da fonte egizia – persino ad Alessandria – circa Atlantide o qualcosa che vagamente le somigliasse.

Ovviamente, racconti di marinai su isole dell'Atlantico circolavano in quantità, a volte con basi reali, su cui i geografi del tempo potevano riflettere, pensare, rimuginare... ed era ragionevole ipotizzare (come evidentemente fecero il nostro pseudo-Aristotele e Teopompo) che vi fossero altri continenti ed isole sparsi per tutti gli oceani ed in particolare in quelli più lontani dal bacino del Mediterraneo, un po' allo stesso modo in cui noi oggi speculiamo sull'esistenza di altri sistemi solari. («È probabile che ci siano molti altri continenti separati da quelli noti dal mare, che dobbiamo attraversare per raggiungere, alcuni più grandi ed altri più piccoli ma tutti, escluso il nostro, invisibili ai nostri occhi... Come le nostre isole sono rapportate ai nostri mari, così i mondi inabitanti sono da porsi in relazione all'intero mare, in quanto si tratta di immense isole circondate da immensi mari», come scrive lo pseudo-Aristotele). Ma nulla negli scritti dei geografi classici offre sostegno all'esistenza di Atlantide. E nulla nella moderna geologia permette di credere alla passata esistenza di un'isola-continente ora scomparsa i cui resti potrebbero essere costituiti dalle Azzorre o dalle Canarie o da Madeira, come vedremo meglio quando arriveremo a discutere delle teorie di Ignatius Donnelly.

Per il momento, a questo primitivo stadio del nostro lavoro diagnostico della Sindrome di Atlantide, con solo Platone come punto di partenza, dobbiamo stabilire quali caratteristiche-chiave dell'idea di Atlantide abbiamo raccolto finora. Lasciamo per il momento da parte ciò che sappiamo dello scopo che muoveva Platone a scrivere di Atlantide (per quanto cruciale questo punto sia ai fini della comprensione del modo in cui l'intera idea di Atlantide fu generata), riconoscendo che gli scrittori successivi persero ogni traccia delle affermazioni da lui fatte della lotta tra Atene ed Atlantide e tutte le tracce dell'oltraggio morale che i vizi degli abitanti di Atlantide gli provocavano. (Come molti altri autori di testi a carattere morale, Platone è riuscito a rendere i suoi "cattivi" più interessanti dei "buoni"). Concentriamoci invece su quelle parti della storia che si sono rivelate componenti standard della speculazione su Atlantide: in altre parole, su ciò che, del racconto di Platone, rimane nei pensieri degli atlantologi, le fondamenta, per così dire, su cui poi altri hanno costruito.

L'idea chiave è, naturalmente, quella di una civiltà scomparsa, di un intero stile di vita altamente sofisticato di cui si è perduta traccia, fatta eccezione per alcune rare documentazioni antiche note solo a pochi. Non è questa un'idea egizia. Gli Egizi credevano molto antico il loro stile di vita, e possedevano liste di re che fanno risalire la loro civiltà ad almeno 4000 anni prima dei tempi della dinastia saitica. Vi erano, ovviamente, alcuni vuoti e salti nella loro documentazione (come risultato di periodi di turbolenze sociali in cui non venivano tenuti resoconti o in cui diversi sovrani rivali regnavano allo stesso momento) che rendono difficile calcolare l'intervallo temporale, ma ciò lascia solo spianata la via al credere che la storia della civiltà egizia sia stata più lunga ancora. Essi credevano, inoltre, che in tempi predinastici (prima dei primissimi re di cui il nome e il regno è registrato) vi siano state successioni di sovrani semidivini che durarono per migliaia e migliaia di anni fino a risalire a tempi antichissimi in cui gli dèi stessi vivevano sulla Terra. Nonostante i periodi di scompiglio (ve ne sono tre principali nella storia egizia) gli Egizi non credevano – qualsiasi cosa si suppone che i sacerdoti di Sais abbiano detto a Solone – in episodi cataclismatici a livello cosmico, durante i quali il fuoco e le inondazioni spazzarono via gran parte dell'umanità e della memoria storica di questa. Noi sappiamo però che Platone credeva in questo tipo di "schema" della storia umana. E questa idea non era tanto irragionevole per le menti analitiche greche, che si trovavano ad affrontare la realtà dell'esistenza umana senza la ottenebrata fiducia nelle tradizioni religiose della maggior parte dei popoli del mondo antico, ma anche senza i vantaggi dell'archeologia, della geologia e della biologia evoluzionistica a far loro da guida. Platone scelse gli Egizi come trasmettitori della conoscenza del più remoto passato a causa dell'universale considerazione che i Greci avevano della venerabile longevità della civiltà egizia. Se qualcuno doveva conoscere qualcosa dei primitivi stadi della vita umana sulla Terra, questi dovevano essere gli Egizi. Potrebbe addirittura esserci una sottile ironia rivolta ai suoi diffamatori nella scelta di Sais come prova dell'autenticità di Atlantide. I filosofi rivali avevano accusato Platone, secondo quanto ci dice la successiva tradizione, di aver ripreso il suo ideale sociale come descritto nella *Repubblica* pari pari dagli Egizi; e così nel *Timeo* e *Crizia* egli attribuisce direttamente ed apertamente la conoscenza di Atlantide proprio alla loro civiltà. Nel suo successivo, ed ultimo, testo, le *Leggi*, egli ritorna ancora una volta sull'antichità dell'Egitto, facendo dichiarare al suo anonimo portavoce ateniese che l'arte egiziana di diecimila anni prima era di ottima qualità come quella di oggi, «e non parlo a vanvera, intendo davvero diecimila anni fa».

Inavvertitamente, con la sua insistenza sull'antichità ed accuratezza degli annali egizi (come trucco letterario, in verità), Platone ha generato un'importante caratteristica dell'idea di Atlantide, che non scomparirà mai di scena: quella secondo cui, nonostante la generale ignoranza dell'umanità, compresa quella degli studiosi, riguardo alla vera storia delle origini del mondo, esiste una ricca e rara documentazione antica che può essere raccolta in luoghi esotici tramite quei pochi illuminati che ne sono a conoscenza. Questa documentazione non è sempre, e solo, sotto forma di antichi testi (può essere decodificata dalle mappe stellari, nelle piante e dalla disposizione dei templi, e dalle mitologie primitive), ma i testi non sono mai impossibili da raggiungere, o meglio la promessa dell'esistenza di questi e della loro vicinanza, come nel caso della sala dei ricordi atlantidea sotto la Sfinge che ha mancato di mostrarsi, come invece predetto.

Anche la descrizione dello stile di vita degli abitanti di Atlantide come opulento ed artificiale, nelle parole di Platone, oltre il sogno austero dei loro rivali ateniesi, ha dato l'avvio a qualcosa. Non importa che egli intendesse semplicemente illuminare i pericoli morali insiti nel lusso e nel potere: in questo modo egli ha contribuito comunque alla grandiosa visione di Atlantide tipica delle epoche seguenti, ovvero ha dato la prima mano a quello che poi sarebbe divenuto un quadro di ricchezza, abilità tecnologiche e padronanza della natura. Se qualcuno vuole vedere ricchezze, raffinatezza materialistica ed atteggiamenti tanto audaci quanto baldanzosi nei confronti del mondo fisico come marchio di garanzia della civiltà, allora Platone ha costruito per costoro una superciviltà su Atlantide alimentando in modo piuttosto inavvertito l'idea di un'età dell'oro da lungo tempo terminata. Ciò che non ha fatto, comunque, in ogni suo testo, è stato attribuire alla sua Atlantide la smodata quantità di "antica saggezza" che oggi è diventata quasi di rigore per le superciviltà scomparse. Gli abitanti dell'Atlantide platonica sono ingegneri ma non scienziati e non di certo saggi. Non hanno costruito la loro civiltà altamente tecnologica sconosciuta al resto del mondo antico, non sono i migliori astronomi al mondo e non sono abbastanza saggi da evitare le conseguenze spiacevoli che derivano dall'abuso di ricchezza e potere.

La civiltà di Atlantide non è, in base a quanto ci dice Platone, la prima al mondo (Atene, quanto meno, è tanto antica quanto Atlantide, e senza dubbio devono esserci state altre civiltà precedenti nel lungo ciclo dell'esistenza umana) e non costituisce neanche la fonte di cultura e civiltà a cui le altre si sono ispirate. Non ha nulla a che vedere con Atene: è solo più ricca, più avida e più artificiale. Costituisce un impero ma non vi è alcun suggerimento stile XIX secolo su fini missionari: l'impero atlantideo platonico non si arroga il diritto di portare "l'illuminazione" della cultura alle "razze inferiori". Saranno poi i successori di Platone, in epoche imperiali più tarde, a correggere gli errori e le omissioni del filosofo in materia di antica saggezza ed illuminazione.

Anche la posizione di Atlantide e la natura della sua fine sono parte costitutiva importante della Sindrome che Platone ha contribuito a creare solo in termini generali: molti dei suoi successori hanno spostato il continente perduto di parecchio sul globo, a volte addirittura fuori dell'Atlantico, e, al posto di terremoti ed inondazioni, troviamo eruzioni di vulcani e perfino collisioni di comete. Non molti atlantologi attribuiscono più, al giorno d'oggi, la fine di Atlantide a Zeus, o ad Ammon-Râ o ad altro dio.

Da Platone, dunque, il pensiero occidentale ha ricevuto la nozione di una spettacolare civiltà antica, distrutta senza lasciare alcuna traccia, che si trovava in qualche remota regione non facilmente individuabile, oltre il Mediterraneo e il mondo europeo, ricordata in modo affascinante in documentazioni perdute di un'altra civiltà scomparsa, misteriosa tanto quanto quella di Atlantide. La storia per i geografi, gli storici e i filosofi del mondo classico non costituiva altro che motivo di curiosità. Quando la cultura pagana dell'Occidente fu sommersa dal cristianesimo, con la sua cieca fiducia nelle tradizioni di una sola e piccola nazione levantina come unica guida alla storia, l'interesse per Atlantide scomparve quasi completamente: la Bibbia non ha infatti nulla da dire in proposito. (Cosma, un monaco del VI secolo, suggerì comunque che Timeo avesse tratto ispirazione dalla storia del diluvio universale contenuta nella Bibbia tramite una tradizione caldea, ovvero, in termini moderni, babilonese). Ci sarebbe voluta la scoperta di un Nuovo Mondo oltre l'Atlantico per far rinascere l'interesse sul continente perduto, e nel processo l'idea stessa di Atlantide si sarebbe trasformata in qualcosa di totalmente diverso.

3
Nuovo Mondo, nuova Atlantide

Numerose isole dell'Atlantico orientale sono più vicine a Cartagine di quanto lo fosse l'originaria terra natia dei Cartaginesi nel Vicino Oriente ai confini orientali del Mediterraneo. Le Madeira sono le più vicine, sebbene al largo nell'Atlantico, ma non esistono prove archeologiche che dimostrino che i Fenici vi si diressero da Cartagine, anche se non è escluso che le abbiano visitate. Navigatori genovesi le raggiunsero prima della metà del XIV secolo ed esse appaiono chiaramente sul portolano laurenziano del 1351. In seguito, i portoghesi si stabilirono a Madeira, non trovandovi esseri umani, né alcun mammifero terrestre.

Più a sud, le isole Canarie (che sono più vicine delle Madeira alla costa atlantica dell'Africa) erano note al mondo classico grazie ai resoconti di una spedizione avvenuta intorno al 40 a.C. con meta Roma da parte del re satellite, Giuba II, che i Romani avevano strategicamente posizionato in Mauretania: sia Plutarco che Plinio scrissero infatti di queste isole. I Mori le visitarono intorno al 999 d.C. e in seguito anche i marinai di molte potenze europee, fino a che le Canarie non entrarono nella sfera spagnola nel 1479. A causa della loro vicinanza alla costa settentrionale dell'Africa, le Canarie erano evitate da popolazioni che parlavano la lingua berbera (ora estinte come gruppo separato) e vivevano secondo uno stile di vita tipico della tarda età della Pietra. Molto probabilmente i marinai fenici avevano avuto contatti con queste popolazioni molto prima della spedizione di Giuba. Le isole di Capo Verde si trovano ancora più a sud e non sono vicine alla costa quanto lo sono le Canarie, ma non è per nulla escluso che gli esploratori Fenici e i Mori le visitarono. La presenza dei portoghesi è attestata dal 1460, dopo una possibile visita veneziana del 1456. Non esiste documentazione relativa a precedenti abitanti. Le Isole Britanniche erano anch'esse a portata fenicia, per così dire, ed un contemporaneo greco di Platone si spinse fino là e fino alla foce del Reno. Tutti o quasi, questi gruppi di isole relativamente vicine alle coste atlantiche dell'Africa e dell'Europa possono aver contribuito al folclore tramandato dai marinai del Mediterraneo sulla presenza di isole favolose nell'oceano Atlantico in epoche classiche (quando le Canarie in particolare venivano identificate con le mitiche Isole dei Beati, dove i defunti più fortunati andavano dopo la morte come ricompensa per ciò che avevano compiuto in vita). Echi di tale folclore classico (parte del quale forse trasmesso dai navigatori mori del Nord Africa e della Spagna), come le citazioni di scrittori come Plinio, incoraggiarono gli esploratori del Rinascimento europeo a mettersi sulle tracce di queste isole.

Le Azzorre, molto più al largo, quasi nel mezzo dell'oceano Atlantico, non furono scoperte fino al 1427, dai portoghesi, i quali non trovarono alcuna traccia di stanziamenti, né di semplici visite, nonostante si dica che i Mori le abbiano raggiunte, in base a quanto scrive un geografo arabo della prima metà del XII secolo. (Voci di resti smarriti di un bracciale, di anelli intrecciati e di dischi di pietra trovati nell'oceano al largo delle Azzorre potrebbero collegare questi oggetti, se davvero esistiti, ad un'origine storica recente). Gli studiosi del Rinascimento erano costretti a ricordare le parole di Platone allorché sempre più gruppi di isole dell'Atlantico entravano a far parte dell'orbita della conoscenza europea nel XV secolo, e le Azzorre in particolare erano considerate possibili resti della scomparsa isola di Atlantide. Ma fu solo con la scoperta delle nuove, prima insospettate e praticamente aliene civiltà del Nuovo Mondo, dall'altra parte dell'Atlantico, che la speculazione sull'esistenza di Atlantide ricevette forte impulso. Quarant'anni dopo che Colombo giunse alle Bahamas nel 1492, ed aprì la via all'esplorazione dell'entroterra dell'America centrale nel 1498, lo scienziato e poeta italiano Girolamo Fracastoro lanciò l'ipotesi che le civiltà indiane incontrate nelle Americhe costituissero gli ultimi discendenti della cultura di Atlantide. (Egli teorizzò inoltre che le malattie si diffondono grazie ad organismi minuti, che i fossili sono resti di antiche forme di vita e che i pianeti girano intorno ad un punto fisso). Nel creare una relazione tra gli Indiani d'America e l'Atlantide platonica, Fracastoro non faceva altro che seguire la tradizione dei suoi giorni, ovvero tentare di far combaciare le nuove scoperte con ciò che le rispettate autorità del mondo classico avevano avuto da dire su tale argomento (e la Bibbia costituiva l'autorità ultima, ovviamente).

All'epoca tutto ciò appariva ragionevole, dato lo stato delle conoscenze storiche e geografiche: e bisogna dire, in linea generale, che chiunque in ogni epoca cerca di far combaciare quanto c'è di nuovo con preesistenti schemi conoscitivi, quanto meno come prima ipotesi.

Ma, con la sua ipotesi sulle Americhe, Fracastoro diede una direzione completamente nuova alla storia di Atlantide, che presto in molti seguirono. Nel 1553 Francisco Lopez de Gomara colse il suggerimento nel suo *Storia generale delle Indie*, e propose di chiamare il Nord o il Sudamerica "Atlantide"; John Dee, matematico ed astrologo di Elisabetta trasferì il nome addirittura sulle carte geografiche (egli affermava inoltre di essere in contatto con gli spiriti di Atlantide). Francesco Bacone costruì su questa stessa idea l'opera incompleta a carattere utopistico, *La nuova Atlantide*, pubblicata postuma nel 1627, strumento fittizio, completo di oggetti simili ad aeroplani e sottomarini, per esprimere le proprie idee filosofiche e politiche, molto similmente a quanto aveva fatto Platone. (Bacone anticipò addirittura il concetto di cinema con le «case di inganno dei sensi, dove rappresentiamo tutti i tipi di giochi di prestigio, false apparizioni, imposture ed illusioni, nonché i loro trucchi» che si trovavano nella nuova Atlantide). Lo *Speculum Mundi* di John Swan, del 1644, concludeva che l'America era sicuramente vicina, se non addirittura parte stessa delle estensioni occidentali dell'Atlantide platonica. Alcuni anni dopo, un'opera dello studioso gesuita Athanasius Kircher, conteneva una mappa dell'accattivante possibilità (se rovesciata ai nostri occhi) di vedere come Atlantide avrebbe potuto essere, nel medio atlantico. Grazie all'influenza di Kircher, l'idea che il biblico diluvio universale e la fine di Atlantide fossero collegate subì un fortissimo impulso.

A questo punto, l'Atlantide platonica funzionava solo come spiegazione conveniente per l'esistenza delle culture indiane scoperte nelle Americhe, che, tacitamente, venivano considerate incapaci di generare se stesse, e le loro origini non erano facilmente collegabili a nessuna cultura del Vecchio Continente. Quindi l'idea di Atlantide aveva fatto già un passo oltre Platone: l'isola continente non era stata completamente distrutta, né affondata, senza lasciare traccia; la terraferma è andata perduta (o in parte perduta, visto che le Azzorre venivano considerate resti di Atlantide), ma la sua eredità continuava a vivere, seppur trasformata, nei popoli che abitavano il continente americano.

Inoltre, Atlantide ora appariva come una fonte di civiltà, come l'origine di più tarde culture. Forse era la fonte di sviluppi culturali che andavano anche oltre quelli delle Americhe, non sarebbe stato un passo molto grande, in fondo, considerarla anche come l'origine di alcune civiltà del Vecchio Mondo. Dopo tutto, Platone affermava che gli abitanti di Atlantide avevano conquistato parte del Nord Africa e dell'Italia, ed ora venivano scoperte piramidi in Messico molto somiglianti a quelle egizie. In un'epoca in cui la versione della storia antica del mondo contenuta nella Bibbia, ed in particolare quella della parte che gli Ebrei ebbero in essa, non veniva in alcun modo messa in questione, Atlantide non poteva essere considerata come fonte della civiltà di tutto il globo; ma alla fine, il passo da compiere per attribuire all'isola platoniana la cultura di alcune parti del Vecchio Mondo fu brevissimo.

L'idea che la cultura degli Indiani d'America avesse origine in Atlantide, e quella che Atlantide fosse da collocarsi vicino, o persino all'inter-

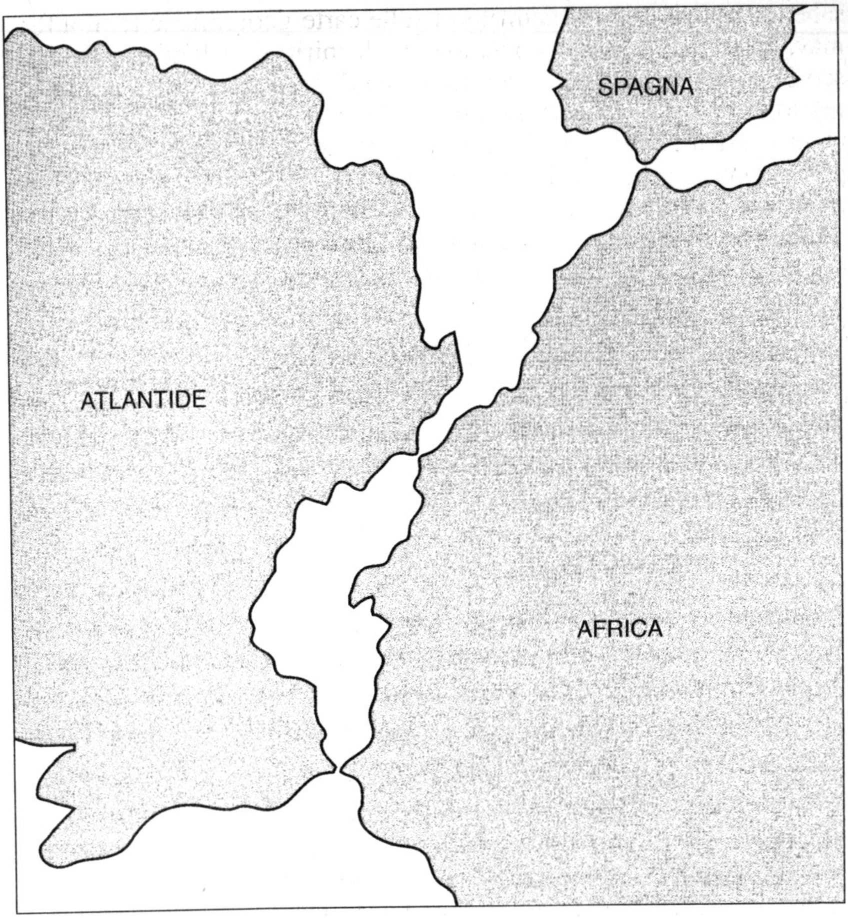

In questa mappa, attribuita a Bory de St. Vincent, Atlantide tocca il continente africano.

no, del nuovo continente, era sostenuta da studiosi della fine del XVIII ed inizio del XIX secolo quali Georges Buffon, naturalista francese che era in disaccordo con i teologi della Sorbona a causa della visione più longeva che egli aveva della storia della Terra, e l'esploratore e scienziato prussiano Alexander von Humboldt, che fu il pioniere dell'idea della deriva dei continenti tra Africa e Sudamerica. Mentre Buffon credeva che Atlantide fosse stata inondata quando le acque dell'Atlantico si riversarono nel Mediterraneo, Bory de St. Vincent riteneva che le attività vulcaniche del Mediterraneo avessero spinto le acque del mare oltre Gibilterra ed avessero affondato Atlantide, e di questa idea era talmente convinto da riportarla su una mappa alquanto dettagliata.

Ma fu la riscoperta delle rovine delle civiltà americane nel XIX secolo a dare nuovo impulso all'idea di Atlantide vicino o all'interno delle Americhe e a rinnovare l'interesse per i resoconti dei conquistatori spagnoli. Le spettacolari piramidi messicane e dell'America centrale, i tumuli degli Stati Uniti dal Mississippi all'Illinois ed all'Ohio. Quello a Cahokia in Illinois è alto oltre 30 m, con un'area di base più grande di quella della piramide di Cheope a Giza. Thomas Jefferson, sulla base degli scavi di uno dei tumuli più piccoli, concluse molto ragionevolmente che questi monumenti nord americani erano senza dubbio opera dei nativi, ma altri credevano invece che fossero opera di Danesi, Cananiti o, molto più elegantemente, dei discendenti delle tribù perdute di Israele, trascinate via dagli Assiri nell'VIII secolo a.C. Questi resti delle Tribù perdute si supponeva fossero in qualche modo giunti attraverso l'Asia allo stretto di Bering fino all'Alaska, o più probabilmente grazie ai Fenici verso le Americhe. Da qui ha avuto origine l'idea, lanciata per la prima volta a metà del XIX secolo, che i Fenici attraversassero regolarmente l'Atlantico per dirigersi in America. In tempi recenti l'idea delle Tribù perdute è stata abbandonata anche dalla cosiddetta "archeologia alternativa", ma la nozione ad essa associata dei Fenici che attraversano l'oceano per giungere in America (soprattutto nelle vesti cartaginesi) è rimasta intatta.

L'idea di Atlantide come fonte di tutte le culture americane se non di tutte le culture del mondo, era stata abbozzata per la prima volta, erronea come poi si dimostrò, da uno studioso fiammingo dopo la metà del XIX secolo. Charles-Etienne Brasseur de Bourbourg viaggiò molto per le Americhe ed imparò le lingue parlate dai nativi allo scopo di scoprire le origini degli Indiani e dei loro stili di vita. A Madrid, Brasseur trovò una copia di un testo sulla cultura dei Maya dell'America centrale scritto da un vescovo spagnolo dello Yucatán, Diego de Landa, attorno al 1560. De Landa in origine era un bigotto distruttore della cultura pagana americana, ma crebbe poi in lui un vivo interesse nella conservazione di ciò che i Maya ci hanno lasciato. (Per inciso, fu proprio lui il pioniere dell'idea della teoria non atlantidea delle "Tribù perdute" di origini amerinde. In realtà, naturalmente, queste "Tribù perdute" furono assimilate nella deportazione e non giunsero mai nelle Americhe attraverso la Siberia, né tramite i commercianti fenici). Il tardivo interesse di de Landa per la cultura dei Maya non evitò un approccio piuttosto violento verso gli informatori nativi, che ridusse severamente la qualità del materiale contenuto nel libro che Brasseur salvò dalle tenebre dell'oblio. In esso de Landa descrive le abitudini dei Maya dei suoi giorni aggiungendovi un breve resoconto della loro storia e la decifrazione, a sé rivendicata, della scrittura in geroglifico. La sua lettura dei simboli che indicavano i mesi e i giorni del calendario maya era corretta (e costituiva la base per la lettura delle date sui loro monumenti), ma il resto della decifrazione era completamente errato, in quanto egli era convinto che i geroglifici maya fossero un alfabeto diretto come il nostro. Si tratta invece chiaramente di una miscellanea di glifi che indicano suoni e segni che valgono intere parole (molto più simile alla scrittura egizia, sebbene i segni che indicano suoni prevalgono su quelli che indicano parole). Il termine d'opinione "chiaramente" è voluto, e sta ad indicare che fino ai giorni nostri i geroglifici maya non sono stati ancora completamente decifrati.

Sappiamo, comunque, che la decifrazione di de Landa era quasi interamente incompleta e le translitterazioni dai testi maya tramite il suo sistema alfabetico sono praticamente prive di valore. Nel 1864 Brasseur non sapeva ciò che noi sappiamo oggi, e, in ogni caso, le sue "traduzioni" basate sull'alfabeto di de Landa erano più che altro estrapolazioni molto fantasiose che avevano origine piuttosto nella sua conoscenza delle lingue parlate dagli Indiani dell'America centrale, come parlate e scritte in caratteri latini. Solo tre testi maya nei loro caratteri originali sono sopravvissuti alle attenzioni dei missionari spagnoli e fu grazie alla scoperta di uno di questi, il *Codice di Madrid*, che Brasseur cambiò il suo metodo di traduzione. Quella che sappiamo essere un'opera di astrologia e divinazione emerge dalle mani di Brasseur sotto forma di resoconto di una grande catastrofe che sommerse un'immensa isola nell'oceano Atlantico nel 9937 a.C., i cui sopravvissuti colonizzarono prima l'America e poi l'Egitto. Brasseur affermava che il nome indiano di quest'isola perduta non era Atlantide (che considerava una delle ritraduzioni di Solone) ma Mu, aggiungendo ancora un po' di esotismo al mondo della cosiddetta "archeologia alternativa". Non si trattava in verità di nulla più di una debole somiglianza tra le immaginarie lettere maya di de Landa che indicavano la *m* e la *u* ed una coppia di segni del codice che diedero vita al termine Mu nella mente di Brasseur.

Nonostante ciò fu presto chiaro che l'alfabeto maya nell'interpretazione di Brasseur non produceva altro che gergo illeggibile e praticamente non tradotto, il suo lavoro sul *Codice di Madrid*, fu migliorato da Augustus le Plongeon verso la fine del XIX secolo, ma sempre mantenendosi su una linea interpretativa simile. Nella sua traduzione la "terra di Mu" scompare improvvisamente nella notte a causa di una tremenda attività vulcanica, affondando con 64 milioni di persone circa 8000 anni prima di quanto ci dice il codice originale, la cui copia si trova a Madrid. Le Plongeon affermava inoltre di aver trovato in altri testi maya la storia di una principessa di nome Moo: Moo di Mu, a quanto pare. Costretta ad abbandonare la colonia atlantidea, o "muviana" dello Yucatán dopo l'omicidio del marito, Moo cercò rifugio su Mu, che era scomparsa chissà dove, e così dovette viaggiare verso un'altra colonia muviana in Egitto, dove costruì la Sfinge in commemorazione del defunto consorte. Così grande era la considerazione in cui gli Egizi tenevano Moo da decidere di darle identità di divinità femminile col nome di Iside. Tutto questo sempre secondo le Plongeon, che è praticamente il padre di tutte le nozioni atlantidee, o meglio muviane, che ancora oggi ci accompagnano, nonché di quell'atteggiamento combattivo nei confronti degli studiosi ortodossi che è il segno distintivo di quegli scrittori "alternativi" («i cosiddetti uomini colti dei nostri giorni sono i primi ad opporsi alle nuove idee e a chi le espone», ecco una delle sue affermazioni più gentili). Non è inutile quindi ricordare alcuni dei contributi da lui portati. Affermò seriamente che diverse linee e tratti a zig-zag su un architrave maya erano rappresentazioni di fili telegrafici, cosa che a suo dire dimostrava che i Maya possedevano il noto strumento del tardo XIX secolo. Asseriva che i versi sulla parete alla Festa di Baldassare nel *Libro di Daniele* erano maya e che le ultime parole di Gesù non furono «Mio Dio, mio Dio, perché mi hai abbandonato» in aramaico, ma in maya, ossia: «Ora, ora, affondando, inchiostro nero sul naso», frase sicuramente più colorita, banale e patetica allo stesso tempo. Egli riteneva inoltre che la statua inclinata di Chacmool che si trova in alcuni siti dell'America centrale custodiva una mappa accurata della costa orientale delle Americhe dal Newfoundland a Capo Horn. Robert Wauchope, nel suo ottimo *Lost Tribes and Sunken Continents*, dice di le Plongeon, a proposito dell'osservazione biliosa contro gli studiosi ortodossi, che egli stesso «non si opponeva ad alcuna nuova idea» e possiamo aggiungere che per le Plongeon queste idee non avevano alcun bisogno di essere coerenti le une con le altre.

Mu, nome maya di Atlantide a quanto dicono Brasseur e le Plongeon, fu in seguito sottoposta a bizzarri riposizionamenti che dall'Atlantico l'hanno vista nell'oceano Indiano, prima, e in quello Pacifico, poi, come risultato delle riflessioni alquanto orripilanti della teosofa madame Blavatsky, raccontate nei sei volumi della *Dottrina segreta*, pubblicati tra il 1888 e il 1936. (L'autrice morì nel 1891). La bizzarria delle ricollocazioni sta nel fatto che il nome di un altro ipotetico continente perduto, proposto per ragioni zoologiche, venne identificato con Mu ed Atlantide semplicemente perché all'interno conteneva le due lettere "mu". L'ipotesi scientifica (abbandonata da lungo tempo) era che una striscia di terra tra la costa orientale dell'Africa e l'Asia sud-orientale era stata un tempo la patria dell'evoluzione dei primi primati, sotto forma dei lemuri ora confinati in Madagascar: l'ipotetica massa di terra fu chiamata Lemuria e il Madagascar era considerato il suo principale residuo. Dato che tutto ciò riguarda una remota era geologica del mondo, non ha naturalmente nulla a che fare con la storia umana; non di meno, in modo alquanto curioso, Le-mu-ria si è stabilita nella mente di alcune persone come continente perduto nell'oceano Indiano e l'idea di una civiltà scomparsa da lungo tempo abbinata ad Atlantide viene associata anche ad essa. Ma fu la Società teosofica di madame Blavatsky a porre veramente Lemuria sulla mappa alternativa delle speculazioni sulle origini della specie umana. La sua autorità su questi argomenti si fonda su voci di un suo lungo soggiorno in Tibet (mai provato davvero) e dall'aver avuto contatti con due saggi tibetani defunti (cosa della quale ovviamente non esiste prova). Persino la Società per le ricerche psichiche tacciò di frode questa donna dai molteplici interessi, nonché moglie di un generale russo.

Si suppone che avesse ottenuto la conoscenza dei mondi perduti da resoconti (scritti in lingua "Senzar") sopravvissuti all'antico cataclisma e giunti poi in Tibet. "Citazioni" da questi ipotetici resoconti e commenti su di essi costituiscono *La dottrina segreta*, opera incomprensibile di cui è praticamente impossibile riuscire a leggere più di due righe di seguito, e che trae ispirazione da Donnelly e dall'inaffidabile studioso di sanscrito del XIX secolo Louis Jacolliot, come pure da speculazioni di precedenti occultisti sul ruolo giocato dalla magia nera nella distruzione di Atlantide. Secondo la teosofia, Lemuria era la terra della Razza della Terza Stirpe: creature simili alle scimmie, alcune con gli occhi sul retro del capo o con quattro braccia, che deponevano le uova! La Razza della Quarta Stirpe costituì la popolazione di Atlantide ed aveva sembianze più simili a quelle umane. (Gli esseri umani di oggi secondo la Blavatsky appartengono alla Razza della Quinta Stirpe). Non è di poco interesse notare che madame Blavatsky era in controtendenza rispetto agli sforzi di coloro che in tempi recenti vogliono correggere la datazione di Platone spostandola indietro nel tempo: secondo lei, invece, Platone aveva sbagliato nel dire 9000 ed intendeva 900 anni fa come data della distruzione della civiltà di Atlantide.

William Scott-Elliot riprese l'approccio di madame Blavatsky in alcuni dei suoi scritti, tra cui *The Story of Atlantis* (1896) e *The Lost Lemuria* (1904), rivelando, tramite la "preveggenza astrale", tali incredibili meraviglie quali Toltechi alti quasi 2,5 m e popolazioni venusiane di un piuttosto fantastico riassestamento delle masse terrestri del nostro pianeta. Scott-Elliot riporta in auge l'idea che gli abitanti di Atlantide meritarono la fine disastrosa che fecero scomparendo sotto le acque, a causa della pratica della stregoneria che egli attribuiva loro. Ed in seguito James Churchward, autore di scritti quali *Mu: il continente perduto* (1926), contrasse definitivamente la parola Lemuria nella forma Mu e spostò l'ipotetico continente dall'oceano Indiano al Pacifico, trasformando Atlantide in semplice colonia di Mu. Entrambe rimanevano però enormi in quanto a dimensioni: l'Atlantide di Churchward riempiva praticamente tutto il Nord Atlantico (dalle Indie Occidentali a Madeira, dalla costa settentrionale del Sudamerica alla latitudine di Terranova e dell'Irlanda) e la sua Mu era ancora più

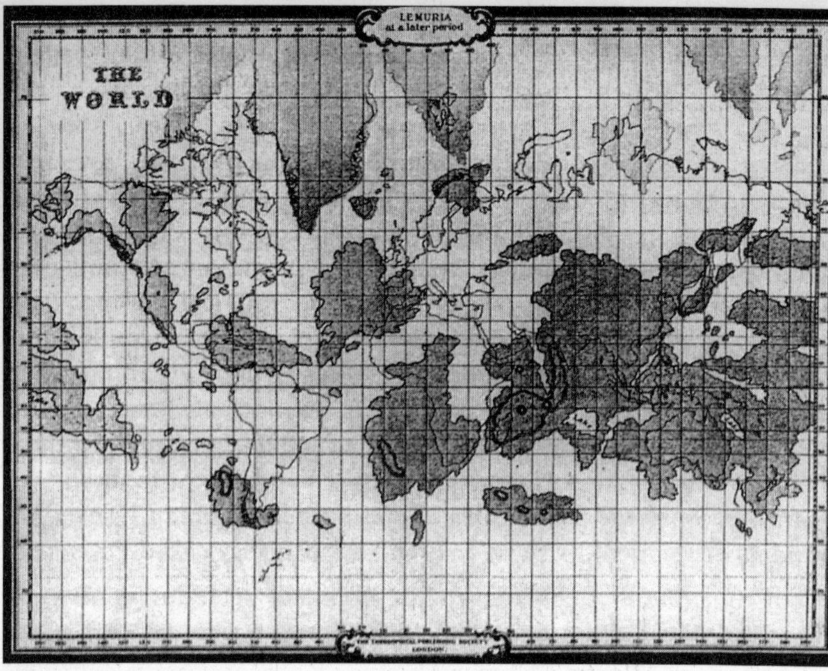

La carta del mondo proposta da Scott-Elliot, in cui si scorgono Lemuria, Atlantide e molte altre terre mai esistite.

vasta (occupava quasi tutto il Pacifico tra il 30° di latitudine sud e il 30° di latitudine nord), con linee di comunicazione con tutti i centri secondari del mondo antico. Così come madame Blavatsky sosteneva di avere una fonte tibetana di informazione, l'angloamericano Churchward affermava di aver appreso di Mu da tavolette preservate in un monastero indiano.

Il sedicente colonnello Churchward è rilevante al nostro studio della Sindrome di Atlantide in continua evoluzione, in quanto le sue idee sono in parte il prodotto dell'ideologia colonialista del tardo XIX secolo e dei primi anni del XX. Stando a lui, «le civiltà indiane, babilonesi, persiane, egiziane e dello Yucatán non erano altro che le ceneri morenti della prima grande civiltà». Riguardo alle culture dell'età della Pietra che predatavano le più antiche civiltà durante la sua epoca, la sua posizione era la seguente: «La barbarie nasce dalla civiltà, e non la civiltà dalla barbarie» e «Un selvaggio, abbandonato a se stesso, non si evolve. Egli è caduto in basso dove ora si trova e sempre più in basso cadrà. Solo quando verrà in contatto con la civiltà potrà verificarsi in lui un cambiamento positivo». Dalle sue misteriose tavolette, Churchward aveva appreso che il continente perduto «brulicava di vita felice su circa 64 milioni di esseri umani regnavano supremi... La razza dominante nella terra di Mu era di pelle bianca, composta da esseri estremamente belli, con pelli sia chiare che olivastre, occhi grandi, dolci e scuri e lisci capelli neri... Nelle serate più calme veleggiavano le navi del piacere, piene di uomini e donne vestiti a festa e adornati di gioielli». L'idea di superuomini dall'aspetto magnifico che regnano sovrani su razze inferiori e portano la civiltà in giro per il mondo è espressa chiaramente in Churchward. Era dunque possibile credere in due continenti perduti: l'originale ed immensa isola di Atlantide e il più grande, più antico e precedentemente scomparso continente del Pacifico. Qualunque sia il valore dell'ipotetica Lemuria per le remote epoche geologiche, essa non ha comunque peso di alcun tipo nella storia della civiltà umana degli ultimi ottomila anni: per il modo in cui è stata trattata da madame Blavatsky e da Churchward, questa estensione dell'idea di Atlantide non ha mai sfiorato l'ortodossia ed ha vagato piuttosto nell'occultismo e nella completa ignoranza scientifica, tacciata di frode com'è a causa della improbabile esistenza dei testi tibetani e delle tavolette indiane. Altre divagazioni teosofiche hanno dato vita a quadri assurdi di continenti perduti avvolti nella nebbia delle ipotesi, abitati da strani esseri semi umani, talmente insensati da non essere degni di considerazione ai fini della nostra analisi se non altro per notare che Atlantide, sotto una forma o l'altra, appare regolarmen-

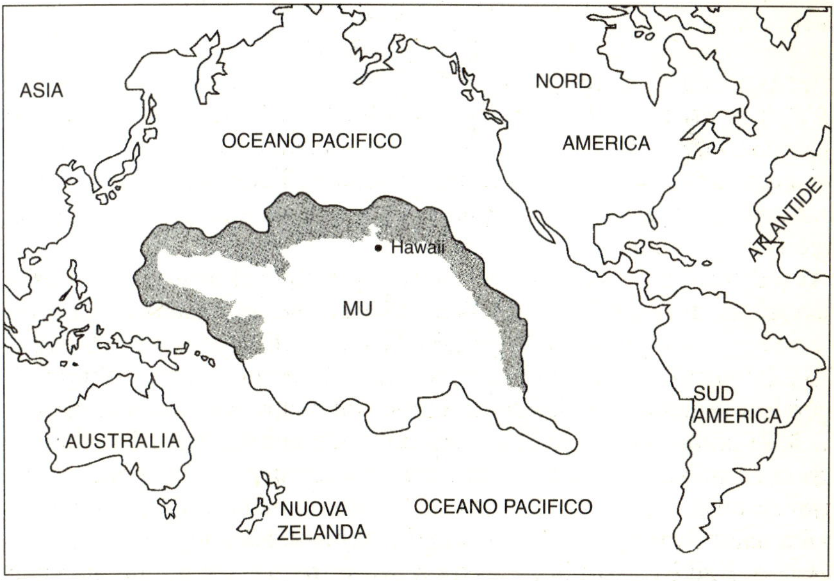

In questa carta proposta dal colonnello Churchward, si vede il mitico continente di Mu, nell'oceano Pacifico, fronteggiato, dall'altra parte, da Atlantide, nell'oceano Atlantico.

te come supercontinente perduto scomparso a causa di qualche cataclisma centinaia di migliaia di anni fa (le scale temporali teosofiche della storia umana sono sorprendentemente estese), il cui unico resto è chiamato Poseidonis: l'Atlantide di Platone. Vale la pena di tenere a mente questo nome che ci tornerà utile quando giungeremo a parlare di Edgar Cayce e delle sue predizioni su Atlantide.

La scuola di pensiero di cui Brasseur e le Plongeon furono pionieri, portata poi alle estreme conseguenze da madame Blavatsky, Churchward e simili, aggiunse particolari significativi alla lista di caratteristiche tipiche del concetto, in perenne sviluppo, di Sindrome di Atlantide. Atlantide non costituisce più l'antica e magnifica civiltà perduta distrutta da catastrofe naturale: non è più la fonte solo delle culture indiane d'America. Ora è la madre dei coloni di altre terre quali l'Egitto (piuttosto che l'invasore dell'Egitto indipendente, come la vedeva Platone) e, quando considerata essa stessa una propagine di Lemuria nell'oceano Indiano o come Mu nel Pacifico, essa diviene la fonte di tutte le civiltà antiche e la protagonista nel dramma del progresso spirituale umano. Dimora dell'"antica saggezza", della quale parleremo ancora prima della fine della nostra analisi. Inoltre, la sua storia, ancora meglio della documentazione egiziana vista da Solone, è conservata, sebbene disponibile a pochi eletti, in misteriosi scritti tibetani o indiani. Dunque, l'esistenza di segreti testi antichi diventa una delle caratteristiche chiave della Sindrome: se questi testi non sono ancora nelle nostre mani, stanno per venire scoperti sotto le piramidi o la Sfinge, o sull'Himalaya, o al polo sud, o in qualche altro posto misterioso. (Vale la pena sottolineare il carattere elusivo di queste documentazioni antiche: dovevano essere scoperte a Giza entro il millennio, stando alle promesse di certi pensatori "alternativi", ma così non è stato).

A scrivere più o meno nello stesso periodo del suscettibile le Plongeon e dell'eccentrica Blavatsky, ma con vena molto più ragionevole, ci fu un uomo che veramente fece rivivere Atlantide (senza Lemuria) come sviluppo non troppo stravagante dell'originale platonico. Ignatius Donnelly si spinse così oltre lo sviluppo della Sindrome di Atlantide, già di per sé galoppante, da considerare il continente perduto come fonte sia delle culture americane che di quelle del vecchio continente, in una piuttosto peculiare età dell'oro, senza irrorarla però di occultismo, né di radici raziali, né di incerte documentazioni tibetane o indiane, e senza altre isole-continente perdute nel Pacifico. Al contrario, si è adoperato nel fornire un'abbondanza di prove per dimostrare che sia il Vecchio che il Nuovo Mondo hanno diversi tratti in comune (non solo di carattere archeologico) che possono essere spiegati solo ed esclusivamente con la comune eredità da una scomparsa massa di terra nell'Atlantico, dove anche Platone sosteneva che Atlantide si trovasse. Donnelly, infatti, prende Platone quasi alla lettera, ignorando completamente la possibilità che l'opera del filosofo non sia altro che dimora di un mito con scopo morale. Donnelly è razionalista in un modo talmente accanito da non accorgersi neanche dell'inizio prettamente mitico dell'*incipit* di Platone, in cui Poseidone si unisce ad una donna mortale e poi rimodella in modo divino l'isola. «I primi anni della storia della maggior parte delle nazioni cominciano quasi sempre con dèi e demoni, mentre qui non troviamo nulla del genere: vediamo invece un immigrato entrare in un paese, sposare una nativa del luogo e stabilirsi lì assieme a lei; nel tempo vediamo poi crescere una grande nazione». Al che, con un'ingenuità quasi incredibile, Donnelly aggiunge: «E non esistono neanche prove concrete che indichino che Platone abbia cercato di inserire nella sua storia una lezione politica o morale sotto forma di favola, come fecero Bacone nella *Nuova Atlantide* e Tommaso Moro in *Utopia*». Aver letto tutto ciò che Platone ha scritto su Atlantide, come possiamo essere sicuri trattandosi di Donnelly (diversamente stanno le cose per molti successivi atlantologi) per poi distaccarsi completamente e senza alcuna ragione dal fine moralizzante del filosofo, significa praticamente portare agli estremi la lettura letterale del testo. Aggiungo, inoltre, che dobbiamo forse essere grati a Donnelly per essere rimasto su un piano razionale nell'aver attribuito ad Atlantide un carattere da età del Bronzo: il limite massimo a cui si spinge (e che lo avvicina alle visioni attuali di un'Atlantide altamente tecnologica) è l'ipotesi che la bussola magnetica e la polvere da sparo siano state inventate su Atlantide.

Ignatius Donnelly possedeva un carattere davvero notevole: era noto come l'uomo più colto del Congresso degli Stati Uniti. Nato nel 1831 a Philadelphia, dove divenne avvocato, nel 1856 si trasferì nel Minnesota per co-fondare una prospera cittadina insieme a tale John Nininger (da cui avrebbe preso il nome) che avrebbe dovuto costituire un polo d'attrazione culturale ed industriale per i coloni. Era editore di un giornale che veniva pubblicato in inglese e tedesco, ma una crisi finanziaria l'anno successivo svuotò la città e Donnelly ne rimase il solo abitante. Egli fu inoltre uno dei primi sostenitori del Partito repubblicano anti-schiavista e fu nominato tenente-governatore del Minnesota e membro del Congresso degli Stati Uniti. Dopo aver abbandonato i repubblicani ed essersi unito a diversi partiti minori, tornò ad una rifiorita Nininger City dove pubblicò fino al 1879 un settimanale liberale. Tre anni più tardi raggiunse il suo più grande successo letterario con una pubblicazione su Atlantide: *Atlantis: The Antediluvian World*, a cui fece poi seguire *Ragnarok: The Age of Fire and Gravel*. Entrambe queste opere contribuirono a fissare molti dei dettagli della Sindrome di Atlantide e delle relative visioni della storia e della preistoria umane. Alla fine degli anni Ottanta del 1800 Donnelly si era messo all'opera nel tentativo di dimostrare, tramite un codice che credeva di aver scoperto nelle opere di Shakespeare, che Bacone era il vero autore delle commedie e dei sonetti del maestro inglese, come pure di quelle di Marlowe e di Montaigne. In un'opera di finzione profetica intitolata *Caesar's Column*, del 1891, che richiama alla mente l'uso che sia Platone che Bacone facevano della fiction per scopi sociali e filosofici, dipinse un quadro degli Stati Uniti come sarebbero stati nel 1988, ovvero come plutocrazia capitalista con una classe lavoratrice oppressa e tiranneggiata, predicendo inoltre sviluppi di carattere tecnologico come la televisione e il gas velenoso. Morì nel 1901.

Per quel che riguarda Atlantide, Donnelly raccolse un'impressionante collezione, sebbene impressionante solo a prima vista, di dati che supportavano la teoria del primato nella storia delle civiltà antiche. Voleva stabilire in modo inequivocabile alcune proposizioni su Atlantide:

– nell'Atlantico si trovava un tempo (prima del 9600 a.C.) una grande isola, le cui propagini arrivavano vicino alla parte orientale dello stretto di Gibilterra;

– la descrizione platonica di quest'isola era storicamente accurata e non mitologica (così come Heinrich Schliemann, circa negli stessi anni di Donnelly, pensava che la Troia omerica fosse reale e non fittizia. Cosa strana ed interessante, Schliemann non aveva alcun interesse verso Atlantide);

– Atlantide fu il luogo dove per prima si sviluppò la civiltà umana;

– Atlantide divenne una nazione potente con una popolazione abbastanza numerosa da occupare il Messico, il delta del Mississippi, l'area amazzonica, la costa pacifica del Sudamerica, le coste occidentali dell'Europa e dell'Africa, la regione del Mediterraneo, le terre che circondano il Baltico, il Mar Nero e il mar Caspio;

– Atlantide era l'originale Eden, ricordato dopo la distruzione come luogo di pace e felicità: Campi Elisi, Monte Olimpo, Asgard degli dèi norvegesi;

– le divinità maschili e femminili greche, indù, germaniche e scandinave, traevano la loro origine da re, regine ed eroi dell'antica Atlantide, le cui gesta storiche divennero le gesta mitiche di questi dèi;

– nelle mitologie del Perú e dell'Egitto in particolare possono trovarsi tracce della religione originaria di Atlantide, che consisteva prevalentemente nell'adorazione del Sole;

– l'Egitto era probabilmente la più antica delle colonie di Atlantide e la cultura egizia la più vicina a quella atlantidea;

– l'età del Bronzo europea derivava da Atlantide e che il ferro fu lavorato primariamente nel continente perduto (sebbene, cosa alquanto imbarazzante per Donnelly, l'uso del metallo arrivò molto più tardi nelle Americhe);

– l'alfabeto fenicio, che sta alla base di quelli europei, traeva ispirazione da quello di Atlantide, così come quello dei Maya (anche se bisogna ricordare che i Maya non avevano un vero e proprio alfabeto, così come non lo avevano gli Egizi; gli Inca peruviani non conoscevano del tutto la scrittura, ma Donnelly era convinto del contrario e si scagliava a tal proposito anche contro le conoscenze dei suoi tempi);

– Atlantide era la patria originaria degli Ariani, dei Semiti e dei comuni antenati dei popoli americani e degli Egizi (queste genti dalla pelle rosso-bruna costituivano apparentemente il più civile dei gruppi razziali di Atlantide);

– Atlantide affondò durante una catastrofe naturale di proporzioni immense, sommersa insieme a quasi tutti i suoi abitanti: evento a cui Donnelly non attribuisce alcun carattere divino, che con difficoltà può essere considerata la nobile fonte di tutte le civiltà successive, e che non è in alcun modo esplicito correlata al diluvio biblico nonostante Atlantide venga definita "mondo antidiluviano";

– pochi sopravvissuti al disastro si spostarono ad est e ad ovest della loro terra su imbarcazioni o semplici zattere e narrarono la storia che poi sarebbe divenuta la base delle comuni tradizioni del Vecchio e del Nuovo Mondo su un'antichissima inondazione.

Allo scopo di supportare queste tesi riguardo all'isola scomparsa, Donnelly raccolse una gran quantità di dati suggestivi provenienti dalle fonti più varie. Lo fece con considerevole erudizione e sensibilità letteraria e, allo stato delle conoscenze dell'epoca, con un ragionevole, sebbene non completo, grado di responsabilità accademica.

Si rifaceva all'appena scoperta dorsale medioatlantica composta di catene montuose sommerse, di cui le Azzorre costituiscono il picco più alto, come prova dell'esistenza di un'antica ed altissima catena montuosa ora affondata nelle profondità marine. Ricordava ai suoi lettori che la geologia aveva già rivelato molti casi di terre un tempo sommerse dalle acque (con fossili marini a supportare la tesi) che ora spuntavano sopra le superfici acquatiche, alte ed asciutte. Evidenziava casi nella storia recente in cui l'attività vulcanica aveva provocato la distruzione di isole o le aveva fatte sorgere dalle profondità di tempi brevissimi, mentre terremoti avevano sommerso coste. Quello che non diceva però, era che si trattava di eventi di proporzioni relativamente piccole: nessuna isola-continente delle dimensioni di Atlantide era mai stata inondata e sommersa in una notte fino ad allora. Quello che non poteva sapere allo stato delle conoscenze dell'epoca era che le montagne della dorsale medioatlantica non stavano subendo alcun processo di progressivo affondamento a causa dell'emergere di altre terre, ma che stavano invece venendo a galla come risultato di formazioni rocciose sottomarine. Le Azzorre non costituiscono la cima di montagne affondate che ancora si mostrano sopra la superficie dell'acqua, rappresentano invece il punto più alto di una catena montuosa che si sta formando sotto le profondità dell'oceano Atlantico allorché l'Africa e le Americhe si allontanano sulle proprie placche tettoniche. (La tachilite vulcanica riportata in superfice dall'Atlantico non costituisce prova; Donnelly, ed altri dopo di lui, credeva nel fatto che il fondale di questo oceano un tempo si trovasse sopra la superficie dell'acqua: la tachilite infatti si forma anche sott'acqua. Neanche i sedimenti di diatomee d'acqua dolce indicano la passata presenza di fiumi terrestri, come veniva suggerito ai tempi di Donnelly: si è scoperto infatti che questi sedimenti sono stati portati sull'Atlantico dai laghi africani per opera dei venti sahariani).

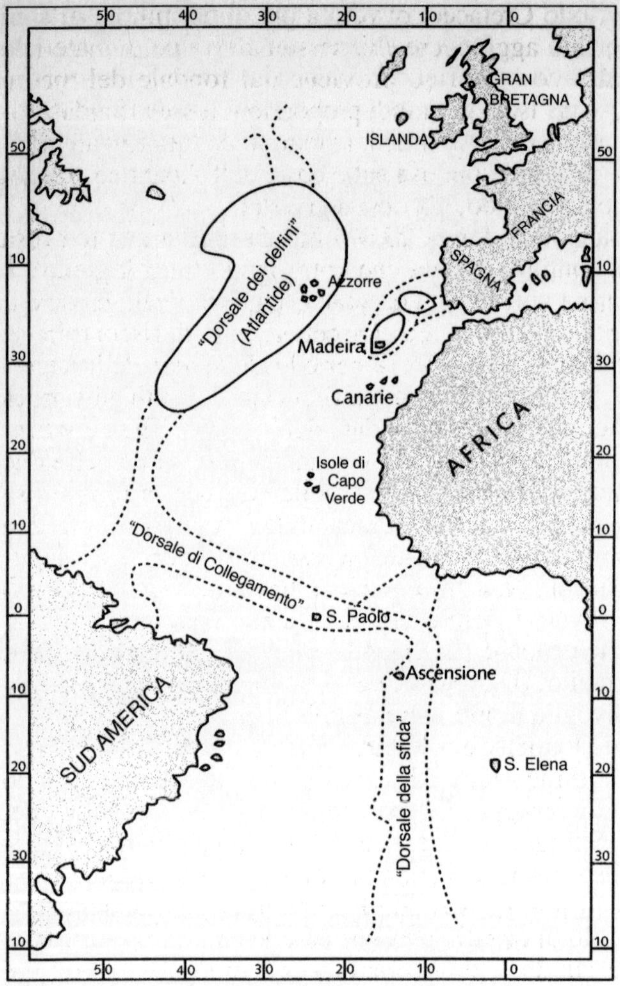

L'ubicazione di Atlantide proposta da Donnelly.

I continenti del nostro pianeta che emergono dalla superficie delle acque sono costituiti da roccia relativamente leggera, per la maggior parte da granito, che riposa su substrati più densi (le placche tettoniche) che si trovano al di sotto delle acque, i quali a loro volta galleggiano su una sorta di malta semi fusa. Le placche africane, sud e nordamericane sono in contatto con la dorsale medioatlantica. Nella remota possibilità (diciamo pure impossibilità), alla luce della teoria della tettonica delle placche, che vi sia stata una grande isola-continente nell'oceano Atlantico che affondò nelle profondità marine intorno al 9600 a.C., avremmo dovuto trovare del granito sul fondale dell'oceano con sedimenti su di esso. Ma, fino alla profondità di 800 metri, non è stata trovata traccia di granito. I fossili rinvenuti negli strati inferiori dei sedimenti appartengono al periodo Cretaceo, ovvero a più di 60 milioni di anni fa. Mi sembra superfluo aggiungere che nessun altro tipo di materiale archeologico preistorico o storico proviene dal fondale del medio Atlantico. (Inoltre, se un'isola di grandi proporzioni fosse affondata rapidamente sotto le acque dell'Atlantico, avremmo dovuto trovare traccia di una catastrofica azione ondosa sulle coste dell'Atlantico, sia nel Nuovo che nel Vecchio Mondo, ma così non è stato).

La dorsale medioatlantica, lunga 20.000 km da nord a sud (ed essa stessa parte di una continua catena che corre lungo tutto il globo), è una catena sottomarina vulcanica, con scarsi segni tipo valli erose dagli agenti atmosferici o pianure, che ci aspetteremmo di riscontrare se essa si fosse trovata anche per un breve periodo al di sopra della superficie. (Al contrario, la dorsale è composta di roccia alquanto giovane al paragone, come lo è in generale il fondale dell'oceano). Essa è vulcanica in quanto, allorché le placche del continente africano e delle due Americhe si allontanano, la roccia ignea bollente risale in forma fusa nella fessura che separa le placche, aumentando – quando si raffredda ed indurisce – l'ampiezza della dorsale ed essa stessa favorisce l'allontanamento delle placche. Non solo non vi è traccia del granito di cui Atlantide avrebbe dovuto essere composta quando si trovava sopra le acque, ma non esiste neanche traccia della placca sulla quale avrebbe dovuto basarsi il granito. (Da notare, che tutti questi argomenti valgono anche per qualsivoglia Lemuria nel Pacifico).

Per queste ragioni Donnelly era in torto, ancora più di Platone preso alla lettera, circa le dimensioni e la collocazione di Atlantide. Se si vuole continuare ad aggrapparsi a ciò che Platone disse di Atlantide, bisogna – come L. Sprague de Camp fece notare – cambiare così tanto di ciò che il filosofo scrisse che, una volta che ci si accorge che i particolari modificati non possiedono basi reali, rimane da chiedersi perché anche uno solo di questi dovrebbe essere tenuto in seria considerazione, e in che modo si dovrebbero scegliere i particolari a cui credere e quelli a cui non credere: le cose vanno sempre così quando si cerca di armeggiare in modo razionale con sistemi di credenze. Al momento opportuno vedremo che una differente ubicazione, sempre nell'Atlantico, ma con i necessari cambiamenti di dimensione, è stata proposta più di una volta per riscattare le imprecisioni dell'Atlantide platonica: ma a questo punto siamo più che certi che non ci sarà modo di riscattare Donnelly. Questo semplice fatto potrebbe rendere ridondanti tutte le sue ulteriori argomentazioni in merito ad Atlantide, ma – come spesso capita coi sistemi di certezze – lo scardinamento della sua affermazione centrale non ha provocato l'indebolimento del resto del suo ingegnosamente costruito schema, anche se quanto a dettagli non è più veritiero e preciso di quanto affermava sulla dorsale medioatlantica. Molto di ciò che Donnelly apportò all'idea di Atlantide, rimane al centro della Sindrome di cui ci stiamo occupando. Donnelly affermava che l'esistenza di Atlantide, che riempiva l'Atlantico quasi completamente tra le Americhe, l'Europa e l'Africa, facilitò lo scambio di flora e fauna di tutti i generi tra il Vecchio e il Nuovo Mondo, cosa che spiegherebbe le comuni caratteristiche naturali in tutte queste zone. Qualsiasi cosa esse possano avere in comune secondo i naturalisti, non è stato il risultato di un ponte di terra come poteva essere Atlantide: infatti, migrazioni in volo, o su mezzi galleggianti, o portate dal vento, per non dire nulla dei comuni legami evoluzionari del lontano passato, possono spiegare le similarità così come l'Atlantide di Donnelly non è sufficiente per spiegare le differenze. L'affermazione di Donnelly secondo cui le patate, il mais e il cotone esistevano sia nel Nuovo che nel Vecchio Mondo prima di Colombo è semplicemente falsa (anche nel caso del cotone, dato che le specie dei due mondi sono diverse): ma è interessante notare che le sue affermazioni circa l'uso del tabacco nel Vecchio Mondo sono tornate recentemente in auge con la scoperta di tracce di tabacco in alcune mummie egiziane (anche la cocaina, a quanto pare, in una particolare collezione, non ripetuta in altre e di cui non si è sentito parlare fino all'iniziale annuncio di qualche anno fa). Questo, per il momento, è uno dei misteri archeologici di minore interesse, e non è necessario che la sua soluzione sia costituita dalla conclusione che il tabacco attraversava l'Atlantico nel I millennio a.C.: la completa mancanza di qualsiasi tipo di contesto archeologico su entrambe le parti dell'Atlantico che dimostri un regolare scambio culturale è, come vedremo più avanti, uno dei fattori decisivi che spingono a rifiutare qualsivoglia idea di stabili relazioni commerciali prima del XVI secolo.

Donnelly si sforzò molto di rendere l'apparente improvviso sorgere della civiltà egizia a riprova del fatto che l'Egitto era una colonia, la prima secondo lui, di Atlantide. Ancora oggi alcuni atlantologi riaffermano la tesi dell'improvvisa comparsa dell'antica cultura egizia: evidentemente non conoscono l'egittologia. Ai tempi di Donnelly, prima che la ricerca archeologica sistematica sul campo fosse praticata in Egitto ed in particolare prima che l'archeologia predinastica fosse conosciuta del tutto, era ancora accettabile credere nell'improvvisa comparsa della civiltà egiziana lungo il Nilo. Ma al giorno d'oggi conosciamo perfettamente il progresso verso la civiltà che ebbe luogo per migliaia di secoli in Egitto, dai gruppi di cacciatori, agli agricoltori, all'unificazione politica ed allo sviluppo dei geroglifici, cresciuti e sviluppatisi fino all'inizio delle epoche storiche egiziane intorno al 3000 a.C. La versione che Donnelly ci offre delle origini egiziane è semplicemente sbagliata, e così anche la sua idea che, dopo brillanti inizi, vi fu un declino nella cultura egizia: al contrario, la civiltà egizia attraversò diversi cicli di declino e rinascita, e il giudizio circa i

La terra di Aztlan, in The Problem of Atlantis *di Spence*.

relativi meriti dei diversi periodi è solo soggettivo. La stessa idea che l'Egitto non abbia alle spalle un lungo periodo di sviluppo proprio e che dipendesse invece da un qualche tipo di colonizzazione è chiaramente una nozione tipica dell'ideologia colonialista del XIX secolo, quando le potenze europee erano giunte all'apogeo della propria espansione imperiale, sfruttando le colonie a proprio vantaggio e raccontando allo stesso tempo a se stesse e al mondo di essere portatrici di civiltà a popolazioni arretrate.

Donnelly, con Atlantide in mente, sostiene che gli stessi Indiani dell'America centrale indicavano l'est come origine dei popoli dello Yucatán. Ma alla fin fine, come può la storia popolare essere presa in seria considerazione in casi come questi? Come possiamo essere sicuri? Vero è che gli Aztechi dicevano di essere giunti da un'isola chiamata Aztlan, ma affermavano anche che ciò era avvenuto nel 1168 d.C. e diversi siti locali corrispondono a questa affermazione, comprese le isole del golfo del Messico, e le zone lacustri della parte orientale della regione. Se Aztlan era l'Atlantide che affondò sotto le onde del mare nel 9600 a.C., dove sono stati gli Aztechi nel lasso temporale che intercorre tra le due date? Donnelly fu uno tra i primi a concentrare l'attenzione su esempi che egli riteneva (come molti dopo di lui) somigliare a volti di origine semitica o negroide nelle rappresentazioni artistiche tipiche dell'America centrale: visi barbuti o dalle labbra spesse, caratteristiche niente affatto comuni alle popolazioni della regione, che dovevano supportare l'idea che gli antenati delle razze oggi ben separate vivevano un tempo tutti su Atlantide (o per lo meno che gli abitanti dell'isola-continente facevano regolarmente vela verso questi paesi). Si tratta ancora una volta di argomentazioni dal carattere soggettivo: sculture e intagli antichi non sono fotografie, ma opere d'arte create per diversi tipi di ragioni ideologiche, alcune delle quali oggi sconosciute. Le teste olmeche nelle quali gli atlantologi discernono regolarmente tratti negroidi di labbra e naso mostrano anche gli occhi a fessura e le gote alte associate con i mongoli; inoltre, i resoconti dei testimoni oculari presenti al primo incontro tra Cortes e Montezuma ci parlano di governanti aztechi con barbette ben azzimate. Gli atlantologi di oggi sfruttano ancora il suggerimento partito da Donnelly di volti e figure nelle opere d'arte dei nativi americani che somigliano ai tipi caucasico, semitico o negroide, sia come indicazione di regolari attraversamenti oceanici in tempi antichi che come indicatore dell'intrinseco carattere razziale degli originari maestri degli Indiani d'America (provenienti da Atlantide, naturalmente). Nessuna di queste infinite ripetizioni ha reso più valida l'argomentazione. Spesso gli atlantologi riferiscono di ipotetiche storie dei nativi americani circa barbuti dèi bianchi, tipo Quetzalcoatl e Viracocha, che vengono alle loro terre all'alba della Storia. Ma in nessun caso è stato dimostrato che queste storie di dèi bianchi barbuti (o abbigliati in bianco) siano precedenti all'arrivo degli spagnoli, a cui sicuramente faceva piacere far circolare la storia di dèi bianchi precursori della loro stessa conquista. Immagini dipinte di dèi barbuti precedenti alla conquista di solito mostrano figure marroni o addirittura nere, mai bianche.

La coincidenza di tratti culturali condivisi, tra l'Egitto o Babilonia e le popolazioni maya o inca americane, rimase impressa a Donnelly come prova del fatto che essi avevano tutti attinto ispirazione da una fonte comune, Atlantide naturalmente. In via generale, sembra che le menti che si sforzano di far rientrare le loro congetture nella Sindrome di Atlantide siano incapaci di riconoscere che i popoli di tutto il mondo sono dotati di inventiva e ben capaci di giungere ad idee simili, o a simili soluzioni per simili problemi, in diversi luoghi, e, cosa fondamentale, in diverse epoche. Donnelly rifiutava espressamente questo punto di vista:

> Non posso credere che le più grandi invenzioni siano state duplicate in posti diversi in modo spontaneo... non vi è verità alcuna nella teoria che gli esseri umani spinti dalla necessità giungeranno sempre alla stessa soluzione per risol-

vere i propri problemi e soddisfare i propri bisogni. Se ciò fosse vero, tutti i popoli selvaggi avrebbero inventato il boomerang; tutti avrebbero vasellame, archi e frecce, fionde, tende e canoe: in breve, tutte le razze avrebbero raggiunto la civiltà completa, perché è cosa sicura che le comodità piacciono ad un popolo come ad un altro.

Resta il fatto che la nozione di invenzioni parallele in circostanze simili non significa necessariamente che tutti i popoli inventino gli stessi oggetti in qualsiasi parte del mondo ed in ogni epoca: mostra solo che a volte si giunge a soluzioni simili. Come Churchward dopo di lui, Donnelly ha una visione abbastanza confusa delle capacità creative di quelli che lui definisce "selvaggi":

La civiltà non è trasmissibile a tutti; molte tribù di selvaggi non sono capaci di raggiungere questo stadio... questo abisso tra l'essere selvaggi e l'essere civili non è mai stato colmato da alcun paese grazie alla proprie forze originarie e senza influenze esterna, nelle epoche storiche; coloro che erano selvaggi all'alba della storia restano selvaggi adesso.

Come per Churchward, per Lewis Spence (di cui riparleremo in seguito), e come per ogni altro atlantologo (che sia di ciò consapevole o meno), l'ideologia dell'impero soggiace a queste affermazioni. L'America repubblicana di Donnelly forse non avrà condiviso l'acquisizione delle colonie tipica delle potenze europee, ma ha comunque importato schiavi e spossessato gli originari abitanti dell'isola, e per questo anche uno scrittore di mentalità liberale come Donnelly era inevitabilmente condizionato dal generale sdegno verso i "selvaggi" del suo mondo. (Ad un certo punto dei suoi scritti, Donnelly paragona esplicitamente l'impero di Atlantide a quello britannico). E se nessuno ha mai inventato qualcosa per uscire dallo stato di selvaggio, allora «come tutte le strade portano a Roma, così le convergenti linee di civilizzazione conducono ad Atlantide». Come abbia fatto Atlantide a farcela da sola non ci viene mai spiegato – è chiaro che per Donnelly, e per tutti quelli che la pensano come lui, la cosa non ha bisogno di alcuna spiegazione, un po' come l'idea di Dio stesso.

Il fatto che pratiche simili di lavoro dei metalli, di imbalsamazione, di costruzione di edifici piramidali, di osservazioni astronomiche e creazione di calendari, di sistemi di scrittura, di modi di rappresentazione artistica e così via si siano mostrate su entrambe le coste dell'Atlantico (o in qualunque posto del mondo, per quel che conta) in qualche epoca, non costituisce prova del fatto che idee e metodi siano stati tratti da una fonte comune. Lo stesso fatto che le piramidi egizie e quelle messicane siano separate nel tempo da 2000 anni costituisce un potente suggerimento del fatto che i due tipi di piramidi si siano sviluppati in modo indipendente: se si costruiscono edifici molto grandi e molto alti con metodi semplici, restringerli più si va in alto diventa un'inevitabile strategia costruttiva. Se il Vecchio e il Nuovo Mondo si fossero basati su un background comune proveniente da Atlantide, come mai non esisteva l'aratro, il trasporto su ruota, nessun animale addomesticato eccetto il cane in America centrale: come mai niente vaiolo, febbre gialla, malaria o morbillo? Come, mai nessun mattone cotto al forno, niente porcellane scintillate, né strumenti a corda? Come mai il calendario maya ha diciotto mesi di venti giorni ciascuno, diversamente da tutti i sistemi del Vecchio Mondo? Donnelly sembra suggerire che ciò che tutte le civiltà hanno in comune debbano averlo derivato da Atlantide; i punti in cui divergono dipendono invece dai tempi successivi alla scomparsa di Atlantide. Donnelly è però molto generico nei suoi paragoni (nonostante tentativi, niente affatto riusciti se considerati con attenzione, di far coincidere le somiglianze). Alla fine la maggior parte degli esempi da lui riportati di tratti culturali condivisi serve ad illuminare in dettagli più le differenze che le similarità: ad esempio, le mummie egizie erano preparate in modo molto diverso da quelle peruviane sepolte sedute senza agenti chimici per la preservazione o bendaggi, e tutto ciò che hanno in comune è il fatto di essere mummie, di un tipo o di un altro. I tratti comuni che Donnelly ritrovava nell'agricoltura, nell'architettura, nella scultura, nella scrittura, nel sacerdozio, nei rituali, nel trasporto stradale e nei canali (che poi non poteva neanche paragonare in dettaglio) costituiscono semplicemente i tratti generali di qualsiasi civiltà, ovvero l'elevarsi al di sopra di quella limitata gamma di possibilità e di circostanze inevitabili che fa di una società una civiltà. Ma è a riguardo del linguaggio e del mito che Donnelly investe i suoi sforzi più vividi.

La linguistica non era una disciplina sviluppata ai suoi tempi come lo è oggi e quindi possiamo in un certo senso giustificare il suo modo, oggi inaccettabile eccetto tra gli atlantologi, di speculare sulle relazioni linguistiche. Ritenere che gli Inca parlassero una lingua indoeuropea (come tutti i popoli europei tranne i baschi, gli ungheresi, i finlandesi e i turchi), accettare l'affermazione di le Plongeon secondo la quale il linguaggio dei Maya era per un terzo greco, e credere che la lingua dei Chiapanechi dell'America centrale fosse in qualche modo simile all'ebraico, o che la lingua otomi somigliasse al cinese e al caldeo (o che questi due ultimi gruppi linguistici fossero simili tra di loro): tutto ciò è praticamente impossibile da accettare alla luce delle moderne conoscenze linguistiche, come la maggior parte dei successori di Donnelly iniziarono a capire soltanto nel XX secolo. Persino oggi, nonostante tutto, gli atlantologi continuano a evidenziare somiglianze fortuite tra parole del Vecchio e del Nuovo Mondo, senza ammettere la grande differenza che esiste nella struttura delle lingue da cui tali parole derivano. La filologia nota con fondamento che il termine inglese "wolf" e il latino "lupus" discendono da una fonte comune in un contesto di simili paralleli e simili strutture grammaticali, ma la pratica filologica degenera presto nella speculazione fantastica tra coloro che non sono specialisti in materia. Nelle mani di Donnelly, Atlantide, attraverso Aa(t)lantis e poi Oluntos, viene subitamente identificata con Olimpo, con la seguente conclusione: «Possiamo, dunque, supporre, che quando i Greci affermavano che i propri dèi abitavano sull'"Olimpo", era come se dicessero che abitavano "Atlantide"».

Con l'interpretazione puramente speculativa di favole popolari e miti le cose vanno anche peggio, ed emerge il tentativo di ricostruire relazioni storiche tra popoli o ipotetici eventi del passato. Il fatto che molti popoli abbiano avuto racconti di terre ora sommerse dalle acque non è cosa assai sorprendente e non vi è alcun bisogno di spingersi troppo in là nel cercare un prototipo di evento realmente accaduto per queste storie, neanche su piccola scala locale, solo perché la vaga idea dell'inondazione e del sommergere sembra essere parte della cultura in senso lato. Ci si può concepibilmente rifare a memorie condivise di inondazioni postglaciali dopo la fine dell'era glaciale circa dieci mila anni fa (la maggior parte delle quali deve aver avuto un carattere graduale, ma può aver compreso anche episodi improvvisi in un luogo o in un altro, nel mar Nero, ad esempio). Il suo fascino può risalire anche ai nostri tempi nell'acqua salina dell'utero, esperienza che tutti condividiamo. Interessante notare che le storie di inondazione non sono comuni nell'Asia centrale ed in Africa – tranne nel caso in cui vengono derivate dalle lezioni bibliche impartite dai missionari – ovvero in zone in cui le inondazioni disastrose sono più rare, e neanche in territorio egiziano. E se notiamo, come fa Donnelly, che gli Egizi (con una buona dose di interpretazione), i Greci e più tardi i Celti, posseggono tutti storie di isole idilliache nell'oceano Atlantico, possiamo solo ricordare che le Canarie sono migliori candidate delle Azzorre o delle Bahamas ad essere le isole da cui può essere stata tratta l'ispirazione per la creazione di queste leggende, e la precedente esistenza di Atlantide non è quindi necessaria per spiegarle. Nulla di impressionante dunque se, una volta risposto con un risonante «Sì!» alla sua stessa domanda retorica riguardo alla mitologia greca («Chi può dubitare che essa rappresenti la storia di persone reali?»), Donnelly interpreti tutti i miti greci come resoconti dei governanti di Atlantide e consideri i Titani come i veri ed originari abitanti dell'isola-continente. Neanche, in modo simile, la mitologia religiosa dell'antico Egitto prova in qualche modo di avere avuto origine su Atlantide: «Affermano di discendere dai dodici grandi dèi, che devono essere i dodici dèi di Atlantide, Poseidone, Cleito e i loro dieci figli». Dèi, è tutto quello che possiamo dire. Le persone come Donnelly sembrano a volte piuttosto incapaci di attribuire valore alle opere dell'immaginazione umana, nonostante la loro fantasia lavori anche di più.

Come se i contributi di Donnelly alla formazione della Sindrome di Atlantide grazie al suo primo libro non fossero stati abbastanza, egli insiste, con la sua seconda opera (altro bestseller, tra l'altro), intitolata *Ragnarok: The Age of Fire and Gravel*, del 1883, nell'introdurre un ulteriore elemento che persisterà a lungo nella letteratura relativa ad Atlantide ed a sostenerlo con un allargamento dei suoi metodi interpretativi del folclore, divenuto anche quest'ultimo caratteristica tipica dell'approccio degli atlantologi fino ai giorni nostri. (Ragnarok è la fine del mondo per la mitologia scandinava). Donnelly proponeva che alcune quantità di pietrisco e depositi glaciali trovati in Nord America ed Europa potevano essere spiegati come risultato della collisione della Terra con una cometa avvenuta circa trentamila anni fa (fatto che secondo lui ha spinto gli antenati degli abitanti di Atlantide a trasferirsi sull'isola-continente al di fuori del Nord America). Questo pietrisco e questi depositi morenici sono effettivamente residui di ghiacciai sgretolatisi sul terreno durante le ere glaciali (come già sapevano i geologi del XIX secolo), ma Donnelly li interpretava come risultato di un'inondazione avvenuta dopo gli incendi provocati dallo scontro con la cometa. Il fraintendimento geologico di Donnelly è irrilevante a questo punto. Ciò che conta invece è l'aver letteralmente seminato l'idea di comete che entrano in collisione con la Terra (speculatori di epoche più tarde hanno portato in causa anche i più solidi asteroidi) come agenti del destino umano. Atlantide in particolare è spesso stata considerata vittima dell'impatto di una cometa o di un asteroide: anche scritti recenti ripropongono questa idea, nonostante l'assenza di questa nel racconto platonico dove si parlava solo di terremoti e inondazioni (neanche di vulcani).

Donnelly sosteneva la sua teoria facendo ricorso in modo molto più accentuato alla sua maniera interpretativa del folclore e delle leggende, in questo caso provenienti soprattutto dal patrimonio degli Indiani d'America, che già aveva impiegato nella sua "Atlantide". Ad esempio, un'antica storia degli Indiani Ute (il cui luogo di ritrovo era il sud-ovest del Nord America) raccontava di come il dio-sole nei suoi primi anni – quando era libero di andare e venire come preferiva – aveva accidentalmente bruciato il braccio di suo fratello, il dio-lepre. Quest'ultimo si arrabbiò così tanto da scagliare una freccia magica nel Sole, riducendolo in pezzi. Accadde così che frammenti infuocati piovvero sulla Terra. Il dio-lepre rimase però intrappolato nell'esplosione e, quando i suoi occhi bruciarono per il calore, dalle sue lacrime sgorgarono le fiamme che consumarono la Terra. Dopo di che, gli altri dèi decisero che il Sole d'ora in poi non sarebbe più stato libero di vagare a suo piacimento, ma sarebbe stato costretto a muoversi nel cielo solo di giorno. Grazie a questa colorita storia, gli Ute spiegavano, secondo loro in modo soddisfacente, le origini della separazione del giorno e della notte e il cammino del Sole nei cieli. E in questa stessa colorita storia Donnelly, cosa incredibile (ancora più incredibile quando a ripetere la cosa sono i suoi successori), vedeva una sorta di documentazione del passaggio di una cometa (la freccia e i frammenti che caddero sulla Terra), un'esplosione di immense dimensioni (il mondo in fiamme), e delle conseguenti inondazioni (le lacrime del dio-lepre). Donnelly raccolse così tante storie simili a questa, nelle quali credeva di individuare caratteristiche comuni il cui totale impatto esigeva le sue spiegazioni. Ma i tranelli di questo metodo interpretativo di un ammasso di vecchie storie, miti e leggende, sono alquanto ovvi. Sfortunatamente, a molti non è chiaro che questo tipo di approccio è stato completamente abbandonato ai giorni nostri. Completi guazzabugli di interpretazioni fantasiose della mitologia e del folclore egiziano e messicano vengono ancora pubblicati, spesso come sostegno a teorie di antiche conoscenze astronomiche che di solito hanno a che fare con qualcosa di violento e spettacolare, come un pianeta in fiamme o una cometa o ancora un asteroide. La responsabilità di tutto ciò può essere attribuita completamente ad Ignatius Donnelly, finale contributo, tra i molti altri, alla diagnosi dei sintomi della Sindrome di Atlantide.

L. Sprague de Camp descrisse Donnelly con una capacità intuitiva da contemporaneo che potrebbe essere applicata anche a quei molti altri che si affannano nel campo di quella che oggi viene definita "archeologia alternativa": uomo «dalla mente estremamente attiva, ma dotato anche di quella fretta di giudizio e di quella mancanza di senso critico che impediscono di appurare realmente ciò che si va affermando, e che spesso sono il risultato di chi è autodidatta ed ha letto troppo ma in modo niente affatto sistematico». Rimane curioso il fatto che i suoi libri furono bestseller, dato che per la maggior parte si tratta di noiose miscele di oscuri materiali mitologici, ma lo stesso potrebbe dirsi di testi dello stesso tipo molto più recenti. Quanto meno Donnelly è quasi completamente libero da quella vena di attacco accademico che sfigura la maggior parte degli scritti degli atlantologi da le Plongeon in poi. Donnelly aveva molta più fiducia in se stesso di quanta ne ebbero gli scrittori successivi del genere che egli stesso aveva creato. Anziché rimproverare l'indifferenza che gli storici professionisti dei suoi tempi dimostravano verso i suoi fantasiosi metodi di comprensione del passato, egli conclude, in uno stato d'animo generoso ed espansivo (da uno scritto del 1882):

> Chi potrebbe dire che tra cento anni i più grandi musei del mondo non saranno adornati di gemme, statue, armi e oggetti provenienti da Atlantide, e che le biblioteche di tutto il mondo non conterranno la traduzione di iscrizioni, che getteranno nuova luce su tutta la storia passata della razza umana e su tutti quei grandi problemi che oggi rendono perplessi i pensatori?

Bene...

4
L'Atlantide in Atlantico

Platone scrive che Atlantide stava nell'oceano Atlantico e che l'appendice estrema più orientale, sebbene la maggior parte della sua immensa estensione si volgesse verso occidente, si trovava molto vicina allo stretto di Gibilterra, alle coste della Spagna e a quelle dell'Africa settentrionale. Già abbiamo visto che si tratta di una ubicazione illogica, impossibile. È per questo – per non dover digerire ogni cosa detta su Atlantide in modo acritico – che il suo racconto deve essere interpretato e rivisitato sotto una nuova ottica. Un tentativo di farlo in modo razionale (forse per l'ipotesi più rigorosa che mai sia stata avanzata) prevedeva non solo una collocazione all'interno dei confini del mare Mediterraneo, ma anche uno slittamento degli eventi lungo la scala cronologica da lui proposta, ipotizzando di far collimare l'eruzione di Thera e il conseguente crollo della civiltà minoica – sebbene secondo uno schema temporale non del tutto lineare – con le presunte rivelazioni fatte dai sacerdoti egizi a Solone. Ma anche questa teoria si è rivelata fragile e non regge a un controllo più attento: la sola possibilità che resta in piedi è immaginare che antichissimi e vaghi ricordi di un terribile cataclisma che si era portato via un'intera isola, spazzando in un solo momento dalla faccia della Terra una civiltà e una cultura mediterranea di grande spessore, possano aver contribuito a solleticare l'immaginazione del filosofo nell'inventarsi il mito atlantideo (passando oppure no dalla terra d'Egitto).

Accettare questa strada comporta però molti rischi, perché, una volta entrati nell'ordine di idee della liceità di "interpretare" lo scritto platonico, è evidente che non si possono più imporre freni alla fantasia e, a questo punto, qualsivoglia collocazione si fa plausibile. Per questo alcune proposte sono per davvero stravaganti, per non dire straordinarie nella loro eccentricità, soprattutto quando a sostenerle sono studiosi che non hanno alcuna intenzione di farsi bendare gli occhi da una scienza archeologica canonica che, a loro dire, troppo sovente è irrigidita su se stessa.

Nel XVI secolo si avanzarono alcune suggestioni a dir poco azzardate a proposito del misterioso continente scomparso. La Groenlandia, per esempio, un territorio che, per lo meno, ha il merito di trovarsi nello stesso immenso oceano indicato da Platone e che, al limite, parrebbe più sensata come collocazione che non altri siti, del tutto improbabili tuttavia proposti, come le zone della odierna Palestina e dell'Iraq. Nel secolo successivo, il XVII, al già fantasioso elenco si andarono ad aggiungere la Svezia e il Sudafrica, seguite dalle isole Spitzbergen, nell'Artico (l'autore di questa fantasia, Jean-Sylvain Bailly, cercò di proporre anche la Mongolia prima di essere ghigliottinato durante la Rivoluzione francese) e dall'isola di Ceylon. È davvero arduo provare a immaginare per Atlantide due luoghi tanto diversi, eppure, nel corso del tempo, la fantasia umana ci è arrivata. (Va da sé che sono la deriva continentale e i radicali mutamenti geologici e climatici i meccanismi che rendono ragione dei reperti fossili rinvenuti in luoghi tanto desolati come le Spitzbergen).

Nel XIX secolo le più agguerrite teorie contrapposte a quella atlantica di Donnelly portarono alla ribalta altri luoghi, come l'isola di Malta, l'Iran le coste atlantiche del Marocco e della Nigeria, due localizzazioni per lo meno allineate alla citazione platonica della presenza di elefanti in Atlantide. Ma, in questo stesso secolo, sorse anche un "rivale", diciamo così, teutonico all'idea prettamente greco-egizia della matrice di Atlantide: un'isola, culla di una gloriosa civiltà, distrutta in modo catastrofico. Questa volta il sito è il mare del Nord e la testimonianza arriva da un misterioso manoscritto – che si favoleggia scoperto nel 1871 in Olanda – attribuito alla civiltà dei Frisoni. Il secolo successivo, ha portato qualche acquisizione in meno (anche se alcuni casi hanno avuto una vasta eco) al già lungo e nutrito elenco delle possibili ubicazioni di Atlantide, a cominciare (e come avrebbe potuto mai mancare) dall'Inghilterra, per arrivare alla valle del Guadalquivir in Spagna (nella località fenicia di Tartesso), al Brasile (parliamo, ovviamente, dell'ipotesi del colonnello Fawcett) e, da ultimo, alla minuscola isola di Heligoland, a circa 70 km a nord-ovest di Cuxhaven, nel mare del Nord. Nel 1953 un prete tedesco, Jurgen Spanuth, dichiarò di aver rintracciato in Egitto alcuni scritti (a "firma" di quello stesso sacerdote che aveva raccontato la storia di Atlantide a Solone) in cui si parlava di una postazione atlantidea collocata a non più di 10 km al largo della costa di Heligoland. Peccato che i testi geroglifici in oggetto non siano mai stati messi a disposizione degli egittologi. In realtà, in passato Heligoland era un'isola abbastanza estesa (nel 1300 contava circa 24 km di diametro, comprendendo, quindi, anche la presunta postazione atlantidea citata da Spanuth), osservazione che basta da sola a ribadire come il centro da lui citato abbia un'origine ben più recente. Mi sembra di poter dire che Spanuth rappresenti il tipico esempio di quella che possiamo chiamare la sindrome della necessità di infilare Atlantide ovunque e in ogni contesto, al fine di spiegare tutto. Secondo Spanuth, l'oricalco citato da Platone altro non era che ambra e la cometa (una cometa c'è sempre, ovviamente) che segnò la fine dell'isola, distrusse anche Thera e determinò l'esodo degli Ebrei dalla terra d'Egitto. Da quel momento in poi, gli Atlantidei divennero il "popolo del mare", tante volte citato nelle testimonianze egizie.

Naturalmente, il pur corposo listone delle presunte località dove Atlantide avrebbe potuto trovarsi, dalle isole Spitzbergen al Brasile, dall'Iraq a Heligoland, non esaurisce le possibilità e non è affatto completo; esiste, tuttavia, una suggestione che sembra essere la sola a trattenere in sé qualche aggancio di maggiore plausibilità (il che, allo stato attuale, non significa ancora molto). Si tratta della teoria che colloca il continente scomparso nell'estremità occidentale dell'oceano Atlantico, nella zona delle Indie Occidentali. Il primo autore a sottolineare questa immaginazione fu negli anni Venti il giornalista Lewis Spence, asserendo che «alcuni resti di Atlantide sono ancora rintracciabili nel gruppo delle Antille e nelle isole delle Indie Occidentali». Abile e intelligente a sufficienza da comprendere di non essere in grado di contrastare le motivazioni linguistiche proposte da Donnelly, Spence decise di puntare soprattutto sugli aspetti comuni che vecchio e Nuovo Mondo potevano presentare in merito a flora e fauna e sulle similarità eventuali fra le diverse civiltà sbocciate nelle due realtà geografiche. Ben presto però non poté fare a meno di ammettere che nel mondo allora conosciuto attorno al tempo indicato da Platone (9000 a.C.) non esistevano tracce di una civiltà metallotecnica tanto progredita quanto quella suggerita dal racconto platonico. L'unica possibilità era quella di immaginare una civiltà di cacciatori-artisti dell'età della Pietra, quella stessa che aveva lasciato dietro di sé tracce straordinarie, come quelle venute alla luce nelle grotte preistoriche in Francia e in Spagna. Così Spence non aveva avuto dubbi: i protagonisti della sua ricostruzione atlantidea, i veri abitatori del continente scomparso, erano stati i Cro-Magnon di un'umanità ancora primitiva, tuttavia capace di realizzare, nella fase aurignaciana e magdaleniana, oggetti e strumenti d'uso quotidiano, di affrescare e graffire le pareti delle grotte con estrema sensibilità artistica. Una serie di migrazioni importanti aveva condotto questi rappresentanti della primitiva umanità (trionfalmente oppostisi ad altre razze umane con caratteri più scimmieschi, come i neandertaliani e l'uomo di Giava) da Atlantide in Europa, in un processo che, iniziato 25.000 mila anni or sono, si era fatalmente concluso con la distruzione catastrofica dell'isola, circa 10.000 anni prima della nostra era. In *The Problem of Atlantis* Spence sostiene che gli Indiani d'America approdarono al continente attraverso il "ponte" costituito dalle Antille, il resto sudoccidentale di quella che era stata una grande isola-continente, preservatasi soltanto nei frammenti dell'arcipelago delle attuali Indie Occidentali. La pri-

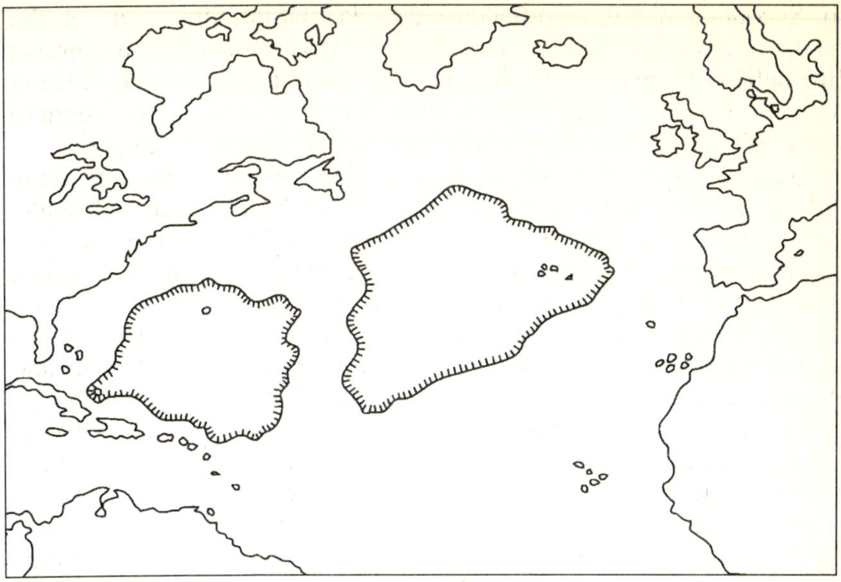

Atlantide divisa in due, secondo Spence.

ma cosa da osservare sono le non poche alterazioni cui Spence sottopone il testo di Platone, soprattutto quando assegna alla cultura atlantidea il marchio di civiltà della Pietra. Antilla era un nome già in uso nelle mappe medievali, ancora prima che Colombo scoprisse il Nuovo Mondo. Indicava un'isola (a cui sovente si attribuivano sette baie o sette città) supposta esistere in pieno Atlantico, una sorta di continuazione delle leggende fenice, greche, romane e arabe che favoleggiavano di una grande porzione di terra nel cuore dell'oceano.

Non è da escludere che lo stesso Colombo fosse salpato alla volta di Antilla. In alcune mappe precolombiane Antilla viene ben indicata e poiché sagoma, grandezza e collocazione ricordano le caratteristiche proprie dell'isola di Cuba, quando questa venne scoperta divenne quasi automatico attribuirle l'antico nome di Antilla, andatosi a spalmare, per estensione, a tutto l'arcipelago di isole che costituivano le cosiddette Indie Occidentali. C'è da osservare che questo potrebbe essere il mero frutto di una coincidenza, dal momento che nelle antiche mappe Antilla compariva come una specie di appendice del Portogallo in direzione del quale era orientata. D'altra parte, Antilla (*ante ilha*, in portoghese) significa proprio "isola che sta davanti" e, le volte in cui era indicata, sulle mappe nautiche compariva come una estensione portoghese in mare aperto. (Anche Zipangu – l'odierno Giappone – veniva sovente rappresentato con una forma simile). Non da meno, però, la quasi costante presenza di Antilla nelle mappe, può anche attestare una scoperta delle Indie Occidentali precedente a quella consacrata ufficialmente con l'approdo di Colombo nel 1492. Per esempio, nel globo di Behaim (1492) si afferma che Antilla era già stata avvistata nel 1414 da una nave uscita dalla rotta atlantica. In una mappa precolombiana datata 1455, Antilla è identificata con Atlantide, anticipando con largo margine le speculazioni che sarebbero sorte cinquecento anni dopo, con la teoria di Spence e altri. A seguito delle spedizioni di Colombo, le mappe presero a riempirsi dell'indicazione di gruppi di isole immaginarie, che coprivano, in pratica, l'intero bacino oceanico, dalle Indie Occidentali all'Irlanda. Fra queste il Brasile è stata l'isola che non c'era che ha resistito più a lungo nell'immaginario dei disegnatori di carte, ma molte altre venivano indicate: quella dei diavoli, di Avalon, di san Brentano, di Drogio, di Emperadada, di Grocland e mille altri nomi ancora.

La prima opera che Spence dedica ad Atlantide è di grande interesse, perché, al pari di Donnelly, cerca in tutti i modi di sbaraccare il campo da sfumature occultistiche e irrazionali (con un'operazione di onestà e pulizia intellettuale che ancora oggi dà dei punti a tanti improvvisati ricercatori odierni), anche se non riesce nell'operazione di scrollarsi di dosso alcuni aspetti che caratterizzano quella che ci piace chiamare la Sindrome di Atlantide. Questi approcci mistificati compaiono impietosi anche nella sua pur lodevole opera, a partire dalla questione delle Antille, un argomento che, per quanto non avviato dalla speculazione di Spence, rappresenta ancora oggi una delle tante tematiche legate ad Atlantide. Ma forse il difetto maggiore di Spence (che condivide con tutti gli autori che "soffrono" della sindrome atlantidea) è quello di non saper accreditare di vivida immaginazione gli esseri umani, anche se lui stesso (di nuovo in buona compagnia) contraddice l'assunto, spingendo la sua fantasia in domini eccessivi.

Spence non riesce a prendere in considerazione l'ipotesi che un uomo così ricco di fantasia come Platone possa aver parlato di Atlantide semplicemente per costruire un mito. Al pari di Donnelly, anche lui non sa cogliere l'aspetto etico della storia e così facendo non ne abbraccia che la parte più appariscente, il racconto dei fatti concreti. (Spence non tiene in alcun conto il fatto che Platone scrive sessantacinque anni dopo la presunta conversazione riportata nei due dialoghi del *Crizia* e del *Timeo*). «Avesse inteso dare un'impronta allegorica al suo racconto – scrive – lo avrebbe immerso in un'atmosfera fittizia facilmente rilevabile e ovvia». Bene, come già si è visto, sia l'allegoria che il racconto platonico sono ovvi ed è per questo che immaginare che la catastrofe di Atlantide debba andare contro tutte le regole che fino a quel momento avevano da sempre sostenuto nella cultura del tempo il narrato della creazione mitica di una terra perduta, ci sembra non voler riconoscere al genio di Platone ciò che, alla fine, era il suo spunto prioritario: fare della filosofia, perseguire una finalità di ordine filosofico e non descrittivo.

Come acutamente osserva Aristotele, sotto il mero profilo della resa narrativa, Platone non poteva non indicare con precisione il luogo in cui l'isola si era inabissata, visto che la catastrofe e la drammatica scomparsa costituivano proprio il nucleo portante della storia, con tutte le osservazioni filosofiche conseguenti.

Quando Spence incomincia a mettere insieme e a comparare i miti e il folclore dei popoli del mondo, il suo atteggiamento si fa ancora più altero e sprezzante di quello di Donnelly, nella coriacea determinazione di voler a tutti costi dimostrare che eventi e fatti erano avvenuti veramente e che il grande merito della sua opera stava proprio nel sollevare il velo, più o meno appesantito dalla polvere dei secoli, sotto il quale l'immaginazione fantasiosa era andata a nascondere la verità storica, in questo modo comunque preservatasi nel tempo.

In un passaggio, che definire per lo meno incredibile sa di eufemismo (ma che ricorda molto da vicino il modo con cui alcuni moderni "archeologi alternativi" affrontano questi argomenti), Spence non esita a trasportarci dalle Antille direttamente su di un'altra isola atlantica indicata nelle antiche mappe col nome di Yd laman Satanaxio, appellativo che senza esitazione lui stesso, dall'alto della sua autoriconosciuta autorevolezza, traduce come "mano di Satana" (smentito, ovviamente, da alcune altre interpretazioni del tutto diverse). Questa intuizione lo riporta a un non meglio identificato romanzo italiano, in cui si racconta di una misteriosa e magica mano uscita dalle acque dell'oceano Indiano (in un posto qualunque) per rapire esseri umani. Abbastanza stranamente, "Grande Mano" è il nome di una divinità barbuta venerata dai Maya, il cui equivalente messicano «come è più che evidente» vanta attributi di natura vulcanica. Il passo successivo è venire a sapere che Spence non ha dubbi sul fatto che è per via del dio vulcanico che all'isola antillana era stato assegnato quel singolare nome, a sottolineare quanto la regione fosse soggetta a frequenti fenomeni di vulcanismo e terremoti. Poi con tutta calma, l'incrollabile Spence, ci rassicura precisando che «fu per queste e molte altre ragioni» che ad un tratto la grande isola-continente si spezzò in due parti. Quella orientale sopravvive ancora oggi in parte nei gruppi di isole di Madeira, Canarie e Capo Verde, mentre la parte occidentale sopravvisse a lungo nell'Antilla, ponte dal quale Atlantide diffuse sul continente del Nuovo Mondo i semi della sua civiltà. Ciò che oggi resta di questo troncone occidentale sarebbe appunto l'arcipelago antillano. (Bermuda e le Azzorre, poste a metà strada fra i due blocchi, avrebbero costituito un ponte di collegamento fra di essi). Ebbene, dopo tutta questa farraginosa serie di osservazioni, il nostro serafico Spence trova ancora il coraggio di fare le pulci agli altri, attaccando Brasseur e le Plongeon per essere

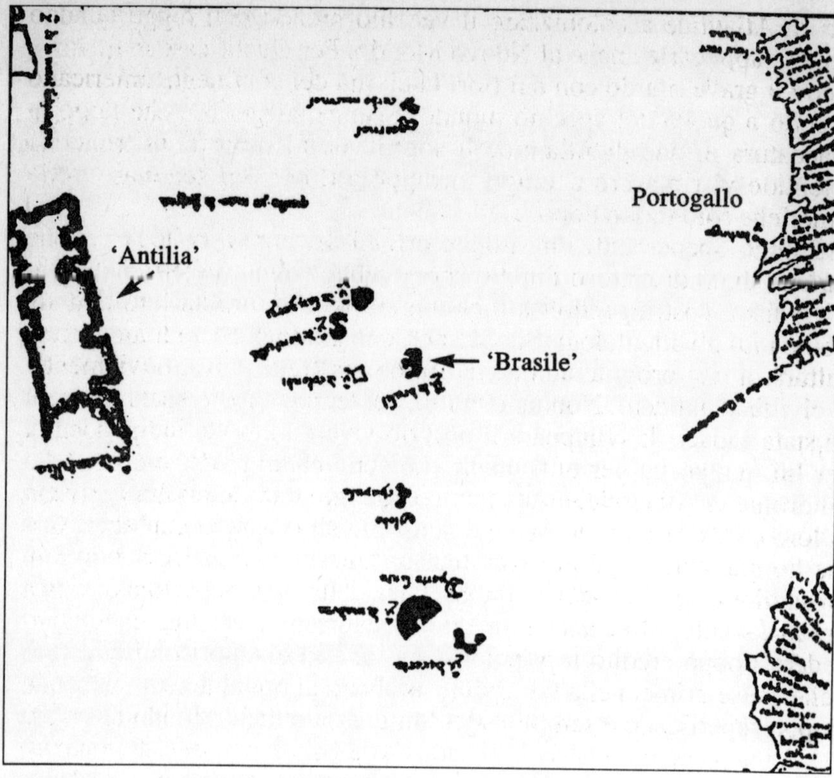

Antilia e alcune altre isole fantasma, con il Brasile al centro, secondo la mappa di Bianco del 1436. Notare le didascalie scritte al rovescio.

troppo imprecisi e approssimativi nel ritenere che Atlantide sia rimasta integra fino al 9600 a.C.

Se il lettore mi chiedesse come mai, al cospetto di tanta confusione mi sia lo stesso preso la briga di dare spazio all'ipotesi di Spence, pur avendone dimostrata la considerevole irrazionalità di ragionamento, mi sento in dovere di rispondere che per quanto le sue osservazioni presentino scarsa consistenza di fondo e siano piene di incongruenze, esse non stanno comunque al di fuori del regno del possibile (per quanto molto vicine a quello dell'improbabile), tenendo anche conto che quelle che lui stesso chiama «molte altre ragioni» a causa delle quali Atlantide si spezzò in due, pur non potendo vantare prove concrete a sostegno, non sono però assurde o fantastiche. Correttamente, per esempio, sottolinea come Donnelly, nella sua valutazione comparativa delle costruzioni piramidali egizie e messicane, non tenga in alcuna considerazione il fattore tempo, l'ampio arco che le separa lungo la scala temporale. Ma la suggestione che furono i Cro-Magnon abitatori di Atlantide a colonizzare il vecchio mondo non regge quando tenta di applicarla anche al Nuovo Mondo. Per giustificare in qualche modo il grave ritardo con cui fiorì la civiltà del continente americano rispetto a quella del vecchio mondo, Spence suggerisce che dopo la spaccatura in due di Atlantide, i sopravvissuti rimasti sul troncone orientale vi rimasero a lungo intrappolati, per poi sciamare nelle Americhe solo molto dopo.

Secondo Spence tutti i miti delle origini dei popoli delle Americhe parlano di un disastroso diluvio che avrebbe colpito la terra natia degli Indiani, costringendoli a raggiungere le terre ora da loro abitate. Come tutti gli atlantologi, Spence non è in grado di accreditare alcuna cultura di una propria, autonoma mitologia (fatta salva, ovviamente, la civiltà atlantidea). Non una civiltà, nel tempo e nello spazio, sarebbe stata capace di sviluppare il proprio vivere in modo indipendente: per lui, ma anche per tutti quelli che sono catturati dal morbo della Sindrome di Atlantide, esiste una sola legge: tutte le civiltà derivano la loro cultura (o, per lo meno, i semi decisivi) da qualcun'altra. Come ho già avuto modo di sottolineare, questa convinzione deriva in presa diretta dall'arroganza imperialista delle potenze coloniali tipica del XIX secolo. Ma è anche il frutto di un errore intellettuale, nel concedere troppo credito a princìpi come quello di causa e di effetto o delle cause prime, nella fattispecie applicati al ragionamento in modo troppo superficiale e semplicistico. In questa ottica, il modo di vivere viene inteso come qualcosa di scontato e fisso, incapace di generare delle proprie dinamiche interne di sviluppo e adattamento; qualcosa inteso come un tutto monolitico e fisso, che non sa evolversi, ma solo derivare, in forma più o meno diretta, da un altro sistema, meglio se analogo, altrettanto rigido e precostituito. L'immediata e conseguente considerazione che tutte le cause di tutti gli effetti possono a loro volta costituire effetti per altre cause sembra non sfiorare neppure per un attimo pensatori come Spence, una volta assodata e riconosciuta la causa prima, nel loro caso Atlantide, per la quale, naturalmente, non esiste una causa a monte e, al pari di Dio, non necessita di alcuna spiegazione. (Il riferimento alla religione non è improprio, dal momento che sia Atlantide che la religione hanno a che fare in modo importante con l'evoluzione dell'umanità e la Sindrome di Atlantide si intreccia con non pochi aspetti della tradizione religiosa del pensiero umano). Va da sé che l'impellente urgenza mostrata dagli atlantologi di derivare tutte le civiltà terrestri da una unica e primaria, cessa immediatamente di agire non appena questa forza primaria e iniziale viene identificata: una volta raggiunta la propria Atlantide, convenientemente sepolta negli abissi oceanici (o sotto i ghiacci del polo sud, oppure nello spazio, a seconda dei momenti storici, delle correnti di pensiero imperanti e delle mode suggerite dal tempo), ecco che tutto si acquieta e anche i più intraprendenti fra i ricercatori alternativi sembrano tirare il fiato, senza più bisogno di scannarsi nella ricerca.

Peccato che questi personaggi non abbiano mai dimostrato alcuna intenzione di affondare la propria attività nelle concrete acquisizioni della archeologia, quella vera intendo. Come non lo ha fatto Spence, tanto meno mostrano di averne intenzione i suoi eredi diretti, i ricercatori odierni che si muovono, con tanto scalpore, all'interno della cosiddetta archeologia alternativa. L'esempio più clamoroso di questa scarna preparazione ce lo offre proprio Spence, che non conosceva nulla a proposito della vita dell'uomo dell'età della Pietra (era convinto, per esempio, che l'uomo di Neandertal disponesse di una massa cerebrale inferiore a quello di Cro-Magnon) ed ignorava che la scienza ufficiale già aveva cancellato l'origine occidentale ed atlantica delle culture fiorite nei periodi aurignaziano e magdaleniano. In un passaggio che mi pare esemplare, Spence rimprovera gli archeologi canonici nello stesso modo in cui lo fanno oggi, dopo tanti anni, i moderni ricercatori alternativi: «Domando: se l'uomo di Cro Magnon non arriva da queste regioni del pianeta, quando, allora, penetrò nell'Europa? Consulto i sacri oracoli e non ricevo risposta. Peccato! Gli oracoli non ascoltano, sono sordi. In realtà non sanno rispondermi; anche se per la più giustificata delle ragioni: perché non sanno nulla, oppure, se qualcosa sanno, hanno paura di parlare».

Come dire, "assaggiata" questa primizia dello Spence pensiero, ben si capisce come egli non solo abbia dato un formidabile contributo al consolidamento della Sindrome di Atlantide, ma sia stato decisivo (in questo ben spalleggiato da le Plongeon) nel far nascere un forte senso di diffidenza nei confronti dell'archeologia e degli archeologi ufficiali, quel sentimento, sovente vicino all'accanimento, che anima i cosiddetti studiosi alternativi. Quasi che il rinato interesse per Atlantide sia stato il pretesto per smascherare l'ignoranza, l'incompetenza, la cospirazione e la congiura del silenzio e dell'omertà messa in atto dalla scienza accademica per tacere chissà quali misteri.

Ciò che l'archeologia ufficiale ha cercato di conquistare in circa un secolo e mezzo di ricerche (andando incontro, nessuno lo nega, a una lunga serie di abbagli ed errori) è un quadro abbastanza coerente dello sviluppo dell'umanità in ogni angolo del pianeta, un insieme di conoscenze che ha sempre tentato di dare il giusto peso al valore del contesto rispetto al ritrovamento, per quanto quest'ultimo possa apparire strano o, come qualcuno preferisce dire, "fuori luogo". Un esempio, per essere più chiari. Il ritrovamento di una moneta cartaginese su una spiaggia americana può essere spiegato attraverso più possibilità (non da ultimo lo smarrimento da parte di un collezionista locale). Altra cosa e sostanza sta invece nel ricorrente emergere, che so, di ceramiche minoiche in particolari strati archeologici di siti egizi, cosa che giustificherebbe, per esempio, immaginare come logico e plausibile un proficuo e robusto scambio commerciale fra le due civiltà in un dato momento storico. Davanti a qualcosa di strano che sembra una muraglia artificiale sprofondata nell'oceano, ma che potrebbe anche essere una formazione geologica subacquea naturale, è evidente che un ragionamento logico opti per la seconda ipotesi, qualora nel posto non emergesse in associazione alcun manufatto umano inequivocabile. Se siete convinti che la Sfinge di Giza risalga al periodo predinastico, ma ciò che ritrovate tutto attorno e ciò che gli scavi fanno emergere dalla sabbia parla della quarta dinastia, non si capisce perché dobbiate per forza insistere nella vostra idea, senza tener conto che invece potreste tranquillamente sbagliarvi. Quando una datazione al carbonio indica un certo periodo storico, non esiste motivo per rinnegarla o opporvicisi, anzi avete fra le mani una prova importante, che lo diventa ancora di più se questo dato si allinea in piena compatibilità con altre evidenze ad esso coerenti. Nel momento in cui alcune prove indiziarie tendono a ripetersi, manifestandosi anche in più località diverse, ebbene non diventa azzardato incominciare a immaginare che fra le due rispettive culture si fosse aperto un canale di comunicazione. Come il lettore intende, non si tratta che di semplici e quasi banali esempi, tuttavia rendono bene l'idea del modo in cui ragionano gli archeologi, che spaziano in tempi dilatati e su aree estese, senza lasciarsi, giustamente, influenzare più di tanto da qualche eventuale ritrovamento che, sulle prime, sembra non essere coerente al contesto entro cui è venuto alla luce.

Ma sia Donnelly che Spence possono, almeno in parte, essere perdonati in merito alla scarsa conoscenza da loro posseduta sugli sviluppi temporali delle antiche civiltà di cui si occupano nelle loro opere. Per un processo più che logico, le stentate e faticate conquiste di tante silenziose campagne archeologiche hanno sempre ceduto il passo al cospetto delle grandi scoperte, quelle che hanno portato alla luce i grandiosi monumenti dell'antichità, calamite irresistibili di attrazione. In questa dimensione, sin dai primi giorni della ricerca archeologica, gli sforzi più importanti si sono sempre rivolti verso gli aspetti più appariscenti, prima di arrivare a comprendere i processi che avevano condotto a quelle straordinarie conquiste dell'umana civiltà. A ben guardare, la stessa cosa è capitata, per esempio, alla geologia. I fossili delle forme di vita cosiddette di transizione evolutiva sono decisamente più rari, e quindi difficili da rintracciare, che non quelli di esseri che avevano consolidato da tempo immemore una loro propria linea evolutiva ben precisa; ciò non giustifica però l'opposizione di coloro che, solo per questo, rinnegano la teoria dell'evoluzione (per quanto oggi il ritrovamento di questo genere di fossili diventi sempre più comune). Ad ogni buon conto, anche al tempo di Spence alcuni contesti evolutivi culturali dell'età della Pietra, nelle Americhe come in terra d'Egitto, erano già ben noti sotto il profilo archeologico. Peccato che non ne avesse preso nozione. Per lui, gli aurignaciani e più tardi i magdaleniani dell'età della Pietra dell'Europa occidentale erano comparsi come dal nulla, improvvisamente, spuntati come funghi in un mattino di pioggia. Le culture americane lo stesso: sorte all'onore del mondo civile in un lampo e chissà da dove; esattamente come la civiltà egizia, sbocciata dal nulla nella meraviglia di tutta la sua gloria (salvo, ovviamente, chiamare in ballo Atlantide, matrice di ogni cosa). Privi di ogni giustificazione – in altre parole, assolutamente inscusabili – dal momento che gli studi odierni ci dipingono un quadro completo e coerente degli sviluppi evolutivi delle grandi civiltà, gli archeologi alternativi d'oggi continuano a ripetere il loro solito ritornello, vale a dire, per esempio, che gli Olmechi dell'America centrale piuttosto che le prime dinastie dell'antico Egitto si presentarono sul palcoscenico del mondo arrivando come dal nulla, senza poggiare su precedenti nuclei di civiltà.

Come Spence, e non meno di Donnelly, queste nuove schiere di studiosi alternativi si eccitano non appena un qualche reperto venuto alla luce in un angolo del mondo trova un analogo corrispondente rintracciato altrove, meglio se il più lontano possibile. Immediatamente spunta fuori Atlantide, con la sua comune matrice, tutti incapaci di resistere alla tentazione di scorgere strabilianti "evidenze" linguistiche, tracciando intriganti paralleli fra le parole dell'uno e dell'altro idioma, ovviamente indifferenti nei confronti del contesto, qualunque esso sia. Per Spence le mummie egizie e quelle peruviane (a prescindere dalla fattura e dal tempo) altro non provano che un fatto soltanto, vale a dire che la mummificazione era una pratica inventata da una civiltà precedente ma comune ad ambedue le civiltà, quella egizia e quella inca (i Cro-Magnon, usi a volte a dipingere i morti con pasta di ocra rossa). Da qui per lui diventa facile e quasi un divertente gioco mettere in risalto vocaboli assonanti che nell'una e nell'altra lingua hanno un significato assimilabile, utilizzando queste similarità per rafforzare il concetto della provenienza da un'unica sorgente di cultura e civiltà. Ancora una volta, il contesto non conta nulla, non viene preso in considerazione: le strutture dei linguaggi e delle parole che li costituiscono, infatti, possono divergere totalmente per princìpi sintattici e grammaticali e quindi non avere nulla in comune fra loro anche se, per una mera coincidenza, fonetica o scritturale, condividono parole simili che, in realtà, non sono in alcun modo imparentate. Sembrerà strano, ma è all'ordine del giorno imbattersi ancora oggi in questo genere di stravaganti filosofie negli scritti dei cosiddetti archeologi alternativi, specie di quelli che vanno per la maggiore.

Ma i vocaboli che più di tutti sembrano catturare l'attenzione di

Quetzalcoatl come Atlante.

Statuetta raffigurante Atlante che sorregge il mondo
sulle spalle (Museo Nazionale di Napoli).

Una pagina da un libro di Spence in cui si confronta Atlante con Quetzalcoatl.

Spence, stimolandone le speculazioni filologiche, sono i nomi di località e quelli propri. Fra le tante sue osservazioni, di certo una delle più spettacolari – a suo tempo già evidenziata da Gomara nel XVI secolo e poi ripresa da Donnelly – riguarda il nome che gli Aztechi assegnavano alla loro stessa patria, che ritenevano il Messico: Aztlan, nome echeggiante quello di Atlantide, la figlia del gigante Atlante. Poco conta se gli stessi Aztechi tramandavano di aver lasciato Aztlan nell'anno 1168 della nostra era, ossia la bellezza di diecimila anni dopo la scomparsa dell'Atlantide raccontata da Platone. Secondo Spence alcuni nomi propri citati dal grande filosofo greco, come per esempio quello di Cleito, la moglie mortale di Poseidone, riecheggiano quelli di certe divinità messicane. «Il nome Cleito – cui quello messicano di Coatlicue mostra una sospetta assonanza – e quello di Atlante [in inglese *Atlas*], che richiama la prima parte di Huitzilopotchli, nome con cui condivide una forte similarità». Complimenti, signor Spence! Delle ventiquattro lettere che compongono i nomi delle due divinità messicane, ce ne sono otto in comune con Cleito e Atlante. Ma Spence supera se stesso quando ha l'ardire di collegare il nome di Artù con quello della grande divinità egizia Osiride. «A prima vista – ha almeno l'onestà di riconoscere – l'ipotesi può apparire un po' strampalata o improbabile, ma se la si considera con una maggiore attenzione, mi convinco sempre più della sua validità. Peccato non poter disporre, in questa sede, di tempo e spazio per farlo». (Detto fra noi, quella che Spence definisce una maggiore attenzione sembra semplicemente risolversi nel fatto che sia Artù che Osiride erano attesi a una resurrezione in un luogo remoto ad occidente, senza che neppure passi per la testa al nostro esimio autore che la terra dove tramonta il Sole rappresenta un luogo quasi ovvio in attesa di una resurrezione e che per tutte le culture umane la rinascita è un'immagine intimamente connessa all'osservazione della nostra stella che tramonta, ma solo per poter nuovamente risorgere).

Ancora una volta siamo costretti a fare i conti con l'incapacità congenita di Spence di attribuire all'uomo creatività e inventiva, una caratteristica che invece è presente in tutti i gruppi umani. Tutti, indifferentemente, si sono inventati leggende pittoresche che rendano ragione del drammatico avvicendarsi della morte e della vita, dei cicli della rinascita, storie che, al di là dei tempi e dei luoghi, si assomigliano moltissimo, poiché l'esperienza profonda dell'umanità è una sola, a dispetto delle differenze superficiali che sembrano separare le diverse culture. Personaggi come Spence rappresentano l'esempio più evidente di coloro che soffrono della Sindrome di Atlantide, che in nessun altro momento traspare in modo tanto clamoroso come quando la si applica a temi come l'arte e la mitologia. Nella maggior parte dei casi, gli atlantologi non sono capaci di concepire che l'uomo sia stato in grado di dare corpo, in modo libero e felice, alla sua immaginazione creativa, configurando le infinite fantasie consegnateci nei millenni dall'esperienza umana. (A ben guardare, questo atteggiamento è davvero buffo, dal momento che sono proprio gli atlantologi, con le loro sfrenate fantasie, a rappresentare una lampante contraddizione a quanto essi stessi sostengono!) Facciamo ancora un esempio. Per uno di questi pensatori, la tomba di un uomo scolpita con l'immagine di rami ricchi e rigogliosi di foglie non rappresenta mai l'idea mitologica di quello che potrebbe essere l'albero della vita (come, tanto per dire, gli archeologi canonici riconoscono nella mitologia maya); non sia mai detto: la verità è che il motivo rappresenta, in modo quanto mai esplicito, una scena comune e banale ai nostri giorni: l'interno di una capsula spaziale, con tutte le sue funzioni di comando e controllo. (Lo spazio cosmico è l'estremo rifugio, assieme al piano astrale, per chi sostiene l'idea di Atlantide). Per completare la loro ottusità di fondo nei confronti della capacità umana di creare e inventare, gli atlantologi aggiungono il rifiuto totale di riconoscere che una qualsiasi idea possa sorgere più di una sola volta. Anche concedendo loro la possibilità che la genialità atlantidea sia stata la prima a inventarsi ogni cosa, il pensiero che altre comunità umane possano essere approdate a quelle stesse conquiste come risposta ad analoghe sollecitazioni, costituisce per loro una vera e propria eresia. Parlando in termini tecnologici, non riescono a immaginare che le piramidi possano essere state sviluppate come strutture architettoniche in tempi e luoghi diversi (senza, naturalmente, considerare che quando un antico architetto avesse avuto intenzione di innalzare, con i semplici e modesti mezzi del suo tempo, una grande e maestosa costruzione avrebbe trovato proprio nella forma piramidale quella ottimale). Parlando in termini mitologici, essi non accettano la possibilità che leggende simili (di diluvi e piogge di fuoco, per esempio) possano essere state elaborate da culture diverse in momenti diversi, senza badare al fatto che, viceversa, sono proprio loro i primi a tendere collegamenti astrusi fra luoghi, civiltà e leggende diverse, anche quando non esistono punti in comune fra loro. Un paradosso incredibile, dunque: mentre da una parte non sanno riconoscere all'umanità la capacità di immaginare, dall'altra concedono a se stessi, ma proprio solo a se stessi, il copyright di potersi inventare le storie più straordinarie. Un altro esempio, sempre tratto da Spence, ci serve per illustrare la comune tendenza che gli atlantologi sono soliti mostrare nei confronti del mito. Nelle righe che seguono, ecco servito il tentativo di adattare il racconto del *Crizia* platonico al mito americano:

> Pariacaca, il semidio fuoriuscito da una delle uova... giunse, al pari di Poseidone, in una terra collinosa dove venne mal accolto dalla gente. Irritato e offeso, egli scagliò contro di loro un grande diluvio, così che tutti i loro villaggi

vennero distrutti. [Non riesco proprio a fare a meno di ricordare al lettore che non solo Poseidone approdò su di un'isola, ma non venne insultato, non si arrabbiò e non inviò alcun diluvio]. Nei dintorni egli si imbatté in una splendida fanciulla, Choque Suso (la Cleito di Platone?), che stava piangendo in modo disperato... [I nomi presentano forse tre assonanze in comune. Ma non si trattava, allora, di Coatlicue?] Chiestole il perché di un pianto tanto angoscioso, la ragazza gli aveva rivelato che tutto il suo raccolto stava morendo per mancanza d'acqua. L'uomo, subito innamoratosi, le aveva promesso che l'avrebbe aiutata e che se lei avesse ricambiato il suo passionale amore, la terra e il suo raccolto avrebbero ricevuto la tanto desiderata acqua. [Nulla di tutto questo nel racconto di Platone, tutto è semplicemente inventato di sana pianta]. A quella proposta la ragazza aveva acconsentito di seguirlo e il semidio aveva irrigato l'intero territorio, come Poseidone aveva fatto con Atlantide. Alla fine della leggenda, Pariacaca aveva poi trasformato la sua compagna in una splendida statua. [Cosa che Poseidone non fece!]

Spence gioisce nel riconoscere in tutto questo la "sua" Atlantide, Poseidone, Cleito, la benefica irrigazione dei campi da parte del dio, l'erezione delle maestose statue atlantidee e, in una confusione pressoché totale, la triste fine della grande civiltà punita per la sua dissolutezza. «Potremmo mai trovare una rassomiglianza più incredibile?», si chiede – e chiede al lettore – Spence. Domanda a cui viene immediatamente da rispondere: «C'è da scommetterci, meglio di così non avresti potuto», dal momento che davvero non riusciamo a capire chi possa trovare, in tutto questo guazzabuglio, motivi di somiglianza e richiamo fra le due diverse saghe in questione. Spence è comunque in buona compagnia quando, con i suoi colleghi alternativi, si inventa queste miscellanee mitologiche, perché si tratta di una corrente che non accenna a placarsi, anzi, come avremo modo di vedere ancora, tende a gonfiarsi sempre di più.

Un altro tratto caratteristico degli atlantologi viene messo in risalto da Spence quando pretende che tutto ciò in cui ci si imbatte mentre si scorre il testo platonico debba necessariamente portare acqua al suo mulino. Nelle raffigurazioni rupestri dell'età della Pietra rintracciate sulle pareti di grotte preistoriche in Francia e Spagna, fra i tanti animali rappresentati compaiono, a volte, dei bovidi e questo è più che sufficiente per fargli esclamare che il sacrifico di tori descritto da Platone era retaggio dei Cro-Magnon abitatori di Atlantide. Una qualsiasi città fortificata dell'antichità, riecheggia nella sua fantasia gli anelli concentrici che custodivano la capitale di Atlantide (in modo particolare, ad eccitarlo maggiormente sembra essere l'antica capitale azteca, l'attuale Città del Messico, che insediata com'è nelle prossimità di laghi calzerebbe a pennello con la perfetta geometria urbana della descrizione platonica). La raffigurazione del dio Quetzalcoatl che si porta un peso sulle spalle, altro non sarebbe che uno dei tanti Atlante che sorregge il mondo. Quasi incredibile pensare a uno studioso che forzi tutto ciò di cui viene a conoscenza all'interno di una sua teoria, co-

Un altro "Atlante" della cultura mesoamerica, da Spence.

stringendola a comprendere ogni cosa e impegnando ogni goccia della sua esperienza e ogni sua energia a perseguire questo scopo. Senza che gli passi per la testa l'idea che, dopo tutto, il lunghissimo passato del tempo antico non solo ci è arrivato in frammenti, ma è sopravvissuto in modo così arbitrario a devastazioni e distruzioni da non poter dire che queste testimonianze possano fare parte di un solo e unico, semplicistico schema. Questo ha tanto più valore se solo si pensa che Spence non conosceva affatto i progressi compiuti dall'archeologia del suo tempo, spunti che avrebbe certamente trovato difficili da inserire nel contesto approssimativo della sua teoria. Tuttavia, come si è già detto, Spence non è solo; ritroviamo questo irresistibile anelito a far rientrare tutto all'interno della propria ipotesi favorita in molti altri ricercatori venuti immediatamente dopo di lui.

Nei capitoli finali del suo libro *The Problem of Atlantis*, Spence rivede anche sotto il profilo cronologico la data indicata da Platone come momento topico della ascesa e della successiva caduta della gloriosa isola-continente. Pur attribuendo ai suoi Cro-Magnon un grado di civiltà altamente sofisticato, si rende ben conto che i gruppi umani coevi che abitavano il continente – per esempio, il territorio dell'attuale Francia – non vantavano certo una cultura tanto avanzata quanto quella indicata dal filosofo greco citando il 9600 a.C. ed allora non trova niente di meglio che "accorciare" il tempo al 7000 a.C., indicando ad un millennio successivo la nascita delle prime grandi città egiziane (fatto non vero, poiché i primi centri, come sappiamo dalle testimonianze archeologiche, sorsero attorno al 3000 a.C.). Dopo, Atlantide venne colpita da una tremenda inondazione, ma la fiaccola della civiltà riuscì a sopravvivere in Egitto e nell'arcipelago antillano, la parte occidentale dell'isola salvatasi dal disastro, per transitare infine nelle Americhe attraverso questo "ponte" naturale. Tuttavia, secondo Spence il vero genio atlantideo – c'era da aspettarselo – si sarebbe incarnato in un popolo e in una nazione in modo particolare: la Scozia, ossia la sua terra natia! (Spence fu per qualche tempo direttore di «The Scotsman»). Il libro si conclude con un panegirico in cui si proclama «l'indiscussa superiorità della Scozia nelle sfere mentali e spirituali». Anche l'Inghilterra non viene trascurata, pur se le concessioni sono meno entusiastiche: «Certo, anche l'Inghilterra è debitrice della sua grandezza e della sua superiorità nelle cose della mente a questa medesima fonte comune di illuminazione». Sprovveduto Spence. Avesse tenuto di più alle vendite del suo libro, in questa lode sperticata avrebbe dovuto accomunare anche i lettori americani, ma forse riteneva di aver già fatto del suo meglio.

E proprio sul filo di lana del suo lavoro, Spence lancia un altro spunto di investigazione – del tutto contrario e contrastante con la presunta razionalità applicata fino a quel momento alla sua ricerca – invitando tutti coloro che posseggono una mente aperta e libera dai condizionamenti a considerare la possibilità di indagare nel nostro antico passato tramite l'indagine psichica. (Spence è anche autore di libri su questi tempi, quali *The Fairy Tradition in Britain* e *Second Sight, Its History and Origins*). Su questa scia i suoi scritti finali suonano come una terribile campana d'allarme per il futuro catastrofico che ci attende, aprendo un altro settore, quello della ricerca psichica, all'interno del quale gli atlantologi si sono infilati con grande disinvoltura a proposito della "caccia" ad Atlantide nell'oceano Atlantico. Ma prima di occuparci di questo tema, riassumiamo l'incredibile contributo che Spence, da solo, ha saputo dare alla Sindrome di Atlantide. Ha focalizzato per primo l'attenzione sull'arcipelago delle Antille; ha esemplificato, in sintesi estrema, la prassi della miscellanea mitologica e della forzatura secondo la quale ogni cosa, ogni conoscenza deve necessariamente portare acqua al mulino della propria ipotesi. Ha suscitato una forte ostilità contro l'archeologia accademica, passando il testimone di questo accanimento a quanti sono venuti dopo di lui. Da ultimo, per dirla tutta usando un eufemismo, non si può certo dire che i suoi libri siano dotati di un corredo bibliografico e di note tale da renderli accessibili, non sono previsti neppure gli indici.

Decisamente più attuali e moderni dei paleolitici previsti da Spence, gli Atlantidei della fiabesca isola vista in stato di trance dal medium americano Edgar Cayce, a cominciare dagli anni Venti fino alla morte avvenuta negli anni Quaranta, anche se i luoghi occupati da questi Atlantidei (o, meglio, dalle tracce che di loro sono rimaste) sono sempre gli stessi. Gli Atlantidei "visti" da Cayce nelle sue visioni psichiche e nelle opere di alcuni suoi discepoli, come il figlio Edgar Evans

Cayce e Lytle Robinson, erano un popolo molto progredito che possedeva mezzi volanti, sottomarini, ascensori, telefoni, conosceva la radio e la fotografia (guarda caso, Cayce era un fotografo commerciale), la televisione e persino qualcosa di molto simile al raggio laser e alla energia nucleare ricavata dai poteri dei cristalli. Per questo diventa pressoché arduo immaginare che al momento della distruzione del loro mondo – dagli indovini, d'altro canto, pienamente prevista – la loro civiltà sia stata soltanto capace di riproporsi in terra d'Egitto, senza trasmettere niente di più che un bucolico, quanto primitivo modo di vivere, vale a dire quello tipico e a noi ben noto dell'Antico Regno. A questo merito c'è da fare un'interessante osservazione. Di norma, alle presunte superciviltà viene riconosciuto un grado evolutivo che, guarda caso, sta sempre appena appena un po' al di sopra del livello tecnologico sul momento familiare all'uomo della strada. Se, poi, si accenna a una conquista tecnologica più avanzata rispetto al momento presente (Cayce menziona, per esempio, la capacità degli abitanti di Atlantide di vincere la gravità, tecnica usata con grande profitto per la costruzione delle piramidi egizie), puoi star certo che quel che se ne sa resta estremamente vago nei possibili dettagli tecnici. Questa regola vale sia per le presunte super civiltà del passato come per quelle extraterrestri. Gli Atlantidei visti da Cayce non possedevano Internet. Avevano però fra le mani, in modo pienamente conforme a una concezione in stile anni Venti, la capacità di autodistruggersi. Tanto è vero che Cayce non ascrive la distruzione dell'isola a terremoti o diluvi, al fuoco dovuto a eruzioni vulcaniche o a piogge infuocate, ma ad un uso scorretto di forze naturali catastrofiche, scatenatesi in più di una occasione, sintetizzate e filtrate nel racconto platonico nel cataclisma definitivo e finale. Ho detto "filtrate" con cognizione di causa, perché, stando a Cayce, i sacerdoti egizi che parlarono a Solone non avevano la minima idea sia delle conquiste raggiunte dalla civiltà atlantidea né a proposito della sua fine. (Sembra che Cayce non avesse letto i testi di Platone, ma è certo che fra i suoi "pazienti" c'erano nutrite schiere di sostenitori della Blavatsky).

Cayce operava le sue sedute psichiche a Virginia Beach, in Virginia. Stando a quanto sostiene James Randi, il grande ricercatore del paranormale, i risultati ottenuti da Cayce non si discosterebbero in nulla da quelli di tanti altri presunti guaritori psichici; mantenendosi, come sempre accade, nella più assoluta vaghezza diagnostica (il più delle volte espressa con un linguaggio vago e illetterato, tanto per confondere ancora di più ogni cosa) e limitandosi a semplici raccomandazioni: rimedi, come dire, casalinghi, che avrebbero potuto benissimo trovarsi nelle pagine di una enciclopedia medica popolare del Kentucky al tempo della fanciullezza di Cayce.

Cayce riceveva le sue illuminazioni in stato di trance (ciò che raccontava veniva scrupolosamente annotato dagli assistenti), tanto da divenire noto come il "profeta dormiente". Il tema di Atlantide incominciò a infilarsi nelle sue visioni a partire almeno dal 1924. Da quel momento in avanti venne fuori che molti dei suoi pazienti erano la reincarnazione di Atlantidei, tutte persone dotate di una grande competenza in questioni tecniche, come, d'altro canto, c'era da aspettarsi per uomini che già nelle loro vite precedenti avevano familiarizzato con aerei e televisori. Lo stesso Cayce era stato un gran sacerdote atlantideo. Nel 1926 il suo coinvolgimento con le faccende di Atlantide aveva fatto un passo in avanti, dopo aver felicemente risolto il caso di un collaboratore di un ricco uomo d'affari con interessi in Florida e alle Bahamas. A seguito delle sue brillanti prestazioni, Cayce era stato infatti invitato a ricercare tramite via medianica giacimenti petroliferi e risorse minerarie sottomarini – ma anche i tesori dei bucanieri – nell'arcipelago delle isole Bimini (ce ne sono due, uno a nord e uno a est), nello stretto della Florida. Prima ancora di accettare l'invito e di recarsi fisicamente alle Bimini, nel corso di una seduta, Cayce aveva avuto la conferma medianica che in quelle acque, come si sperava, abbondavano davvero lingotti d'oro e metalli pregiati. Per buona aggiunta, Bimini era segnalata a livello geologico come ciò che ancora restava di un grande continente sommerso dalla furia delle acque. Quando però nel 1927 Cayce si recò sul posto, non venne rintracciato un bel nulla: né preziosi piatti dorati, né lingotti, né tesori, a dispetto del fatto che nel corso di altre e numerose sedute psichiche avesse ricevuto la conferma che si stava indagando nel posto giusto. La scappatoia per giustificare il fallimento venne subito escogitata: anche se i tesori si trovavano veramente in quei fondali, non si sarebbero mai lasciati trovare da gente la cui unica motivazione era quella speculativa. Va da sé che quella prima visita di Cayce a Bimini fu anche l'ultima.

Ciò malgrado, Bimini continuò a essere sempre ben presente nella mente del profeta. Nel 1933 Cayce predisse che «A Poseidia – questo era il suo nome per indicare le Bimini, ossia ciò che restava di Atlantide e delle sue appendici sommerse – una parte degli antichi templi verranno finalmente alla luce, scoperti sotto lo spesso strato di fanghiglia che le ere vi hanno depositato sopra; il punto preciso si trova alle Bimini, al largo della costa della Florida». (Secondo Cayce anche altri frammenti preservatisi dalla grande catastrofe sarebbero stati scoperti, in terre coi nomi di Aryan e Og!) Nel 1940, in altre profezie, Cayce disse: «Poseidia sarà la prima porzione della sommersa Atlantide a tornare alla luce. Questa scoperta si verificherà nel 1968 e 1969». Messe insieme e considerate alla luce di ciò che già era stato predetto negli anni Trenta, queste profezie annunciavano dunque che i resti di Atlantide sarebbero stati rintracciati a Bimini sul finire degli anni Sessanta. In altre testimonianze correlate si suggeriva, infine, che nuove indicazioni sul continente scomparso sarebbero state scoperte sia in Egitto che nello Yucatán. In un modo altrettanto approssimativo, si parlava anche di una "stanza della memoria" che sarebbe stata ritrovata in concomitanza con "mutamenti epocali" che sarebbero occorsi fra il 1950 e il 1998.

Cayce morì nel 1945. Prima di lasciarlo alle sue ora eterne visioni, non possiamo non sottolineare il notevole, aggiuntivo contributo che egli ha dato alla Sindrome di Atlantide. L'Atlantide fantasticata da Donnelly, poteva pur essere stata la fonte di ogni civiltà e una straordinaria meraviglia per il suo tempo, ma dopo tutto si trattava di una cultura dell'età del Bronzo, spazzata via da una catastrofe naturale. L'Atlantide di Cayce si cala invece appieno nel contesto di un'America del XX secolo, rigurgitante la più sofisticata tecnologia da lui immaginabile, una civiltà che si è autodistrutta, ma non a causa di una decadenza lussuriosa, punita da un giusto castigo divino o a causa di un'immane catastrofe naturale, ma per aver fatto un uso scriteriato delle forze della natura: un concetto completamente sconosciuto sia a Donnelly che a Platone, con un passo avanti importante sotto il profilo culturale. Questi segreti diventano però accessibili grazie alle risorse psichiche dell'uomo (in una dimensione che supera persino quella della Blavatsky), senza alcuna necessità di ricorrere all'archeologia o ad altre scienze come la storia per portarli alla luce, per quanto, ovviamente, ricevere conferma da parte di queste discipline sia cosa estremamente utile. Le rivelazioni medianiche di Cayce non costituiscono di per sé un elemento di novità (non dimentichiamo che la Blavatsky già aveva abituato i suoi lettori con le dichiarazioni tibetane e via dicendo), ma senz'altro l'idea di Cayce della stanza della memoria da rintracciare nei pressi della Sfinge sulla piana di Giza è diventata un'altra chiave fondamentale dei sogni degli atlantologi.

A cominciare dall'inizio degli anni Sessanta l'eredità spirituale di Edgar Cayce ha trovato consistenza in una molto ben sostenuta fondazione, il cui compito primario, attraverso l'Associazione per la ricerca e l'illuminazione, è quello di nobilitare sempre più in tutto il mondo la reputazione del profeta dormiente e la validità delle sue previsioni e profezie. (La ricerca della stanza della memoria, che avrebbe dovuto essere rintracciata prima della fine del millennio, è stata, fra le altre, una delle imprese a cui i suoi ferventi seguaci si sono inutilmente dedicati, nel vano tentativo di mantenere alta la reputazione del loro maestro profeta. In questa ottica, stiamo ancora adesso aspettando lo sprofondamento del Giappone, il ribaltamento dei poli terrestri e la seconda venuta del Cristo, altre preveggenze azzardate da Cayce).

Tuttavia, è stato sulla base di queste flebili predizioni, legate all'immagine di una favolosa Atlantide tecnologica estesa dall'Africa alle

Indie Occidentali, che sul finire degli anni Sessanta gli occhi del mondo si sono focalizzati sulle Bahamas, il luogo dove i resti dell'isola-continente avrebbero dovuto ritornare alla luce, dove per occhi intendo, ovviamente, quelli dei seguaci di Cayce, degli atlantologi e dei cosiddetti archeologi controcorrente o alternativi.

In nessuna delle pur massicce campagne di sorveglianza e controllo messe in atto dall'Associazione di Cayce a partire dal 1965 è mai emerso anche solo un piccolo appiglio che potesse dare credito e fiato alle sue previsioni. Nel 1968 però due piloti di linea riportarono un'osservazione che venne subito "catturata" dai membri dell'Associazione per la ricerca e l'illuminazione, guarda caso si trattava di due aderenti. Ciò che riportarono di aver visto, mentre erano in volo a nord della grande isola di Andros, era una strana formazione regolare di sagoma rettangolare di chissà che cosa che non tardarono a battezzare la "struttura" e che, così a prima vista, avrebbe potuto benissimo essere la fondazione di un edificio, la parte orientale più estrema caratterizzata da una sorta di muraglia e cortile interno. I due piloti avevano subito riferito la scoperta ad altri due adepti dell'Associazione di Cayce, J. Manson Valentine e Dimitri Rebikoff, i quali avevano organizzato all'istante una visita sul posto per il mese di agosto. Descrissero ciò che videro come una struttura di 35 × 20 m, perfettamente allineata lungo l'asse est-ovest, ben delineata dalla folta vegetazione marina che, nel tempo, si era abbarbicata sopra ai blocchi che la costituivano, spessi più di 1 m. Immediatamente la stampa prese a parlare di «una specie di costruzione», «qualcosa di artificiale, costruito dalla mano dell'uomo», persino di «un antico tempio». In un'esplorazione successiva, le cose erano state poi riviste. Non si trattava di blocchi squadrati di calcare, bensì di pile di rocce granitiche accatastate. Poi era venuto fuori il solito cronista locale, il quale aveva rivelato di aver conosciuto un pescatore indigeno che gli aveva confessato di aver lui stesso partecipato negli anni Trenta alla costruzione di quella barriera come letto di deposito per favorire l'attecchimento delle spugne. La cosa è poco convincente: non solo il muraglione è troppo vicino alla costa tanto da essere pericoloso per le navi che si avvicinano, ma è del tutto diverso dagli altri letti artificiali per la crescita delle spugne, che sono tutti molto, molto più piccoli, stanno in profondità e sono realizzati in legno. Tuttavia, anche escludendo questa ipotesi, non si può certo acclamare al mondo che questa struttura costituisca una prova della tanto strombazzata civiltà tecnologica e televisiva dell'antica Atlantide. Per di più, in associazione alla struttura non è venuto alla luce uno, dicesi uno, manufatto artificiale. La struttura non è sola, attorno, di volta in volta, ne sono state individuate altre, sempre ben segnate dalla crescita della vegetazione marina, fra cui una particolare, a cerchi concentrici, ma nessuna di esse è mai stata oggetto di una qualche ricognizione sistematica, eseguita in tempo, prima che la sabbia dei fondali ne avesse fatto perdere traccia.

Viceversa, assai più intrigante è quella che gli addetti ai lavori chiamano la strada di Bimini, scoperta nel settembre del 1968, sempre per merito di Valentine, al largo della North Island dell'arcipelago. File diritte di materiale che sembra essere costituito da blocchi regolari di calcare, quasi ormai del tutto sepolti dalle sabbie dei fondali, corrono parallele in mare aperto, allineate con la costa, per una distanza non inferiore a 600 m. In direzione nord-ovest si configura poi un altro tratto, formato da massi decisamente più piccoli, che gira tracciando la forma di un manico d'ombrello. Se, da una parte, il primo pezzo costituito da una murata di un solo blocco (a volte sembra trattarsi di pile di blocchi posti uno sopra l'altro) farebbe escludere, per la sua stessa fragilità, l'ipotesi di una muraglia contro l'azione del mare, dall'altra c'è anche da osservare che il secondo tratto, quello ricurvo, non testimonia certo a favore di una strada. Ma, ormai, la frittata era fatta: la stampa ad effetto aveva annunciato a chiare lettere trattarsi di una struttura certamente artificiale e per gli atlantologi la cosa era subito diventata una strada lastricata. Per fortuna, a gettare acqua sul fuoco erano poi arrivati un geologo e un archeologo, i quali avevano dichiarato che il misterioso muraglione era di origine naturale e faceva capo a un fenomeno che nei fondali marini delle isole Bahamas si rintracciava sovente: rocce del Pleistocene, tracce delle quali si trovavano un po' ovunque, alla libera osservazione di tutti. Questi singolari insiemi si formano quando la decantazione e l'accumulo di detriti sabbiosi, la più parte costituiti da carbonato di calcio sotto forma di gusci di conchiglie frantumati, unendosi ai granelli di sabbia, dà origine a un unico blocco di calcare. Tali formazioni risultano però fragili e facilmente aggredibili quando esposte agli agenti atmosferici e all'assalto dei marosi oceanici che hanno il potere di disgregarle, secondo singolari frantumazioni ad angolo retto, così da farle sembrare un prodotto artificiale dovuto all'intervento dell'uomo. (Un esempio tipico di queste rocce litoranee che paiono artificiali lo troviamo nell'isola di Madeira).

I blocchi che costituiscono la cosiddetta strada di Bimini si trovano vicino alla costa e in acque relativamente basse, in quanto si sono configurati alcune migliaia di anni or sono quando il livello dell'oceano era lievemente più basso, immediatamente dopo l'ultima era glaciale: il tratto ricurvo simile al manico d'ombrello è praticamente allineato alla sagoma dell'attuale costa, spingendosi verso il mare aperto solo nel versante settentrionale. La datazione al radiocarbonio delle conchiglie imprigionate nei blocchi calcarei segnala 2200 anni or sono. Che si tratti di blocchi non collocati in quel posto dall'opera dell'uomo, ma dalla casuale azione della natura è ulteriormente dimo-

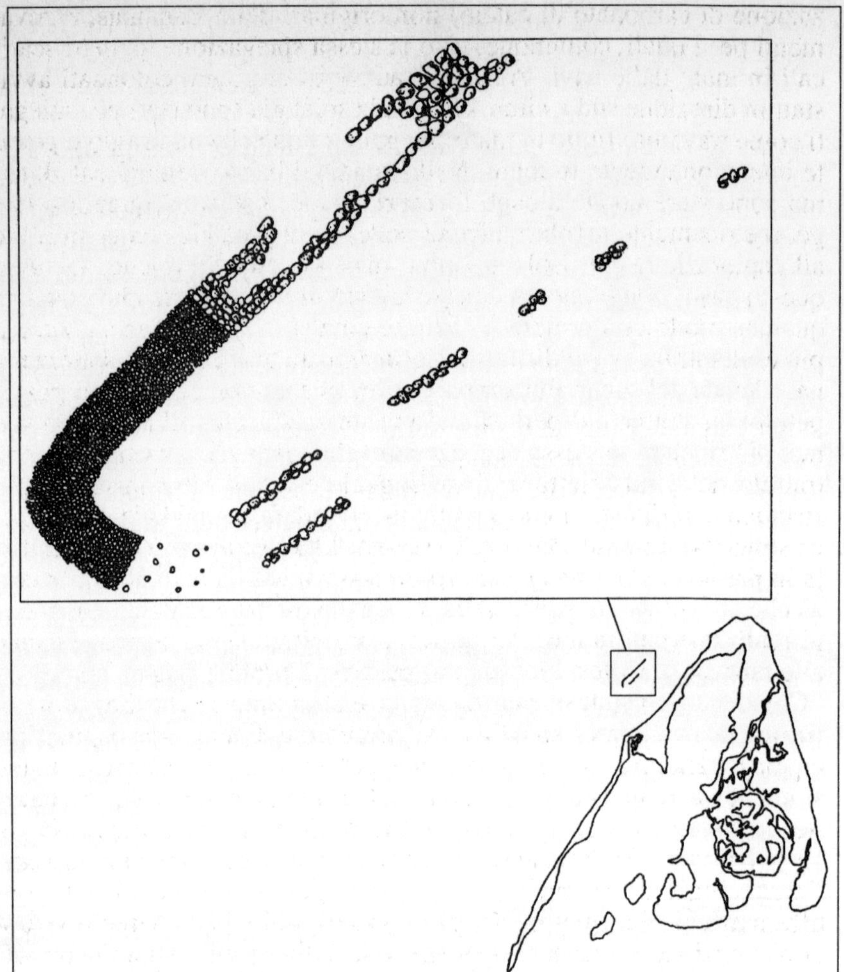

La celebre "strada di Bimini", al largo di North Bimini.

strato da altre formazioni vicine meno evidenti. Per di più, nel sito non è mai emerso un qualsivoglia manufatto attribuibile all'opera dell'uomo – né frammenti ceramici, né oggetti o strumenti metallici – a meno che non si intenda considerare tale un blocco di pietra ritrovato sul posto caratterizzato da una specie di scanalatura artificiale, molto probabilmente gettato in acqua qualche secolo fa insieme a chissà quale altra zavorra da una delle tante navi in transito in questo braccio di mare. Nella zona sono stati fatti altri ritrovamenti simili, frammenti di rocce, granito e marmo (guarda caso, anche questo una concretizzazione di carbonato di calcio) non originari delle Bahamas, ritrovamenti per i quali, comunque, vale la stessa spiegazione: oggetti scaricati in mare dalle navi. Presunti frammenti di grandi colonnati avvistati in direzione sud a circa 4 km dalla spiaggia sono stati poi spiegati come travature finite in mare a seguito di qualche naufragio o gettate intenzionalmente in mare. Nella zona del banco della Great Bahama sono state notate alcune formazioni rocciose subacquee nitide e geometricamente regolari, alcune nelle vicinanze delle acque proibite all'esplorazione dell'isola di Cuba; ma è doveroso dire che, anche in questo caso, non è ancora emerso niente di interessante che possa in qualche modo confermare un'azione umana. Una delle acclamazioni più esaltanti faceva addirittura riferimento ad una piramide sottomarina, rilevata dal sonar. Purtroppo, il rilevamento non è stato mai più ripetuto: insomma, pur perlustrando lo stesso spicchio di mare non si è mai più ripetuta la stessa eco, al punto che viene da sospettare essersi trattato della falsa lettura di un segnale esaltato oltre misura dallo strumento di rilievo, come a volte può accadere nel rimbalzo delle onde sonore inviate sul fondo dell'oceano. Alla fine della favola, per dirla in parole povere ma chiare: non disponiamo di alcuna testimonianza che attesti che in questa zona di oceano esistano antiche costruzioni realizzate dall'uomo. Per questo non esiste alcuna corroborazione alle fantasiose ipotesi lanciate dal medium e profeta Edgar Cayce.

Chiudendo, in sintesi, ricordiamo come sia Spence che Cayce focalizzino la loro ricerca su Atlantide nel braccio di mare che ospita l'arcipelago delle Antille, da loro considerato il sito più calzante quando si intenda dare una collocazione atlantica alla grande isola-continente. Se, da un lato, la loro opera ha contribuito in modo notevole ad accrescere la Sindrome di Atlantide, dall'altro non ha offerto al mondo dell'archeologia accademica un solo spunto per rendere credibili le loro affermazioni. Per questo, nel prossimo capitolo, dedicheremo la nostra attenzione al versante opposto, vale a dire quello della ricerca ufficiale, degli studiosi canonici.

5
La ricerca archeologica

Mentre gli atlantologi della fine del secolo e dei primi decenni del nuovo erano impegnati ad elaborare le loro folcloristiche visioni del problema, il più delle volte completamente ignari delle conquiste dell'archeologia contemporanea, lo studio ufficiale del passato – o, se preferite, l'archeologica canonica – compiva grandi progressi, sia sul fronte delle tecniche applicative di investigazione della preistoria umana, sia nel campo, ancora più esaltante, delle scoperte e dei ritrovamenti veri e propri. Si intende per preistoria quel vastissimo periodo di tempo in cui l'essere umano, di qualunque razza fosse, agiva sulla Terra, viveva e moriva, lavorava e si accoppiava, vinceva e perdeva, combatteva e correva, compiva, insomma, quella miriade di cose che la gente comune fa ancora oggi, con la sola eccezione di non lasciare nulla per iscritto in merito a ciò che faceva e pensava.

Le testimonianze scritte di cui disponiamo ci arrivano da un passato relativamente recente, che non va oltre i cinquemila anni, una vera inezia rispetto ai milioni di anni della storia dell'umanità. Si tratta, per di più, di attestazioni sporadiche, relative a poche regioni del mondo conosciuto, civiltà che, oltre tutto, hanno svelato la loro grandezza ai nostri occhi soltanto da un paio di secoli. Ed infatti solo duecento anni fa chiunque, letterati e storici compresi, era fermamente convinto che non si sarebbe mai venuto a capo di nulla a proposito della storia antica dell'umanità, non disponendo di alcun retaggio scritto. Sulla preistoria della Britannia (anche se, a essere precisi, il termine preistoria non era ancora stato coniato ai suoi tempi) è celeberrima la frase del dottor Johnson, quando disse, sinceramente convinto: «Tutto ciò che davvero conosciamo sull'antica nazione britannica può stare scritto in poche pagine. Non possiamo saperne di più di quanto ci hanno tramandato gli antichi cronisti». Si riferiva agli storici latini. La storia romana aveva preceduto quella britannica, quella greca la romana, anche se a metà del XIX secolo quando si parlava di antiche civiltà alle labbra degli storici salivano solamente quella egizia e quelle delle genti narrate nei testi biblici. Alcune menti geniali, valutando, contando e sommando le varie cronologie bibliche asserivano di essere riusciti a calcolare l'età del mondo a partire dal tempo della creazione, un arco di tempo di soli seimila anni, come se il tempo che aveva preceduto la storia avesse avuto una durata brevissima e non contasse nulla. Ciò che era accaduto in quelle epoche remote era per tutti privo di interesse, dal momento che i fatti importanti erano già stati tutti raccontati nella Bibbia. Eppure anche nel contesto di un quadro biblico così "bloccato" gli studiosi più attenti non potevano fare a meno di notare strane anomalie. Ritrovamenti di misteriosi resti fossili di animali e di manufatti litici potevano, certo, essere frutto del grande scompaginamento del mondo provocato dal diluvio universale, tuttavia per le menti più brillanti fungevano come la classica pulce nell'orecchio, che induceva a immaginare storie antiche e precedenti di un'umanità diversa e sconosciuta. Nel XVIII secolo la scoperta del mondo e della cosiddetta storia naturale, spinse i ricercatori a classificare piante e animali in categorie e gruppi affini, quasi suggerendo la possibilità di relazioni evolutive, lungo una scala di complessità naturale e biologica che andava dalle forme di vita più semplici a quelle più complesse. Poi, al sorgere del nuovo secolo, suggestionato dai filosofi e dai pensatori classici e rinascimentali, più di un naturalista, per dare ragione della flora e della fauna del pianeta, incominciò a proporre una sorta di evoluzione biologica, senza però sorreggere l'idea con i fondamentali concetti di mutamenti ed ereditarietà.

Intanto, dalla nascente geologia, giungevano sempre più numerose le testimonianze che le rocce terrestri erano uno scrigno che aveva gelosamente conservato e custodito sotto forma fossile le più svariate creature, attestando non solo un'antichità infinitamente più estesa che non quella ipotizzata dalla Bibbia, ma una varietà di forme vitali estremamente ricca. Una teoria tampone che cercava di giustificare tutte queste apparenti stranezze era il cosiddetto "catastrofismo", secondo la quale le rocce fossili erano le mute testimoni di una serie di continue creazioni rinnovatesi fino ai nostri giorni, ogni volta sempre complete, e poi distrutte per punizione divina (il diluvio, per esempio), ma solo per dare spazio a nuovi universi. (È bene precisare che il catastrofismo geologico del XVIII secolo – e la sua versione moderna nelle ipotesi degli atlantologi – non ha nulla a che fare con la recente moda della "teoria delle catastrofi", tanto in voga presso i matematici, che parla di sistemi che collassano all'improvviso e di apparenti discontinuità). Ma i difensori del catastrofismo della fine del XVIII secolo e dell'inizio del successivo di norma non contemplavano nelle loro speculazioni l'uomo, la forma più alta e nobile della creazione nata perfetta, anche se la scoperta di resti umani – sia ossa che strumenti in pietra – riconduceva davanti ai loro occhi scettici l'antichità della razza umana a tempi ben più remoti di quelli biblici, dove comunque l'umanità occupava un posto del tutto speciale.

L'interpretazione delle rocce fossili come una sequenza di continue catastrofi aveva già trovato un forte contrasto nella teoria dell'uniformismo, che considerava le testimonianze geologiche come il risultato di processi lenti ma continui come, per esempio, la sedimentazione in laghi e fondali marini, l'erosione del vento e della pioggia, insomma quelle stesse forze che sono tutt'oggi in azione nel nostro pianeta. La geologia dell'uniformità, pur non ignorando la possibilità che eventi catastrofici come terremoti e, eruzioni vulcaniche avessero svolto una parte decisiva nell'accelerazione di cambi e mutamenti planetari, proponeva processi di trasformazione lenti e progressivi, svolti lungo archi temporali estremamente estesi. Questa ipotesi ebbe il grande pregio di predisporre l'opinione pubblica ad accettare l'idea della straordinaria antichità della Terra e della vita sbocciata su di essa, anche se ciò che nell'Ottocento era considerato un immenso lasso temporale non è altro che una frazione piccolissima di quello che oggi la storia assegna alla vita del nostro pianeta. Certo che per chi era convinto che il mondo fosse stato creato 4004 anni prima di Cristo, venti milioni di anni dovevano per davvero sembrare un'immensità!

Verso la metà del XIX secolo la questione relativa alla grande antichità dell'essere umano aveva poi incominciato a dover fare i conti con le incredibili scoperte nel nord della Francia di artefatti in pietra venuti alla luce in strati geologici coevi alla presenza di resti fossili di animali estinti, come il mammut e il rinoceronte lanuto. Chi sosteneva la teoria delle catastrofi geologiche, secondo la quale il mondo presente (quello biblico) non era che l'ultima di una lunga serie di creazioni complete, ad un tratto aveva dovuto fare i conti con prove concrete attestanti che l'umanità non godeva affatto di un ruolo speciale nel contesto delle creazioni precedenti. Così quando le scoperte fossili erano state messe in rapporto alla teoria dell'uniformità geologica, la possibilità che l'età della razza umana fosse antichissima aveva finalmente trovato uno sfondo teorico e concreto inconfutabile.

Il brillante, quanto essenziale perché semplice, concetto evolutivo della selezione naturale proposto da Darwin aveva poi completato la rivoluzione di pensiero, portando a completa maturazione un concetto che aveva impiegato un intero secolo prima di concretizzarsi nel 1859 in *L'origine delle specie*. Darwin sosteneva l'idea di un lungo processo biologico evolutivo, realizzatosi attraverso semplici meccanismi naturali. Non essendosi ancora sviluppata la scienza genetica, egli non era in grado di dimostrare in modo chiaro come certe mutazioni ereditarie casuali nel succedersi delle generazioni fra gli esseri viventi avessero potuto avvenire, tuttavia era riuscito a dimostrare, tramite molti esempi significativi, che questo fenomeno accadeva senza ombra di dubbio. Non sempre questi cambiamenti perseguivano un fine, anzi alcuni risultavano addirittura dannosi per il benessere delle generazioni successive. Quando queste mutazioni risultavano negative, le creature che le subivano si rivelavano meno abili alla sopravvivenza e a volte non riuscivano più a perpetuare la specie. Quando invece risultavano positive, anche soltanto per un lieve aspetto, allora quegli stessi esseri viventi non solo ne traevano immediato vantaggio, ma lo trasmettevano geneticamente alla loro discendenza. Era da millenni che l'uomo selezionava gli animali domestici per allevarli secondo le sue esigenze. Darwin, in pratica, era arrivato alla stessa conclusione, passando però attraverso il concetto di una natura che imposta un'azione del tutto simile, ciecamente e su una scala planetaria. Tipico l'esempio del cane, allevato dall'uomo in molteplici razze e forme, partendo dalla selezione di esemplari selvatici, per ottenere animali dalle determinate caratteristiche di socialità e fedeltà, perseguendo un processo che si era sviluppato tappa dopo tappa (nel contempo scartando quelle varietà che si accorgeva non rispondenti alla bisogna). Ebbene, la natura, ovviamente senza alcuna forma di rimorso o ripensamento, aveva agito allo stesso modo e con la stessa ostinata determinazione nei confronti di tutti i tipi di creature viventi sulla Terra. L'essere che riusciva a sopravvivere nelle diverse condizioni ambientali avrebbe vinto la scommessa della vita, sviluppando tutte quelle capacità che gli avrebbero consentito di adattarsi con sempre maggiore prontezza e successo al mondo esterno. Darwin non avrà anche conosciuto con precisione i meccanismi della mutazione genetica o i processi di ereditarietà attraverso la riproduzione sessuale, tuttavia intuì come l'evoluzione avvenga secondo una strada naturale e su una scala temporale lunghissima. Il concetto della vetustà della vita sulla Terra venne pertanto da lui ampiamente confermato. In questo quadro divenne immediatamente lampante che anche la vita dell'essere umano si era conformata a questo fenomeno: anch'essa si era progressivamente evoluta (sempre attraverso mezzi naturali) e se così era stato anche nel suo caso si doveva parlare di un tempo molto esteso.

Prima dell'avvento di Darwin erano pochi coloro che accreditavano all'uomo una storia antica. Al comparire della sua teoria, improvvisamente ci si ricordò di tutti quei ritrovamenti inspiegabili di attrezzi litici e di ossa umane, rintracciati in associazione a fossili di animali estinti, che tanto avevano inquietato il mondo della ricerca e che finalmente trovavano una spiegazione logica della loro presenza. L'uomo di Neandertal venne alla luce subito dopo la pubblicazione dell'opera di Darwin e con l'incalzare del nuovo secolo si registrarono molte importanti scoperte, anche se, ancora, non ci si rendeva ben conto di quanto remota fosse per davvero l'età dell'uomo.

Intanto, si riusciva a gettare un po' di luce su tempi preistorici relativamente recenti. L'antica nazione della Britannia e alcuni altri paesi del nord-ovest europeo – quegli stessi per cui il già citato dottor Johnson non riusciva a intravedere alcun'altra conoscenza che non derivasse dalle testimonianze degli storici latini – si rivelarono invece una fonte inesauribile di ricerca, se solo avvicinate con il metro di approccio della nuova idea. Già circa una ventina di anni prima di Darwin, lo studioso danese Thomsen aveva redatto uno schema classificatorio dei manufatti e delle armi di chiara origine preromana che avevano senz'altro avuto implicazioni evolutive per la cultura umana, ma anche per il suo aspetto fisico e morfologico. Thomsen propose che nel continuo miglioramento nella realizzazione di oggetti e armi, l'uomo prima del metallo aveva fatto uso della pietra e che la metallurgia del bronzo aveva preceduto quella del ferro. Grazie a questo innovativo schema delle tre diverse età, tutto ciò che veniva scoperto all'interno di strati geologici, sebbene grossolanamente, poteva finalmente ascriversi a differenti periodi, anche se le loro corrette datazioni costituivano ancora un enorme problema. Ne conseguiva, in modo inequivocabile, che il principio che governava questo meccanismo era quello stratigrafico: tutte le volte che in qualche scavo si veniva a contatto con reperti misti, quelli litici stavano sempre al di sotto di quelli metallici e fra questi quelli bronzei al di sotto dei ferrosi.

Era nato il moderno concetto di preistoria, suddivisa in età della Pietra, del Bronzo e del Ferro (che, almeno in Europa, incominciava già a coincidere con tempi storici). L'età della Pietra venne poi suddivisa in vecchia e nuova (Paleolitico e Neolitico) con l'aggiunta più tardi di un terzo periodo intermedio detto Mesolitico. Il Paleolitico venne poi a sua volta segmentato in tre altri momenti inferiore, medio e superiore e, per quanto l'intero sistema sia stato visto e rivisto nel corso del tempo, si può dire che nella sua struttura di base sia in vigore ancora oggi. All'interno di queste diverse suddivisioni, divenne così possibile incominciare a tratteggiare delle "tipologie" evolutive e, grazie al preziosissimo concetto stratigrafico, che consentiva di tenere sotto controllo lo sviluppo delle diverse tecniche costruttive – dalle versioni più semplici a quelle più complesse a articolate – stabilire degli schemi anche teorici, all'interno dei quali far confluire i vari ritrovamenti, assegnando loro una ben precisa collocazione, capace di far etichettare un reperto anche in caso di assenza di stratificazione. La tipologia del reperto divenne in breve uno dei concetti portanti dell'archeologia di questi ultimi due secoli.

Il sistema delle tre età ha il grande pregio di non esigere per forza il ritrovamento di un qualche oggetto, di pietra o metallico, all'interno di un contesto archeologico per poterlo classificare. Lo si può fare lo stesso, in via teorica, grazie alla considerazione di altri aspetti, come, per esempio, la comparazione con oggetti e manufatti venuti alla luce in altri siti confrontabili e ricchi di reperti, con buona approssimazione, attribuibili anche al contesto in esame. Tanto per incominciare, in precedenza il più delle volte era praticamente impossibile riuscire a proporre una datazione plausibile alle diverse fasi e suddivisioni storiche nei differenti angoli del mondo. Ebbene, ancora una volta il metodo mostrava la sua utilità nella valutazione della datazione relativa del materiale archeologico e, se non si poteva essere precisi in termini cronologici, si intuiva però una cosa fondamentale: spesso risultava persino più utile conoscere con certezza che cosa era venuto prima e cosa era seguito anziché dedurre una data più o meno esatta.

Col progressivo procedere del XIX secolo, incominciarono a essere esplorati anche gli aspetti della preistoria più remota e soprattutto a essere prese in considerazione altre e diverse civiltà, come quelle del nord e dell'occidente europeo, oltre alle classiche romana, greca, egizia e quelle bibliche. Civiltà e culture di cui magari si dava un breve cenno nelle fonti antiche e nella Bibbia o di cui non si sapeva assolutamente nulla e che facevano capolino all'improvviso dalla notte dei tempi. La storia egizia si disgelò sempre più grazie all'interpretazione dei geroglifici. L'archeologia dei popoli degli imperi mesopotamici citati nella Bibbia, come gli Assiri e i Babilonesi, prese poco alla volta ad emergere dalle profonde sabbie del deserto, in quel territorio compreso fra i due fiumi gemelli; mentre per la prima volta si incominciò a parlare di quelle genti sumeriche che in quei luoghi si erano addirittura stanziate in precedenza. Nelle Americhe vennero scavati e perlustrati i grandi tumuli dell'Ohio e del Mississippi, mentre le maestose rovine del Messico e del centro e del sud del continente non cessavano di stupire e di liberare la sfrenata fantasia di molti ricercatori. E così, a cominciare dall'ultimo scorcio del XIX secolo, la scienza era ormai pronta a delineare il grandioso quadro d'insieme dello schema evolutivo della civiltà umana. Uno sforzo straordinario, reso possibile sia dalle sempre crescenti scoperte sul campo, sia dalla conoscenza enciclopedica delle popolazioni viventi sul pianeta, poco alla volta scoperte dall'imperante ondata di colonialismo. Pareva che nel mondo si potessero ancora rintracciare genti che vivevano come i nostri progenitori dell'età della Pietra, comunità che echeggiavano quelle preistoriche dei cacciatori-raccoglitori. Altrove, invece, spuntavano gruppi di agricoltori sedentari, rispondenti all'immagine che la ricerca archeologica forniva dell'uomo dell'età neolitica o del Bronzo. Mentre in altri angoli del pianeta ci si poteva imbattere in altri popoli ancora, più progrediti – al punto, per esempio, da vantare una qualche organizzazione politica e un sistema di scrittura per l'amministrazione della cosa pubblica – la cui cultura e civiltà potevano essere assimilate alle prime civilizzazioni in terra d'Egitto e in Sumeria.

Era come se il mondo presente avesse conservato una perfetta, ordinata e vivente cronologia dell'evoluzione del progresso umano, passando dalla condizione selvaggia a quella barbarica per giungere infine a quella della civilizzazione. Il fatto che l'uomo non fosse approdato alla civiltà (ovviamente quella di stampo occidentale) in ogni angolo del mondo, indusse molti, in quell'epoca di spinto colonialismo, a teorizzare che questa prerogativa fosse capacità soltanto di pochi gruppi umani, mentre la gran parte sembrava essersi accontentata di una situazione evolutiva di più basso profilo, limitandosi alla cruda semplicità di una vita da cacciatori o, nel migliore dei casi, aver semplicemente simulato una parvenza di civiltà, arrivando a eleggere dei capi e innalzare piccoli templi, invece che riconoscersi in sovrani, re, parlamenti e cattedrali. Va da sé che ci volle solo più di un piccolo scatto di fantasia per immaginare e concludere che il processo che aveva portato alla civilizzazione del mondo potesse essere scaturito da un'unica sorgente (il misterioso Egitto era la terra che raccoglieva maggiori consensi) e da qui essersi sparso ovunque – proprio come stavano facendo soldati e missionari in quella fine secolo – andando a illuminare altri angoli della Terra. Era la teoria del "diffusionismo", come spiegazione dei ritrovamenti archeologici, presto trasformatasi in iper-diffusionismo nelle sue forme più estreme. (Quanto questo atteggiamento mentale possa rivelarsi ottuso e cieco è rappresentato dal classico esempio costituito dalle impressionanti e misteriose rovine di Zimbabwe. Non poteva essere stato che "l'uomo bianco" a innalzare costruzioni simili – magari approdato in loco dal Vicino Oriente o su navi arabe o portoghesi – perché era del tutto inconcepibile che fossero stata l'opera di nativi africani del XV secolo, come in effetti venne poi inequivocabilmente dimostrato dall'archeologia nel corso degli anni Trenta). Questa mania è ancora più che imperante ai nostri giorni, non certo fra gli archeologi di professione, bensì fra coloro che speculano, facendo loro bandiera l'archeologia alternativa, sulle orme di Donnelly, da considerare come uno dei più accaniti iper-diffusionisti.

A dispetto di questo accanito diffusionismo, il pensiero archeologico della fine del XIX secolo raggiunse lo stesso non pochi traguardi. Lo sfondo evolutivo di base, la sintesi delle grandi scoperte avvenute in tutto il mondo, l'uso dell'osservazione etnografica delle realtà attuali per illuminare quelle passate, tutti questi aspetti contribuirono in modo decisivo a consegnare in retrospettiva un carattere di serietà e sostanza, oltre che di monumentalità, che l'archeologia dell'inizio del nuovo secolo in parte cercò di evitare. Al posto della ricerca della sistematizzazione e della classificazione all'interno dei grandi schemi (anche se, sovente, ipotizzati in forme erronee) perseguita nel suo complesso dalla ricerca archeologica del XIX secolo, quella del XX preferì gettarsi su un altro campo di battaglia: il perfezionamento della cronologia e la caratterizzazione più dettagliata delle varie culture che si andavano a scoprire nelle campagne di scavi. (Cultura è parola che l'archeologia utilizza per indicare un quadro d'insieme determinato dal ripetersi di ritrovamenti analoghi presso siti chiaramente associabili fra loro per assimilazione, attraverso lo studio e la valutazione dei manufatti rintracciati, ritenuti distintivi e caratteristici di un singolo e inconfondibile gruppo umano o società). Questa reazione alle grandi pretese del secolo precedente non solo fu necessaria, ma benevola producendo grandi frutti. Primo fra tutti la messa a punto delle tecniche di scavo, ormai intese in modo scientifico, sulla scorta di quanto già era stato in parte codificato e stabilito dai grandi ricercatori britannici attivi nel XIX secolo. Civiltà ancora sconosciute emersero dal buio della storia nei primi anni del Novecento. Si scoprì la civiltà minoica dell'isola di Creta e di alcune isole egee (a cui, come il lettore ricorderà, già si è fatto cenno parlando di Platone e del suo racconto atlantideo), ma anche la civiltà dell'Indo, nel territorio corrispondente all'attuale Pakistan. L'arte rupestre delle grotte dell'era glaciale europea venne studiata con sempre maggiore attenzione; mentre nelle Americhe partirono straordinarie e fertili campagne di scavi, effettuate soprattutto nelle regioni meridionali degli Stati Uniti.

In realtà, la messa a fuoco della cronologia legata alle sempre più numerose culture venute alla luce negli anni precedenti la prima guerra mondiale – e quindi, per dirla in breve, tutta la cronologia dell'intero processo evolutivo umano – si fondava, più che altro, sul tentativo di avvicinarsi al meglio all'obiettivo con la speranza di riuscire a correlare ciò che veniva alla luce con quei pochi casi assodati per i quali la datazione poteva ritenersi senz'altro esente da dubbio. In pratica, il cerchio era strettissimo: l'Egitto e il mondo antico classico, nient'altro. Se, per caso, un ritrovamento non poteva in alcun modo correlarsi con la civiltà egizia – perché, per esempio, durante gli scavi si era rintracciata una ceramica egizia di datazione certa frammista a quella minoica – o se il sito precedeva addirittura la civiltà del Nilo o si trovava così lontano da escludere assolutamente che fra le due realtà potesse esserci stato un qualche scambio o una qualche relazione; ebbene, il ricercatore brancolava letteralmente nel buio volendo attribuire una datazione assoluta a ciò che aveva rintracciato, pur disponendo della possibilità di ipotizzare una datazione relativa, collegata ad un'applicazione, diciamo così, locale. (La cronologia dell'antico Egitto è scaturita da una lunga, quanto ingegnosa, serie di osservazioni e collegamenti, frutto della fatica di schiere di ricercatori e dalla considerazione di molte testimonianze giunte fino a noi, utilissime sebbene incomplete, come, per esempio i calcoli astronomici basati sulle idiosincrasie degli Egizi per il sistema calendariale, un processo che ho ampiamente affrontato nel mio precedente libro *Gli enigmi della Sfinge*).

Alla fine della seconda guerra mondiale, lo studio della cronologia in archeologia compì finalmente un passo decisivo per stabilire datazioni precise e meno approssimate. Mi riferisco al metodo detto, a piacere, del radiocarbonio, della datazione al carbonio, della datazione al C14, un sistema che sta all'avanguardia rispetto a tutti gli altri successivi, fondati, in vario modo, su processi di decadimento radioattivo. Un metodo che, all'apparenza, prometteva senza limite alcuno di offrire una prassi obiettiva e assoluta per la datazione di un contesto in grado di sollevare la scienza archeologica dal dubbio, con la possibilità di verificare il dato qualora disponibile, come nel caso della civiltà egizia o di altre culture note. A partire dall'inizio degli anni Sessanta, il metodo del radiocarbonio, raffinato e perfezionato, segnò praticamente la fine di ogni pretesa di iper-diffusionismo del pensiero archeologico, nel momento in cui dimostrò che alcune manifestazioni culturali sorte nell'Europa occidentale e un tempo assegnate come ceppo d'origine agli Egizi (come, per esempio, l'erezione di massicci complessi tombali megalitici) in realtà erano addirittura precedenti alla civiltà nilotica. (Tengo a sottolineare come la velocità con cui questi nuovi quadri vennero accolti dall'archeologia ufficiale testimoni l'esatto contrario di ciò che tanti atlantologi, come per esempio le Plongeon e Spence, affermano, vale a dire l'accusa di immobilismo agli archeologi canonici, secondo loro incapaci di adattare con rapidità il loro pensiero di fronte a nuove chiavi di lettura e di interpretazione del passato).

Unitamente allo sconvolgimento introdotto dalla metodologia del C14, l'archeologia successiva alla seconda guerra mondiale, nelle proprie valutazioni ha posto una grande importanza nella considerazione del contesto. L'uomo antico ha trascorso la propria vita, ha agito e realizzato ciò che ha fatto, a noi giunto attraverso la scoperta archeologica, muovendosi in un contesto, la cui importanza è da considerare decisiva ai fini della comprensione.

Riuscire a sopravvivere in un ambiente anziché in un altro è un dato che non si può trascurare, così come importante è la capacità di sfruttare le condizioni e i mezzi che la natura e il contesto ambientale mettono a disposizione. Studi ambientali riferiti a ritrovamenti archeologici non solo risultano utili alla datazione (la conoscenza delle fasi climatiche, per esempio), ma contribuiscono in modo determinante a definire il modo di vivere che caratterizzava il nucleo umano che lasciò dietro di sé le testimonianze oggetto di studio. Si possono vagliare i diversi modi di vivere e di sopravvivere, i sistemi di stanziamento, senza escludere la possibilità di andare ancora più a fondo, ipotizzando teorie di cambiamenti sociali ed economici. Sull'onda trainante di questo nuovo modo di approcciare i propri studi in chiave ambientale, l'archeologia moderna ha aperto un vasto fronte di analisi, accostandosi oggi assai più che un tempo a una serie di altre discipline, specie quelle legate alle scienze naturali, conquistando una caratterizzazione scientifica ben connotata, uno slancio che la cosiddetta "nuova archeologia" degli anni Sessanta ha messo in mostra con evidenza. A partire da questi anni, l'archeologia moderna ha assunto la pretesa – già in parte fantasticata, seppure a livello inferiore, nel XIX secolo – di trasformarsi nello studio globale ed obiettivo dell'evoluzione sociale dell'uomo. Abbiamo assistito alla rinascita dell'interesse nei confronti dei meccanismi evolutivi: il progressivo sviluppo dell'*Homo sapiens* e della nostra mente cosciente, l'inizio della produzione di utensili, le origini del linguaggio e dell'arte, le cause della rivoluzione stanziale verificatasi dopo l'ultima glaciazione, lo sviluppo della vita in comunità e della stratificazione sociale, l'invenzione della metallurgia e della scrittura, l'anelito universale dell'uomo verso il sentimento religioso e l'idealismo in genere: tutti questi interessi si sono convogliati nella ricerca archeologica. Chissà che avrebbe da dire il nostro dottor Johnson!

In definitiva, ciò che si può dire l'archeologia abbia raggiunto, dopo essere uscita dal dilettantismo antiquariale del XVIII secolo, è una metodologia grazie alla quale dedurre una serie di riflessioni sull'esistenza umana attingendo a una banca dati giunta fino a noi tramite gli antichi reperti, rintracciati in genere nel corso di scavi, derivati dall'attività delle civiltà che hanno preceduta la nostra nel tempo. Alcuni di questi ritrovamenti risultano così indecifrabili anche per lo studioso moderno che molti sono tentati, in perfetto allineamento col dottor Johnson, di chiedersi che cosa mai se ne possa trarre a livello di utile informazione, al punto che, come lui, sarebbero persino pronti a disconoscerne l'esistenza. Perché – e lo si deve dire – per ogni tomba di Tutankhamon scoperta, per ogni armata di terracotta cinese venuta alla luce, l'archeologia deve fare i conti con una preponderante massa di altre testimonianze meno spettacolari che si presentano sotto forma di schegge di pietra, frammenti ceramici e lignei, pezzi di metallo, ossa di animali, granelli di polline, macchie e tracce nel terreno, spunti che, una volta sapientemente interpretati, assumono nel loro insieme un'importanza forse addirittura superiore rispetto a pochi, per quanto appariscenti, ritrovamenti. Vale, in tutti i modi, rammentare che quando in archeologia si parla di ritrovamenti significativi il più delle volte si fa, per esempio, riferimento a una serie di frammenti ceramici, resti che non dicono assolutamente nulla all'uomo comune. Un "ritrovamento" non deve essere sempre e necessariamente qualcosa di scintillante e straordinario, qualcosa che impressioni per forza. È stato il trionfo massimo dell'archeologia, così come sviluppatasi negli ultimi due secoli, la capacità di riuscire a estrarre tante informazioni dal poco materiale disponibile, specialmente per il vastissimo periodo della preistoria, dove non esisteva alcun momento che potesse in qualche modo essere utilizzato come punto di riferimento o di partenza. Senza i metodi e l'interpretazione archeologica, la preistoria della razza umana sarebbe ancora oggi completamente avvolta nel mistero più assoluto.

Ovviamente, per archi di tempo di migliaia e migliaia di anni in cui migliaia e migliaia di esseri umani sono vissuti e hanno agito nelle cose di tutti i giorni, non disponiamo di alcuna informazione. La maggior parte degli uomini, infatti, vive senza lasciarsi dietro alcuna traccia; senza contare inoltre che solo il più resistente dei materiali o dei manufatti – assieme alle inalterabili connotazioni del contesto in cui viene lasciato – ha la speranza di riuscire a superare le mille vicissitudini che lo potrebbero consegnare alla considerazione dei posteri. Ma al di là di ciò che ci potrebbe giungere dal passato, un altro aspetto importante è riuscire a trovarlo: ci sono resti che periodicamente bussano alla nostra attenzione, come quelli della civiltà romana che vengono alla luce negli scavi di fondazione nelle grandi città, anche se all'archeologia serve ben altro e di più per riuscire a comporre un quadro organico e chiaro del nostro immenso passato. Sapere dove andare a cercare e farsi guidare da una strategia ben precisa di ricerca sono due aspetti fondamentali del compito di un archeologo. Molto utili si sono rivelate alcune tecniche recenti, come per esempio la fotografia aerea che sa rivelare siti altrimenti invisibili o la perlustrazione a piedi dei siti, per aver modo di osservare quelle tracce del paesaggio in grado di offrire spunti e di indirizzare la ricerca degli antichi siti. Tornando a bomba al caso di Atlantide, c'è da osservare come il mare non possa considerarsi una fonte promettente all'interno della quale andare a caccia dei resti di una qualsivoglia civiltà. Se, da un lato, la vegetazione marina (a seguito di un'azione in atto magari da migliaia di anni) può in qualche modo contribuire alla preservazione, dall'altro, con la sua azione di nascondimento, rende le operazioni di rintracciamento e identificazione estremamente difficili anche ricorrendo al sonar. Se poi le antiche vestigia non sono inglobate in qualche consistente sedimento, allora l'azione devastante del mare ha sempre tutto il tempo per raggiungere esiti finali di distruzione. Le rocce basaltiche e il calcare poroso nell'acqua marina subiscono attacchi chimici e biologici e la maggior parte dei metalli diventa pressoché inconoscibile dopo tanto tempo trascorso sott'acqua. Ma anche da queste logiche e semplici osservazioni, gli atlantologi sanno trarre acqua per il loro mulino, affermando che qualora nelle profondità oceaniche non si rintracciasse alcun reperto, la cosa sarebbe da assumere come ulteriore prova che attesti l'estrema antichità dello sprofondamento.

Un aspetto vitale per qualsivoglia investigazione e interpretazione archeologica è quello del contesto. Tutti i ritrovamenti, siano essi singoli o facenti parte di un insieme di materiali provenienti da un medesimo sito, necessitano, per essere compresi, di essere inquadrati nel loro contesto. Per questo le razzie compiute nei siti archeologici per appropriarsi di un pezzo o di un reperto appariscente sono a dir poco devastanti. In questo modo, dopo il saccheggio, il contesto non esiste più ed è perduto per sempre: gli altri oggetti contestuali e di riferimento, il livello stratigrafico da cui provenivano, le tracce di flora e fauna depositatesi tutt'attorno, qualche frammento carbonizzato, che sottoposto alla datazione al carbonio avrebbe potuto risultare utile nella datazione: tutte queste peculiarità, ma molte altre ancora, vanno completamente smarrite quando i violatori di siti archeologici entrano in azione. I reperti sono sottratti in modo violento a quello che era il loro contesto e, a questo punto, diventano irriconoscibili. Purtroppo gli assalti al passato non si limitano solamente all'asportazione di oggetti. Esiste anche una specie di ideologia della sottrazione, nella quale il reperto archeologico viene come estrapolato dal suo contesto per dare fiato a ipotesi più o meno fantastiche e incredibili, molte delle quali sono oggetto di questo libro.

Il più delle volte, le testimonianze di questo genere non sono soltanto singolari e anomale, ma sono state effettuate molto tempo fa in circostanze dubbie e mai ben precisate, estrapolate completamente dal contesto di ritrovamento, anche se, occorre dirlo, non è pratica da cui l'archeologia è aliena, quella di sradicare un dato dal suo reale contesto culturale e cronologico per abusarne.

Volendo definire in poche parole l'archeologia, potremmo dire che si tratta del tentativo di scoprire il più possibile quanto è giunto ai nostri giorni dall'eredità del passato, estraendo da questi ritrovamenti più conoscenze e informazioni possibili per mettere insieme l'interpretazione di ciò che immaginiamo possa essere stato lo sviluppo della vita umana sul pianeta. Un lavoro importante, che ha già conquistato ambite mete, come vedremo meglio nei prossimi capitoli. Per il momento, ritengo sia utile e sufficiente precisare meglio quale sia il metodo che l'archeologia utilizza per dare concretezza a questa ambizione.

I siti dove investigare vengono rintracciati sia tramite la visione dall'alto (oggi anche ricorrendo ai satelliti), sia perlustrando i luoghi direttamente, secondo motivazioni varie come, per esempio, la vicinanza con altri siti noti o, semplicemente, per mera casualità, investigando anche per trovare risposte ai quesiti che la scoperta di altri posti ha sollevato. Una volta che archeologi decidono di interessarsi ad un sito, hanno a loro disposizione una vasta gamma di tecniche con le quali valutare la situazione prima di mettersi a scavare: sonde con telecamere, onde radar capaci di penetrare nel terreno, metal detector, test sulla resistività del suolo, monitoraggi col magnetometro, mappature acustiche, studio della chimica del terreno e tutte quelle incredibili tecnologie che nei programmi popolari dedicati all'archeologia vengono genericamente definite come studi di geofisica. Quando poi si decide di iniziare gli scavi, la cosa fondamentale è stabilire le sezioni stratigrafiche e la griglia di pianificazione degli interventi, al fine di registrare con la massima precisione la collocazione di ogni ritrovamento nel suo preciso contesto di suolo o strato sabbioso. Lo scopo è quello di arrivare ad ottenere un quadro così puntigliosamente chiaro e preciso che non possa solo servire a chi sul momento sta operando, ma anche a coloro che decideranno di dedicarsi allo studio dello scavo per derivarne informazioni. Non solo i manufatti umani, ma pure tutti gli aspetti che li collegano al contesto vengono ampiamente descritti e valutati, grazie ad un intenso lavoro di laboratorio e di immagazzinamento dei dati al computer.

La necessità di datazione è sempre presente nella mente degli archeologi, sia sul campo che in via teorica. La questione delle date sorge immancabilmente, in termini relativi per quanto è accaduto prima e immediatamente dopo, ma anche in termini assoluti, per stabilire a quale preciso periodo storico attribuire il ritrovamento o, volendo, come collocare nella scala cronologica di riferimento generale un insieme di ritrovamenti assimilabili. Le antiche civiltà che utilizzavano un calendario sono poche e lontane, le loro cronologie sono difficilmente interpretabili ed impossibili da estendere ad altre culture antiche e, comunque, questi loro metodi di valutazione non ci portano quasi mai molto indietro nel tempo. Datazioni di valore assoluto possono derivarsi dal conteggio degli anelli nei tronchi d'albero, consentendoci di spingerci indietro nel tempo fino a circa diecimila anni (detto per inciso, un metodo, questo, di grande utilità per la calibrazione delle date ricavate col radiocarbonio). Purtroppo, però, la ghiotta possibilità di porre in correlazione lo studio degli anelli degli alberi con la valutazione di reperti archeologici è una situazione che si verifica solo di rado e comunque ciò che serve è riuscire a stabilire datazioni assolute, capaci di farci indietreggiare nel tempo per qualche decina di migliaia di anni per mettere ordine nella storia dell'umanità risalendo almeno alla fine dell'ultima glaciazione. Fu per questo che all'inizio degli anni Cinquanta la scoperta della nuova tecnica della datazione al carbonio venne acclamata come la soluzione di ogni problema di datazione. Ma era un'illusione. Questo metodo, infatti, si basa sulla valutazione del decadimento radioattivo dopo la morte delle componenti organiche contenenti carbonio che sono trattenute all'interno di qualsiasi essere vivente e palesa i suoi limiti, esattamente come tutti gli altri derivati in seguito. Per esempio, il C14 può applicarsi solamente per datare in modo diretto materiali organici. Qualora lo si voglia utilizzare anche per altri generi di reperti occorre prestare una grande attenzione alla considerazione del contesto e dei suoi addentellati. Le possibilità di distorcere la datazione sono sempre in agguato, sono molteplici e vanno assolutamente evitate. Per questo il metodo viene dato per buono solo accettando un prestabilito margine di errore in più e in meno, vale a dire un range all'interno del quale la datazione ha buone probabilità di rispondere al vero (circa il 65%). Facciamo un esempio. Una datazione attorno al 500 a.C. deve essere assunta con un margine inferiore e superiore di almeno 80 anni, salendo così al 580 a.C. o scendendo al 420 a.C. In questo intervallo esiste il 65% delle probabilità che la datazione risulti azzeccata. Volendo, si possono operare ulteriori raffinazioni per restringere l'intervallo, anche se si deve riconoscere che per periodi storici più tardi il metodo del radiocarbonio non sembra essere quasi mai bastevole a definire una discriminazione sufficientemente fine. Al contrario, per tempi preistorici più remoti funziona a meraviglia. Per quanto riguarda ritrovamenti singolari e casuali non ci troviamo mai al cospetto di datazioni imbarazzanti ed è importante ricordare che più valutazioni su di uno stesso livello stratigrafico o provenienti da livelli simili possono supportarsi l'un l'altra. Sovente un bel mosaico di datazioni, punteggiate in stratigrafie che possono essere correlate in località diverse, risultano utilissime a definire un'intera sequenza archeologica anche quando non si dispone di una datazione precisa punto per punto. Cronologie relative (sia stratigrafiche che tipologiche, dove, per esempio, è nota la sequenza evolutiva di una data caratterizzazione di stili ceramici) possono essere convertite in datazioni di valore assoluto a patto di poter contare sulla determinazione assoluta di una datazione, per esempio col C14, in un determinato sito. In definitiva, si tratta dell'applicazione fisica del principio già citato della vecchia archeologia quando, un po' alla cieca, provava a derivare la datazione di reperti non storici o preistorici (relativi, per esempio, a civiltà prive di scrittura e di un proprio calendario) mettendoli a confronto con la storia di altre culture dotate di scrittura e calendario come quelle greca, egizia, cinese e maya. Questi metodi basati sull'applicazione della fisica ci consentono di spingerci ben più indietro nel tempo; alcuni anche di molto; tipici, per esempio, quelli della serie uranica, della risonanza di spin dell'elettrone, la tecnica dell'argon-potassio o dell'argon-argon. (Si noti come queste tecniche non siano in grado di considerare in modo diretto resti o manufatti umani, quanto puntino soprattutto a valutare il contesto naturale all'interno del quale sono stati rintracciati, nella dimensione, già segnalata, dell'estrema importanza che l'archeologia deve concedere al quadro di riferimento). La cronologia relativa delle ere glaciali, con la loro continua alternanza di fasi glaciali e interglaciali (e il relativo corredo di stadi e interstadi ora più caldi ora più freddi all'interno di ciascuna fase) è stata stabilita grazie allo studio dei depositi geologici, alla sequenza stratigrafica di campioni di flora e di fauna (un diario fedele dell'evoluzione della storia naturale durante questi tempi di grandi cambiamenti) e all'analisi di carotaggi prelevati sui fondali marini. I vari metodi di valutazione basati sul principio del decadimento radioattivo hanno poi consentito di convertire questa datazione relativa delle epoche glaciali in una cronologia assoluta che si spinge molto indietro nel tempo: in realtà, parecchi milioni di anni, fino alle prime fasi dell'evoluzione umana, quando ancora le ere dei ghiacci non avevano avuto inizio.

Oltre alle tecniche descritte, ne esistono ovviamente altre, ma alcune sono del tutto sperimentali e l'accuratezza della loro risposta è tutta da verificare e al momento non sembra ancora abbastanza accreditata (una tecnica che pare ben promettere è quella che si fonda sullo studio delle alterazioni subite dalle rocce a opera del bombardamento dei raggi cosmici, valutando il tempo intercorso dalla prima esposizione, provocata per esempio dalla realizzazione di un graffito). Si impiegano anche tecniche fondate sul DNA. Sulla base delle variazioni genetiche riscontrate nella popolazione attuale che ormai sappiamo accadere con tempi cadenzati e costanti, qualcuno sostiene di essere riuscito a definire con una certa precisione l'evoluzione umana negli ultimi cinquecentomila anni. Del tutto simile è lo studio dei diversi ceppi linguistici odierni, utilizzati come fattore di valutazione e datazione dei movimenti dei popoli in tempi preistorici. Poiché però un individuo e, come lui, un più vasto gruppo di individui può adottare un altro linguaggio (come può trasformarsi tutto il resto della loro cultura) secondo meccanismi che nulla hanno a che vedere con la genetica, le prospettive offerte da questo tipo di metodo non sembrano poter offrire garanzie certe, almeno nell'immediato futuro.

Questa lunga disamina per dimostrare come oggi l'archeologia possa disporre di un ampio ventaglio di metodiche e tecniche scientifiche al suo servizio per investigare con sempre maggiore successo nel passato dell'uomo, sviluppando un atteggiamento razionale in merito ad approcci, possibilità e limiti. Prima che nei capitoli che seguono si dedichi la nostra attenzione a una veloce sintesi in merito a quanto l'archeologia canonica sostiene a proposito del nostro passato, ritengo però sia utile conoscere ciò che essa testimonia sulla preistoria e sulla storia più antica degli uomini. Potrà, per esempio, dirci molto sui luoghi in cui è vissuta l'umanità nei diversi momenti storici e in che modo essa viveva. Potrà farci conoscere gli strumenti e le armi, le grotte usate come abitazioni, svelarci ciò che l'uomo mangiava, come si procurava il cibo e lo trattava. Potrà tracciare – compatibilmente con i pochi resti fossili – il quadro dell'evoluzione fisica della razza umana, dai primi uomini scimmia dal piccolo cervello, all'uomo odierno, dal grande cranio. Potrà suggerire le linee di pensiero che nel tempo hanno caratterizzato i grandi mutamenti dell'umanità, generatisi all'atto del primo segno di decorazione personale e di gesto artistico conservato nell'eredità archeologica o quando da qualche parte l'antica arte della caccia e della raccolta diede finalmente nascita alla domesticazione di piante ed animali per dare il via alla vita stanziale imposta dall'agricoltura. Ancora, potrà presentarci i diversi gradi di differenziazione e organizzazione in uso nelle antiche comunità e lo sviluppo delle gerarchie sociali, con le grandi abitazioni destinate ai maggiorenti e quelle più modeste alla gente più umile. Potrà registrare l'espansione degli stanziamenti e la crescita dell'urbanizzazione in determinate regioni, all'alba della storia scritta. Potrà, alla fine, svelarci alcuni dei pensieri mistici e religiosi, le inclinazioni ideologiche, delle varie comunità del passato. Non c'è aggregato umano (a partire probabilmente dall'imporsi di quella che noi consideriamo la mente moderna, quella dell'*Homo sapiens*) che non si fondi su un'ideologia: quella costante urgenza verso l'interpretazione personale e immaginativa della condizione umana capace di offrire un grandioso contributo di ricchezza spirituale alle nostre vite, nel bene come nel male.

La capacità di gettare luce sui processi di cambiamento e di evoluzione che hanno contraddistinto nel lungo tempo l'esistenza umana sulla faccia della Terra: ecco la vera, straordinaria gloria, il grande merito che dobbiamo riconoscere alla ricerca archeologica, qualcosa, a mio avviso, di infinitamente più importante e significativo che non la scoperta occasionale o fortuita di qualche antico tesoro, sepolto in qualche glorioso tempio o custodito in qualche misteriosa tomba. Perché, per quanto questi ritrovamenti possano essere affascinanti e gratificanti, essi sono soltanto una parte, e forse minima, dello sterminato materiale grezzo che costituisce la base per immaginare una qualche finalità per il nostro passato più antico.

6
Dal cuore dell'Africa

Con l'inizio del XXI secolo l'archeologia si presenta sul fronte della ricerca scientifica forte di un ben collaudato corpo di metodologie tecniche e di approcci intellettuali da applicare allo studio del nostro passato. Un principio subito va messo in chiaro: non si tratta di cose che si possono imparare dalla notte al giorno; come tutti i filoni di ricerca specializzati, anche l'archeologia è un'immensa distesa di sapere e di studi. Toglietevi dalla testa l'illusione di conoscere i problemi dell'archeologia per il solo fatto che siete un amatore, che vi avvicinate volentieri a tutto quanto riguarda, in un modo o nell'altro, la storia dell'umanità, perché sarebbe come pretendere di conoscere la relatività e la fisica quantistica solo perché sono temi che vi affascinano. Peggio che mai, immaginare di mettersi a confronto con gli addetti ai lavori, anche se ci sono persone che credono di poterlo fare. Certo, queste affermazioni faranno storcere il naso a quelli che abbiamo chiamato archeologi alternativi – di cui gli atlantologi costituiscono il nucleo centrale – tuttavia da parte loro è davvero un po' esagerato e presuntuoso ritenersi esperti in un campo scientifico, quale l'archeologia, dove in realtà si muovono soltanto come sprovveduti dilettanti, specialmente quando, forti di questa convinzione, scagliano i loro attacchi contro gli archeologi riconosciuti, visto che, alla resa dei conti, è sempre questo il loro bersaglio preferito.

Intendiamoci, anche l'archeologia canonica non è Vangelo, sovente sbaglia o non sa che pesci prendere, sia nei dettagli che nei massimi sistemi (ma, attenzione, non pretende di raggiungere la verità eterna, quanto soltanto di far progredire poco alla volta la nostra conoscenza) e sovente le interpretazioni proposte cambiano in relazione a nuove scoperte e ipotesi. Al suo interno, poi, si agitano scuole e correnti di pensiero a volte molto diverse, con interpretazioni opposte. Tutte queste conoscenze, però, sono state conquistate con grande fatica e ogni teoria è frutto di continue revisioni e approfondimenti. Chi è interessato alla storia della razza umana, ma soprattutto coloro che ritengono di contestare le ipotesi ufficiali perché non le ritengono plausibili, per essere onesti fino in fondo dovrebbero per lo meno prendere conoscenza della storia dell'archeologia e di tutti i suoi progressi, fino ad arrivare alle conquiste d'oggi. In linea di massima è una storia, bella e affascinante, che ben si conosce; ma vi sono alcuni aspetti, oltremodo importanti, ancora oggi aperti alla discussione. Quella dell'archeologia è una storia ricca e colorata, che si estende sul mondo intero e in alcune aree ha trovato stimoli intellettuali e di studio a dir poco grandiosi cui si è sforzata di dare qualche risposta. La strada da percorrere è lunghissima e ci riporta indietro, alle origini del nostro vivere.

L'evoluzione umana dai primati si realizzò tramite il medesimo meccanismo darwiniano della mutazione casuale e della selezione naturale che ha guidato tutti gli altri esseri viventi. I primati, come sappiamo, appartengono alla classe dei mammiferi e sono contraddistinti da alcuni attributi molto particolari. Posseggono spiccate doti di vista, agilità, capacità cerebrale e abilità manuale; una serie di peculiarità che li distingue nettamente da tutto il resto del mondo animale. I più antichi primati rinvenuti come reperti fossili erano creature non più grandi di un topo, che si cibavano di insetti o di altri animaletti, ma forse anche di bacche, foglie e frutta. Poi, circa 55 milioni di anni or sono, nell'America del Nord presero a comparire alcuni esemplari ancora oggi viventi, i tarsi e i lemuri. Erano i primi rappresentanti dei primati a mettere in risalto una caratteristica tipica: la sproporzionata grandezza del cranio rispetto al corpo, qualità opposta a ciò che di solito avviene nel mondo animale. Lo sviluppo cerebrale sottintendeva capacità e abilità esaltate, ora in una, ora in un'altra direzione. Fra questi primi esemplari, le accresciute capacità vennero indirizzate, oltre che a sviluppare una vista a colori e la destrezza nell'arto superiore destro, a ricercare e riconoscere cibo di qualità superiore, come i frutti maturi e il fogliame più tenero, specialmente di notte, cosa confermata dall'incavo oculare di queste creature, ad indicare una predisposizione alla vita notturna. Un cibo migliore e di qualità consentì in tempi molto più brevi lo sviluppo di un intricato e sensibile sistema nervoso, contrariamente a ciò che accadeva negli altri animali, costretti a dedicare la maggior parte delle loro risorse alla conquista di qualsivoglia cibo, anche scadente, pur di sopravvivere.

Oltre a servire per queste finalità, le maggiori qualità definite dalla massa cerebrale più estesa consentirono anche a questi gruppi di primati di incominciare a entrare in contatto fra di loro e con le bande di altri primati, sui quali imporre la loro superiorità nelle liti e nelle contese. La maggior parte dei primati (fatte salve rare eccezioni) vive raccolta in gruppi sociali ed essi sono la specie che sotto questo aspetto più si avvicina alla condizione umana. Vivere in società presenta da un lato molti aspetti positivi, come il mutuo soccorso, la cooperazione per raggiungere insieme un dato obiettivo, la difesa comune contro il nemico; anche se, dall'altro lato, comporta discussioni, litigi e l'aumento delle malattie. In tutti questi aspetti, siano essi positivi che negativi, il vivere sociale impone comunque sempre una certa organizzazione e non è da escludere che sia stata proprio questa necessità a spingere i primi primati a sviluppare ulteriori qualità (e quindi altre parti cerebrali), come per esempio la vista stereoscopica e l'estrema capacità di manipolazione.

Fra i fossili ritenuti diretti antenati delle prime scimmie antropomorfe c'è l'*Aegyptopithecus*, rintracciato nei depositi lacustri del Fayyum, in Egitto, databile attorno a 35-31 milioni di anni or sono. Le più modeste dimensioni dell'orbita oculare attestano non trattarsi più di una creatura notturna, mentre la considerazione della sagome dei denti spinge a ritenere che la strada dell'evoluzione verso i primati e l'uomo sia transitata senz'altro attraverso questa creatura, anche se molti esemplari continuavano a presentare una coda scimmiesca. L'osservazione odierna delle bande di scimmie raccolte in gruppi sociali (il meno socievole è l'orangutan) indica una forte capacità mentale di negoziare attraverso la mutua interazione, con manifestazioni come l'altruismo o l'egoismo, la formazione di alleanze infrante non appena le situazioni evolvono, l'adulazione reciproca, ma anche, appena possibile e se utile, l'inganno. Continuando in questa disamina di situazioni rapportate al comportamento umano, pare anche viva la capacità di intuire le intenzioni altrui, valutandole e piegandole al proprio vantaggio quando è il caso. Dunque una buona parte delle potenzialità cerebrali serve a sostenere relazioni sociali così complesse e sofisticate, le quali, fra l'altro, esigono anche una buona memoria per ricordare ciò che già è accaduto e di rimbalzo la capacità di proiettare nell'immediato futuro le conseguenze di gesti e azioni. Possiamo dunque parlare anche di capacità immaginativa, vale a dire mettersi nei panni o nella mente altrui, per cercare di conoscerlo come se stessi. Se non possiamo parlare di mente consapevole come per l'uomo, nel caso dei primati attuali e dei loro avi, è senz'altro giusto citare una spiccata intelligenza: un'intelligenza del tutto speciale, dedita per la più parte alle interazioni sociali, quelle azioni che nel loro insieme costituiscono la base per l'evoluzione di una particolare consapevolezza sociale. Questa affermazione rappresenta una delle questioni di ordine filosofico che appassionano con maggiore intensità i giovani studiosi che si avvicinano all'archeologia nella concezione dei suoi massimi sistemi, quando nei concetti evolutivi entrano in ballo i grandi perché legati all'uomo. Ciò precisato, il passo successivo è una domanda: in risposta a quali pressioni ambientali e sociali, di fronte a quali scelte e opportunità i primati antenati dell'uomo decisero di sviluppare la loro intelligenza fino a far scattare la prima scintilla della consapevolezza?

Tra 35 e 25 milioni di anni or sono le temperature planetarie scesero di molto, sebbene non fino ad arrivare a toccare quelle odierne. Il raffreddamento generale della Terra, che ebbe le sue manifestazioni più evidenti alle latitudini settentrionali, ebbe come primo effetto nelle regioni tropicali e subtropicali l'aumento dell'aridità, con la desertificazione di grandi territori come quello dell'Africa del Nord, dove foreste e boschi sparirono per lasciare posto alla sabbia del deserto. Al tempo queste immense distese forestali erano abitate da scimmie antropomorfe e da molti altri tipi di scimmie (che continuarono in qualche modo ad adattarsi al nuovo ambiente). Uno dei primi e più noti fossili di scimmie antropomorfe dell'Africa orientale è il *Proconsul*, un'evoluzione dell'*Aegyptopithecus* lungo la strada che condusse all'uomo: i *Proconsul* presentavano un muso meno evidente e più corto delle altre scimmie, mentre il cervello era grande, sia in termini relativi rispetto al corpo che in termini assoluti. La conformazione di spalle e gomiti mostrava ancora la tendenza e l'abitudine a tenersi sospesi ai rami degli alberi, anche se le sproporzionate dimensioni degli arti superiori, ancora oggi evidenti nelle scimmie, stavano poco alla volta regredendo.

Circa 25 milioni di anni or sono il clima aveva ripreso a scaldarsi un po', per raggiungere un picco 16 milioni di anni fa, segnalando poi ulteriori abbassamenti di temperatura 12, 10 e 7 milioni di anni or sono, quando un nuovo drastico calo annunciò il sopraggiungere delle ere glaciali con il loro alternarsi di eventi interglaciali, tutti comunque governati da un clima rigido, nel corso dei quali l'evoluzione dell'uomo era lo stesso proseguita (periodi, detto per inciso, in cui stiamo tuttora vivendo, con la zona antartica tutta coperta dai ghiacci). Le cause che portarono a questo cambiamento importante non sono state ancora tutte definite, ma di certo, fra queste, troviamo: una minore emissione di raggi solari, determinata probabilmente dalla comparsa di macchie e tempeste solari a fasi alternate; una forte variabilità dell'intensità del calore solare sulla superficie terrestre causata dall'interposizione nell'atmosfera di polvere interstellare o vulcanica; un cambiamento nella capacità di ricezione del calore solare da parte della Terra stessa come risultato di pur lievi mutamenti dell'orbita planetaria attorno al Sole e dell'angolo (ma anche della sua fluttuazione) dell'asse di rotazione rispetto al piano di allineamento del sistema solare. In tutti questi grandiosi mutamenti entrano in gioco forze e fattori che oltre a mescolarsi in modo pressoché indistinguibile fra loro così da non poter essere oggetto di alcuna modellizzazione, dipendono anche da fattori casuali e imprevedibili, come per esempio l'attività vulcanica. Ma, come abbiamo già visto, per nostra fortuna la geologia del pianeta ha preservato traccia di questo continuo alternarsi di ere glaciali e periodi interglaciali, nei carotaggi tratti dai fondali oceanici e dalle calotte polari, nei sedimenti lacustri, nei depositi rocciosi formati dai detriti e dalla sabbia spinti dal vento (le formazioni geologiche di löss), le sequenze dei granelli di polline e di ossa animali nelle stratigrafie archeologiche nell'esplorazione dei siti (da dove si deducono i periodi dominati dal caldo e dal freddo), in antiche spiagge che hanno registrato tutti i mutamenti di livello delle acque oceaniche e marine (quando l'aumento della glaciazione le contraeva e quando, al contrario, il crescere della temperatura e la conseguente fusione dei ghiacci le faceva crescere). Va da sé che quando una simile messe di dati e di informazioni raccolte in ogni angolo del mondo viene valutata e confrontata con le strumentazioni scientifiche e i metodi di cui oggi l'archeologia può disporre, diventa per davvero possibile tratteggiare un quadro cronologico, se non completo, abbastanza dettagliato dell'evoluzione umana.

Circa 16 milioni di anni or sono, quando la temperatura ricominciò nuovamente a raffreddarsi specie nelle latitudini settentrionali del pianeta, anche a sud il clima divenne più secco. L'incremento dell'aridità fece sì che nella parte orientale dell'Africa le scimmie antropomorfe andassero incontro a nuove importanti sollecitazioni. Tanto per incominciare, esse presero a ritirarsi verso l'interno del continente, per raggiungere le ancora rigogliose e inattaccate grandi foreste, quelle che tutt'oggi costituiscono la loro dimora. Contemporaneamente, le collisioni continentali dovute alle derive delle masse terrestri fra Africa, Europa e Asia aprivano dei corridoi di diffusione geografica attraverso i quali altri gruppi di queste scimmie di preominidi poterono stanziarsi nelle grandi foreste europee e asiatiche. Momenti di grandi mutamenti sono soliti favorire la rapida evoluzione di piccoli e diversi gruppi di esseri viventi.

Tra 10 e 7 milioni di anni or sono, da uno dei parenti prossimi o discendenti del *Proconsul* sorse l'antenato africano delle scimmie antropomorfe. Resti ritrovati in Kenya indicano la presenza in quel tempo di una scimmia i cui denti molari risultano molto simili a quelli dell'odierno gorilla. Oggi le scimmie antropomorfe africane condividono nell'ordine del 98% il patrimonio genetico dell'essere umano – i gorilla un po' meno, gli scimpanzé un po' di più – e attenti studi comparativi di genetica segnalano come per certo che fu da 6 a 7 milioni di anni fa che avvenne la separazione fra le linee evolutive scimmiesche e preumane propriamente dette, vale a dire il momento preciso in cui (a dispetto del 98% già citato di materiale cromosomico comune) la strada dell'uomo si è separata da quella delle scimmie, per seguire un itinerario evolutivo che l'ha trasformato nella creatura d'oggi, così diversa, nell'aspetto e nel comportamento, dal resto dei primati. Anche se le differenziazioni genetiche, specie nel campo del controllo della funzione genica, sottolineano quanto grande e profondo sia sotto questo aspetto il diversificato sviluppo esistente fra un uomo qualsiasi e un qualsiasi scimpanzé, è comunque quasi inquietante osservare – visto il patrimonio genetico in comune – quanto poco sia necessitato all'evoluzione naturale per imboccare la strada che conduceva all'uomo piuttosto che tenere quella che permaneva nelle scimmie. Tuttavia, malgrado le molte diversità che ci distinguono dalle grandi scimmie antropomorfe, i punti di contatto con loro sono lo stesso tantissimi, confermati non solo nella continuità dell'uomo d'oggi, ma anche, quando possibile, dallo studio diretto delle popolazioni primitive che ancora vivono sul nostro pianeta. Anche se la loro dieta è prevalentemente vegetariana, in qualche occasione gli scimpanzé (quelli giovani soprattutto) non disdegnano la carne e a volte se la procurano con operazioni collettive di collaborazione reciproca, che gli altri gruppi di scimmie non conoscono. Nella ricerca e nel procacciarsi il cibo non fanno ricorso ad armi né usano utensili per consumarlo; ma sanno servirsi di bastoncini per dissodare la terra e, qualche volta, di pietre adatte per estrarre radici dal suolo. Sovente utilizzano sassi conformati per un uso specifico, anche se non ne ricavano la sagoma lavorandoli con l'ausilio di altre pietre. Ma la più spiccata vicinanza con l'essere umano, le grandi scimmie antropomorfe la dimostrano nel campo delle relazioni e delle strategie sociali e comunitarie. Non per nulla, si può affermare a pieno titolo che in tutto il mondo animale sono proprio gli scimpanzé, dopo gli uomini, ad avere sviluppato questo senso della socialità al grado più elevato: sanno adularsi e abbindolarsi l'un l'altro e, per questo, stanno continuamente all'erta per evitare a loro volta di essere ingannati dal loro vicino. Se il resto della loro vita – la ricerca del cibo, l'uso di attrezzi, l'attività sessuale, i compiti all'interno del nucleo famigliare (nel caso delle femmine) – può ascriversi all'azione dell'istinto, a sua volta guidato dall'ancestralità delle azioni da sempre ripetute in modo automatico; è proprio nel campo dei rapporti sociali e fra i singoli individui che meglio si manifesta la reale inventiva e intelligenza degli scimpanzé. Non c'è dubbio che la finalità di prosperare e trarre vantaggio dalla socialità (non da ultima, la possibilità di accoppiamenti più frequenti e l'opportunità di vivere protetti e quindi più a lungo e in modo maggiormente attivo) è stato uno dei più grossi premi che l'evoluzione naturale ha proposto ai primati superiori, in primis, ovviamente, a quelli che sono stati i nostri diretti progenitori.

Sette milioni di anni or sono questi non erano, ovviamente, degli scimpanzé, anche se rassomigliavano loro più di quanto non valga per noi ancora adesso: una sorta di scimpanzé, dunque, che si muoveva a quattro zampe, ma privo della sproporzione degli arti superiori e dell'andamento ciondolante tipici di scimpanzé e gorilla, quando la loro strada evolutiva imboccò una direzione lievemente diversa da quella scelta dai nostri antenati, forse fortemente segnata dall'ambiente di vita prescelto – la foresta – rispetto a quello verso cui optarono le scimmie antropomorfe che avrebbero originato l'uomo. Certo, il comune antenato aveva ancora chiarissime abitudini arboree, ma dava già segni di cambiamenti radicali. Per esempio, incominciava sempre più a intervallare la camminata a quattro zampe con una postura semieretta che gli consentiva, sollevandosi su due sole zampe, di meglio dominare con l'osservazione il campo d'azione. Intanto il cervello aveva preso a crescere in modo quasi sproporzionato rispetto alle dimensioni del corpo (probabilmente coperto da una pelliccia scura sempre più rada), mentre la ricerca del cibo (insetti e frutta) era perfezionata con l'ausilio di qualche strumento, come bastoncini e pietre. Qui, in questo frangente, si verificò la separazione delle strade evolutive.

I primi reperti che attestano tutto questo risalgono a un periodo che va dai 5 ai 6 milioni di anni fa. Teatro fertile di questi ritrovamenti si è rivelata l'Etiopia, dove sono emersi fossili databili in tempi più antichi dei restanti rintracciati in quella stessa zona orientale del continente. Dal Kenya ci arriva il frammento di una mandibola di circa 5,5 milioni di anni or sono, vale a dire in un momento molto vicino alla separazione delle linee evolutive che presero per sempre a distinguere il ramo degli scimpanzé da quello degli esseri umani. Sempre dall'Etiopia, ma questa volta con una datazione di almeno un milione di anni, gli archeologi presentano i resti del cosiddetto *Ardipithecus*, una creatura che rivela alcuni importanti aspetti comuni con gli ominidi: i denti, la mascella e la conformazione cranica, che già presenta il tipico foro basale, attraverso il quale i nervi che scendono dal cervello raggiungono la colonna vertebrale. Negli scimpanzé questo foro basale non è posizionato esattamente al di sotto del centro della scatola cranica, ma in una collocazione lievemente arretrata, questo perché, movendosi sulle quattro zampe, queste scimmie non bilanciano la testa lungo l'asse della colonna vertebrale, ma un po' più in avanti, e anche per lasciare maggiore spazio alla muscolatura del collo che, in questo caso, è chiamata a svolgere un lavoro maggiore di quello richiesto a un essere umano. Ebbene, il foro basale dell'*Ardipithecus* corrisponde in modo lineare e perfetto alla proiezione verticale del centro del cranio, prova che dimostra come già questo ominide avesse scelto la postura eretta e la deambulazione su due soli arti, per liberare gli altri due, superiori, allo svolgimento di altre incombenze.

Ben più noto del quasi sconosciuto *Ardipithecus* è un altro ominide africano, scoperto nel 1920, l'*Australopithecus* (parola che significa scimmia del Sud). L'*Australopithecus* non era una scimmia come tendiamo ad immaginare, né, ovviamente, viveva soltanto nella parte meridionale del continente africano. Dobbiamo però proprio ad una sua sottospecie, l'*Australopithecus anamensis* il passaggio decisivo che portò la linea evolutiva umana a staccarsi da quella delle scimmie antropomorfe. Pur se la conformazione della dentatura rivela ancora la classica sagomatura rettangolare e squadrata delle scimmie (ben diversa dalla forma a parabola dei nostri denti), lo studio delle ossa degli arti inferiori dimostra in modo inequivocabile che si trattava di una creatura che aveva ormai optato in modo definitivo per lo postura eretta del corpo. La ricostruzione dell'ipotetico ambiente in questa parte dell'Africa in questo periodo di tempo, ci parla di foreste e qualche tratto di savana. Ma, immediatamente dopo, imperiosi mutamenti climatici riportarono un clima più secco, con il conseguente decrescere dei territori occupati dalla vegetazione fitta. Per buona parte, le immense e intricate foreste scomparvero, per lasciare spazio a grandi distese di erba, fatto testimoniato da molti fossili animali da cui si evince la trasformazione evolutiva cui andarono incontro molte specie per adattarsi a quel nuovo ambiente. Gli elefanti e i rinoceronti, per esempio, svilupparono sin da subito una dentatura più idonea a brucare e ruminare che non quella posseduta nelle precedenti ere. E così anche i nostri, per adesso ancora lontanissimi progenitori, furono costretti ad adattarsi.

Attorno a circa 4 milioni di anni or sono l'*Australopithecus anamensis* pare aver dato origine a un ulteriore anello della catena: l'*Australopithecus afarensis*, il cui rappresentante più noto è la celeberrima "Lucy". Questa specie è giunta a noi così ben e ampiamente rappresentata da poterne tracciare con buona cognizione di causa non solo un ritratto fisico e morfologico, ma persino lo stile di vita, come fino al momento della sua scoperta non era ancora mai stato possibile fare con un nostro antenato vissuto così lontano nel tempo. I maschi, alti 1,5 m, erano più prestanti delle femmine, che non superavano il metro, ed erano anche assai più pesanti e robusti, forse più per la necessità di dover interpretare un ruolo difensivo nell'ambiente più pericoloso della savana che non per scopi di ordine sessuale, di difesa dell'harem così come avviene invece presso i gorilla. Il cervello, compreso fra i 350 e i 500 ml, rientrava ancora nell'ordine di grandezza tipico delle scimmie antropomorfe, ma incominciava ad apparire sproporzionato rispetto alle altre parti del corpo, ospitato in una robusta scatola cranica di protezione, il volto prognato, la fronte sfuggente. I denti canini, più piccoli della norma; i molari, al contrario, sempre forti e robusti, per masticare il cibo più coriaceo della savana. Gli arti inferiori corti e quelli superiori più lunghi attestano di una vita ancora in buona parte arboricola, anche se l'esame del pube, dei fianchi e delle ginocchia testimonia di un'andatura effettuata su due sole zampe. In un sito noto come Laetoli nella Tanzania, dove sono stati trovati alcuni scheletri fossili dell'*Australopithecus afarensis*, è anche venuta alla luce una serie di impronte, per un tragitto lungo ben 27 m, di questo particolare ominide. In tutto si distinguono settanta calchi pietrificati appartenenti a due individui (un maschio e una femmina, ma forse anche una mamma col figlio) che procedono fianco a fianco (con un terzo individuo che sovrappone le sue impronte su quelle più grandi), insomma: una bella passeggiata di 3,6 milioni di anni fa! Questa incredibile e straordinaria testimonianza è una delle più emozionanti fra le tante che punteggiano le scoperte archeologiche legate al nostro passato più remoto.

Le impronte di questi progenitori rivelano l'alluce perfettamente allineato, vale a dire in linea col piede, proprio come noi, non dunque un alluce opponibile come invece riscontriamo nelle scimmie e come ci saremmo dovuti aspettare nel caso in cui queste creature fossero ancora appartenute alla linea evolutiva scimmiesca.

L'andatura eretta assieme con lo sviluppo considerevole del cranio costituisce una delle caratteristiche più eccitanti fra le constatazioni archeologiche di questo remoto periodo. Le motivazioni che possono spiegare il perché del passaggio da un'andatura a quattro zampe a quella bipede sono molte. Per esempio, la necessità da parte del preominide di promuovere il più possibile lo smaltimento del calore mentre si muoveva nella savana priva di zone d'ombra. Il corpo di un animale che si muove a quattro zampe offre, evidentemente, una superficie espositiva ai raggi solari ben più vasta di quella offerta da un medesimo individuo che procede dritto su due zampe. La postura verticale permette poi di tenere ben alta la testa, lontana dal calore bruciante del terreno e sollevata invece per ricevere le brezze rinfrescanti, senza contare che in tal modo anche la vista se ne avvantaggia, consentendo la posizione più elevata degli occhi un controllo maggiore sui dintorni prossimi, avvistando prima sia i potenziali nemici che le prede cui dare la caccia. Ma camminare su due gambe diritte potrebbe anche essere stato dettato dalla necessità di muoversi il più rapidamente possibile sul terreno della savana, per poi, altrettanto velocemente, fare ritorno ai rifugi nella foresta dove trascorrere la notte. In tutti i casi, qualsivoglia siano state le cause di una simile scelta, è certo che questa soluzione ebbe il merito di spalancare a un nuovo, evoluto gruppo di scimmie una prospettiva di vita – una nicchia ecologica, se si preferisce – del tutto inedita nella perlustrazione della savana, un mondo tutto da esplorare, una volta abbandonata la vita arboricola.

Stare diritti in piedi e avanzare in postura eretta consentiva inoltre di liberare gli arti superiori, le braccia e le mani, che potevano afferrare una pietra sia a scopo difensivo, una volta attaccati da un nemico, che a scopo offensivo, una volta imbattutisi in una potenziale preda. Le mani, un organo di manipolazione estremamente raffinato e già antico di una sua propria storia, potevano così dedicarsi a un ulteriore raffinamento della loro sensibilità, mano a mano che la capacità cerebrale aumentava. Stare in piedi, come detto, incentivava l'acuità della vista, che poteva spaziare per un raggio ampio sulla savana: una realtà ricchissima di particolari, un territorio qua e là continuamente punteggiato da mille riferimenti che andavano da un piccolo roditore in fuga, al branco di leoni al fresco, all'ombra di qualche albero.

La posizione eretta oltre a cambiare in modo decisivo la percezione visiva in lontananza, modificò senz'altro anche il modo di osservare da vicino e di guardarsi reciprocamente, con evidenti, decisivi riflessi nella sfera sessuale. Il pene maggiormente sviluppato dei maschi e il richiamo del petto delle donne sempre più accentuato furono senza dubbio uno dei tanti frutti scaturiti dall'andatura eretta, mutando radicalmente la natura dell'attrazione sessuale e contribuendo, col tempo, a favorire i rapporti e i legami personali e diretti fra gli individui, specie fra le coppie e la loro prole. Il fatto di porsi frontalmente uno dinanzi all'altro non solo favorì i rapporti sociali, ma seppe renderli assai più sottili e penetranti, ancor più sviluppando l'agilità mentale dei singoli sullo scenario comunitario, svolgendo in questo modo una forte azione accelerativa nell'elaborazione della mimica facciale e dei segni vocali che sottintendevano l'ormai imminente nascita del linguaggio. In definitiva, la scelta della postura eretta può a buona ragione considerarsi come la svolta topica nel distacco della linea evolutiva umana da quella dei primati superiori.

Recentemente, sempre in Sudafrica, è venuto alla luce un nuovo fossile del tipo *Australopithecus* simile all'*afarensis* dell'Africa orientale, che i paleontologi fanno risalire da 3,6 a 3,2 milioni di anni or sono e a cui hanno dato il nome di *Australopithecus africanus*. Si tratta di un esemplare leggermente più slanciato, un passo evolutivo oltre l'*afarensis*, anche per via dei canini vistosamente più sottili, i molari ben sviluppati, il volto più appiattito, la fronte più ampia e una maggiore distinzione fra i caratteri sessuali maschili e femminili. Quali possano essere state le relazioni intercorse fra i vari tipi di ominidi appartenenti alla specie *Australopithecus* rintracciati in Africa non è facile dirlo, vista la complessità dei possibili intrecci. Esiste, comunque, una notevole differenza fra la morfologia sottile e slanciata dei tipi *afarensis* e *africanus* e quelli che vennero subito dopo, più grossi e robusti (specie nel cranio e nella mascella) che si evolsero con nuove impronte di specializzazione dovute alla necessità di cibarsi di vegetali più resistenti. Fu proprio da questi tipi di *Australopithecus* che ebbe a svilupparsi col tempo il genere *Homo*. Noi, oggi, siamo la sola specie rimasta di questi progenitori lontani, da loro evolutisi fino alla sommità della scala nell'*Homo sapiens sapiens*.

I resti più antichi di questo progenitore risalgono a circa 2,5 milioni di anni or sono e sono stati rinvenuti in Kenya, Malawi e Sudafrica. In un sito etiopico risalente a 2,3 milioni di anni fa, associate con i resti di *Homo sapiens sapiens* sono anche state rinvenute nello stesso contesto stratigrafico geologico tracce dei più antichi strumenti umani conosciuti: semplici punte basaltiche e in selce, con i nuclei litici dai cui erano state ricavate. (Non è chiaro né precisato da alcuno se gli australopitechi realizzassero o facessero uso di qualche oggetto assimilabile a un primitivo strumento; è indubbio il ritrovamento di alcuni reperti simili rintracciati in Etiopia e databili attorno a 3 milioni di anni or sono). Meno frammentari di questi reperti di *Homo* sono altri ritrovamenti, risalenti a 2 milioni di anni fa, di un altro progenitore il cosiddetto *Homo habilis*. La capacità cranica di questo soggetto è salita a 700 ml, dimostrando una volta di più che questa specie si è definitivamente distaccata dalla linea evolutiva scimmiesca almeno per la grandezza del cervello (che era comunque pari ad appena la metà di quello dell'uomo odierno). In realtà l'*Homo habilis* è giunto a noi in diverse, diciamo così, "versioni", dalle quali sembra si configurassero almeno due filoni evolutivi principali. Uno, pur continuando a presentare gli arti superiori allungati dell'*Australopithecus afarensis*, aveva denti decisamente più umani, il viso più appiattito e meno sporgente, la fronte più alta e il complesso scheletrico più allungato e sottile.

La nascita della fabbricazione di strumenti e il loro utilizzo rappresentano un'altra di quelle vaste aree di discussione che vivacizzano l'archeologia che si occupa dell'origine dell'uomo. La più antica e distinta tradizione conosciuta (dopo i pre-strumenti rinvenuti in Etiopia di cui si è appena parlato) è quella detta di Oldowan ed è basata sulla tecnica di battitura di pietre con altre pietre al fine di ottenere schegge appuntite per tagliare e altre affilate per raschiare. Il ritrovamento associato di ossa di animali induce a immaginare il consumo di carne di animali cacciati o, per lo meno, il recupero di ossa da esemplari uccisi da altri animali. Evidentemente, il bassissimo e del tutto desueto consumo di carne degli odierni scimpanzé era già stato abbandonato dall'*Homo habilis*, che si era reso conto di quanto fosse importante un cibo come la carne, capace di fornire l'energia sufficiente per vivere nel mondo estremamente esigente della savana. Cacciare prede, pur piccole, e vivere nel continuo terrore di essere a loro volta cacciati da altri rivali carnivori, tenevano in continuo stato d'allerta la tensione fisica e psichica di questi antenati, che trovavano nell'unione e nella reciproca collaborazione un grande punto di forza: ancora una volta la natura premiava una scelta giusta con la crescita della massa cerebrale. Realizzare strumenti ed oggetti seguendo un preciso percorso costruttivo richiedeva, per forza, un cervello attivo e dotato di immaginazione, quella capace di intuire idealmente quale sarebbe stato il prodotto finale dell'operazione. Gli strumenti della tradizione di Oldowan sono ancora quanto mai rozzi, eppure per arrivarci era occorso un milione di anni. Il passo compiuto era stato, ad ogni modo, grandioso per l'evoluzione umana. Aver lasciato la vita arboricola per quella a terra, la capacità di costruire attrezzi e oggetti e la nutrizione anche a base di carne sono i tre pilastri di quel prodigioso adattamento che condusse i nostri progenitori a distaccarsi in modo conclusivo dal mondo delle scimmie antropomorfe. Tutto questo accadeva in un mondo in cui il fuoco era ancora sconosciuto, non esistevano dimore, tombe per i morti, produzioni di qualche forma artistica, nulla che potesse assomigliare ad un linguaggio e, probabilmente, neppure ancora una consapevolezza umana così come la intendiamo oggi, ma forse solamente la prima flebile fiammella di una coscienza a livello sociale e comunitario che si stava poco alla volta concretizzando, mano a mano che le tribù di ominidi crescevano e la cooperazione e la solidarietà fra i gruppi e i singoli si ampliava, con tutte le complicazioni del caso, come i conflitti e le opportunità.

Un modello costruttivo di strumenti assai più sofisticato ci viene testimoniato, sempre nel campo del contesto africano, da reperti databili attorno a 1,5 milioni di anni or sono in cui spiccano le cosiddette asce a mano del periodo acheuleano, dove anche le pietre usate per ricavare gli attrezzi erano utilizzate come tali. Questa tradizione contemplava una serie di operazioni più articolate per arrivare a ottenere l'ascia manuale bifacciale, vale a dire lavorata sulle due pareti, cosa che richiedeva un'aggiunta di immaginazione in più per motivare e guidare fino alla fine il processo costruttivo. Probabilmente lo sviluppo fisico della crescita di un cervello sempre più consistente prevedeva proprio questi passaggi, quasi come se la realizzazione di strumenti, oggetti ed armi sempre più complessi fosse stato il trampolino necessario per gettare la base su cui si sarebbe poi sempre più articolata la complessità cerebrale dell'uomo. Non è da escludere, inoltre, che procedere nella costruzione di cose secondo una sequenza sempre eguale, abbia innescato la scintilla di quello che oggi è per noi il nostro modo di ragionare, il pensiero consequenziale, quello cioè che si fonda sul principio di causa ed effetto, dove ad un'azione ne fa eco un'altra come conseguenza, per il raggiungimento dell'obiettivo prefissato. Abbastanza curiosamente, sin dall'esame degli strumenti primitivi ci si accorge della destrosità di chi li realizzò, mentre dall'esame del cranio di alcuni fossili si riesce anche a derivarne l'asimmetria. Questa caratteristica del nostro cervello è intimamente collegata col linguaggio e, sotto certi punti di vista, la capacità di realizzare strumenti e oggetti e la padronanza del linguaggio condividono certi tratti strutturali nel loro procedere secondo passi successivi e progressivi. Per questo il ritrovamento di siti archeologici preistorici ricchi e complessi risalenti a questo periodo può anche contribuire a mappare, sebbene in modo grossolano, la progressiva evoluzione del linguaggio dalle sue manifestazioni più semplici e primitive (e probabilmente ristrette a livello sociale) a quelle più sofisticate e complesse. Si presume che la tradizione strumentale di Oldowan sia andata avanti quasi immutata per un milione di anni, per lasciare il passo, qua e là in certi siti, a quella del periodo acheuleano per un altro milione di anni (segnando crescenti mutamenti). Diventa quindi possibile immaginare che con la comparsa dell'acheuleano l'uomo abbia iniziato a progredire anche nell'uso del linguaggio, ipotesi che sembra essere confermata dagli studi odierni effettuati con gli scimpanzé con la loro capacità di vocalizzare e riconoscere e, quando i fossili lo permettono, dall'analisi di ciò che resta della bocca e dell'apparato tracheale dei nostri antichi progenitori. Inutile sottolineare che lo studio della nascita del linguaggio è un'altra delle grandi sfide intellettuali che l'archeologia si ripromette di accettare e risolvere.

Un fossile di *Homo habilis* giunto fino a noi in buone condizioni, rivela segni evidenti che attorno a 1,75 milioni di anni fa tribù di nostri progenitori stavano dando origine a nuove specie di *Homo*. Si tratta dell'*Homo ergaster* ben rappresentato dal ritrovamento di un fossile in ottime condizioni detto "il ragazzo di Nariokotome", rinvenuto presso il lago Turkana, nell'Africa orientale. Alla morte questo giovane ragazzo di circa 1,6 milioni di anni era solo undicenne, ma già era alto 1,5 m e il cranio aveva una capacità di 880 ml. Una volta completamente sviluppatosi e cresciuto sarebbe diventato un uomo alto più di 1,75 m, dotato di un cervello di 900 ml di capacità, con un corpo ormai decisamente rivolto verso la morfologia dell'uomo contemporaneo. In meno di un milione e mezzo di anni le dimensioni del cervello si erano raddoppiate rispetto a quelle degli Australopitechi, giungendo ad essere di un terzo solamente inferiori a quelle nostre. Un incremento collegato strettamente alla crescita del corpo, con l'*Homo ergaster* ormai vicino alla configurazione attuale. Anche se la crescita cerebrale era determinata dalle infinite capacità sviluppate in modo sempre più raffinato da questi progenitori. Rispetto a chi li aveva preceduti, questi ominidi erano più abili in molte cose: nel procurarsi il cibo (ma forse anche nelle tecniche di caccia a piccole prede), nella realizzazione di strumenti, nel linguaggio e, certamente, nella socialità, nel rapporto coi propri simili. Non si deve dimenticare che tutti questi processi avvennero in un arco di tempo molto lungo, consentendo alle diverse specie di ominidi di consolidare le conquiste fatte da trasmettere alla posterità attraverso il meccanismo dell'evoluzione naturale, anche se possono esserci stati momenti in cui le circostanze ambientali favorirono accelerazioni, tagliando drasticamente i tempi evolutivi d'attesa.

L'esame della dentatura dell'*Homo ergaster* rivela per la prima volta la prevalenza della masticazione legata all'alimentazione carnivora rispetto a quella vegetale; particolari del naso e delle orecchie mostrano notevoli differenziazioni rispetto alle scimmie; mentre la laringe pone questo ominide in una via di mezzo fra gli Australopitechi e l'uomo moderno, suggerendo con forza l'ipotesi che uno sviluppo importante nell'uso del linguaggio sia stato proprio portato avanti dall'*Homo ergaster*.

Homo ergaster è l'etichetta che i paleontologi hanno assegnato a questo nostro antenato come rappresentante di spicco di questo momento nel territorio africano. Ma a questo punto dell'evoluzione, l'uomo si era ormai diffuso anche in altre parti del mondo. Disponiamo di testimonianze che attestano come in questa era l'*Homo habilis* e quello che diede vita alla tradizione di Oldowan avessero già invaso l'Europa e l'Asia. Per quanto riguarda la tipologia di ominidi tipica dell'Asia, non è da escludere che derivasse da un'antica migrazione dall'Africa, prima ancora che l'*ergaster* si fosse evoluto nella sua completezza, con la presenza e la conclusione dell'acheuleano. Una cosa è certa: le specie di *Homo erectus* di Giava e della Cina e di altri siti archeologici asiatici sono diverse dall'*Homo ergaster* africano, anche se riconducibili a uno stesso ceppo evolutivo, e gli strumenti non presentano la complessità e la lavorazione tipiche dell'acheuleano, ma si riducono a semplici selci scheggiate e appuntite, utilizzate per vari scopi. In apparenza questo tipo di *Homo erectus* con il suo semplice corredo di strumenti litici (non abbiamo alcuna idea se, per caso, ne venissero anche realizzati con materiali deperibili come, per esempio, la canna di bambù) si mantenne tale per un lunghissimo periodo di tempo, almeno fino a 100.000 anni prima della nostra era.

Intanto in Africa e in Europa l'*ergaster* si evolveva in altre forme. Una volta assodata quella dell'*Homo ergaster* (compresa la sua versione *erectus*), il cambiamento più evidente è circoscritto alla configurazione del cranio e non tanto più al resto dello scheletro, ormai quasi del tutto simile a quello nostro di uomini d'oggi. La caratteristica più saliente consiste nell'ispessimento e nell'irrobustimento delle pareti e dell'intera scatola cranica, pur continuando le dimensioni cerebrali a restare pressoché inalterate. La spinta di un cervello sempre crescente stava nuovamente facendosi sentire. Una serie di interessanti ritrovamenti testimoniano come questo tipo di *ergaster* avesse superato quello africano. Ce lo dimostrano i siti della Gran Dolina, in Spagna (con ossa di mani e piedi, denti, mascelle e frammenti cranici), databile attorno a 800.000 anni or sono; quello di Heilderberg, in Germania, risalente a 500.000 anni fa, con la mascella di Mauer che mostra evidenti segni di evoluzione e quello di Boxgrove, in Inghilterra, con il prezioso reperto di una tibia, tutti siti che ci parlano dello stesso tipo di ominide, l'*Homo ergaster* europeo. (Tra l'altro, fu proprio in questo momento che la tradizione strumentale della pietra ad ascia bifacciale tipica dell'acheuleano venne importata in Europa, a sostituire gli strumenti più semplici fino a quel momento in uso, simili a quelli caratteristici della tradizione di Oldowan).

L'utilizzo del fuoco e di ripari dove vivere non è stato ancora dimostrato con piena luce in relazione all'attività dell'*Homo ergaster* africano. Viceversa in Europa, specie attorno a 800.000 anni fa, quando il clima cominciò a farsi sempre più rigido, è pressoché certo che fuoco e ricoveri erano ampiamente usati per far fronte a condizioni ambientali decisamente difficili. Le grotte costituivano le dimore spontanee e troviamo conferma di queste scelte in Francia e Germania (ma anche in Siria), dove tracce di cannicciati per realizzare pareti e pavimenti testimoniano l'uso di questi ricoveri naturali come abitazioni consuete. Prove dell'uso del fuoco in Europa risalgono a 400.000 anni or sono, prima certificata presenza del benefico elemento, assodata dalla ricerca archeologica.

Il fuoco non apportò soltanto un enorme vantaggio a livello materiale (permettendo all'uomo di riscaldarsi e di affumicare, se non ancora cucinare, la carne rinsecchita conservata per la stagione invernale, una nuova piccola gioia della vita), ma anche a livello psicologico, più sottile: il fuoco donava la luce, permettendo di prolungare anche nella sera e nella notte le attività condotte durante il giorno, ma, sopra ogni cosa, favoriva enormemente la vita sociale tramite il consumo del cibo e l'allevamento dei piccoli in comunità. Non potendo disporre a livello archeologico di prove stratigrafiche evidenti dell'esistenza all'interno delle grotte abitate dagli ominidi di focolari domestici, è presumibile immaginare che le prime volte il fuoco venisse "catturato" a seguito di qualche evento naturale casuale, per poi essere innescato in modo intenzionale e deliberato tramite sfregamento, proprio nello stesso modo in cui lo ottengono i boy-scout nei loro accampamenti. Non c'è dubbio che la padronanza del fuoco testimoni, una volta di più, dell'eccellenza degli ominidi sul resto degli animali e del grande valore che la cooperazione riveste nello sviluppo dell'attività cerebrale.

Intanto, l'ominide africano continuava a progredire e la cosa ci viene testimoniata da alcuni ritrovamenti interessanti. Da un altro sito etiopico ci è arrivato il "teschio di Bodo", databile a circa 600.000 anni or sono. Si tratta dei resti fossili di volto di ominide più grande mai venuti alla luce, in cui sono accentuate le arcate sopraccigliari sopra le orbite oculari e una linea di discrimine sulla sommità della testa (per poterci ancorare una muscolatura forte), peculiarità tipiche anche dell'*Homo erectus* asiatico. Ma la zona nasale e la fronte del cranio di Bodo sono decisamente più moderne, al pari della parte inferiore del teschio, dove si innesta la mandibola. Fatto curioso, sul teschio si possono notare dei segni attorno alle cavità orbitali, sugli zigomi e sulla fronte, oltre ad un'altra tacca vistosa sulla sommità del capo e sulla nuca, forse il colpo mortale per il povero uomo di Bodo o, per lo meno, una grave ferita dalla quale non gli riuscì mai di guarire. Davanti a queste constatazioni, vengono all'istante alla mente immagini di cannibalismo o di ritualistica funebre di qualche genere, proprio come sarebbe dimostrato collegarsi ai numerosi resti di *erectus* ritrovati a Zhoukuodian, in Cina, ascrivibili attorno a 450.000 anni or sono. Come sappiamo, raramente il rito del cannibalismo veniva consumato a stretti fini nutrizionali. Lo scopo vero nascondeva quasi sempre una motivazione superiore, di ordine ritualistico. Ovviamente, azzardare questa ipotesi, cercando di farsi forti con il poco che gli scavi archeologici ci offrono non è corretto, tuttavia la possibilità di trovarci di fronte a cannibalismo sacro – considerati anche i ritrovamenti nei diversi siti di placchette ossee incise con segni e spirali a volte colorati – è più che mai giustificata, per quanto, lo ripeto, un po' spinta. A margine di questi ritrovamenti, c'è comunque da sottolineare come non sia emerso alcun tipo di reperto che, anche solo alla lontana, possa echeggiare una qualsivoglia manifestazione di forma artistica.

Il teschio di Bodo corrisponde esattamente al corpo che ci aspetteremmo di ricostruire dalla nascella di Mauer o dalla tibia di Boxgrove. Infatti, mettendo ipoteticamente insieme tutti questi frammenti ritenuti coevi, i paleontologi sono arrivati a identificare un nuovo tipo di ominide, l'*Homo heildelbergensis*, immediato successore dell'*ergaster* sia in Africa che in Europa. Un teschio ritrovato nei Pirenei francesi (assieme con frammenti di almeno altri diversi sessanta individui) e databile a 400.000 anni prima del nostro tempo, mostra già chiari alcuni tratti neandertaliani, con una capacità cranica di 1160 ml, ben più grande di quella tipica dell'*ergaster*, ma ancora lontana da quella del Neandertal maturo o dell'uomo d'oggi.

Gli attrezzi rinvenuti con questo teschio sono quelli piatti e scheggiati della tradizione taiaciana, preannunciatrice della tradizione musteriana, caratteristica dei siti neandertaliani. Il teschio di Petralona, rinvenuto in Grecia, mostra una capacità ancora maggiore, toccando i 1120 ml, pur risultando privo degli aspetti classici del tipo neandertaliano, come la nuca, il doppio arco sopraccigliare, la larga base nasale che si allargava ancor più col rigonfiamento delle guance.

Analogo passaggio di transizione registrato in Europa dalla forma *heidelbergensis* a una successiva più raffinata, lo troviamo anche in Africa nel teschio venuto alla luce nel sito di Broken Hill, a Kabwe, noto col nome di "uomo della Rhodesia". In questo esemplare si riscontra un ominide che sta ulteriormente cambiando, a metà strada fra il tipo di Bodo a una prima forma di *Homo sapiens*, senza lo sviluppo dei tipici tratti distintivi che separano il Neandertal euroasiatico dall'uomo odierno. A prima vista il cranio di Kabwe sembra lontanissimo da noi quanto quello di un essere alieno, con le sue forti arcate sopraccigliari e le sue fattezze inconfondibili; in realtà siamo di fronte a un progenitore che, coi suoi 1300 ml di capacità cranica, ci è ormai vicinissimo, specie se osservato in posizione eretta da dietro e nelle sue forme ormai complete quando visto lateralmente.

Per questo progenitore gli archeologi parlano di circa 300.000 anni or sono. L'ampliamento della cassa toracica suggerisce una maggiore, capacità nell'emettere una ben più vasta gamma di suoni e modulazioni, segno che il linguaggio era assai più sviluppato di quanto si osserva nei resti fossili umani più antichi, anche degli stessi Neandertaliani, la cui abilità nel riuscire a emettere con distinzione suoni consonantici è messa fortemente in dubbio.

Ed è proprio in Africa che la ricerca individua la sorgente più certa da cui, alla fine di tutto questo lunghissimo processo evolutivo, sarebbe scaturito l'esemplare ultimo, l'*Homo sapiens sapiens*. Un gran numero di fossili, prove di ordine genetico derivate dallo studio delle popolazioni odierne e la scoperta di artefatti testimonianti un progresso decisivo a livello tecnologico indicano ancora una volta nell'Africa, la terra in cui il fuoco fatale della evoluzione umana avrebbe nuovamente attecchito, dopo che già quel continente era stato la culla da cui aveva mosso i suoi antichi passi il primo degli ominidi.

Il primo significativo progresso tecnico nella realizzazione di strumenti dopo la selce scheggiata e lavorata sulle due facce, si registrò 250.000 anni or sono ancora una volta nell'Africa orientale, anche se l'etichetta assegnata dagli archeologi a questo ritrovamento riporta singolarmente il nome di un sobborgo di Parigi. La tradizione tecnica di Levallois rappresenta infatti per il suo tempo un progresso straordinario, che non contemplava solo più la proiezione mentale futura di come sarebbe stato l'oggetto finale, una volta lavorata la pietra, ma qualcosa di aggiuntivo e di estremamente significativo.

Per la prima volta nella storia del mondo, da una pietra già lavorata a lungo e con cura sulle sue facce, un ominide ricava uno strumento universale e perfetto, che non aveva più bisogno di alcun ritocco, usabile come punta, rasoio o raschiatoio, utilizzando martelli e punzoni. Se prima sagomare una selce era un processo immaginabile perché la si vedeva, attimo dopo attimo, configurarsi fra le mani, ora la cosa era diversa: una punta della tradizione di Levallois si definiva per quello che era solo quando riceveva il colpo finale. In questo caso, non siamo solo di fronte a una miglioria tecnica, ma anche a un progresso concettuale, collegato, guarda caso, con la comparsa sulla scena del mondo evolutivo del primo arcaico rappresentante di *Homo sapiens*. Fantasticando, ci piace immaginare che questa nuova sofisticazione rispecchiasse un ulteriore miglioramento nell'uso del linguaggio, con il nascere di una logica più aperta, in crescita continua col tempo, a mano a mano che si andavano a configurare vocaboli e affermazioni.

La tecnica della tradizione di Levallois non venne adottata ovunque (anche perché per poterlo fare sarebbe stato necessario avere sempre a disposizione un cospicuo rifornimento di pietre adatta); ma è indubbio che in gran parte dell'allora mondo abitato – se solo si fa eccezione del lontano Estremo Oriente, regno dell'*Homo erectus* e dei suoi non proprio brillanti discendenti, quelli dell'ancora primitiva tradizione strumentale di Oldowan – si ebbe a registrare un generale miglioramento costruttivo, con una grande varietà di tecniche realizzative e un migliore sfruttamento delle risorse disponibili. Questo corrisponde al periodo di tempo che gli archeologi chiamano medio Paleolitico, per distinguerlo dal basso Paleolitico della tradizione di Oldowan e dell'acheuleano. Poco dopo, circa 75.000 anni or sono, ci furono periodi (brevi, che andavano e venivano) in cui si registrò un ulteriore salto di qualità nella tecnica costruttiva.

Lo testimoniano alcuni reperti venuti alla luce in Sudafrica e nell'Africa orientale. Di nuovo, per la prima volta nel novero degli strumenti utilizzati dai nostri progenitori si lavorano delle pietre strette e lunghe, rasoi che sostituiscono le pietre piatte meno comode nell'utilizzo. Queste lame fungono da ottimi coltelli e, per di più, sono utilizzabili anche per altri fini, come punteruoli e bulini, oltre a poter essere miniaturizzate per usi ancora più specialistici, al contrario delle ormai quasi superate pietre appiattite.

Queste pietre rasoio sono il segno distintivo delle culture del Paleolitico superiore europeo, al tempo delle lavorazioni artistiche delle grotte, in stile pressoché moderno, ad opera dei Cro-Magnon, il tipo umanoide che venne immediatamente dopo l'uomo di Neandertal, circa 40.000 anni fa. Parallelamente, in Africa, ma in una data almeno due volte più distante dal nostro tempo, faceva la sua apparizione il prototipo di ominide che, a tutti gli effetti, potremmo ormai avvicinare in qualche modo a noi. I siti della foce del fiume Klasies e di Border Cave in Sudafrica ci hanno consegnato preziosi fossili, databili in un arco di tempo compreso fra 115.000 e 75.000 anni prima della nostra era (nel primo sito sono state rinvenute anche altre pietre lavorate a rasoio lievemente successive). Analoghi ritrovamenti si sono avuti in Tanzania, Sudan, Etiopia e Marocco: anche qui il tipo umano si è fortemente evoluto, rivelando tendenze moderne (grande capacità della scatola cranica, facce appiattite, mento), con mutamenti databili a partire da 150.000 anni or sono.

Alla nutrita raccolta di fossili e alla grande collezione di oggetti, in questi ultimi anni si è aggiunta una frenetica attività di studio sul piano genetico, che ribadisce come quasi certamente l'*Homo sapiens sapiens* sia originario dell'Africa. Campionature genetiche eseguite su tutti i popoli viventi della Terra (per quanto possa sembrare strano, tutti risalenti a un unico ceppo umano ibridatosi, variegato soltanto da mutazioni che possiamo definire superficiali) hanno ampiamente stabilito che il più alto grado di variabilità genetica nel nostro DNA mitocondriale è riscontrabile proprio in Africa. Questo implica che l'umanità odierna ha trascorso in questo continente più tempo che in qualsiasi altro luogo del pianeta, avendo avuto proprio qui più tempo a disposizione per sviluppare un certo numero di variazioni del DNA mitocondriale basale che tutti gli uomini condividono.

I molti dati consentono anche di azzardare una data (per quanto non accettata da tutti gli addetti ai lavori) valutabile in un elastico che va da 200.000 a 100.000 anni or sono. In questo periodo emerse la nuova configurazione dell'*Homo sapiens sapiens*, quel nostro progenitore che l'evidenza dei fossili e dei reperti africani suggerisce.

Il DNA mitocondriale è stato anche valutato nel caso dei neandertaliani. Nel ritrovamento originale a Neandertal in Germania, i ricercatori sono riusciti a ottenere così tanto prezioso materiale di analisi da arrivare a poter dire con certezza che questo particolare tipo di ominide non era in alcun modo imparentato con l'uomo moderno e, come logica conseguenza, che questa razza non si ibridò con quella umana propriamente detta. Sembra che questi ominidi abbiano camminato parallelamente coi nostri veri progenitori, nella fattispecie di quel dato periodo di tempo, con l'*Homo heidelbergensis*, 500.000 anni fa.

Allo stato delle attuali conoscenze è come se il piano evolutivo si fosse svolto secondo queste sequenze: il tipo africano dell'*heidelbergensis* divenne l'arcaico *Homo sapiens*, il quale si trasformò in *sapiens sapiens*; mentre l'analogo *heidelbergensis* europeo sfociò nell'*Homo sapiens neanderthalensis*, che, rimasto al palo, venne eliminato dalla competizione evolutiva. In media, i Neandertaliani possedevano un cranio più capiente del nostro, ma non si erano lo stesso evoluti nel giusto modo. La loro adattabilità si era tutta finalizzata a sopravvivere agli estremi rigori del clima della prima parte dell'ultima era glaciale, sopraggiunta 120.000 or sono. Si coprivano il corpo con pelli, cacciavano e si procacciavano cibo – le loro lance appuntite sono giunte fino a noi – nelle difficili condizioni di un'Europa cristallizzata nei ghiacci. Non usavano ancora aghi d'osso per cucire i loro abiti (dall'esame degli incisivi si deduce che masticavano per conciarlo il pellame usato per vestirsi), ma conoscevano il fuoco e vivevano al riparo in rifugi e grotte naturali.

Gli strumenti erano quelli tipici del medio Paleolitico, senza rasoi e non elaboravano alcuna forma che possa in qualche modo potersi considerare artistica (se solo si fa eccezione per qualche linea o scarabocchio graffito). Qualche volta seppellivano i morti e abbiamo testimonianze di un culto dell'orso, forse perché impressionati dalla sagoma simile alla loro e dalla forza e dal coraggio del fiero animale cui contendevano le grotte. (Prima di concludere il loro ciclo vitale sulla Terra, alcuni gruppi di Neandertaliani adottarono un modo di vita più sofisticato, con l'uso di una tecnologia più avanzata e qualche decorazione personale, ma in questo momento i Cro-Magnon, coloro che li avrebbero soppiantati, stavano già fra loro e molti archeologi sono dell'idea che sia stata la loro presenza a svolgere una decisiva azione di accelerazione evolutiva per queste ultime frange).

I Neandertaliani erano gente del Nord, avvezza al clima rigido. Tuttavia alcune tribù, nel primo periodo dell'ultima glaciazione, si spinsero più a sud verso oriente, per confondersi, in una delle prime miscellanee umane della storia del mondo, con analoghi gruppi provenienti dal continente africano.

Anche se i Neandertaliani possono essere stati i primi, in questi luoghi l'impronta dell'*Homo sapiens sapiens* aveva già lasciato il suo segno almeno 90.000 anni prima del nostro tempo. Si trattava di ominidi ormai moderni, che non presentavano però una cultura adeguata: utilizzavano, infatti, gli stessi strumenti del medio Paleolitico proprio come i Neandertaliani e la gran parte delle popolazioni nel resto del mondo, dal momento che in quel periodo non erano ancora molti i gruppi umani capaci della tradizione della pietra lavorata. Fra i pochi tratti che li distinguevano dai Neandertaliani contemporanei alcune testimonianze fossili segnalano la sepoltura dei morti accompagnati da offerte di cibo e un'abilità molto più spiccata nella caccia, con maggior attenzione al periodo stagionale, al fine di cacciare la selvaggina che al momento risultava più abbondante. Sessantamila anni or sono i Neandertaliani erano quindi scomparsi dall'Oriente, accompagnati sempre dalla stessa tradizione del medio Paleolitico. La fase successiva, quella del Paleolitico superiore e della tradizione strumentale delle pietre a rasoio, raggiunse queste regioni attorno a 46.000 anni fa, saltando in modo forse cruento e brusco i momenti evolutivi precedenti, prima testimonianza giunta fino a noi in cui si attesti questo cambio repentino e radicale.

Un altro dei grandi interrogativi che lo studio archeologico si è trovato ad affrontare è cercare di spiegare come mai e per quali motivi l'umanità che ormai chiameremo moderna, apparsa sulla scena del mondo da centomila anni, non manifestasse alcun cambiamento degno di nota rispetto ai predecessori per un arco temporale esteso per oltre 10.000 anni. La cosa è alquanto singolare, perché se si fa eccezione per la messa a punto, ma solo qua e là, di una nuova tradizione costruttiva della pietra lavorata un poco più sofisticata, di una tecnica di caccia più attenta e di qualche sporadica sepoltura, nulla lascia intravedere nel comportamento dell'*Homo sapiens sapiens* la sua futura gloria, il suo prossimo, prodigioso cammino nella storia evolutiva del mondo. (Possiamo citare il ritrovamento di alcuni arpioni in osso, venuti alla luce in un altro sito del medio Paleolitico nello Zaire e datati secondo alcuni studiosi attorno a 80.000 anni or sono. Questi oggetti però costituiscono una sorta di eccezione, in quanto non ne sono stati ritrovati altri altrove. Qualora la loro vetustà venisse confermata, avremmo una preziosa testimonianza di come anche in questo periodo l'antenato ormai più prossimo a noi facesse un uso sempre più intelligente del suo grande cervello).

Come mai la fase del Paleolitico superiore – con la sua innovativa tradizione costruttiva strumentale, l'utilizzo di sempre nuovi materiali come ossa e corna di animali, l'incremento demografico, le sue più raffinate strategie di sopravvivenza, le sepolture votive, la decorazione del corpo e i primi barlumi dell'arte – stanti queste premesse non si sia manifestata prima di quando lo fece è un bel mistero, un quesito importante perché va diritto al cuore del problema dell'evoluzione mentale dell'umanità.

Qualcuno ha suggerito che, malgrado l'aspetto ormai moderno dei crani dell'*Homo sapiens sapiens* venuti alla luce, in realtà il processo evolutivo aveva ancora da mettere in atto qualche cambiamento, qualche mutazione genetica da attuare sotto la spinta e la pressione della selezione naturale. L'intera vicenda evolutiva del genere umano si può infatti riassumere in un'accelerazione continua dello sviluppo mentale, in primo momento guidata dalla necessità di condividere insieme la vita all'interno di un gruppo, dopo, dalla lotta per la sopravvivenza, applicata in modo particolare alla realizzazione di strumenti e oggetti e al procacciamento del cibo.

Non è neppure da escludere che il grosso cervello di questi nostri progenitori finali fosse già al passo con quello attuale sotto il profilo della disponibilità alla vita sociale e comunitaria, mentre il processo di ulteriore maturazione legato in modo preminente al sempre maggiore uso del linguaggio ha necessariamente dovuto segnare il passo in modo conforme ai progressi poco alla volta maturati.

Possiamo così affermare che nella sua globale complessità, la mente dell'uomo moderno ebbe a configurarsi soltanto 50.000 anni or sono, come una forza consapevole capace di integrare diversi, come dire, dipartimenti mentali fino a quel momento scollegati fra loro, in un'operazione in cui la capacità introspettiva di parlare a se stessi e quella estroversa di colloquiare con i propri simili giocò senz'altro un ruolo determinante. Questa ipotesi è tutt'altro che certa, come sempre succede quando si disquisisce in merito al perenne problema della consapevolezza umana; ma tengo a ricordarlo per sottolineare con quale slancio e coraggio lo studio archeologico mantenga una posizione di preminenza in questo dibattito culturale e filosofico, quello che ci conduce per davvero al cuore dell'umanità.

Una materia, mi si consenta, decisamente più intensa e profonda, che non quella fantasiosa e immaginifica di mondi ipotetici scomparsi sotto l'impeto degli oceani, di reminiscenze di un'antica Atlantide vista soltanto nella fantasia di profeti dormienti.

7
Dentro la Storia

Fra i primi passi della moderna umanità vi fu il distacco dalla madre patria Africa in tempi relativamente recenti. Già abbiamo assodato la presenza in Oriente dell'uomo moderno attorno a 90.000 anni or sono, tuttavia un importante sito sul mar Rosso, databile a 125.000 anni prima del nostro tempo, si pone come postazione ideale per il passaggio dei nostri progenitori in altre parti del pianeta, costeggiando il golfo di Aden e il mare Arabico, per scendere alla baia del Bengala, Sumatra e Giava, fino all'Australia. Prove testimoniano della sua presenza nel Borneo 40.000 anni fa e in Australia qualche millennio dopo. Una parte di questa capillare diffusione dovette avvenire anche via mare a bordo di zattere e barche primitive, una possibilità indubbiamente da concedere a questi uomini, anche in ragione delle prove venute alla luce nelle isole dell'Estremo Oriente, raggiungibili solo dopo aver attraversato ampie distese di mare.

In Estremo Oriente l'uomo moderno soppiantò una popolazione residente del genere *Homo erectus* in apparenza alquanto attardata lungo la strada evolutiva, così come risulta dagli attuali studi comparativi di genetica. Caratteristiche genetiche che ci riconducono alla presenza dell'*erectus* in queste parti del mondo sono state ritrovate dagli archeologi in alcuni siti interessanti, configurando l'ipotesi di una popolazione locale autoctona. Per questo la teoria della cosiddetta evoluzione coeva e parallela di gruppi di *ergaster/erectus*, di arcaici *sapiens* e *sapiens sapiens* sembra oggi non trovare più tanti aderenti. Infatti le variazioni razziali dell'umanità moderna sono molto superficiali: noi continuiamo a rimanere sostanzialmente delle specie tropicali, che sono state capaci di adattarsi a climi più rigidi non in virtù di mutamenti fisiologici (gli unici a farlo, ma con minimi accenni, sono forse stati gli Eschimesi), ma grazie a un adattamento nel comportamento e nel modo di vivere: strumenti migliori e più efficaci, strategie di caccia più raffinate, comportamenti sociali più accorti e coordinati. Per approdare, in parole povere, a quella che diventerà poi la cultura umana, col suo vasto repertorio di esperienze, ricordo e immaginazione, che non sono aspetti genetici quanto valori trasmissibili solo attraverso i canali culturali che essa ha saputo costruirsi, vale a dire il linguaggio e l'apprendimento.

L'innovativa tradizione della pietra scheggiata, arrivata a maturazione in Oriente 46.000 anni or sono, in questo periodo si diffuse ampiamente in tutto il continente europeo, grazie a una fase interglaciale meno rigida che favorì spostamenti e migrazioni. Gli archeologi sono in grado di mappare queste presenze – siamo ormai al cospetto dei Cro-Magnon – costellate lungo una serie di siti significativi rintracciati soprattutto in Spagna e in Francia, a partire da 36.000 anni prima del nostro tempo. La coesistenza fra i Neandertaliani e i nuovi venuti fu breve e rimase attiva solo per qualche tempo. Per alcuni, infatti, i progressi ascritti agli ultimi gruppi di Neandertaliani furono dovuti non a un loro nuovo passo evolutivo, quanto alla presenza fra loro dei primi ceppi di Cro-Magnon. Nell'Europa del tempo, essi trovarono un clima ancor più freddo di quello dei nostri giorni, andando progressivamente incontro a situazioni ancora più rigide, per arrivare al picco massimo circa 18.000 anni or sono. Qualsivoglia siano state le cause, pare non esserci dubbio che la difficoltà di vivere, contendendo la cacciagione agli altri predatori, sia stata la molla principale che innescò in questi nostri antenati le spinte necessarie ad adottare un sistema di vita completamente nuovo da quello in uso fino al momento della loro comparsa, un modo di affrontare la vita diverso rispetto a tutti quelli che erano venuti prima di loro. Per non citare la loro arte straordinaria, che non ha confronti, tenuto anche conto della pochezza che l'aveva preceduta.

Le più antiche prove relative ad abbellimenti e decorazioni della persona (sotto forma di perline ricavate da conchiglie) arrivano dall'Oriente e sono databili a 46.000 anni or sono. I Cro-Magnon ne facevano abbondante sfoggio. Questo particolare, per quanto possa sembrare poco significativo, è al contrario di estrema importanza nella storia dell'umanità. (Non è da escludere che prima gli ominidi si dipingessero il corpo utilizzando grumi di ocra e altri materiali coloranti fra quelli che ogni tanto capita di rintracciare nei siti di scavo). L'ornamento della persona simbolicamente si spinge oltre alla cosa in sé: è un segno di consapevolezza non solo di se stessi, ma anche degli altri, un'altra conferma che la mente umana, così come la conosciamo, sbocciò nella sua pienezza proprio circa 50.000 anni fa. Come abbiamo visto, i Neandertaliani usavano a volte seppellire i loro morti, ma solo raramente le tombe erano arricchite con doni e offerte votive e i cadaveri abbelliti con qualche ornamento, oppure dipinti con qualche colorazione. Risalenti a 26.000 anni or sono, sono venute alla luce in Australia alcune sepolture piuttosto elaborate. Altre di matrice europea, riconducibili al Paleolitico superiore, hanno rivelato una grande quantità di oggetti dipinti. Ricordo, in modo particolare, alcuni siti presso Mosca, dove gli archeologi hanno ritrovato migliaia di perline ricavate dall'avorio delle zanne di mammut, canini bucati di volpi, bracciali e rozzi monili ricavati in osso, tutti oggetti posti attorno al cadavere, vestito con abiti appositamente tagliati su misura. Nel sito di Sungir, risalente a 25.000 anni or sono, troviamo forse la prima traccia di una distinzione gerarchica e sociale, con le persone più importanti sepolte vestite e decorate in modo vistoso, quello stesso stile che ritorna anche in quei ricoveri ottenuti con zanne di mammut venuti alla luce in altre zone dell'Europa orientale. La gente del Paleolitico superiore amava vivere in folti gruppi, con un raggio d'azione e di interazione reciproca piuttosto esteso e ben superiore a quello dei loro predecessori, mentre nella loro organizzazione sociale incominciavano a caratterizzarsi le prime differenziazioni sociali e gerarchiche fra i diversi componenti. Questa è un'altra delle grandi sfide dell'archeologia: cercare di risalire al momento in cui prese ad originarsi la classificazione sociale, quel fenomeno che innescatosi nell'era del Paleolitico superiore sfociò poi nelle prime comunità stanziali e agricole, per configurarsi, infine sempre meglio, nelle primitive civiltà urbane.

Ma è l'arte il tratto distintivo dei primi uomini moderni che più affascina e lascia letteralmente di stucco l'osservatore. Dopo milioni di anni di evoluzione nel corso dei quali la massima espressione artistica poteva riconoscersi in niente di più di qualche graffito scarabocchiato o in qualche incisione su pietre ed ossa, ora, quasi all'improvviso e come per magia, ci troviamo al cospetto di veri e propri lavori artistici, che l'archeologia data attorno a 35.000 anni or sono in Europa, 30.000 in Africa e 20.000 in Australia. In Europa troviamo soprattutto l'arte parietale, ma anche rare pietre incise ed ossa, oppure modellati in creta. Alcune fra le opere policrome delle cave scoperte in Francia risalgono a 30.000 anni or sono. Coevo, ma rinvenuto in una caverna in Germania, è uno degli oggetti più significativi di questo periodo: una straordinaria figura umana dalla testa leonina. Sulla motivazione e sul significato di questa arte (che, non dimentichiamolo, è come minimo antica di 20.000 anni!) si sono fatte non poche congetture: per propiziare magicamente la caccia e la fertilità, per pura magia e sciamanesimo, come simbolismo totemico, dualismo sessuale, asserzione etnica dell'individualità del gruppo. Chissà. La sola cosa certa che possiamo affermare è questa: l'arte dell'era glaciale testimonia in modo chiaro la piena esplosione dell'immaginazione della mente umana. La mentalità che diede il via alle manifestazioni artistiche è la stessa che consentì all'uomo moderno di passare a una tradizione strumentale migliore e più efficace: escogitate strategie di sopravvivenza migliori, la vita organizzata poteva essere goduta meglio e con maggiore intensità emotiva.

Anche nel durissimo periodo glaciale, l'uomo moderno – invece di ritirarsi in zone climaticamente più accettabili, come da sempre avevano fatto i suoi predecessori – trovò lo stesso il modo di espandersi in territori vergini. Dalle impietose distese ghiacciate della rigida tundra siberiana, dove era possibile sopravvivere solo a condizione di conoscere molto bene l'ambiente sapendolo sfruttare a proprio vantaggio, l'uomo, alla ricerca di luoghi più idonei dove cacciare, si spinse sempre più a oriente, in direzione del continente americano. Il livello decisamente ribassato degli oceani, aveva lasciato affiorare un'ampia striscia di collegamento fra l'Europa e l'Alaska, da dove bande di audaci cacciatori avevano poi potuto proseguire ancora, imboccando corridoi di passaggio liberi dai ghiacci nel cuore delle Montagne Rocciose e a nord-ovest dell'attuale Canada, raggiungendo, alla fine, territori meno rigidi e ricchi di selvaggina. (Qualcuno non esclude l'ipotesi di viaggi via acqua, costeggiando tratti di mare liberi dai ghiacci mano a mano che, scendendo, il clima si andava normalizzando). La quasi certa presenza di questi provvidenziali corridoi di transito ci riporta a 13.500 anni or sono, vale a dire alle prime tracce di presenza dell'uomo moderno nei territori dell'America del Nord. (Solo un paio di millenni dopo, se non addirittura prima, il vasto continente americano sarà già tutto invaso, sia nella sua parte a nord che a sud, da gruppi di umani).

Pietre scheggiate e lavorate a punta di 14.000 anni or sono rintracciate in siti siberiani, trovano corrispondenza in analoghi ritrovamenti effettuati nell'America settentrionale, pur non scordando un importante sito in Alaska dove è venuto alla luce un ago costruito in osso, risalente a 13.800 anni prima del nostro tempo. Le pietre appuntite americane sono più sottili di quelle siberiane, tanto da ricordare con maggiore insistenza quelle della tradizione europea, fiorita per qualche millennio attorno a 20.000 anni fa. Questa correlazione ha indotto alcuni a immaginare gruppi di arditi marinai che, valicato l'oceano Atlantico, approdarono sulle coste della Francia (all'epoca assai più di adesso protese nel mare, per via del livello di molto ribassato delle acque) e lungo il margine gelato della Scandinavia che metteva in collegamento i grandi ghiacciai della Groenlandia e del Labrador con la costa orientale dell'America del Nord sepolta dai ghiacciai atlantici. Si tratta – è bene precisarlo sin da subito – di un'idea un po' fantasiosa, non confermata da alcun ritrovamento, ulteriormente complicata dal fatto che le datazioni glaciali sulle due sponde dell'oceano non corrispondono. Gli archeologici ci parlano di presenze umane evidenti nel territorio dell'attuale Virginia risalenti a 15.000 anni or sono (o forse 18.000) e a 20.000 anni fa in Pennsylvania, anche se siamo di fronte a dati a volte contestati, trattandosi delle datazioni più antiche e remote mai registrate in Centro e Sudamerica.

Tuttavia, lo studio delle caratteristiche del DNA rivela la possibile presenza nelle Americhe di uomini del tipo moderno già a partire da 30.000 anni fa, mentre qualche studioso, dall'analisi del ceppo d'origine delle lingue tipiche della razza dei nativi indiani, ipotizza (ma non si tratta di nulla di più) un'occupazione risalente a 20.000 anni prima del nostro tempo. Sempre attuali studi del patrimonio genetico, indicano nella zona del lago Baikal nel sud della Siberia il parallelo genetico più vicino e affine al ceppo d'origine degli Indiani d'America. In che modo e con quale intensità i tipi razziali umani d'oggi si siano stanziati 20.000 anni or sono, è ancora una questione aperta, tanto che seppure gli indigeni d'America mostrano una certa rassomiglianza genetica con i popoli della Siberia, non sconcerta rintracciare nei rispettivi siti archeologici testimonianze diverse. Nulla, comunque, si può dedurre o dire in merito ai ritrovamenti fatti qua e là in America di crani singolari, dai tratti che riportano a popoli come gli Ainu, i Polinesiani, i Cro-Magnon o i Vichinghi (ammesso che le supposizioni siano corrette). Questo non vuol dire rigettare senza alternative la possibilità di ondate migratorie approdate alle Americhe e non tutte necessariamente partite dalla Siberia; significa semplicemente che mettere insieme qualche congettura è azzardato perché non solo le testimonianze a disposizione sono rarissime, ma soprattutto perché l'archeologia dei siti americani comincia a farsi consistente e credibile soltanto a partire da 13.000 anni prima del nostro tempo. Il complesso insieme delle testimonianze relative alle epoche glaciali e ai loro periodi interglaciali, protrattisi per milioni di anni, sembra indicare che se l'arrivo del grande freddo fu un fenomeno relativamente lento e progressivo, la recessione fu pressoché repentina, vale a dire nell'ordine di soli 2-3000 anni. Questo non toglie che il processo avvenisse in modo lineare e liscio. Ci furono alti e bassi, picchi e momenti di recrudescenza in cui il clima temperato recedeva nuovamente per improvvisi abbassamenti di temperatura. Il risultato di questo fenomeno fu una decisa umidificazione in tutte quelle regioni meridionali dove comunque i ghiacci non erano arrivati (fatte salve le vette dei monti) e un forte inasprimento dell'aridificazione negli altri territori. Con climi più umidi e caldi i livelli delle acque marine crebbero, aiutati in questo dallo scioglimento delle immense distese di ghiacci in fase di veloce regressione. Le condizioni terrestri di post-glaciazione indussero anche slittamenti di zone ecologiche, soprattutto nelle parti settentrionali del pianeta e in altitudine. Col chiudersi dell'ultima glaciazione, circa 12.000 anni or sono, per esempio, la tundra che aveva occupato in pratica tutto il nord-ovest dell'Europa si mantenne solo più nella Siberia portandosi ovviamente appresso la fauna che sostentava (chi non seppe adattarsi probabilmente si estinse). In queste nuove condizioni, il modo di vita tipico del Paleolitico superiore che aveva tanto brillantemente percorso il continente europeo dopo qualche tempo mutò radicalmente, sviluppando un nuovo sistema di sopravvivenza, certo meno spettacolare dal punto di vista archeologico, ma più economico e quindi vincente dal punto di vista strettamente utilitaristico, quello del periodo mesolitico, dove la vita tornò a spostarsi nelle zone forestali e boscose e lungo le coste dei mari.

Più a sud, specie verso le regioni orientali, dove i grandi ghiacci non avevano imposto uno stile vita in tutto e per tutto simile a quello delle parti più settentrionali del pianeta, il cambiamento si rivelò ancora più drastico e importante. Ancora prima che l'ultima glaciazione terminasse, fra 17.000 e 15.000 anni or sono, nelle regioni dell'alto Nilo andò a configurarsi una fase evolutiva estremamente interessante, un'anticipazione di quella che sarebbe stata da lì a qualche millennio la nuova formidabile rivoluzione di vita imposta dall'emergente *Homo sapiens sapiens*: lo stanziamento. (Gli studiosi parlano di rivoluzione del Neolitico, un'era che in Europa corrisponde alla nuova età della Pietra, quella della pietra levigata oltre che opportunamente lavorata per ricavare strumenti). Nelle prossimità del fiume Nilo si estendevano vasti pascoli selvatici, a giudicare dagli attrezzi venuti alla luce in questi siti, dove abbondano selci levigate a lama utilizzate come falcetti. Il ritrovamento di mortai attesta, inoltre, la lavorazione dei chicchi di cereali che venivano raccolti. Non siamo, certo, al cospetto di un'attività agricola che già si avvale della domesticazione delle piante, tuttavia il messaggio trasmesso testimonia della genialità e dell'acutezza delle genti che abitavano in quel tempo quelle plaghe floride, precursori delle meraviglie che da lì a poco avrebbero avuto corso proprio in quegli stessi luoghi.

Nel mondo post-glaciale, circa 5000 anni dopo, queste zone e quelle limitrofe, ancora più spostate verso oriente, furono l'ideale teatro per il rinnovarsi di questi mirabili esperimenti. Le aumentate condizioni di umidità conseguenti al mutamento del clima, avevano favorito il rigoglio spontaneo di grandi distese di cereali selvatici, frumento e orzo, incentivando la nascita di una raccolta su larga scala, che, unita alla caccia di prede abbondanti e facilmente raggiungibili come le gazzelle, era diventata la base dell'economia di vita dei gruppi umani quivi stanziati. Chiedersi come mai questo nuove genere di attività – vale a dire quello della raccolta delle piante alimentari cresciute in modo spontaneo – che poi confluirà nell'agricoltura razionalizzata non sia esploso prima, ossia al termine di ogni ciclo glaciale, non tiene conto del fatto che comunque l'uomo, per quanto in continua evoluzione, non era ancora pronto per un simile passo. Sicuramente le condizioni climatiche, la disponibilità di una grande quantità di piante cresciute in modo spontaneo giocavano un ruolo decisivo, ma lo era ancora di più la capacità di cogliere, di intuire l'opportunità concessa dalla natura e per fare questo il cervello doveva essere pronto.

Da qui alla nascita delle prime forme di agricoltura il passo fu breve e la nuova utilissima attività si diffuse a macchia d'olio in tutta quella vasta regione del Medio Oriente detta della Mezzaluna Fertile, quell'arco di terra che va dal margine orientale del delta del Nilo fino alle regioni interne dei monti Tauri in Turchia, per scendere sul versante occidentale della catena degli Zagros e raggiungere il golfo Persico. Qui in alcuni importanti siti, testimoni della vita di gruppi di cacciatori-raccoglitori, databili attorno a 11.000 anni or sono (o, se si preferisce mantenere lo schema tradizionale, 9000 anni fa), sono venuti alla luce attrezzi significativi come, per esempio, falcetti da taglio realizzati in pietre affilate e mortai per pestare i chicchi di cereali, versioni aggiornate ma del tutto simili a quegli stessi strumenti costruiti e utilizzati dagli abitatori delle coste del Nilo di qualche migliaio di anni prima. Gli studiosi chiamano questi progenitori "civiltà natufiana".

Per la prima volta, le piante commestibili vengono deliberatamente seminate, coltivate e raccolte, utilizzando sementi prelevate nei campi selvatici. Questa interferenza con la natura rappresenta una rivoluzione senza precedenti: trasferire sementi da un luogo all'altro, con l'intenzione non solo di conservarle, ma di poterle utilizzare per piantagioni da realizzare altrove, indica una precedente attività di scelta e selezione. Fu in questo modo che prese il via l'individuazione da parte dell'essere umano di altri esseri viventi da selezionare, accudire e crescere a scopi utilitaristici: alle finalità, tutto sommato, inconsapevoli e apparentemente senza costrutto della natura, l'uomo sostituiva i suoi scopi e le sue finalità. Arriverà poi Darwin a sottolineare il modo cieco con cui la natura aveva guidato l'evoluzione degli esseri viventi, in parte poi arrestandosi nel momento in cui l'uomo aveva incominciato a selezionare piante ed animali per la sua utilità.

Sin dall'8500 a.C. coltivazioni intense venivano attuate in molti luoghi. Oltre ai cereali, come frumento e orzo, si erano aggiunti lenticchie e piselli. Nel frattempo, l'uomo si era reso conto che ciò che faceva con le piante lo si poteva anche ottenere con gli animali, domesticazione che nel caso del cane era già stata avviata sin dalla fine dell'ultima glaciazione. A partire dall'8000 a.C. l'uomo incominciò a domesticare pecore e capre, per poi passare ai maiali e ai bovini, i cui prototipi fossili sono stati ritrovati in grande abbondanza per tutto il territorio della Mezzaluna Fertile. Ovviamente, il primo scopo in tanto impegno era quello di poter disporre a portata di mano di una continua scorta di carne da consumare: altri benefici prodotti come il latte e la lana o qualità, come la forza motrice, saranno scoperti e sfruttati solo dopo.

Con grandi branchi di animali a disposizione, senza più la necessità di andarli a cacciare, e con vaste distese coltivate di piante alimentari in grado di sostenere la sopravvivenza con buone garanzie di continuità, va da sé che l'occasione di incominciare a vivere in aggregazioni stabili come piccoli villaggi ricchi dei propri campi, di botteghe e magazzini, si trasformò in un'opportunità unica per gli uomini del tempo. (Solo poter accedere ad altre facili fonti di approvvigionamento, come per esempio nel caso di vicinanza ad acque ricche e pescose, ha indotto gruppi umani allo stanziamento senza transitare prima dalla fase agricola). Intanto, lo sfruttamento dei campi e la capacità di conservarne i prodotti, ampliando tra l'altro sempre più l'insieme delle piante e degli animali domesticabili, portava sovente a una produzione superiore a quella necessaria per la stretta sopravvivenza del gruppo. Di questa ricchezza, ci parlano chiaramente le grandi pietre che 8000 anni prima di Cristo costituivano la città di Gerico, certamente sede non soltanto di un centro permanente e stabile, ma anche di un luogo difeso con accorgimenti ingegneristici eccezionali. Come in tutte le situazioni, anche il provvidenziale modo di vivere legato allo stanziamento presentava non solo lati positivi, ma anche alcuni aspetti contrari, perché ciò che in partenza si era rivelato un grande vantaggio, si volgeva anche come dipendenza e necessità di grandi lavori. I cacciatori-raccoglitori, tanto per fare un esempio, non cacciavano o raccoglievano ogni santo giorno, gli agricoltori invece erano pressoché costretti a lavorare sempre, dividendosi fra campi coltivati, recinti e stalle. Senza contare che una bella e ben avviata fattoria doveva essere continuamente tenuta in ordine, oltre che custodita, protetta e difesa. La necessità di dare una regola alle attività ed ai lavori, mano a mano che le comunità stanziali crescevano, controllare le greggi e distribuire il cibo, fu senz'altro uno dei momenti ideali per far nascere le prime discussioni, ma anche decisioni, sulla gestione del potere, quella specie di riconoscimento sociale che già, almeno in parte, si era manifestato nella differenziazione fra le dimore e le sepolture delle genti vissute durante i lunghi periodi glaciali. Capi e stregoni già dominavano la scena sociale umana e le comunità stanziali, la nascita dei primi centri di vita urbana avrebbero riservato loro un posto ancor più di preminenza.

Attorno al 7000 a.C. il Vicino Oriente costituiva lo spicchio di terra dove la rivoluzione della stanzialità agricola e pastorale si esprimeva con maggiore intensità. I villaggi spuntavano e crescevano un po' ovunque. Se non erano costruite in pietra, come lo straordinario, ma unico, esempio delle mura di Gerico, le case si sviluppavano su due piani. Non mancavano, poi, altre strutture particolari, come i santuari dove venivano custoditi statue e teschi umani decorati, segno evidente di un'attività religiosa gestita da una casta sacerdotale. Databile attorno al 6500 a.C. è il meraviglioso sito archeologico di Çatal Hoyuk in Anatolia, ricco delle sue case coronate e dei suoi templi realizzati in mattone e gesso, le sue straordinarie pareti dipinte e le figure di fertilità, un esempio quanto mai concreto di come le comunità stanziali di agricoltori si sviluppassero in un tempo relativamente breve.

Le prime manifestazioni di civiltà agricola del Vicino Oriente non accompagnarono allo sviluppo agricolo e pastorale alcuna forma di tradizione tecnologica collegata alla produzione ceramica. Dal punto di vista archeologico, i primi ritrovamenti ceramici risalgono a circa 10.000 a.C. e sono venuti alla luce in Giappone e nel vicino continente asiatico, come prodotto di una civiltà non agricola. (Come abbiamo visto, i gruppi umani del Paleolitico superiore dell'Europa centrale e occidentale davano forma a figurine in creta, ma non conoscevano l'arte ceramica, una tecnologia che nella storia dell'umanità è stata inventata e reinventata in modo indipendente e in tempi diversi). L'aspetto più significativo degli oggetti ceramici è poterli usare come contenitori rigidi, oggetti per i quali ovviamente dovrebbe esistere una maggiore richiesta presso una comunità stabile e fissa che non presso una nomade di cacciatori-raccoglitori. Si tratta di oggetti di uso normale e quotidiano, però la facilità con cui possono essere realizzati (una volta intuita la necessità di metterli a cuocere dentro una fornace ad alta temperatura) ha da sempre incentivato la nascita di stili e di tradizioni artistiche continuamente diversi e rinnovati nel tempo e a seconda dei posti ed è per questo che gli archeologi assegnano molta rilevanza allo studio delle ceramiche: è sufficiente anche solo un piccolo frammento per ottenere molte informazioni su commerci, scambi, spostamenti, occupazioni, datazioni. (Tengo a ricordare che la datazione dell'eruzione di Thera è stata possibile proprio valutando i reperti ceramici).

La ceramica compare nel vicino oriente attorno al 7000 a.C. per poi presentarsi anche in Europa, con gli spostamenti dei gruppi di agricoltori in Grecia e nei Balcani. Gli insediamenti agricoli entrarono in Europa in parte per movimenti migratori in arrivo dall'Anatolia e in parte nell'adattamento di gruppi umani indigeni di raccoglitori mesolitici, rapidamente convertitisi al nuovo modo di vivere. Come accadde in qualsiasi altro luogo del pianeta, anche il territorio e le popolazioni europee con l'arrivo dell'agricoltura stanziale andarono incontro a mutamenti epocali e decisivi. I primi segni risalgono al 5800 circa a.C. (in Britannia) con la realizzazione delle costruzioni funebri megalitiche – specie a cominciare dal 4500 a.C. – tombe comuni dei primi agricoltori dell'Europa occidentale, per arrivare al 2000 a.C. con l'innalzamento dei giganteschi cerchi e degli impressionanti allineamenti di pietre. Mentre si stava ampiamente diffondendo in Europa, il nuovo sistema di vita basato sull'agricoltura, si dilatava spingendosi dai territori della Mezzaluna Fertile sempre più a est nella valle dell'Indo, nell'India nord-orientale. In Egitto comparve attorno al 5000 a.C., con una precisa sequenza archeologica – ricostruita soprattutto dall'analisi delle ceramiche, dalla fattura degli utensili litici e dal tipo di sepoltura – che ci riporta alla cultura proto-egizia degli ultimi tempi predinastici, vale a dire attorno al 3500 a.C. In altri angoli del mondo, lo stile di vita imposto dalla stanzialità agricola comparve in altri momenti, basandosi anche, a seconda dei posti, sulla domesticazione di piante e animali diversi, in ciò suggerendo come l'invenzione della pratica agricola e della cultura pastorale sia sgorgata da intuizioni parallele, come fra breve avremo modo di vedere meglio.

La stessa abilità necessaria per cuocere i prodotti ceramici all'interno di fornaci ad alta temperatura, favorì i primi esperimenti di lavorazione dei metalli. Alcuni ritrovamenti di piccoli oggetti realizzati dalla battitura a caldo di masse di rame precedettero la vera e propria metallurgia; ma lo scioglimento sistematico ad alta temperatura di masse litiche più grandi da cui trarre il rame o altri minerali era un processo innovativo, che richiedeva, gioco forza, un'ulteriore intuizione mentale per poter essere attuato. Ovviamente, in mezzo al rame si frammischiavano anche altri metalli e fu facile osservare come questi, con la loro fusione, davano agli oggetti ricavati una maggiore resistenza. Lo stagno, come si sa, opera un'ottima lega col rame, originando il robusto bronzo; ma in natura non lo si trova abbinato al rame; il fatto di essere arrivati a intuire di metterli insieme scaturì certamente da una lunga e attenta opera di osservazione, quella nuova maturazione che portò l'umanità all'età del Bronzo, con le sue importanti lavorazioni metallurgiche di oggetti e armi. Attorno al 3000 a.C. il bronzo era metallo d'uso comune in Anatolia e nel Vicino Oriente. In Europa giunse qualche centinaio di anni dopo, mentre se ne hanno tracce in Egitto a cominciare dal 1500 a.C., dopo un lungo periodo di assoluto predominio del rame. Nell'Estremo Oriente la lavorazione del bronzo sembra essere nata in modo del tutto indipendente attorno al 2000 a.C., mentre la lavorazione del rame in Perú risale a soli duemila anni or sono, unitamente a quella dell'oro (metallo già trattato con straordinari risultati in Bulgaria in tempi molto precedenti a questo). Nell'America del Nord, per esempio, il rame veniva lavorato soltanto a freddo e l'uso del ferro era del tutto sconosciuto fino all'arrivo di Colombo, mentre nel 1500 a.C. in Anatolia già lo si lavorava con grande perizia, da qui diffondendosi attorno al 1000 a.C. nei territori europei. Viceversa, la sua presenza nella Cina antica sembra doversi a una reinvenzione indipendente, verificatasi attorno al 600 a.C., mentre ne troviamo tracce nell'Africa sub-sahariana (unitamente alla lavorazione del rame) attorno al 500 a.C.

Un altro punto di grande interesse sul quale si cimentano con passione gli studi archeologici è cercare di gettare un po' più di luce sull'origine della civiltà. Anche in questo caso non è facile offrire una risposta, dal momento che tracce sparse ovunque testimoniano di movimenti diversi coevi o sfasati nel tempo in luoghi diversi e lontani del nostro pianeta. Qui sorse tutto quel frenetico e meraviglioso intreccio di situazioni correlate che costituiscono e danno vita a una civiltà: le città piene di gente, le grandi costruzioni, strutture regali e sacerdotali, relazioni commerciali e di altro genere con i dintorni non urbani, le espressioni artistiche, politiche e religiose, sistemi di scrittura per poter trasmettere ricordi e testimonianze e amministrare le cose pubbliche. In questo vastissimo e misterioso ambito, una delle operazioni che l'archeologo può fare è quella di cercare di tracciare il percorso del progresso, seguendo le civiltà nel loro manifestarsi nel tempo e nelle diverse circostanze ambientali, da qui provando a dedurre quali possano essere i meccanismi ed i princìpi generali e assoluti che consentono, sempre e in ogni caso, lo sbocciare di una forma di vita comunitaria superiore che siamo soliti, per l'appunto, chiamare civiltà.

Quasi inevitabilmente una popolazione in continua crescita, grazie al benessere apportato da un'agricoltura fiorente, bisognosa di un'organizzazione sociale adeguata, non poteva che tendere alla civiltà, fatta di centri urbani dove i maggiorenti governavano non solo corti decisionali e burocrazie, ma anche corporazioni di artigiani e dove la vita e la sua prosperità non dipendevano solamente dall'abbondanza dei raccolti o delle greggi, ma anche da commerci con le città vicine che si andavano facendo sempre più fitti. A mano a mano che i gruppi sociali si facevano sempre più grandi, divenne fondamentale riuscire a coagularli attorno a momenti comunitari di interesse esteso all'interno di un'organizzazione che ricomprendesse il maggior numero possibile di individui uniti sotto un'ideologia partecipata, come potevano essere quella del culto dello stato e della religione. Questo in termini molto generali; in realtà nel dettaglio si trattò sempre di situazioni diverse e fluttuanti a seconda dei casi e dei luoghi, il tutto in perfetto ossequio all'immaginazione e alla fantasia umana, sempre capace di superare se stessa nella molteplicità delle soluzioni inventate al cospetto di un medesimo problema.

Le città, di norma, non dovevano essere grandi, ma protette da muraglioni e in grado di dominare dall'alto un'area più o meno vasta, sede di altri centri o piccole città stato come avvenne in Mesopotomia, nella culla delle primissime civiltà di questo tipo, attorno al 3500 a.C. Ma potevano esserci eccezioni, come, per esempio, la grandiosa Menfi sul Nilo, capace di imporre il proprio dominio su una vasta regione attorno al 3100 a.C., quando il popoloso e nobile centro divenne il punto di riferimento dell'unificazione del nascente impero egizio. In Mesopotamia questi processi di aggregazione sociale e urbana trovarono il loro ideale collante attorno alla casta sacerdotale e alla gestione templare della vita organizzata, fino a quando toccò alle dinastie di re e sovrani assumere contemporaneamente su di sé il doppio compito di amministratori statali e religiosi, ma senza la presunzione di essere divinità discese sulla Terra. Cosa che invece accadde in Egitto, dove anche se l'amministrazione templare e sacerdotale svolgeva un ruolo importante nella gestione dello stato, il faraone sin da subito si era detto discendente divino, appositamente inviato dai cieli per governare nel rispetto delle regole cosmiche del creato e della giustizia cosmica. In questo momento storico, l'Egitto era una terra a sé, che viveva di vita propria e indipendente, con commerci e scambi di gran lunga inferiori rispetto agli stati mesopotamici. Dell'intensità di questi scambi possiamo avere nozione considerando le offerte votive (comprese anche persone) rintracciate nelle tombe dei primi reggitori della grande metropoli di Ur, databili attorno al 2500 a.C., personaggi certamente molto potenti, anche se non equiparati ai sovrani-divinità dell'Egitto. Il prestigio di questi ultimi ci è ampiamente testimoniato dalla costruzione di tutto il vasto parco di piramidi innalzate nei pressi di Menfi, complessi tombali e funerari dell'antico regno. I templi a scalinata delle civiltà mesopotamiche non rispondevano invece a funzioni funebri, fungendo piuttosto da grandi piattaforme dedicate agli dèi. Strutture e costruzioni, tutte queste, che testimoniano, una volta di più, di quanto la ricchezza indotta dalla nascente nuova forma di vita derivata dall'agricoltura influisse in modo determinante sull'organizzazione sociale e ideologica della popolazione in continua crescita e incremento.

La vita cittadina si presentò, sotto forma di bellissime costruzioni, nella vallata dell'Indo attorno al 2600 a.C.; a Creta attorno al 2000, con città governate da una perfetta organizzazione sociale e in Cina circa un secolo dopo. Come già accaduto in Mesopotamia e in Egitto, anche l'esplosione di queste altre civiltà venne accompagnata da una forma di scrittura. Alcune, come nel caso delle iscrizioni su sigilli lapidei della civiltà dell'Indo o dei primitivi tentativi della civiltà cretese, ancora oggi restano indecifrabili, di altre siamo riusciti a scardinare i misteri. Dobbiamo la possibilità di leggere i geroglifici egizi e la scrittura cuneiforme mesopotamica alle grandi conquiste dell'archeologia del XIX secolo, mentre la decriptazione dell'ultima e più recente scrittura cretese e dei geroglifici maya sono frutti recenti, dell'ultima metà dell'appena conclusosi XX secolo. L'uso di segni, forse per contare o per tenere sotto controllo le lunazioni, era già stato in qualche modo tentato (assieme con molte altre iniziative) dalle genti del Paleolitico superiore, i cacciatori dell'età dei ghiacci; ma l'urgente necessità di mantenere testimonianza scritta e di imporre misure di ordine amministrativo si può dire nacque soltanto nel momento in cui le comunità incominciarono a organizzarsi in società complesse, all'alba della civilizzazione umana.

I primi a dare il via alla scrittura furono i popoli mesopotamici (quelli da noi oggi chiamati i Sumeri) che iniziarono a farne uso attorno al 3300 a.C., dapprima dipingendo dei segni e poi dei segni vocali per registrare le parole della loro lingua, un insieme che si rivelò così felicemente architettato da essere assimilato all'interno dei linguaggi semitici di altri ceppi umani, quegli stessi che da lì a poco sarebbero diventati i supremi padroni della Mesopotamia. Gli Egizi incominciarono a far uso dei loro leggendari geroglifici qualche tempo dopo, quasi certamente dopo aver mediato l'idea mesopotamica e averla adattata alle loro esigenze. (I due differenti e distinti binari lungo i quali si dipanarono le civiltà sumera ed egizia sono riconosciuti dallo studio archeologico e sebbene ci fu senz'altro un non breve periodo in cui Sumer dovette certamente influire sulla storia egizia, sembra assodato al di là di ogni dubbio, che la civiltà egizia sorse in modo pressoché autonomo, riuscendo a conservare questa sua straordinaria indipendenza e unicità fino al I millennio a.C. quando venne soggiogata da popoli stranieri). Non per nulla, gli antichi sistemi di scrittura conosciuti sono molti diversi fra loro, al punto da non presentare quasi alcun segno o tratto in comune. Attorno al 2300 a.C. i due sistemi di scrittura, quello egizio e quello sumero, erano già molto raffinati, essendo in grado di etichettare, riconoscere, elaborare elenchi, ma anche di registrare in modo preciso le questioni statali e private, senza contare il fiorire di testi religiosi e di narrativa. Questi momenti coincidono in modo quanto mai significativo con l'avviarsi delle civiltà del mondo, ovunque esse si trovassero.

Fra i più significativi prodotti di civiltà troviamo quella egea, sbocciata nell'età del Bronzo, fra il 1900 e il 1250 a.C., rappresentata nel modo più straordinario dai resti del cosiddetto palazzo di Cnosso; una cultura cresciuta e sviluppatasi nel bacino del Mediterraneo e certamente influenzata dalle coeve civiltà dell'antico Egitto e del Vicino Oriente. I palazzi regali erano costruzioni articolate e sofisticate (realizzate in pietre grandi e squadrate e munite di tubazioni per lo scorrere dell'acqua), comprendenti magazzini e negozi, ma anche templi ai piani terreni, quartieri residenziali (comprensivi di bagni) e grandi zone pubbliche ai piani più alti. Le pareti adornate con affreschi – di gran lunga superiori a quelli dell'arte egizia – che definire splendidi è poco, tanto ancora oggi presentano stimmate di assoluto valore artistico. I Minoici dell'isola di Creta utilizzarono due sistemi di scrittura, ancora adesso indecifrati, anche se quello più recente – il Lineare B – ha rivelato una lingua di tipo greco, benché venissero impiegati caratteri diversi da quelli tipici della successiva lingua greca a noi nota. I Greci del continente imposero il loro dominio sull'isola prima che il potere rappresentato da chi governava dal grande palazzo venisse totalmente meno. La cultura greca di questo periodo è detta micenea da uno dei più importanti siti archeologici indagati. A partire dal 1500 a.C. in Grecia aveva incominciato a imporsi una casta di potenti guerrieri. Essi erano usi seppellire i morti, specie quelli importanti, in grandi tombe, arricchite con straordinari oggetti, come per esempio la stupenda maschera dorata scoperta da Schliemann proprio a Micene sul finire del XIX secolo.

Attorno al 1400 a.C. palazzi di stile miceneo presero a comparire in Grecia, assieme con il gusto della decorazione e della scrittura in Lineare B, tutti elementi caratteristici, tradotti, ovviamente, dall'isola di Creta. La lingua più in uso era un'anticipazione del greco tipico dei tempi ellenistici, uno dei tanti linguaggi detti indoeuropei, al pari di tedesco, italiano, celtico, slavo, persiano e del vasto gruppo di lingue di famiglia indiana, come il sanscrito, l'hindi e l'urdu. Anche se i linguaggi non hanno quel legame così stretto con le popolazioni e difficilmente si riesce a risalire alle loro strutture prima dell'avvento della scrittura, l'impegno della glottocronologia che cerca di ricondurre i gruppi linguistici all'interno della considerazione e del contesto archeologico, mi pare senz'altro lodevole. Uno dei primi risultati di queste nuove indagini è la scoperta della cultura delle popolazioni seminomadi e nomadi delle steppe russe, sorta attorno al 3000 a.C. nel cuore dell'Europa centrale, anch'essa coinvolta in questo grande movimento di ricerca correlata e comparata.

Durante l'età del Bronzo in Europa, fatta eccezione per la civiltà micenea, non ne esisteva alcun'altra che avesse elaborato una forma scritta per fissare pensieri e parole del proprio linguaggio, anche se il modo di vivere era assimilabile a quello delle popolazioni greche coeve. Nell'Europa occidentale l'élite dominate dei potenti guerrieri seppelliva i suoi morti in siti funebri circolari (e non più in grandi tumuli comuni dalla forma lineare come era stata consuetudine fino ad allora), arricchendo le tombe con una grande quantità di beni preziosi e di offerte propiziatorie, secondo sistemi simili a quelli della civiltà micenea. A questo momento appartiene l'esempio di Stonehenge. Frattanto nel Vicino Oriente popoli di lingua (e scrittura) indoeuropea, come gli Ittiti ed altri insediavano, fino a soppiantarli, gli Assiri e i Babilonesi, genti del ceppo semitico, e gli Egizi, che parlavano anch'essi una lingua semitica in parte contaminata con distinte componenti nord-africane. La scoperta di un ricco archivio di lettere fra i capi di stato di queste grandi, antiche potenze ha riportato in luce un mondo di intensa diplomazia internazionale. I commerci, inutile dirlo, erano come solito l'arma in più e riuscivano anche quando le diplomazie fallivano. La riprova sono i tanti ritrovamenti di manufatti egizi rinvenuti in siti sparsi e lontani appartenenti a civiltà diverse, utilissimi per le datazioni e per tracciare la storia degli altri popoli che dominavano il Mediterraneo nei secoli che stavano avvicinandosi al 1200 a.C.

Attorno a questa data, infatti, commerci, scambi diplomatici e persino parte della vita civilizzata subirono un forte contraccolpo a causa del turbolento momento politico che l'area stava vivendo. Causa di tutto erano gruppi molto ben organizzati di avventurieri marini, che oggi potremmo chiamare predoni del mare o pirati, i quali incominciarono a scorrazzare per il Mediterraneo orientale portando ovunque saccheggi e sconvolgimenti. Queste genti sono passate alla storia con l'appellativo di "popoli del mare". La maggior parte era di origine egea, altri provenivano dalle grandi isole come la Sicilia e la Sardegna. Anche se a più riprese battuti dagli Egizi, alcuni di questi gruppi si stanziarono lungo le coste del Vicino Oriente, diventando i terribili Filistei di cui parla la Bibbia, nello stesso periodo in cui gli Israeliti si stavano affacciando sui territori al tempo occupati dalle popolazioni cananee stanziate sulle colline occidentali che guardavano il fiume Giordano con gruppi locali composti soprattutto da rifugiati dall'Egitto e da altre regioni. (Come era consuetudine per i popoli del mondo antico, sostenevano di portarsi dietro una ricca e intensa storia mitologica relativa alla loro origini, anche se il loro racconto era forse un po' più gonfiato rispetto al vero).

Non è da escludere, tornando ai popoli del mare, che la storia della caduta di Troia fatta da Omero riguardi proprio una delle loro tante avventure. Una sorta di evo oscuro sembra interporsi fra la fatidica data del 1200 a.C. e il grandioso rinnovarsi della civiltà che ebbe luogo con l'ascesa del mondo greco, iniziata circa quattro secoli dopo, quando il bardo Omero prese a cantare di Troia. Ma quando i Greci ricominciarono a scrivere, non lo fecero utilizzando il vecchio metodo cretese del Lineare B poco adatto alla lingua greca, ma utilizzando un vero e proprio alfabeto strutturato, probabilmente ereditato dai Fenici attorno all'VIII a.C. Anche i Fenici, al pari degli Israeliti, affondavano le loro radici storiche nelle popolazioni cananite e nell'ambito levantino del Vicino Oriente. Erano abilissimi commercianti e furono loro a rivitalizzare scambi culturali e di merci nel Mediterraneo del 1000 a.C., consolidando postazioni importanti come Cipro e Creta, per non parlare della fondazione di centri di grande rilievo, come per esempio Cartagine, nel nord dell'Africa, dirimpetto alla Sicilia, ancora una volta attorno all'VIII secolo a.C. I Fenici, un popolo di lingua semitica, importarono semplificandolo un chiaro sistema di scrittura alfabetica, derivato anche dalla scrittura geroglifica degli Egizi, ma infinitamente più facile da utilizzare e da adattare alle diverse lingue. Per il tramite dei Greci, possiamo dire che tutti gli attuali moderni alfabeti discendano in linea diretta da questo. (Anche quello ebraico e quello arabo si fondano sulla stessa base).

La società e soprattutto il modo di vivere e di interpretare il mondo dei Greci rappresentò una ventata di assoluta novità. In tutte le comunità ispirate alla cultura greca che incominciarono a diffondersi in modo irresistibile partendo dalla madre patria per arrivare fino all'Anatolia, i cittadini godevano, come mai era successo prima di allora – ma forse anche fino ad oggi – in una qualsivoglia altra civiltà, di una libertà personale e di espressione a dir poco unica. E così quando nel V secolo a.C. essi scesero in armi contro i cugini di lingua, i Persiani, che avevano soggiogato ciò che era rimasto dei grandiosi passati imperi di Anatolia, Mesopotamia ed Egitto, era come se in campo si fossero schierati i paladini della libertà contro il dispotismo orientale. (Anche se, dobbiamo ricordarlo, presso i Greci donne e schiavi non erano considerati cittadini a tutti gli effetti). La città di Atene, quella dove visse Platone, fu la prima a insorgere contro i Persiani, in un grandioso conflitto che riporta alla mente proprio quello ricordato dal filosofo combattuto tanti anni prima fra Atene e il popolo invasore di Atlantide.

Ma la storia del mondo, come ben sappiamo, non può relegarsi a quella dell'Europa, del Vicino Oriente e o della parte occidentale dell'Asia. Nell'Estremo Oriente l'agricoltura si era andata sviluppando secondo linee diverse rispetto a quelle che avevano configurato il territorio della Mezzaluna Fertile. La coltivazione del riso mosse i primi passi in Cina attorno al 7000 a.C., mentre reperti archeologici datano le prime ceramiche pakistane al 6000 a.C. Parallelamente, però, continuavano a permanere comunità che continuavano a raccogliere il cibo come, per esempio, gli Ainu delle isole settentrionali, al largo delle coste asiatiche, abili cacciatori e pescatori ancora oggi. Anche qui, come in tutti gli altri angoli del pianeta, l'imporsi di un'agricoltura organizzata fu la molla decisiva per gli stanziamenti in città e aggregati urbani importanti. La civiltà della valle dell'Indo fiorì attorno al 2600 a.C., mentre quella cinese raggiunse sin dal 2000 a.C. vette straordinarie, con l'uso di un sistema di scrittura rintracciabile a partire dal 1800 a.C. (un sistema, vale la spesa di ricordare, che vanta l'antichità più schietta, visto che lo si usa tutt'oggi praticamente immutato). A partire dal 1500 a.C. in Thailandia si impiegava la tecnologia del bronzo, dopo che i primi passi verso la civiltà erano già stati mossi attorno al 7000 a.C. con tentativi di agricoltura primitiva, per quanto risulti estremamente difficile distinguere, nei ritrovamenti archeologici di campioni di fagioli e piselli a disposizione degli studiosi, tra le forme vegetali domesticate a fini prettamente umani e quelle selvatiche.

Prove di coltivazioni agricole nella Nuova Guinea sono databili attorno al 4000 a.C., mentre per l'Australia, a cominciare da circa 35.000 prima del nostro tempo, datazione a cui si ascrive la prima presenza di umanoidi sul continente, possiamo parlare di una tecnologia della pietra alquanto sofisticata, di gruppi di cacciatori-ricercatori e di una delle primissime espressioni artistiche mai comparse sulla faccia del pianeta, protrattesi, per di più, molto a lungo. Le infinite isole della Polinesia occidentale risultano essere state abitate sin dal 3500 a.C., quelle della Micronesia a partire dal 1000, considerati anche i notevoli reperti legati a tombe in pietra venuti alla luce nel sito di Pohnpei e databili con una certa sicurezza al IX secolo a.C. Alle isole Hawai l'uomo comparve 2000 anni prima della nostra era. Per l'isola di Pasqua parliamo invece del 300 d.C. (con la gran parte delle sue inquietanti statue, databili attorno al 1000 d.C., vale a dire in tempi relativamente recenti), mentre per la Nuova Zelanda siamo attorno a mille anni or sono.

Nelle Americhe, la storia umana segue in pratica il percorso evolutivo di civiltà tracciato nelle altre parti del mondo. Anche in questo caso, ai gruppi umani di cacciatori-raccoglitori seguono quelli stanziali di agricoltori, con l'affermarsi dei primi centri urbani dotati di organizzazione sociale e tradizioni scritte. In quella che i ricercatori chiamano Mesoamerica (vale a dire il Messico e l'America centrale) il più antico modo di sopravvivenza faceva leva sulla raccolta del cibo, tale restando fino almeno al termine dell'era glaciale. Sembra che il mais selvatico non fosse particolarmente apprezzato dalle genti locali almeno fino al 5000 a.C., fino a quando non venne coltivato lungo le fertili coste del golfo messicano. A cominciare dal 4000 a.C. venne coltivato anche sui contrafforti montagnosi; ciò malgrado occorse ancora un po' di tempo prima che diventasse un prodotto essenziale nella dieta dei gruppi umani ormai divenuti stanziali agricoltori e allevatori. In queste zone del mondo la domesticazione di vegetali commestibili come la zucca risale almeno all'8000 a.C., subito seguìta da altre piante commestibili importanti come i fagioli, il peperone, l'avocado, anche se, stando alle attestazioni fornite dall'archeologia, il passaggio dal modo di vita dei raccoglitori a quello agricolo avvenne su una scala temporale piuttosto lunga e secondo ritmi lenti, con il cane unico animale ad essere addomesticato.

Nella parte più meridionale dell'America del Nord, quella che confina con il Messico, la coltivazione del mais, dei fagioli e della zucca divenne pratica comune attorno al 1500 a.C. In alcune regioni la natura offriva spontaneamente raccolti così abbondanti da non rendere necessaria la stanzialità per coltivare su vasta scala vegetali commestibili utili all'uomo. Alle piante tradizionali si aggiunsero anche il tabacco e il cotone, ma in America del Nord non solo continuò a prosperare la cultura della ricerca e della raccolta del cibo, ma, fatta eccezione per il cane e il tacchino, non si registrò la domesticazione di alcun altro animale. Alcune forme sperimentali di stanziamenti agricoli si ebbero in parte nel sud-ovest e nel sud-est del continente. Nella regione della valle del Mississippi, la presenza di una società complessa e organizzata sembra essere suggerita dal ritrovamento di una serie di lavori sul territorio, sforzi condivisi da tutti, probabilmente sotto la guida di un'ideologia comune. Il più antico di questi manufatti è databile al 1700 a.C., ma gli esempi più impressionanti e clamorosi partono dal 750 a.C., con continue elaborazioni nei secoli successivi. Le testimonianze più apprezzabili di queste città di terra nella zona sudorientale dell'America del Nord risalgono però al 700 d.C. per spingersi, grosso modo, fino al 1500. La più celebre fra queste città è quella di Cahokia, capace al tempo del suo massimo splendore, di ospitare oltre 30.000 abitanti. Il tumulo detto "del monaco", costruito a gradoni e terrazze, venne innalzato in un arco di tempo compreso fra il 900 e il 1150 d.C. e comprende un grande edifico terminale collocato sulla piattaforma finale della costruzione, in tutto simile a quelle che incontriamo sia nell'America centrale che in Sudamerica. Fra queste genti, come fra i fattori del sud-ovest, esiste un'antica e florida tradizione artistica che dimostra come ambedue le aree abbiano avuto contatti con le grandiose civiltà della Mesoamerica, che stiamo ora per prendere in considerazione.

Ritrovamenti archeologici segnalano che sin dal 10.000 a.C. in Sudamerica venivano raccolti vegetali selvatici utili all'uomo, anche se non si può ancora parlare di agricoltura. Le prime coltivazioni di patate e altri tuberi risalgono al 5800 a.C.; mentre a partire dal 5000 l'uomo incominciò a coltivare la manioca, il mais e altre piante, soprattutto lungo le coste che si affacciano sul Pacifico. Vista la forte differenza fra i generi di vegetali coltivati, diventa abbastanza presumibile immaginare che la domesticazione dei vegetali qui, come nelle altri parti delle Americhe, sia nata come frutto di iniziative locali, senza alcun riferimento o collegamento con ciò che accadeva nel resto del mondo antico.

Le prime ceramiche fanno capolino nella valle del Rio delle Amazzoni attorno al 5000 a.C., ancora una volta come invenzione indipendente di una tecnologia in uso in modo universale, laddove una comunità di uomini moderni andava a stabilirsi in modo continuativo. (È estremamente interessante osservare come le più antiche mummie di cui si abbia nozione arrivino proprio dalle zone costiere del Cile, non su iniziativa di comunità agricole, ma semi-stanziali di raccoglitori di prodotti marini. Imbottite di creta e paglia e rivestite di gesso, queste mummie risalgono al 7000 a.C. e cessarono di essere realizzate all'incirca nello stesso momento in cui, al di là dell'oceano, gli Egizi incominciavano a fare le loro, vale a dire attorno al 3000 a.C.).

Si sono trovate tracce di ceramiche in Ecuador databili al 3000 a.C. e a partire dal 2500 a.C. si ha testimonianza archeologica che le piante selvatiche fino a quel momento raccolte in modo casuale divennero oggetto di selezione e coltivazione agricola consapevole. Dal 2000 a.C. tutto il Sudamerica venne interessato da coltivazioni su scala più o meno vasta: cotone, fagioli, zucche, mais, cereali di vario genere, patate e molti altri tipi di tuberi incominciarono a essere coltivati razionalmente dall'Ecuador al Perú, ad alcune zone del Brasile. Intanto, sempre attorno al 3000 a.C., nelle Ande aveva inizio l'allevamento dei lama, da cui ricavare carne oltre che un utile mezzo di trasporto, e dell'alpaca da cui trarre l'altrettanto preziosa lana. Dal 2500 a.C. un misto di attività di cacciagione, agricoltura e commercio sostenne in Perú una raffinata civiltà capace di innalzare, sulla costa come sugli altipiani, grandi cumuli a gradoni di terra e pietre, ornati sulla terrazza terminale di raffinate costruzioni in mattoni, attorno a grandi cortili e arene ribassate. I ritrovamenti archeologici venuti alla luce in questi siti rivelano tessuti in cotone, sepolture e figurine di creta cruda (non si hanno ancora tracce di ceramiche), suggerendo una qualche forma di uso rituale per queste caratteristiche costruzioni. (Anche presso le comunità preistoriche che non hanno lasciato alcun ricordo scritto delle loro credenze, l'opera dell'archeologo riesce in qualche modo a ricostruire queste situazioni grazie allo studio dei reperti rintracciati nei siti di scavo). Nelle regioni andine la ceramica compare attorno al 2200 a.C., assieme con l'irrigazione del terreno su larga scala e al pieno consolidamento della stanzialità legata all'agricoltura e alla domesticazione degli animali.

Al 1300 a.C. circa sono databili le tracce della cultura della valle del Moche, nel Perú settentrionale, dove incontriamo sculture in creta a bassorilievo, coeve, nella zona del Perú centrale, a disegni incisi sulla pietra, sui quali compaiono tipiche scene delle civiltà amerinde come, per esempio, teste mozzate e corpi umani smembrati, prefigurazione dei sacrifici rituali, in cui venivano uccisi i prigionieri di guerra, che si ritroveranno nelle raffigurazioni artistiche delle tarde civiltà delle Americhe. Alcuni siti andini rivelano una straordinaria importanza sotto il profilo archeologico, ricchi come sono di edifici con corti ribassate, scalinate e pareti in pietra e mattoni, grandi piramidi a gradoni e piattaforme, per templi e palazzi nobiliari, segno chiaro di come la vita sociale si fosse ormai fatta sempre più articolata e l'attività umana si imponesse sull'ambiente e sulle materie prime da sfruttare con maggiore intensità.

Culture andine sempre più vive e tipiche, disseminate su un immenso territorio, compaiono con tutta la loro importanza attorno all'800 a.C. È il caso della cultura di Chavin, che continua nella costruzione di cortili e templi, ma alle sue architetture aggiunge gallerie sotterranee (pienamente sviluppate fino al 300 a.C.) dove venivano interrate straordinarie stele raffiguranti creature misteriose, che combinavano i tratti morfologici dell'essere umano e di animali quali i felini, il serpente e l'uccello. Sempre alla civiltà Moche, pur continuando a erigere le caratteristiche costruzioni a cumulo, dobbiamo la più grande struttura artificiale mai realizzata nelle Americhe, la straordinaria Piramide del Sole. I capi e i maggiorenti venivano seppelliti in pompa magna, vestiti con abiti regali, arricchiti con perline dorate e argentate, accompagnati nel loro viaggio eterno da gruppi di servitori appositamente sacrificati (né più né meno di ciò che accadeva ai grandi sovrani di Ur in Mesopotamia circa due millenni prima). Attorno al 400 a.C. il popolo di Paracas era uso seppellire i reggenti avvolgendoli in tessuti preziosi, mentre i loro successori, il popolo di Nazca, sono passati alla storia per le celeberrime "linee di Nazca", realizzate fra il 200 a.C. e il 700 d.C.

All'alba del 500 a.C. va ascritta la nascita della grande città di Tiahuanaco nei pressi del lago Titicaca, dove terrazzamenti agricoli in grande scala consentirono a un popolo geniale e ricco di inventiva di realizzare grandiose piattaforme dalle pareti in pietra ed edifici altrettanto straordinari, fra cui alcune statue monolitiche di rara bellezza. A nord-est di Tiahuanaco, sorgeva un'altra importante civiltà andina, quella di Huari. Questi due centri collassarono insieme attorno al 1000 d.C., nel momento in cui, dopo guerre intestine che erano proseguite per secoli, i potenti Inca le soggiogarono per piegarle definitivamente nel XV secolo, giusto in tempo per l'arrivo dei conquistatori spagnoli. Nel pieno della loro formidabile potenza, gli Inca gestirono un impero immenso. Dalla rilucente capitale Cuzco veniva gestito un sistema organizzativo e amministrativo che non aveva pari al mondo. Superiore a quello egizio per la capillarità della riscossione delle tasse e dei tributi; all'impero romano per le strade lastricate e alla Russia staliniana per le deportazioni in massa di intere popolazioni, rimosse dalle loro terre natie per poter essere meglio tenute sotto controllo dall'impero. Cosa ancor più straordinaria, è che tutto questo, tutta questa gigantesca organizzazione avveniva senza l'ausilio di una forma di scrittura, ricorrendo gli Inca al solo sistema delle cordicelle annodate, una specie di pro memoria molto approssimativo.

Nei territori della Mesoamerica la grandiosa marcia verso la civilizzazione si avviò con qualche ritardo rispetto ai territori del Sudamerica. Le prime genti di cui abbiamo notizia sono gli Olmechi, stanziatisi attorno al 1300 a.C. nelle umide regioni del Golfo del Messico, per dare origine a uno stile particolarissimo diffusosi ampiamente nei territori circostanti. Il loro sistema di vita si basava soprattutto su caccia e pesca, oltre che su un'agricoltura appena abbozzata, migliorata via via grazie ai traffici e ai commerci con le genti limitrofe. In virtù di questi scambi, gli Olmechi diffusero la loro civiltà e i loro simboli (il giaguaro, per esempio) esportando anche quegli ideali che sostenevano il loro mondo, diffondendo quei semi culturali che avrebbero poi fortemente influenzato tutte le genti della regione. Come per esempio la civiltà della valle di Oaxaca, in Messico, certamente in contatto e derivata da quella olmeca, e di cui abbiamo tracce a partire dal 1000 a.C., lo stesso momento storico in cui in questi territori incominciarono a comparire costruzioni a tumulo in terra e pietre. Immediatamente dopo incominciarono a fiorire i primi grandi complessi urbani, le città-stato come Cholula (che reperti archeologici fanno risalire per l'appunto al 1000 a.C.); la tradizione di Monte Albán (500 a.C.) e di Teotihuacán, con le loro monumentali architetture, comprese le grandiose piramidi, innalzate fra il 200 e il 700 d.C. Contrariamente a ciò che molti credono, le prime piramidi mesoamericane incominciarono a essere costruite soltanto qualche secolo prima della nostra era, vale a dire per lo meno duemila anni dopo quelle egizie. Le piramidi americane a gradoni, sono differenti da quelle egizie e, almeno nelle loro prime versioni, non accoglievano morti, svolgendo soprattutto funzione di templi. Pare ormai non esserci più alcun dubbio sul fatto che l'articolato insieme di costruzioni religiose di cui anche le piramidi facevano parte rispecchiava un significato di ordine cosmico, fatto confermato dalle gallerie scoperte sotto alcune piramidi, chiaramente coordinate con correlazioni astronomiche e allineamenti topografici. In termini volumetrici la piramide di Cholula è la più grande di tutte le Americhe. Gli ultimi ampliamenti risalgono al 700 d.C., quando ormai però i grandi e antichi centri urbani del Messico erano nella fase di declino.

Ancora più a sud e ad oriente, nella penisola dello Yucatán, a partire dal 200 d.C. fiorì la civiltà dei Maya. I ritrovamenti archeologi e soprattutto lo studio delle ceramiche rintracciate in questi siti testimoniano in modo chiaro che in questi primi secoli del nostro tempo focolari di civiltà sbocciarono qua e là in modo indipendente e autonomo, anche se luoghi pur lontani fra loro condividevano un culto in comune, quello della grande divinità chiamata Quetzalcoatl, di cui già abbiamo fatto conoscenza parlando di Donnelly e Spence. Si tratta di un antico dio mesoamericano, venuto alla luce la prima volta a Teotihuacán, che, come ogni grande divinità che si rispetti, si presentava sotto molteplici forme, per arrivare infine a configurarsi nel serpente piumato della religione pagana messicana. Grazie al vasto diffondersi del suo culto, centri cerimoniali lontani fra loro come quelli di Chichén Itzá dei Maya abitanti dello Yucatán e di Tula dei Toltechi stanziati nel Messico settentrionale, mostravano aspetti comuni non solo nella raffigurazione del dio serpente alato, ma anche in altri come le statue distese di Chacmool o le stele statue dei guerrieri armati.

Come gli Zapotechi di Monte Albán, i Maya si stanziarono nell'America centrale da conquistatori, dediti a cruenti sacrifici umani (prigionieri di guerra) dedicati alle loro molteplici e insaziabili divinità. I resti straordinariamente ben conservati di alcune città, offrono reperti bellissimi, come i siti di Copán e Palenque, per esempio, dove all'interno di una piramide è venuta alla luce una sepoltura (proprio come per le piramidi d'Egitto), contenente il corpo di un condottiero di nome Pacal, morto nel 683 d.C., vale a dire circa tremila anni dopo la datazione dell'ultima piramide egizia dell'antico regno. Possiamo segnalare la data precisa di questo avvenimento perché i Maya utilizzavano una scrittura geroglifica come quella degli Egizi (anche se i segni sono completamente diversi) e un calendario di gran lunga più sofisticato di quello dei signori del Nilo. Le tracce più antiche relative ai geroglifici maya (detto per inciso, oggi finalmente decifrati) risalgono a non oltre il 200 a.C., anche se la loro pienezza sembra vada riferita al II secolo del nostro tempo. Al contrario, le datazioni desumibili dal calendario maya riportano al 3114 a.C., ma non perché in effetti risalga a questo lontano momento, quanto perché così avevano stabilito i potenti sacerdoti che governavano il paese, per dare l'impressione al popolo che loro e loro soltanto erano i veri dominatori del tempo.

La potenza maya collassò attorno al 900 d.C. per insanabili tensioni interne e forse per una serie di fattori ecologici naturali contrari, o per la sommatoria congiunta di queste e chissà quali altre cause. Il culto di Quetzalcoatl non venne però meno, ereditato dalle civiltà azteche del Messico. Gli Aztechi erano forse originari del Messico settentrionale (dove le loro leggende collocavano la madre patria) ed erano discesi verso sud come mercenari, poco alla volta fusi alle comunità locali, fino a manifestare il massimo della loro potenza nel XIV secolo, nella città isola di Tenochtitlan, sulle sponde del lago Texcoco. Sotto la tutela del loro grande dio del Sole e della guerra Huitzilopochtli, gli Aztechi erano maniacali sostenitori dell'ideologia dei sacrifici umani, costume che all'arrivo degli spagnoli nel 1519 era ancora saldamente in voga.

In queste poche righe, dunque, esponendo le conoscenze e le ipotesi che lo studio archeologico ha elaborato in tanti momenti di ricerca, ho voluto in modo quanto mai sintetico e conciso tracciare una specie di quadro generale di quella che è stata la storia della nascita della civiltà sul nostro pianeta, badando soprattutto a dettagliarla in quegli stessi ambiti all'interno dei quali solitamente si muovono gli atlantologi e tutti coloro che si dicono ciecamente entusiasti della cosiddetta archeologia alternativa. Alternativa, ma parziale, perché il più delle volte non bada a tenere in conto la totalità degli studi eseguiti, quelle ricerche che, al contrario, sono state messe insieme con grande fatica e impegno da tanti studiosi appassionati attivi in ogni angolo del mondo, fedeli ricostruzioni del nostro passato ottenute non solo sulla base delle vaste conoscenze che l'archeologia ha già acquisito, ma anche ricorrendo a una sofisticata serie di strumentazioni e metodi scientifici. Tutto il contrario di molti di coloro che si fanno paladini di Atlantide e che, sovente, non sono altro che "eretici" dalla modesta caratura culturale, dalla fantasia limitata e con ristrette ambizioni di pensiero, il più delle volte quasi del tutto ignari delle grandi conquiste dell'archeologia; per non dire di tutti gli altri che, non vantando neppure questi modesti requisiti, non esitano – così, tanto per fare – di "minare" in modo indiscriminato la storia ufficiale dell'umanità, sostituendo alla ricerca razionale e composta delle matrici che hanno determinato la nascita della storia consapevole dell'uomo, speculazioni più o meno romantiche, ma dilettantesche, fondate su basi che definire fragili e incerte è forse davvero troppo poco.

8
L'Atlantide sommersa

L'ipotesi dello sprofondamento di Thera, che vanta ancora non pochi sostenitori, è stato forse il tentativo più organico e coerente di dare giustificazione alla storia platonica di Atlantide con una intuizione sufficientemente logica da poter essere inquadrata senza troppi sconvolgimenti nell'ambito dell'archeologia canonica. Tuttavia, come abbiamo avuto modo di vedere nel Capitolo 2, l'esplosione vulcanica di Thera e il collasso della civiltà minoica non possono, in ultima analisi (qualcuno respinge persino l'ipotesi di partenza in sé), essere utilizzati per spiegare nel dettaglio il racconto di Platone. Santorini e Creta non sono delle grandi isole nell'oceano Atlantico, la civiltà minoica non prosperava nel 9600 a.C. (neppure quella egizia o le diverse varianti di quella ateniese), la città di Cnosso non assomigliava in nulla alla grande capitale descritta dal filosofo, da ultimo, la sua Atlantide non venne annientata da un'eruzione vulcanica. Anche impiegando tutte le più ingegnose e non controllate "correzioni" per cercare di ovviare a queste discrepanze, emerge chiaro che l'ipotesi del vulcano di Thera non fu la causa decisiva cui imputare il tramonto della civiltà minoica, che avvenne per altri motivi, dopo che comunque si era ripresa dagli effetti pur devastanti della terribile catastrofe naturale. Il massimo che si può dire in merito all'ipotesi di Thera è che forse qualche reminescenza della sua distruzione, che sia transitata o meno attraverso racconti in Egitto, potrebbe in qualche modo aver contribuito, ma solo in minima parte, all'invenzione letteraria di Platone.

Abbiamo visto che, sin dalla scoperta del Nuovo Mondo sul finire del XV secolo e, in modo particolare, sin dalle ardite speculazioni del XIX secolo, l'idea di Atlantide si è quasi sempre mossa all'interno di affermazioni che Platone non ha mai sostenuto e che vanno dalla presenza di un'unica fonte originaria da cui scaturirono tutte le civiltà terrestri, a una sorgente tecnologica avanzata, al concetto di una sede antica di sapere. Un vizio, questo, che accomuna molti di coloro che hanno continuato a perseverare su questa lunghezza d'onda, alla ricerca di una supercività tecnologica nel nostro antico passato – ovviamente del tutto sconosciuta al pensiero archeologico tradizionale –

di cui si farebbe allusiva menzione in tutte le diverse mitologie della Terra con cenni e ricordi che, qualora interpretati, metterebbero in serio imbarazzo la ricerca ufficiale.

Sono pochissimi gli autori che cercano di interpretare il racconto atlantideo di Platone in un contesto archeologico tradizionale. Il geoarcheologo Eberhard Zangger nel suo libro intitolato *Flood From Heaven* del 1984 ha proposto di leggere la storia di Platone come se fosse la descrizione della guerra di Troia, arrivata alla orecchie del filosofo tramite il racconto di Solone e del suo informatore egizio; una storia che Platone all'inizio prese a scrivere con entusiasmo, per poi lasciar perdere una volta resosi conto che la tensione del racconto scemava in un futile esercizio di scrittura. Ovviamente, questa convinzione non rende certo giustizia a ciò che sappiamo delle intenzioni del filosofo di dare un senso scientifico alla storia tramite il mito, né alla sua finalità etica di descrivere il decadimento morale degli ultimi Atlantidei, contrapposto alle grandi virtù dei loro antenati. Per dirla in parole semplici, la città di Troia sulla costa anatolica dei Dardanelli ha ancora meno possibilità di essere l'Atlantide atlantica che non la già citata isola di Creta e, per di più, nelle varie stratigrafie del suo sito archeologico, venute progressivamente alla luce sulla collina di Hissarlik, non ne esiste neppure una che testimoni una fine per alluvione, a causa di un violento terremoto o per qualche altro grave disastro naturale. Questo non significa che il racconto di Omero non abbia potuto influenzare Platone (specie la descrizione della vasta pianura e delle sorgenti di acqua calda e fredda), visto che si trattava tra l'altro della storia di un'intensa guerra combattuta fra i Greci e un nemico straniero, ma più di tanto diventa veramente difficile immaginare. Zangger è uno scrittore intelligente e sopra ogni cosa modesto nel sostenere la sua teoria; per questo ritengo meriti di non essere contestato oltre, tenuto anche in conto il dettaglio, niente affatto secondario, che la sua proposta non ha praticamente trovato alcun sostegno presso le affollate schiere degli atlantologi.

Due altri tentativi di inquadrare la questione di Atlantide nel novero di qualche ipotesi ritenuta canonica, ossia con qualche possibilità di non essere sdegnata dall'archeologia classica, sono stati compiuti da un archeologo non del tutto allineato: Peter James.

La sua prima puntata nel mondo di Atlantide risale agli anni Settanta, con l'elaborazione di una teoria secondo la quale Platone avrebbe ricostruito la sua storia mettendo insieme diversi racconti dei marinai fenici che, spintisi arditamente in mare aperto, al ritorno favoleggiavano di grandi distese di terre e di isole nell'Atlantico (dove forse – magari dai nativi delle isole britanniche – avevano saputo di storie e leggende relative a continenti e isole sprofondate nelle acque), associando questa tradizione «all'antica memoria di remoti costruttori di tombe megalitiche e di grandi cerchi di pietra nelle regioni del nord-ovest dell'Europa». Secondo James questa gloriosa cultura, stando anche alla datazione al carbonio, avrebbe preso il via prima ancora della nascita della prima dinastia dell'antico Egitto, risalendo almeno a 4500 anni a.C., con cenni a una possibile diffusione verso est, riecheggiata da Platone quando parla della penetrazione degli Atlantidei verso l'Italia. Ma questo riferimento di James a una «civiltà di costruttori di megaliti», a ben guardare, è già di per sé fuorviante, nel momento in cui non si ha traccia né di grandi centri urbani né, soprattutto, di alcuna forma di scrittura, due fra le componenti imprescindibili quando si voglia parlare di civiltà progredita. A proposito dello sfasamento delle datazioni, James non recede né si spaventa. Afferma di far "quadrare" la sua ipotetica civiltà megalitica del IV millennio a.C. con l'Atlantide platonica del X millennio a.C. invocando il notorio gusto all'esagerazione che contraddistingueva gli Egiziani quando avevano a che fare con la loro storia; al punto che lo stesso James arriva addirittura a postdatare al 3100 a.C. la civiltà egizia (ricca di città e di scrittura) rispetto a quella da lui ipotizzata nel nord-ovest dell'Europa.

La seconda tappa del percorso atlantideo di James data 1995. Nell'ardito sottotitolo che suona: *Il regno sommerso: il mistero di Atlantide finalmente svelato*, in modo quanto meno disarmante James riconosce l'inadeguatezza delle sue ipotesi degli anni Settanta, perché esposte a troppe soluzioni irrisolte. Per esempio, la civiltà megalitica da lui prevista non scomparve in modo catastrofico, né 4500 anni prima della nostra era già esisteva il raffinato popolo degli Ateniesi. «Per di più, riconosco un'impossibilità di fondo», aggiunge l'autore, nell'aver immaginato che la memoria dei grandi costruttori megalitici abbia potuto approdare in Egitto, qui essersi conservata per tanto tempo per essere poi trasmessa al greco Solone. Andare a fondo delle cose è un ottimo esercizio e questa volta, finalmente, sembra che James abbia il coraggio di farlo, anche a costo di mettere in croce e quasi completamente sconfessare la sua ipotesi precedente. A tratti sembra persino troppo severo nei suoi stessi confronti. Ma, al solito, esiste una motivazione. Con queste affermazioni, James tende a mettere in dubbio il collegamento egiziano di Platone a proposito della storia atlantidea. Infatti, egli ha bisogno di sbarazzarsi dell'impronta egiziana per dare corpo alla sua nuova teoria.

James è attento nei dettagli archeologici, persino sofisticato nel cercare di interpretare le finalità ultime dello scritto platonico (caratteristica che lo colloca in una posizione a sé rispetto a tutti gli altri che scrivono di Atlantide) e oltremodo predisposto ad accettare le svariate ipotesi, anche quelle più singolari, che tentano di risolvere il mistero dell'isola scomparsa. Ma, dal momento che deve per forza di cose portare acqua al suo mulino, parte sin dall'inizio insinuando nel lettore il dubbio in merito al vero scopo insito nella storia di Atlantide, da subito suggerendo la possibilità che Platone intendesse soprattutto affrontare gli aspetti mitopoetici e morali del racconto. Questa strategia torna utile a James al fine di esaltare e portare avanti una diversa interpretazione sulla genesi autentica della storia. Fatte queste nitide premesse, immediatamente dopo suggerisce l'ipotesi che Platone intendesse presentare più il racconto di un'ipotetica più che di una vera e concreta vicenda della preistoria della civiltà greca, passando per il conflitto fra Atlantide ed Atene, al fine di dimostrare come un tempo gli antenati fossero vissuti in una mitica età dell'oro, degenerata in quella d'argento, vale a dire in un periodo storico di decadenza del tutto simile a quello in cui lui stesso, Platone, e tutti i suoi concittadini ateniesi stavano vivendo (come noi, d'altra parte). Peccato che James sottostimi troppo l'indifferenza con cui Platone sovente considerava i fatti concreti, preferendo guardare con occhio di maggior riguardo alla mitologizzazione degli eventi come utile strumento di convincimento per insegnare ai contemporanei il modo per vivere meglio, una volta avessero accettato l'esempio del mito come maestro di vita. Concetto che Socrate esprime in più occasioni nel corso di alcuni dei celeberrimi dialoghi platonici. Per dare concretezza a questa sua nuova versione, James propone ogni possibile aggancio. Per esempio, sostiene la possibilità che Platone fosse a conoscenza della preistoria greca. Sottolinea come, senza ombra di dubbio, il filosofo fosse al corrente dei resti delle antiche mura micenee ancora conservate ai suoi tempi nell'Acropoli e, soprattutto, ben sapesse che cosa stavano a significare e a ricordare. Certamente gli era anche nota la triste fine della città micenea di Tirinto (un tema che sta a cuore anche a Zangger) e sapeva della terribile alluvione che l'aveva devastata quando un forte terremoto aveva modificato il corso del fiume che la bagnava. Tutte notizie in merito alle quale, secondo James, Platone era informato, anche se relative a eventi verificatisi 700 anni prima del suo tempo.

Per James, alla luce delle conoscenze sul passato greco possedute da Platone, il filosofo intendeva cercare di dare un'impronta, come dire, scientifica al racconto della storia del mondo, oltre che stabilire alcuni concetti di base in merito al passato. James invita con energia il lettore a rivisitare l'idea del catastrofismo ciclico di Platone come necessario antidoto all'attuale prevalente concetto di uniformismo che attribuisce al primo diretto discendente del grande filosofo, Aristotele. Sotto questo aspetto, la proposta di James sollecita una provocazione intellettuale che vale la spesa venga approfondita con ulteriori analisi, proiettandola in relazione a quanto abbiamo fino ad ora imparato sulla storia dell'archeologia intesa come branca di studio accademica.

Come abbiamo visto, fino all'inizio del XIX secolo la maggior parte dei naturalisti e dei geologi era propensa ad accettare la teoria detta del catastrofismo, soprattutto per far quadrare i conti in merito alle sempre crescenti scoperte fossili. Per quanto anche i più ottusi si rendessero conto che a mano a mano che si scendeva nella profondità degli strati geologici gli esemplari fossili rivelavano animali sconosciuti, ormai estinti, la soluzione lo stesso più comoda per dare una risposta a tutto era quella di immaginare che sulla Terra si fossero succeduti disastri e distruzioni a getto continuo, a seguito dei quali tutto il creato veniva spazzato via, ma solo per essere rimpiazzato da nuove creazioni (sia nel mondo vegetale che animale) pronte a un nuovo cammino di vita, per recedere e scomparire all'avverarsi di una nuova calamità planetaria. Il più fervente assertore di questa teoria era il naturalista francese George Cuvier. Ma, al contrario di Platone, Cuvier era più attento nel precisare che in realtà la razza umana apparteneva soltanto all'ultima della serie di creazioni, puntualizzando che per questo non si sarebbero mai trovati fossili di antichi ed estinti animali assieme con quelli di esseri umani. Con questa intelligente soluzione, Cuvier sembrava mettere d'accordo sia la scienza ufficiale che la religione, che vedeva nella creazione dell'essere umano l'atto conclusivo e finale di una più vasta opera creativa divina. Colui che venne dopo alla guida dell'accademia filosofica che Platone aveva fondato, ossia Aristotele, non la pensava come il suo predecessore. Secondo James, Aristotele fu il primo a proporre l'idea di uniformismo, ossia ipotizzare che il mondo non sarebbe il risultato di una serie di eventi drastici e drammatici, bensì il prodotto di processi evolutivi lunghissimi, quegli stessi concetti che oggi ci sono familiari. Il punto di vista di Aristotele trovò conferma nel Medioevo per arrivare fino a Newton (con la sola revisione dovuta all'elaborazione dell'idea del "big bang" nel XX secolo). I geologi della prima parte del XIX secolo fecero dell'uniformismo la bandiera dei loro convincimenti, a dispetto del fatto che le sempre rinnovate scoperte a proposito delle ere glaciali parlassero in effetti di avvenimenti sufficientemente catastrofici. D'altra parte, l'idea era validamente sostenuta anche a livello evolutivo, nel momento in cui Darwin con la sua teoria l'aveva introdotta nel concetto di selezione naturale degli esseri viventi.

In ambito archeologico, l'idea di catastrofismo è stata espressa in svariati modi. Per esempio, l'invasione inaspettata di nuovi popoli all'interno di territori occupati da vecchi gruppi, con il conseguente repentino cambiamento socio-culturale mai vissuto prima e dunque assolutamente sconvolgente. Rientra nell'ottica dell'approccio diciamo così "catastrofico" immaginare il sopraggiungere della cultura egizia predinastica come sorta dal nulla, come l'arrivo di qualcosa di straordinariamente innovativo, non preannunciato né, tanto meno, anticipa-

1. L’Acropoli di Atene, la città dove visse Platone (foto Sonia Halliday).

2. Navi minoiche in un affresco salvatosi dalla distruzione di Thera (foto AGK, Londra).

3. L'eruzione vulcanica di Santorini del 1926 (foto G. Goakimedes).

4. Ziggurat a Ur (foto Robert Harding Picture Library).

5. L'autore intento a esaminare dei geroglifici (foto Sally Horne).

6. Piramide e *chacmool* a Chichén Itza (foto Powerstock Zefa).

7. La più antica piramide egizia: quella di Saqqara (foto John Ross).

8. Grotte di Lascaux, in Francia: bovide dipinto durante l'ultima era glaciale (foto Ancient Art & Architecture Collection Ltd.).

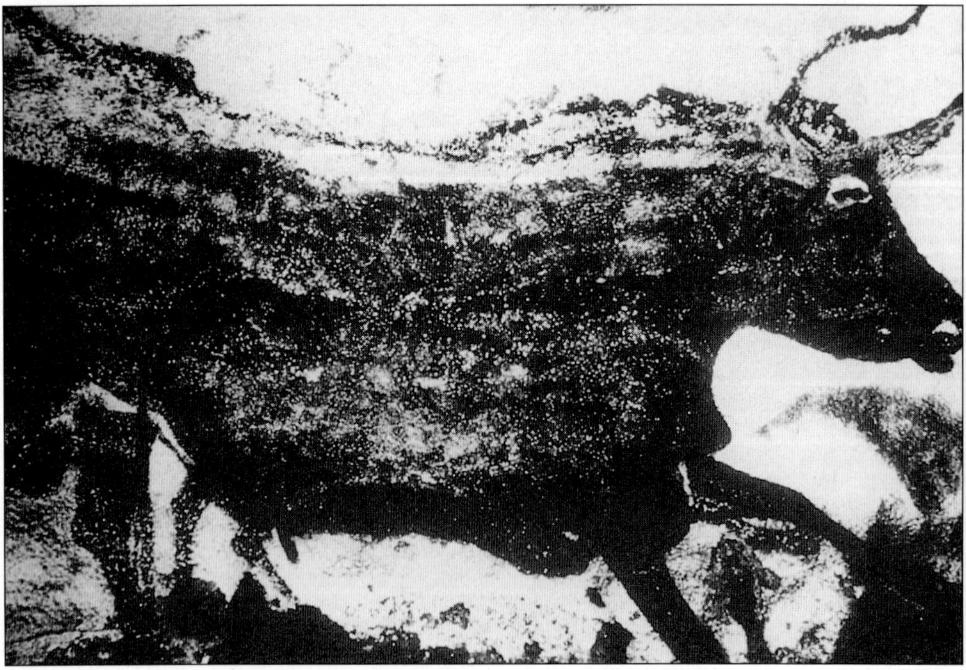

9. Rovine di Cnosso a Creta (foto Sonia Halliday).

10. Piana di Giza: la Sfinge, terribilmente danneggiata, con le grandi piramidi sullo sfondo (foto John Ross).

11. La porta dei leoni di Hattusa, la capitale ittita in Anatolia (foto Sonia Halliday).

12. La Porta dei Leoni a Micene, in Grecia (foto Sonia Halliday).

13. La maschera d'oro di Agamennone, rinvenuta a Micene (foto Robert Hardin Picture Library).

14. Impronta risalente a circa 3,5 milioni di anni fa, rinvenuta a Laetoli nell'Africa orientale (foto archivio dell'autore).

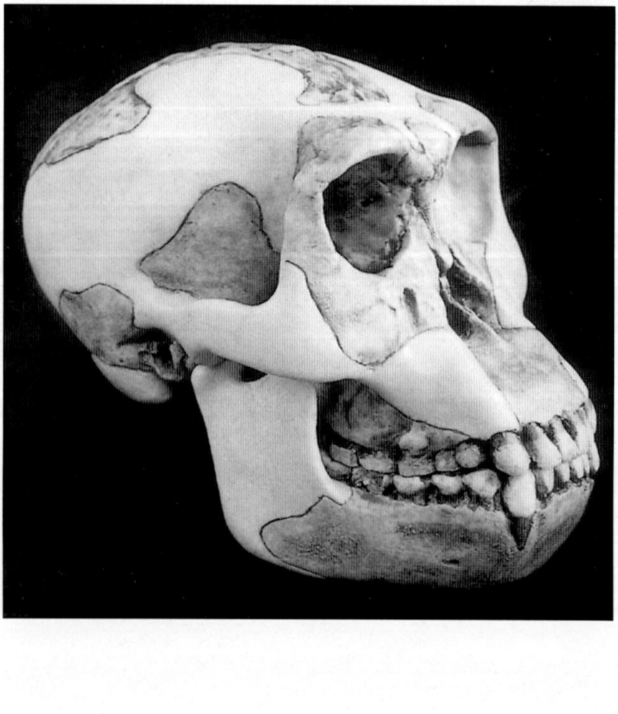

15. Ricostruzione di un cranio di *Australopithecus* (foto archivio dell'autore).

16. Un'ascia a mano finemente lavorata, rinvenuta in Francia (foto archivio dell'autore).

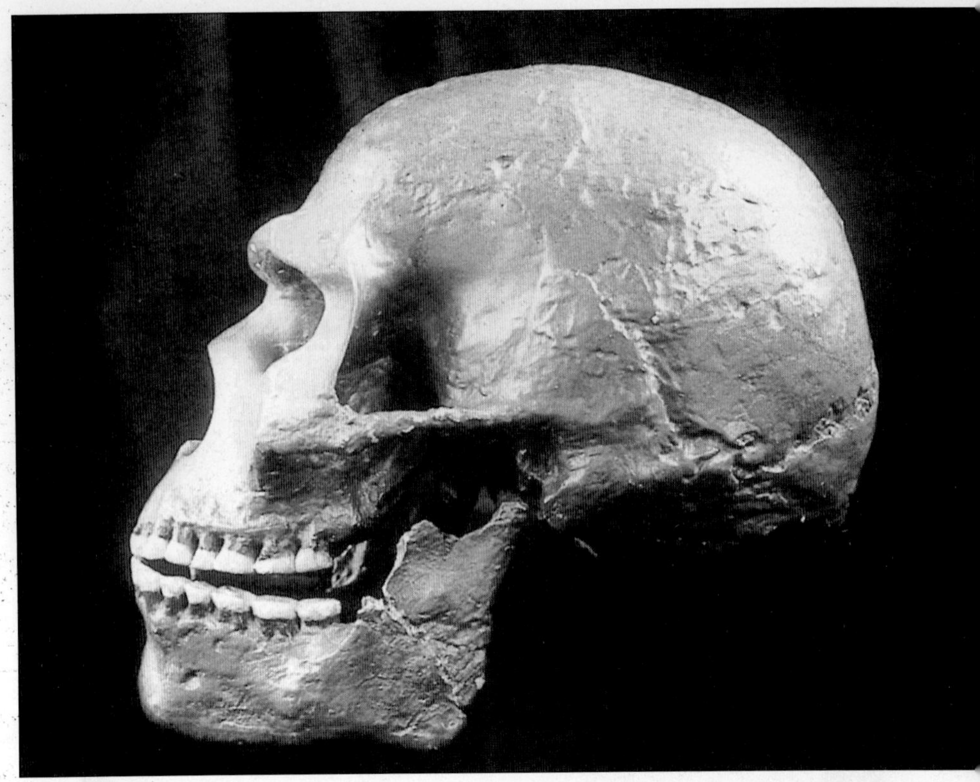

17. Teschio del tipo *Homo sapiens sapiens* levantino (foto archivio dell'autore).

18. Una sfinge “al contrario” (testa di leone e corpo umano), venuta alla luce in Germania, databile all’ultima era glaciale, circa 30.000 anni or sono (foto archivio dell’autore).

19. Il disegno che decora la lastra tombale di Pacal a Palenque, in America centrale (foto Mary Evans Picture Library).

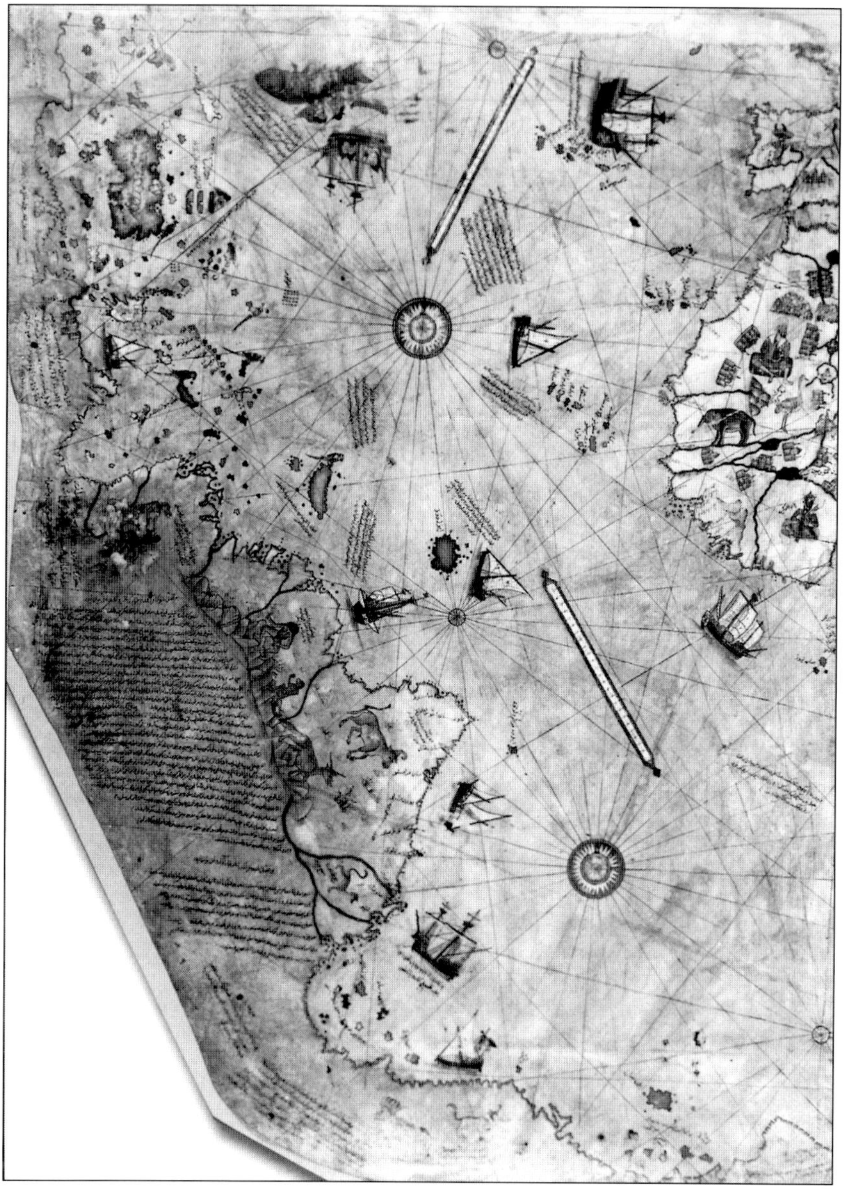

20. La discussa mappa dell'ammiraglio Piri Reis (foto Topkapi Palace Museum, Istanbul).

21. Le ciclopiche mura della fortezza di Cuzco in Perú (foto Robert Harding Picture Library).

22. Una delle gigantesche teste della tradizione olmeca rinvenuta in America centrale (foto: Robert Harding Picture Library).

23. Vista aerea delle misteriose linee della piana di Nazca (foto South American Pictures).

24. Uno dei numerosi templi di Angkor Wat (foto Robert Harding Picture Library).

25. La celebre Porta del Sole, una delle grandi rovine di Tiahuanaco (foto Robert Harding Picture Library).

to, per quanto vagamente, da qualche sviluppo locale. Viceversa, rientra nell'ottica dell'approccio tipico dell'uniformismo provare a mappare tutti i processi locali di evoluzione culturale espressi nel contesto del territorio egizio del tempo, dimostrando come la primitiva civiltà egizia non sia stata frutto di un'improvvisa esplosione scaturita dal nulla, ma conseguenza della sommatoria di una serie di processi di maturazione culturale a dimensione locale. In ambito archeologico il catastrofismo viene meglio etichettato col nome di "diffusionismo", in quanto sempre si sottintende l'idea che il cambiamento, in genere drastico, venga apportato dall'esterno. Invece a uniformismo si preferisce "invenzione indipendente", a sottolineare la possibilità che la creatività umana non ha limitazioni né di tempo né di luogo. Col finire del XIX secolo e con l'inizio del successivo, l'idea archeologica predominante preferiva allinearsi con quest'ultima: nascita e affermazione presso un centro privilegiato e avanzato di un'innovazione culturale, da qui presto diffusa presso altri gruppi e centri di minore importanza. A questo merito ricordo che fino a dopo la metà del secolo appena trascorso (quando la datazione al carbonio si espresse in modo contrario) la maggior parte degli archeologi riteneva che le culture megalitiche dell'Europa occidentale fossero derivate, se non in via diretta, per lo meno sulla scorta dell'esempio, dalla grandiosa civiltà egizia e mesopotamica, da sempre ritenute le prime del mondo antico. Negli anni Sessanta, invece, le nuove tecniche di datazione hanno rivelato un fatto sconcertante: questi reperti sono ancora più antichi. È sulla scorta di queste conoscenze che Peter James prova a ribaltare la direzione della diffusione della civiltà, invertendone le polarità e immaginando che la descritta invasione dell'area del Mediterraneo da parte degli Atlantidei altro non sia che il segno lasciato dalla influenza delle civiltà megalitiche dell'Europa occidentale, ricordata sin dai tempi preistorici nelle testimonianze degli Egizi. In quest'ottica, James deve considerarsi un incallito diffusionista. Per altri archeologi, la cultura megalitica di cui egli parla sarebbe il frutto di uno sviluppo indipendente di forme sociali sofisticate e innovazioni tecnologiche importanti, di civiltà del tutto separate dalla egizia e dalla mesopotamica.

L'opinione odierna più diffusa presso gli archeologi è proprio questa, vale a dire la possibilità di invenzioni simili ma indipendenti maturate, quasi per necessità, in centri di cultura diversi e lontani, dove agricoltura, metallurgia, scrittura, costruzione di edifici piramidali, sistemi di mummificazione e un'infinità di altre conquiste sociali e tecniche, sarebbero emerse anche in tempi diversi (vedasi, per esempio, le piramidi) e in luoghi lontani fra loro secondo un flusso di progressione evolutiva del tutto indipendente. Una delle principali ragioni per cui gli archeologi disdegnano di prendere anche solo in considerazione le motivazioni addotte dagli atlantologi sta nel fatto che la loro è ormai una idea obsoleta, basata su un concetto di iper-diffusionismo dell'evoluzione culturale. Un metodo che non arriva mai al dunque, ritenendo di spostare in eterno il problema dei cambiamenti decisivi e delle drastiche innovazioni delle varie civiltà, appellandosi, come in un gioco di scatole cinesi, a una civiltà che precede l'altra, per chiudere il discorso alla fine della catena, affermando che l'origine prima, la scaturigine di tutto non è investigabile, perché sepolta in fondo all'oceano o intrappolata nei ghiacci inaccessibili dell'Antartide (ipotesi che affronteremo fra poco). Va da sé che a questa stregua anche riconoscere Atlantide non serve a nulla.

Si può dire che il diffusionismo sia una specie di caso particolare del catastrofismo. L'imposizione di un "pacchetto" culturale nuovo e intrusivo, immesso tramite invasione o inoculato tramite il messaggio di missionari, nel contesto del nuovo luogo in cui si manifesta, rappresenta un formidabile momento di rottura per dare il via a un nuovo inizio, né più né meno come l'idea platonica di distruzione per dare il via a una nuova ricostruzione. Con questo concetto, nel suo ultimo libro, Peter James intende in qualche modo recuperare il catastrofismo platonico sia alla scienza in senso generale che alla geologia e all'archeologia in senso più particolare: in altre parole, è come se invitasse il lettore a conciliare fra loro i due pensieri estremi, sia l'uniformismo aristotelico che il concetto dell'"invenzione indipendente" di cui si è detto. Mi pare di scorgere qualcosa di estremamente opportuno in questo atteggiamento; d'altro canto, anche il pensiero scientifico nel sostenere le sue ipotesi è sovente come catturato da alti e bassi e le mode anche in questo campo sono sempre ossessive fintanto che durano. L'universo essenzialmente aristotelico di Newton è stato completamente ridisegnato dalle teorie di Einstein e alcuni paleontologi (ma non tutti) hanno proposto l'idea che l'estinzione dei dinosauri sia stata provocata dalla precipitazione sulla Terra di una cometa o da una terrificante serie di eruzioni vulcaniche. In questo modo, per esempio, si potrebbe guardare alla fine dell'età del Bronzo in Europa e nel Vicino Oriente da un punto di vista inedito, pensando ad un disastro naturale (come accaduto a Tirinto) come al fattore decisivo per la sua conclusione. (Anche se quando James tira fuori l'ipotesi dell'impatto con la cometa, non sono pochi i colleghi archeologici che si bloccano). Secondo James, la maggior parte degli scienziati abbraccia l'uniformismo perché lo sente più rassicurante rispetto al catastrofismo, dove l'improvvisa comparsa nel cielo terrestre di una cometa non annunciata o la repentina rabbia di un terremoto potrebbe cancellare anche la nostra civiltà dalla faccia del pianeta. A ben guardare però, la verità potrebbe essere un'altra: l'uniformismo promette la possibilità di spiegare il mondo secondo termini che conosciamo e ci sono noti e secondo processi più o meno regolari che si manifestano in modo definibile. Al contrario, per il catastrofismo ogni momento diventa qualcosa di speciale e di unico, dove eventi sconosciuti e soprattutto niente affatto prevedibili fanno la parte del leone, relegando brutalmente in un angolo tutte quelle altre ipotesi che tentano di offrire qualche soluzione possibile con la piena soddisfazione di tutti. Non con questo per dire che il catastrofismo e i suoi scenari non possano aver spazio nell'ambito della scienza e dell'archeologia, semplicemente per avvisare che sarebbe utile appigliarvisi solo come ultima spiaggia. (Il vero guaio degli atlantologi è che per loro rappresenta la sola e unica ipotesi percorribile).

Ad essere onesti, comunque, James non è un atlantologo nel senso peggiore del termine, anzi devo riconoscere che speculando su Platone offre al lettore non pochi spunti per importanti considerazioni. Suggerisce, per esempio, l'idea di un conflitto interiore che dovette assalire Platone nel momento in cui si dedicò alla redazione della tematica atlantidea, a cominciare da quando si rese conto che la fine del glorioso continente sotto l'occhio critico di un atteggiamento scientifico non rappresentava che la chiusura di uno degli eterni cicli di distruzione e rinascita, in contrasto con l'immagine che egli intendeva invece dare di una catastrofe provocata e voluta da forze divine superiori come punizione dell'arroganza e della decadenza morale degli ultimi Atlantidei. Alla fine il contrasto fra queste discrepanze aveva avuto la meglio e Platone – così sostiene James – aveva deciso di sospendere la narrazione.

Peccato che le pur brillanti e sofisticate considerazioni che James intreccia su Platone, gli vengano meno proprio sul più bello, ossia quando deve utilizzarle a sostegno della sua nuova teoria. Contento di aver, a suo dire, dimostrato che quando Platone si era messo a scrivere su Atlantide e sull'arcaica città di Atene lo aveva fatto con l'intenzione di raccontare fatti di storia, o meglio di preistoria, greca concreti e non allusivi, fondandosi sulle conoscenze relative all'Atene micenea che certamente non aveva potuto ottenere tramite la fonte egizia, a questo punto James cerca di smontare l'ipotesi che anche Solone abbia ereditato dall'Egitto ciò che sapeva su di Atlantide. In questo, ovviamente, verrebbe a schierarsi con coloro che ritengono la storia del tutto inventata dall'inizio alla fine, compreso Solone e quant'altri, anche se, a dirla franca, non considera la questione esattamente sotto questo punto di vista. Il punto che gli preme non è infatti questo, quanto quello di dimostrare che la fonte del racconto sentito da Solone non è l'Egitto, ma qualche altra, riuscendo in tal modo a non gettare tutto a mare, ma a conservare almeno il nucleo di base del racconto come qualcosa di storicamente vero. Per essere più credibile, si appella allo studio di Erodoto. Questi non cita mai Atlantide, sottolineando come fosse forte l'idiosincrasia degli Egizi quando erano invitati a parlare delle vicende di qualche altra nazione straniera. Per questo, stando a James, Solone, nel corso dei suoi lunghi viaggi, avrebbe potuto assimilare il racconto della tradizione atlantidea da qualche altra fonte. Sarebbe stato Platone, ingenuamente, a parlare di sua iniziativa degli Egizi, dal momento che la loro civiltà era considerata la più antica fra tutte. Arrivato qui, James trova il coraggio di preannunciare che è sul punto di «sparare un gran colpo», peccato che nelle pagine che ancora mancano per arrivare alla fine del suo libro, questa intenzione si realizzi senza la modestia preannunciata.

Per predisporre lo scenario alla sua nuova proposta riguardante l'autentica fonte da cui Solone trasse le notizie su Atlantide, James non trova di meglio che riesumare un mito che non stonerebbe certo nei libri di Lewis Spence. Afferma – senza dubbio in modo corretto – che il mito del titano Atlante – a dispetto della identificazione nella catena montuosa dell'Africa settentrionale – era anche intimamente collegato all'Anatolia e in particolare al gruppo di isole egee che stanno al largo delle sue coste. Dopo aver sottolineato il forte debito che tutta la mitologia greca ha nei confronti di quella del popolo ittita dell'Anatolia e delle genti ancora precedenti, James rintraccia in questo serbatoio di storie quella, oltre tutto ricca anche di un corredo iconografico, di un personaggio che potrebbe essere Atlante. «Davanti a un racconto simile non possiamo che riportarci alla vicenda dei titani greci», afferma perentorio, seguendo la moda di Spence. Assodato, senza ombra di dubbio e con sua piena soddisfazione, che in verità il mito di Atlante ha radice anatolica, adesso si lancia a disquire sulla figlia del titano, l'isola di Atlantide. Sostenuto dalla teoria di Zangger che vede Troia nei panni di Atlantide, James non esita a rivolgersi al geografo greco Strabone nel punto delle sue cronache in cui ricorda i numerosi terremoti che avevano distrutto molti villaggi dell'Anatolia e squassato il monte Sipilo, nel regno di un sovrano che rispondeva a un nome celebre della mitologia ellenica: Tantalo. Terremoti e, soprattutto, un nome che bene o male echeggiava "Atlantus", sono argomenti che James trova assolutamente irresistibili per sostenere la sua teoria.

Il nostro autore, poi, trova una soddisfazione aggiuntiva nel far notare al lettore come i destini di Tantalo e degli Atlantidei si assomiglino, ovviamente passando sotto silenzio che il peccato del primo non era stata la superbia ma l'orgoglio e che la punizione di Tantalo era alquanto diversa, costretto in eterno a non raggiungere mai, affamato, il cibo e, assetato, l'acqua, sotto la perenne minaccia del crollo di un masso, mentre, come si sa, gli Atlantidei morirono tutti annegati. Ad ogni buon conto, Atlante, il primo sovrano dell'isola-continente, non fu la causa della distruzione della sua gente. Su questa scia, James tenta comunque di accostare, fino a identificarli, i personaggi di

Atlante e Tantalo, sia spigolando all'interno delle loro genealogie sia riconoscendo in entrambe divinità destinate a sostenere montagne sulle loro spalle o essere da esse minacciate, riportando, infine, la radice comune del loro nome al greco *tlao* che, per l'appunto, significa portare, sostenere.

Strabone, che morì nel 23 d.C., non menziona per nome alcuna città sulle pendici o nelle vicinanze del monte Sipilo, ma Plinio, scrivendo appena qualche anno dopo, ci offre un nome per questa città, della quale, senza precisare in che modo venne distrutta, si limita a dire che giace nel fondo di una palude. Si tratta della città di Tantalio, anche in questo caso un nome che richiama con facilità quello di Atlantide. Pausania, scrivendo attorno al 120 d.C., (certamente influenzato da Platone) confronta il fato toccato alla città del monte Sipilo con la scomparsa di Elice, nel golfo di Corinto avvenuta nel 373 a.C., distrutta da un tremendo terremoto che l'aveva fatta collassate all'interno della Terra, per essere risucchiata dal diluvio e quindi sprofondare sotto le acque di un lago (forse la palude di Plinio). Inutile sottolineare che in tutto questo James vede solo e soltanto una cosa: la lunga ombra di Atlantide.

Oggi il Sipilo viene identificato con un monte a circa 50 km nell'entroterra di Izmir (Smirne), nei pressi del fiume Gediz che si getta nel mar Egeo a settentrione della città. Questa regione corrisponde all'antica terra della Lidia, il cui ultimo mitico sovrano (leggendario, eppure storicamente esistito) si chiamava Creso, un re celebre per le immense ricchezze. Tantalo era stato un suo predecessore: un re della Lidia, di cui però la Storia non parla. La storica capitale della Lidia era la città di Sardi, sita un po' più nell'entroterra rispetto al monte Sipilo. Scavi archeologici hanno qui portato alla luce ceramiche micenee, riconducendo anche questo centro nell'orbita dell'influenza greca in un tempo protostorico. Gli Ittiti dell'Anatolia del II millennio a.C. menzionano il popolo degli Ahhiyawa, che, stando a molti studiosi, sarebbe da identificare con gli Achei, i Greci, della guerra di Troia (o i Micenei, come sovente gli archeologi preferiscono chiamarli). A questo punto, James innesca un altro parallelo con la storia narrata da Platone: un possibile conflitto fra la Lidia e la Grecia. Non riesce a resistere alla tentazione di immaginare che la spedizione in Asia Minore dell'eroe greco Teseo altro non nasconda che un conflitto avvenuto proprio sul finire dell'età del Bronzo. A conforto, riferisce di un'antica tradizione lidia, di poco posteriore a Solone, secondo la quale sarebbero stati i Lidi i fondatori della civiltà etrusca in Italia, mentre uno dei figli di Tantalo si sarebbe spinto in Palestina, questa precisazione, naturalmente per richiamare e pareggiare l'accenno platonico dell'invasione dell'Italia e della minaccia all'Egitto portate dagli Atlantidei!

A questo punto del libro, James sciorina con dovizia di particolari le avventure che lo hanno portato alla scoperta della città di Tantilis, nei pressi dell'attuale monte Sipilo, da lui identificata, grazie alla consultazione degli archivi Ittiti, con il centro di Zippasla. Oggi non si rintracciano laghi, anche se James dichiara senza esitazioni che fino a qualche anno prima della sua visita proprio alle radici del monte Sipilo si trovava un laghetto, poi completamente prosciugato per esigenze agricole. Di città antiche neppure l'ombra né, tanto meno, tracce di qualche rilievo, sebbene nei dintorni si trovino alcuni monumenti Ittiti, fra cui anche la statua di una dea madre che punta lo sguardo nella direzione del lago, sul fianco della montagna. Constatata la più totale assenza di reperti di qualsivoglia genere, non diventa impossibile immaginare un'antica città distrutta da un terremoto, collassata in una profonda voragine poi sommersa dalle acque, trasformatesi nel tempo in una palude acquitrinosa. Tutto questo per James basta e avanza per identificare la descrizione della fine di Atlantide con quella di Tantalis. Siamo alle solite, anche in questo caso: per smontare tutto basta applicare il classico test atlantico per annullare pure questa ipotesi, per non citare le differenze topografiche con l'isola e la città descritte da Platone rispetto a qualsivoglia città lidia mai sorta nei pressi del monte Sipilo. Queste osservazioni contrarie riducono la nuova ipotesi di James alla stessa stregua di quella di Thera: non è da escludere che ambedue le storie abbiano in qualche lievissimo modo influenzato il racconto del filosofo, sempre ammesso che ne abbia sentito parlare.

Nello schema di cose previsto da James, Platone avrebbe sentito parlare di Tantalis da Solone, questi però non avrebbe a sua volta ricevuto le informazioni dagli Egizi, bensì dagli abitanti della Lidia, un'altra tappa momento dei suoi lunghi viaggi. D'altra parte, lo stesso Erodoto ricorda la visita di Solone a Sardi e i suoi lunghi colloqui col grande re Creso. Questo, dunque, il colpo sferrato da James: Solone apprese della distruzione di Tantalis a Sardi, dove gli venne fatto cenno all'Italia e al Vicino Oriente, come vicende topiche della gloriosa storia della Lidia, che Creso teneva a immortalare come più nobile e antica di quel che in realtà fosse. Poi, ci aveva pensato Solone, una volta notata l'assonanza della vicenda con la storia di Atlante, a farla scivolare in un altro scenario più occidentale, là dove sorge la catena montuosa dell'Atlante, prima ancora che Platone si impossessasse del tema e ne parlasse nei suoi scritti. (James annota come altrove Platone parli di Tantalo senza però associarlo in alcun modo ad Atlantide).

E così ecco come un libro iniziato bene, proseguito con un certo fascino, finisca purtroppo in una specie di singolare "minestrone" di supposizioni e affermazioni, senza uno straccio di supporto archeologico che le sostenga anche solo pallidamente. Alla fine, poi, pur ammettendo che le testimonianze possano rincuorare questa teoria, non si riesce a vedere cos'altro, in merito a questa vicenda, possa concedersi alla penna di Platone se non uno spunto di fantasia immaginativa in più. Risulta, infatti, veramente difficile immaginare che quello che, durante il suo soggiorno a Sardi, Solone venne eventualmente a sapere da Creso a proposito della storia del monte Sipilo, per quanto Solone lo abbia di propria iniziativa ricollocato in un diverso scenario, possa essere stato a tal punto travisato da Platone. Al tirar delle somme, volendo rintracciare nell'opera di Peter James l'aspetto più evidente del suo contributo a quella che abbiamo chiamato la Sindrome di Atlantide, viene da ricordare il suo tentativo di riabilitare il catastrofismo come principio di fondo degno di attenta considerazione nell'esplorazione del più antico passato dell'uomo. Insomma, l'idea dell'Atlantide, sin da quando nacque a seguito dell'opera di Platone, è concetto di catastrofe. Un alibi davvero degno. Ciascun atlantologo pesca nel mucchio il disastro preferito (eruzione vulcanica, terremoto, maremoto, inondazione, impatto astrale, glaciazione improvvisa, disarmonia con le forze cosmiche del creato) per spiegare la propria versione dei fatti; ma soprattutto per mantenere lo status quo, nel momento in cui, dinanzi a tanto, anche l'archeologia ufficiale non può davvero fare nulla. Ma forse l'idea di una catastrofe che spazza via dalla faccia della Terra una superciviltà evoluta e presuntuosa, ha un fascino troppo romantico per poterle resistere. Peccato che su questo fronte gli archeologi di professione non siano altrettanto sensibili, irrigiditi come sono – e James non si scorda certo di sottolinearlo – dai loro pregiudizi di uniformismo generale. James si batte per rendere plausibile e applicabile a una revisione della storia del mondo il concetto del catastrofismo, anche se, mi si conceda, l'eventuale sprofondamento di una città o anche di una parte di territorio in una regione pur importante come l'antica Anatolia non mi pare possa considerarsi a tutti gli effetti una catastrofe di portata planetaria.

Un altro suggestivo tentativo di offrire una spiegazione, come dire, terrestre e poco sensazionale al mistero di Atlantide, è quello dello scrittore J. M. Allen, autore del libro *Atlantis, the Andes Solution*, edito nel 1968. Il libro è già spavaldo sin dalla dedica: «A tutti i popoli di quel grande continente che oggi chiamiamo Sudamerica, ma che un tempo si chiamava Atlantide». Ciò che segue è comunque meno sfrontato e più plausibile di quanto sostenuto da James, perché presentato con un certo *savoir faire* archeologico. Il background culturale di Allen è l'aviazione e, in particolare, la fotografia aerea, oltre che la cartografia. I modelli dei rilievi continentali dell'intero Sudamerica e dell'altopiano boliviano che compaiono nel suo libro sono una palese dimostrazione della sua approfondita conoscenza nel campo.

Per Allen non ci sono dubbi e come già preannuncia nel titolo della sua opera, l'autentica collocazione di Atlantide era nelle Ande. Pilluccando qua e là nelle osservazioni degli atlantologi che lo hanno preceduto, Allen riporta il nome Atlantide a quello messicano di Aztechi, una parola che significa acqua per il suffisso "atl" e l'antico nome delle Ande per la parte terminale "antis", che, a suo avviso, nel linguaggio quechua degli altipiani andini vorrebbe dire "rame". (Anche "Antilia" deriverebbe da "antis", con l'aggiunta della radice romanza che sta per isola, a significare, per l'appunto, isola del rame). Un'anticipazione della traiettoria che l'autore sta per intraprendere, ma anche una delle per fortuna rare scorribande nella mitologia che Allen compie in queste pagine, ci viene offerta in anteprima quando egli sostiene che, senza ombra di dubbio, i pomi dorati, le mele d'oro delle Esperidi, altro non erano che blocchi di minerali di rame.

Poi Allen procede dichiarando la sua antica passione nei confronti delle unità di misura (uno dei temi fra i preferiti da parte degli archeologi alternativi) e sbandierando le sue intense ricerche in Sudamerica per venire a capo della vera collocazione dell'Atlantide platonica. Il luogo cruciale sarebbe per lui l'altopiano della Bolivia, perché proprio qui troverebbero conferma le dimensioni e le distanze che il filosofo segnala come caratteristiche della topografia atlantidea. Peccato che, se solo ci si sofferma con un po' di attenzione, non ci voglia molto a scoprire che il perfetto rettangolo pianeggiante di 2000 per 3000 stadi di cui ci parla Platone, assegnando il valore canonico di 185 m allo stadio antico, porti a definire delle misure che sono almeno il doppio di quelle dell'area indicata, la quale, per di più non solo non corrisponde a un perfetto rettangolo, ma è tutt'altro che piana e lungi dall'essere, come afferma Allen, «la piattaforma meglio livellata del mondo intero». Ci vuol altro però per spaventarlo. Tutto è presto risolto se solo si dimezza il valore dello stadio, portandolo a 92 m. La giustificazione per una simile riduzione starebbe nel fatto che in realtà Solone usa la parola greca stadio riferendosi un'unità di misura atlantidea che non aveva nulla a che vedere con lo stadio greco e che, guarda caso, valeva giusto la metà. Avvalendosi di questa equazione di base, Allen propone una sorta di correlazione fra la topografia andina e quella atlantidea: ci sono le montagne che circondano la grande piana; questa non è lontana dall'oceano (il Pacifico, però, e non l'Atlantico); ad ogni buon conto una specie di mare, per dare ragione alla storia di Platone, esiste ancora più vicino ed è il grande lago Poopo; ci sono persino lembi di terra che si protendono e che se osservati dall'alto potrebbero anche dare l'idea dei canali descritti da Platone. Ma a proposito di queste configurazioni, Allen spende un bel po' di pagine, come vedremo meglio fra poco.

In merito al testo del grande filosofo, Allen si rivela del tutto sprovveduto. In primo luogo, è in grado di leggerlo solo in traduzione, poi è quasi maniacale nel comparare le diverse versioni per trarre tutti gli spunti ritenuti necessari alla sua finalità. In modo particolare, sembra propendere per la versione proposta da Donnelly, dove come cause primarie della fine del continente non si parla soltanto di terremoti e maremoti, ma anche di un grande e persistente diluvio. Nella sua immaginaria configurazione di Atlantide, la gloriosa capitale dell'isola, Allen propone una grande presenza di acqua per alimentare i giganteschi canali irrigui che la circondano. Questi, stracolmi, riversandosi nel bacino del lago Poopo lo avrebbero fatto esondare e questa esondazione sarebbe stata decisiva per la distruzione della metropoli. Ma distruzione della sola città e non dell'intera isola, come narra Platone, che Allen identifica con il continente sudamericano. (Più avanti nel tempo, tornato nelle condizioni di basso livello delle acque in cui si trova oggi, nella ipotesi di Allen il lago Poopo si trasforma nei bassi fondali delle prime propaggini dell'oceano ricordate da Platone, quando colloca l'isola al di là delle Colonne d'Ercole). Avendo potuto leggere nel testo originale greco il racconto di Platone, sono in grado di smentire subito le affermazioni di Allen relative alla pioggia: il filosofo non la menziona mai nella storia di Atlantide; come non cita attività vulcaniche, anche se invece Allen in più di una occasione sottolinea come il cuore vitale, l'acropoli della capitale atlantidea, sorgesse proprio sulla sommità di un vulcano spento. Dopo altre considerazioni, Allen riparte alla carica e dice: «Le prove apportate ci confermano in un fatto decisivo: la terra che Platone chiama Atlantide è la stessa che noi oggi chiamiamo Sudamerica». E come le misure e le distanze fornite dal filosofo hanno avuto bisogno di una "regolata", Allen fa lo stesso con la cronologia. Dando spago a suggestioni che nel libro compaiono a più riprese, afferma che i ricordi che i preti egizi rivelano a proposito della cronologia di Atlantide vanno intesi come computo di lunazioni, ossia di mensilità, e non alla stregua di anni. In tal modo il conflitto scoppiato fra Atlantide e le civiltà del Mediterraneo si avvicina di molto nella scala del tempo, segnando il 1200 a.C., esattamente per identificarsi con un'altra memoria egizia: le grandi battaglie contro i popoli del mare. Sullo slancio di questa immaginazione, Allen ipotizza che un prigioniero delle genti del mare, condotto in Egitto, abbia raccontato la storia di Atlantide. Da qui la vicenda sarebbe stata riportata a Solone, circa 600 anni dopo, un lasso di tempo relativo, a dispetto del fatto che Platone continui a riferirsi agli archivi mnemonici egizi come a raccolte di incredibile vetustà.

Riducendo la catastrofe alla sola capitale Atlantide, sommersa dalle acque del lago Poopo, e non all'intero continente atlantideo, sommerso dalle acque dell'oceano Atlantico, come racconta Platone; stando ad Allen, agli intraprendenti navigatori Fenici, una volta infrantosi il potere atlantideo, non risultò difficile aprire una via marittima commerciale con il Sudamerica, privilegiando l'esportazione di metalli,

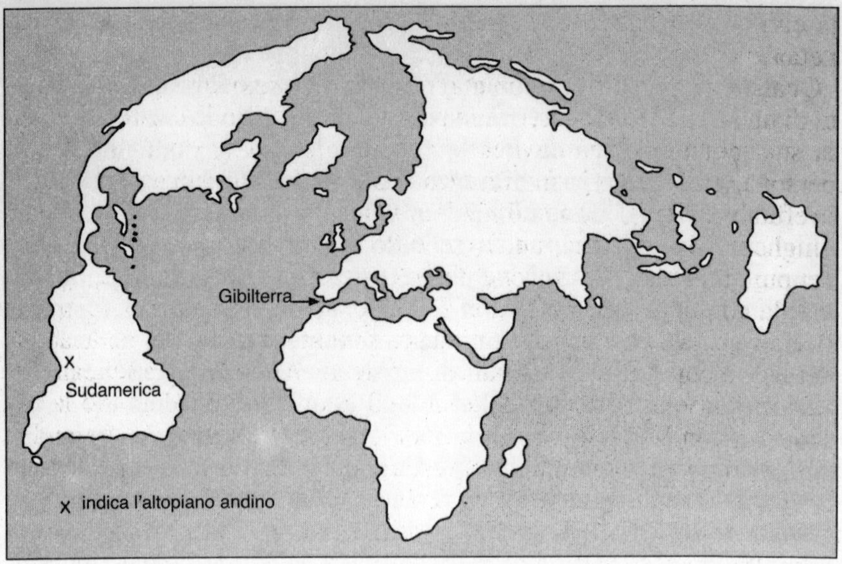

Ecco come disporre il Sudamerica all'altezza dello stretto di Gibilterra, come l'Atlantide descritta da Platone, secondo una proiezione di J. M. Allen.

secondo una rotta precisa che superato il capo di Buona Speranza, risaliva nell'oceano Indiano per concludersi nel golfo Persico nel Mar Rosso. (Allen è convinto che il misterioso oricalco di cui parla Platone, non sarebbe altro che la lega naturale di oro e rame, comune nelle regioni andine, che gli antichi Inca usavano per lastricare le facciate dei loro grandiosi palazzi pubblici, allo stesso modo in cui, come scrive Platone, gli Atlantidei rivestivano le grandiose mura che circondavano tutto attorno la loro capitale).

In merito all'ipotetico commercio intercorrente fra il vecchio mondo e le regioni andine, Allen non presenta alcun riferimento archeologico, sia sotto forma di reperti e materiali di origine fenicia o cartaginese venuti alla luce in Sudamerica (e nell'altopiano in particolare), sia sotto forma di manufatti di origine sudamericana rinvenuti nel vecchio mondo. In linea di massima, il contesto archeologico sembra non contare nulla agli occhi e nelle considerazioni di Allen, che si dice genuinamente sorpreso nel constatare con amarezza con quale rigido rifiuto gli archeologi canonici – quelli della scuola di Cambridge in particolare – respingano le sue trovate.

Ma è così sicuro del fatto suo, dell'identificazione dell'altopiano andino con la grande pianura irrigata su cui sorgeva l'Atlantide di Platone, tutta circondata dai grandiosi canali, da arrivare a dire, quasi incredibilmente: «In pratica, non resta che rintracciare sul posto un canale largo 180 m, per affermare in modo assolutamente certo che la civiltà di Atlantide si manifestò proprio in queste regioni del pianeta».

Qualche pagina oltre, Allen non esita ancora a ribadire che la scoperta di un simile canale sarebbe la prova definitiva della correttezza della sua ipotesi. Suona davvero singolare l'idea che questi fantasiosi personaggi si fanno in merito a che cosa significhi vantare una prova irrefutabile. Per il signor Jim Allen basterebbe un canale di una data lunghezza e larghezza, anche se tutto attorno non venisse alla luce neppure uno spillo in qualche modo correlabile alla sua teoria. Insomma, la coerenza e l'importanza del contesto sembrano non valere un fico secco, per non dire della città scomparsa, sprofondata nelle acque del lago Poopo. (Più avanti ancora nel testo, Allen cita grandi canalizzazioni presenti però in altre zone dell'altopiano, avvalorando la sua scoperta con immagini viste dall'alto, ma così fortemente ingrandite che, a prima vista, potrebbero mostrare qualsiasi cosa. A corredo ulteriore, presenta alcune vecchie raffigurazioni della capitale azteca in Messico dove spicca il grande reticolo di canali e isolotti, come a sottolineare che il progetto urbanistico di Atlantide costituiva un modello diffuso in Sudamerica). Credo che il lettore non abbia bisogno di sentirsi dire – perché lo immaginerà già – che, ovviamente, l'incrollabile Allen arriva anche a scovare il tanto sospirato canalone largo 180 m, o per lo meno un breve tratto di quello che doveva essere l'immenso canale di 10.000 stadi che circondava Atlantide di cui parla Platone, proprio a nord-ovest del lago Poopo. La struttura è quella delle fotografie aeree e il segmento da lui rintracciato e perlustrato al suolo è oggetto di una descrizione quanto meno appassionata, per non dire folcloristica.

La larghezza, che alla fine risulta esattamente quella citata da Platone, viene stimata da Allen confrontandola col suo passo e grazie a osservazioni visive. Ad essere sinceri, riconoscere una traccia simile nella fotografia che inserisce nel libro è un esercizio che richiede non poca fantasia. Chi infatti pensi di poter scorgere nella traccia indicata da Allen il regolare e uniforme canale di Platone o quello che lo stesso Allen descrive a seguito della sua perlustrazione sul posto si sbaglia di grosso. Per quanto mi riguarda, mi sembra di vederci più che altro una conformazione geologica naturale, la cui estensione, per di più, non è chiara, né la traccia nel suo insieme tradisce anche solo un vago richiamo di sapore archeologico.

Questo è quanto. Ma l'esperto cartografo Allen ci mostra anche un'inedita mappa del mondo vista con una proiezione particolare, con una inclinazione e uno spostamento del Sudamerica da farlo sembrare una specie di gigantesca isola al di là dello stretto di Gibilterra. Oltre a questa cartina ne presenta un'altra in cui il Sudamerica è ruotato di 90° in senso antiorario, così da fare quasi adagiare il contorno dell'altopiano andino lungo la piega della piattaforma africana meridionale dell'oceano Pacifico, nelle acque di cui parlava Platone, anche se, ovviamente, il Pacifico non è affatto a sud, ma a est.

A proposito e a giustificazione di questa carta, Allen parla di un'altra antica raffigurazione in cui il Perú è rappresentato con lo stesso errore d'orientamento. Come avremo modo di vedere oltre, appellarsi ad antiche carte geografiche è uno dei tanti "vizi", slittamento dei poli terrestri compreso, verso cui tendono gli atlantologi. Non per nulla, Allen ritiene che una volta il polo nord si trovasse nella regione della baia di Hudson, cosa che collocava l'altopiano andino sulla linea dell'equatore, rendendolo una terra vivibile, abitata da una ricca fauna, compresi gli elefanti citati da Platone. Tutto questo mentre Thera propone la sua candidatura, affacciandosi sul Mediterraneo, come ponte per l'attacco degli Atlantidei alla Grecia e all'Egitto, e, poco discosta, Troia fa lo stesso. Quasi miracolosamente, Allen non chiama in causa il lago Titicaca e le vicine rovine di Tiahuanaco, di solito così venerate dagli atlantologi.

In compenso, cita l'Eldorado e il colonnello Fawcett, mentre segnala il giardino dell'Eden nell'Amazzonia, la terra dei serpenti giganteschi. Invece la sagoma dalla vaga forma di nave che è stata osservata sul monte Ararat in Turchia per lui altro non rappresenta che «i resti fossili di un'antica imbarcazione di canne», mentre la città di Tartesso altro non era che un porto fenicio sulle sponde del Rio de la Plata.

Insomma, una sagra delle stramberie, presentata con una certa prosopopea. Non credo che il signor Allen mastichi qualcosa di archeologia, tanto che pare quasi uno spreco di energie che il consesso archeologico si prenda la briga di censurarlo per le ipotesi che egli si azzarda a elaborare utilizzando a sproposito proprio le procedure archeologiche. Ma, alla resa dei conti, possiamo dire che il maggiore contributo che Allen offre alla Sindrome di Atlantide è aver dimostrato con quanta rapidità e superficialità la storia narrata da Platone possa essere adattata con estrema flessibilità a qualsiasi situazione storica e geografica, visto l'impressionante numero di possibilità, per di più fra loro del tutto incompatibili, emerse a sua interpretazione. James parla dell'Anatolia, Allen della Bolivia, altri di Thera e altri di altri luoghi ancora. Come in genere si è soliti riconoscere alle ipotesi che si contrastano senza che alcuna prevalga sull'altra, forse è bene meditarci sopra, perché non essendo possibile immaginare che siano tutte vere, diventa infinitamente più facile pensare l'esatto contrario, vale a dire che siano tutte sbagliate!

9
L'Atlantide sotto i ghiacci

Forse l'ultima teoria catastrofica in ordine di tempo relativa ad Atlantide, al di là della quale gli atlantologi non possono davvero proprio più inventarsi nient'altro almeno su questa Terra, risale al 1995 (lo stesso anno dell'ipotesi catastrofica proposta da Peter James) ed è sintetizzata nel libro *La fine di Atlantide*, opera di una coppia canadese, dall'esotico cognome atlantideo: Flem-Ath, Rose e Rand Flem-Ath.

In questo libro non ci confrontiamo con le speculazioni di stampo filosofeggiante tipiche di Peter James, non ci interroghiamo sui motivi più o meno sottili che spinsero Platone a scrivere di Atlantide, né su quali possano essere state le sue fonti di ispirazione. Sin dall'inizio i Flem-Ath, ispirandosi più al *Crizia* che non al *Timeo*, chiamano in causa la data del 9600 a.C. come topica attorno alla quale ruotano tutte le considerazioni del loro lavoro: sommovimenti geologi, disastri biologici, migrazioni di popoli, innovazioni tecnologiche. Questa data ritorna continuamente lungo tutto il testo (se solo si fa salva un'appendice finale, come vedremo meglio). Ho tenuto a precisare che essi la richiamano sin dall'inizio perché intendo sottolineare con quanta leggerezza – d'altra parte caratteristica di tutti gli atlantologi – in neppure quattro pagine passino, partendo da un tono di modestia, da una datazione «grosso modo identificabile attorno a 11.600 anni or sono» a un 9600 a.C. privo di dubbi, senza offrire alcuna spiegazione. Da questo momento in avanti, infatti, non solo il tono di modestia svanisce, ma anche il beneficio del dubbio lascia luogo alla certezza più assoluta. In realtà, mai i Flem-Ath sostanziano la puntualizzazione della datazione proposta, per quanto mostrino di preferire quella, sebbene incerta, del presunto conflitto fra Atene e Atlantide citata nel *Crizia* (anche se verrebbe da dedurre come più plausibile il 9420), rispetto all'altra che compare nel *Timeo*, vale a dire l'8600 a.C. Dopo di che, per tutto il libro, trattano il 9600 a.C. come una data certa, quasi fosse un momento geologico preciso, legato a qualche particolare cataclisma, a estinzioni di massa e a qualche sviluppo archeologico speciale, anche se non si evince mai su quali prove o evidenze si poggi questa loro assoluta certezza.

I Flem-Ath fondano la parte importante della loro ipotesi sul lavoro di ricerca e intuizione di un americano, professore di storia, di nome Charles Hapgood, il quale sul finire degli anni Cinquanta sviluppò una teoria da lui battezzata "dislocazione della crosta terrestre". Secondo Hapgood, la crosta del pianeta è soggetta, a intervalli più o meno regolari, ad improvvisi slittamenti indipendenti dai sommovimenti all'interno del pianeta, un po' come la buccia di un'arancia può essere distaccata dal corpo del frutto senza con questo interferire con la sua parte interna. Si tratta di un fenomeno naturale provocato dal continuo equilibrarsi delle calotte polari e delle masse terrestri del pianeta mentre ruota sul proprio asse rivoluzionando attorno al Sole secondo un'orbita ellittica (altri autori ci aggiungono anche collisioni con asteroidi e altri corpi vaganti nello spazio).

C'è subito da dire che la teoria di Hapgood non ha mai trovato una buona accoglienza presso gli studiosi e i geologi tradizionali. In verità, qualcosa di simile è nuovamente stato proposto in tempi recenti, parlando però non di fenomeni repentini, ma di movimenti che si verificano lungo archi di tempo di milioni di anni, dove la crosta terrestre scivolerebbe a seguito dei sommovimenti interni del cuore del pianeta, con effetti poco evidenti sulla superficie, se non qualche cataclisma a livello locale.

Il libro più famoso di Hapgood si intitola *Maps of the Ancient Sea Kings*, pubblicato nel 1966. Nel testo propone l'idea di una grandiosa, perduta civiltà marina preistorica, le cui avanzate conoscenze geografiche sarebbe abbondantemente testimoniate in dettaglio da una serie di mappe risalenti al XVI secolo. In particolare, Hapgood ne cita una in cui si vede l'Antartide per una buona parte libero dai ghiacci, come compariva prima che uno degli slittamenti da lui immaginati spingesse questa grande terra più verso sud, nel volgere dal giorno alla notte. Per Hapgood la cosa avvenne circa 10.000 anni or sono, anche se la ricerca geologica, a supporto della sua teoria, non ha ancora rintracciato un solo campione di roccia databile negli ultimi 20.000 anni che riveli un orientamento paleomagnetico di questo genere. In qualunque modo siano andate le cose, nel prosieguo della lettura diventa subito chiaro che l'Antartide privo di ghiacci si propone come sede ideale per l'Atlantide dei Flem-Ath: lo slittamento della crosta ne provocò la fine, le onde la sommersero, poi venne invasa dai ghiacci, mentre i sopravvissuti, che in qualche modo erano riusciti a scamparla, avevano trovato rifugio nelle regioni più temperate a nord. Sebbene non direttamente collegata, questa teoria richiama alla mente quella del "mondo ghiacciato" elaborata da Hans Hörbiger, secondo cui la maggior parte della materia che compone l'universo altro non è che ghiaccio che esplode quando viene a trovarsi nelle vicinanze di una stella calda. Anche per lui Atlantide era un continente "gelato". Hörbiger interpreta la storia dell'umanità come un ciclo continuo di catastrofi rigeneratrici, succedutesi l'una all'altra fino al sopraggiungere della razza ariana, apportatrice di un benefico e salutare rinnovamento. Inutile dire che queste sue teorie erano gradite e molto popolari presso il Partito nazista.

Colui che è passato alla storia come il teorico del nazismo, Alfred Rosenberg, in un libro edito nel 1934 intitolato *Der Mythus des 20 Jahrhunderts* immaginò la vera origine del popolo tedesco in un continente semi-artico, freddo, puro e perduto, dove la razza germanica aveva avuto modo di evolversi e svilupparsi nella perfezione che la contraddistingueva. Fatto singolare e interessante, questi stessi princìpi già erano aleggiati nei racconti romantici razzisti di Edmund Kiss, che aveva immaginato gli Ariani approdare al loro paradiso di ghiaccio giungendo proprio da Atlantide. Sovente idee pseudo scientifiche sono ispirate dalla letteratura. Col beneplacito di Goebbels, gli archeologi tedeschi vennero fortemente incoraggiati a mettersi sulle tracce di Atlantide, ovviamente senza successo. Più direttamente allineata con l'immagine di Atlantide nell'Antartide suggerita dai Flem-Ath, troviamo l'opera di un altro autore precedente la seconda guerra mondiale, il francese René-Maurice Gattefossé, il quale propose una pre Atlantide antartica da cui si diffuse la civiltà nell'Atlantide ricordata da Platone e nel resto del mondo antico, fornendo ispirazione a opere come Stonehenge e le grandiose architetture megalitiche degli Inca. Gattefossé, invece degli slittamenti di Hapgood, ipotizza addirittura il ribaltamento dell'asse terrestre.

Nel libro dei Flem-Ath, Hapgood si collega a Platone verso la fine del primo capitolo. Il secondo parte in modo decisamente colorito con la descrizione della catastrofe atlantidea, come se il testo fosse la continuazione ideale di quello del filosofo. L'idea di base però è che ogni volta, conclusosi un ciclo distruttivo, gruppi di scampati riuscivano sempre a ricominciare da capo. Anche se nel suo racconto Platone non menziona scampati e sopravvissuti, i Flem-Ath ne immaginano. Essi sarebbero, per l'appunto, i civili popoli del mare di Hapgood, che si incontrarono con i popoli ancora primitivi di cacciatori-raccoglitori stanziati nelle terre in cui essi erano approdati dopo il collasso di Atlantide. Con l'arrivo degli evoluti Atlantidei, le diverse preciviltà dei vari angoli del mondo scattarono in avanti lungo il percorso evolutivo. In particolare, come sembra attestato dall'archeologia, tutto questo avvenne proprio attorno alla data fatidica del 9600 a.C., quella tanto cara ai Flem-Ath. La vita primitiva sbocciò, come d'incanto, incontro alla civiltà. (Nelle *Leggi* Platone non parla mai di un rinnovamento verificatosi sulle ceneri di precedenti disastri, né di mutamenti avvenuti per stimoli esterni).

Come appena accennato, la certezza che sostiene i Flem-Ath consi-

La versione di Atlantide proposta da Gattefossé.

ste nel fatto confermato dalle scoperte archeologiche che attorno al 9600 a.C. il mondo conosciuto andò incontro al radicale mutamento dovuto ai cambiamenti indotti dalla stanzialità imposta dall'agricoltura. Circa 15.000 anni or sono lungo la bassa valle del Nilo, in Egitto, già si erano avute le prime avvisaglie di una civiltà protoagricola. Coeva a questo movimento c'era poi stata in Palestina la cultura dei Natufiani, decisamente improntata sull'agricoltura, che attorno al 9000 a.C. già era dedita a un'agricoltura se non sistematica, consapevole. In Perú invece, contrariamente a quanto sostenuto dai Flem-Ath, la coltivazione di patate e altri tuberi si avviò un poco più tardi, forse attorno all'8500 a.C. Nell'interessante sito della "grotta dello spirito" in Thailandia (sempre verso il 9600 per i Flem-Ath, un millennio dopo stando alle indicazioni archeologiche), i resti di piante commestibili venuti alla luce sono così scarsi da non consentire di valutare se i residui di piselli e fagioli rinvenuti appartenessero a piante selvatiche o coltivate, mentre tracce di riso carbonizzato di altri siti sembrano risalire a momenti diversi e più recenti, con una maggiore possibilità di individuare le specie domestiche da quelle spontanee; mentre impronte di vita sedentaria, collegate a testimonianze meno dubbie di civiltà agricola risalgono al 6800 a.C., chiaramente attestate dall'analisi di frammenti ceramici.

I Flem-Ath sono chiaramente influenzati dalla sottaciuta ipotesi platonica di gruppi di superstiti, che trovano rifugio ai ciclici diluvi negli altipiani e cercano di cucire questo esodo con l'origine della coltivazione agricola delle piante commestibili nelle zone temperate del pianeta. Vanno però oltre a ciò che afferma il filosofo, secondo cui, stando ai preti egizi, solo l'Egitto sarebbe stato in grado di sopravvivere a diluvi e cataclismi infuocati; idea immediatamente accolta in modo acritico da Donnelly e Spence che ritengono l'Egitto la terra ideale per la rinascita di Atlantide. In realtà, tenendo conto della ubicazione, l'Egitto, come Creta, la terra di Sumer, l'India e la Cina, prima dell'eventuale slittamento della crosta terrestre avrebbero avuto un clima tropicale, decisamente poco consigliato come terra dove dare il via ad un'agricoltura vincente; non per nulla solo quando l'Egitto e gli altri luoghi avevano incominciato a godere di un clima più temperato, quelli che sarebbero diventati i nuovi agricoltori erano discesi dagli altipiani per dare finalmente avvio alla civiltà. In questa chiave, i Flem-Ath propongono un momento intermedio collocato nei contrafforti dell'Etiopia: la grande civiltà nilotica esplose solo dopo che questi gruppi di agricoltori erano scesi dagli altipiani etiopici. «Questi luoghi "alti" del nostro pianeta sono destinati ad offrirci chissà quante sorprese ancora» affermano con convinzione i nostri due autori.

Con la farraginosa ipotesi che il principio dello scivolamento delle crosta terrestre proposta da Hapgood non è solo in grado di dare ragione della nascita dell'agricoltura e della civiltà post-atlantidea, ma anche del popolamento delle Americhe e di tutti i misteriosi segni di glaciazioni rintracciati in ogni angolo del pianeta, i Flem-Ath procedono nella esposizione del loro racconto. La ripresa proietta il lettore in una sensazione di *déja-vu* con il mito degli Indiani Ute (tratto da un numero della rivista «Popular Science Monthly» del 1880), relativo al dio lepre ustionato dal Sole, già ricordato da Donnelly e certamente non per la prima volta. Questa storia in cui un Sole errante nel cielo si fa terribile e pericoloso, non viene interpretata dai Flem-Ath come l'immagine dell'avvicinarsi alla Terra di una cometa o di un asteroide, bensì nell'ottica della loro idea di fondo: il cataclisma venne provocato da una dislocazione della crosta planetaria intesa come un apparente spostamento del Sole, fenomeno accompagnato ovviamente da un corredo impressionante di catastrofi, come diluvi e piogge di fuoco (le lacrime del dio lepre, come ricorderete). Questo è un caso davvero interessante di come un solo mito possa diventare sostegno di teorie diverse, fondate su catastrofi assortite e differenti. Su questa scia, tutte le leggende presenti presso qualsivoglia popolo antico relative a un'isola che scompare vengono proiettate dai nostri autori come il ricordo della fine di Atlantide, ma, ad onor del vero, questa operazione riesce loro in modo decisamente meno pesante e tedioso che non agli altri atlantologi, visto che, per lo meno, evitano di citare senza freno nomi impronunciabili di divinità ed eroi, che sembrano, al contrario, eccitare la maggior parte di coloro che si dedicano a questi studi di immaginazione comparativa.

Lasciato il mito, i Flem-Ath tornano alla loro idea di catastrofismo post-glaciale per dare sostegno alla teoria della Atlantide nel continente antartico. A loro avviso, la gran parte delle estinzioni di massa di animali si registrò verso la fine dell'ultima glaciazione, coerentemente a quello sostenuto da Hapgood quando riferisce che proprio in questo periodo si sarebbe verificato l'ultimo slittamento della crosta terrestre. Poiché su questa immagine si sono cimentati anche altri autori, avvalendosi sia dell'opera di Hapgood che di quella dei Flem-Ath, considerato che l'ipotesi che alla fine dell'ultima era glaciale siano accaduti avvenimenti importanti gode di un suo forte credito, mi sembra corretto dedicare a questo argomento qualche considerazione in più, cercando di vedere se, in merito, emerga anche qualche riscontro sotto il profilo scientifico, della geologia e della paleontologia. Se sulla fine di alcuni animali importanti – avvenuta appena dopo la chiusura della fase terminale dell'ultima glaciazione – come, per esempio, il cervo gigante, il rinoceronte lanuto, la grande tigre dai denti a sciabola, il mastodonte e altri ancora non sembrano esserci dubbi, l'animale che continua a sconcertare gli studiosi è il mammut, sin da quando il primo esemplare congelato venne scoperto negli eterni ghiacci siberiani nel 1692. Un altro esemplare, venuto alla luce nel 1804, venne ampiamente studiato dal più grande naturalista del tempo, Georges Cuvier, il quale constatò la natura adatta al freddo del gigantesco animale, per via della folta pelliccia lanosa, ma anche dei consistenti strati adiposi. Queste osservazioni di Cuvier non vengono mai riportate dagli atlantologi, i Flem-Ath compresi, perché si scontrano con la loro ipotesi secondo la quale questi antichi animali ebbero a scomparire dalla faccia della Terra a causa di un repentino e brusco passaggio da un clima temperato ad un molto freddo. Vero è che all'interno dello stomaco dei mammut sono stati rinvenuti residui di vegetali che inducono a immaginare un habitat decisamente più temperato allora di quanto non lo sia oggi nelle zone in cui queste gigantesche carcasse vengono ritrovate; ma si trattava pur sempre di condizioni decisamente fredde, adatte a animali capaci di sopravvivere in un clima che faceva del gelo la sua caratteristica decisiva. Oggi le fredde regioni settentrionali contano su brevi estati e su qualche sprazzo di primavera ed anche in pieno inverno è comunque possibile scovare cibo sotto la coltre nevosa: lo studio delle zanne dei mammut indica chiaramente come fossero usi a scavare nel terreno per rintracciare cibo adatto nella terra, una volta rimosso lo strato superficiale di ghiaccio e neve. Per di più, è risaputo che l'ultima glaciazione non terminò dall'oggi al domani con un subitaneo ritorno a condizioni climatiche più accettabili: la scienza geologica attesta, infatti, che attorno al 10.500, dopo un lungo periodo di graduale riscaldamento, si registrò una forte recrudescenza del freddo, un ritorno a climi più rigidi protrattosi per oltre 700 anni, per poi scemare velocemente e lasciar adito a temperature più miti.

Ma anche quando finalmente i ghiacci si erano in gran parte ritirati, le temperature non erano ancora del tutto stabilizzate; lo dimostra il fatto che negli ultimi 10.000 anni si registrarono ancora almeno tre lunghi periodi di forte innalzamento della temperatura, attestata su valori più alti degli attuali, periodi di tempo separati da due intervalli più freddi. Alla prima, iniziale, fase di riscaldamento, era seguito un ulteriore impennamento della temperatura che, fra il 4000 e il 5000 a.C., si era poi andata ad assestare su valori ottimali, in un periodo in cui il clima era più caldo di adesso. A questa fase era seguito un calo e poi un nuovo innalzamento attorno al 2000 a.C., con una seconda ricaduta attorno al 1000 a.C. Infine c'era stata un'altra fase, la cosiddetta "piccola glaciazione".

Simili fluttuazioni climatiche hanno senz'altro caratterizzato per centinaia di migliaia di anni l'andamento dell'ultima era glaciale, con i suoi periodi di recrudescenza del freddo intervallati da momenti in cui il clima tendeva a migliorare (anche senza toccare i punti di massimo calore registrati nei periodi interglaciali e post-glaciali). Per questo non mi sembra ci sia niente di così sconvolgente nel rintracciare nello stomaco di un esemplare di mammut – andato incontro a congelazione nel corso di una delle citate fluttuazioni, se non alla fine dell'ultima era glaciale – residui di piante e vegetali rintracciabili in climi meno freddi, addirittura più accessibili di quelli odierni. Ma lo stesso perfetto stato di conservazione in cui l'ottantina di esemplari di mammut che sono venuti alla luce nel tempo, non testimonia che una sola chiara cosa: le condizioni fredde del periodo in cui vissero. Finiti casualmente in un terreno fangoso, scivolati lungo le rive scoscese di un fiume o sprofondati in qualche territorio acquitrinoso, i loro corpi sono poi stati cristallizzati dal sopraggiungere di un clima invernale più rigido che li ha conservati nel permafrost, consegnandoceli prima che potessero avviarsi i processi di disfacimento. (In pratica, la stessa cosa accaduta ad una famiglia di esquimesi di Barrow, in Alaska, attorno al 1500 d.C.: una recente spedizione archeologica ha restituito i loro corpi integri e intatti, perfettamente congelati, dopo che un'alluvione li aveva imprigionati e uccisi nella loro dimora. Un caso simile è rappresentato dal ritrovamento delle celeberrime mummie delle tombe di Pazyryk, nella Siberia meridionale, databili attorno al 400 a.C. In questo caso, però, siamo di fronte ad un'intenzione deliberata: corpi sepolti in estate in un terreno che da lì a breve si sarebbe trasformato in una gigantesca bara di ghiaccio). Insomma, per chiudere: i mammut facevano anch'essi parte di una folta fauna di animali adattati alla vita nel freddo, un gruppo cui appartenevano, per esempio, il ben protetto rinoceronte lanuto e il cervo gigante dal folto pelo.

Per questo, tornando a quanto si osservava prima, le affermazioni fatte dal Cuvier non sono mai andate a genio agli atlantologi. I Flem-Ath, invece, le citano quando parlano di «carcasse di alcuni giganteschi quadrupedi» a proposito di «calamità che, all'inizio, sconvolsero fin nelle profondità la crosta terrestre». Curioso, in proposito, osservare come gli atlantologi odierni concedano un così vasto credito a un pur valente naturalista morto 168 anni fa, le cui teorie catastrofiche sono però state abbandonate sin da subito dopo la sua morte. Ciò malgrado, Cuvier non parlava di slittamenti o corrugamenti della crosta terrestre, come, viceversa, i Flem-Ath vorrebbero farci credere quando scrivono che «la teoria del Cuvier assegna l'estinzione delle grandi masse di animali ai sommovimenti della superficie terrestre». (Lo stesso Hapgood propone argomentazioni piuttosto ingarbugliate a proposito di alcuni fra i più celebri corpi di mammut venuti alla luce, quelli di Berezovka, per cercare di contestare la loro datazione al carbonio, che è attorno a 45.000 anni or sono, fatto che li colloca in un momento poco consono alla sua teoria, vale a dire all'interno di un periodo di clima relativamente più temperato di quello che invece lui, nella sua ricostruzione dei fatti, ipotizza per le regioni siberiane di

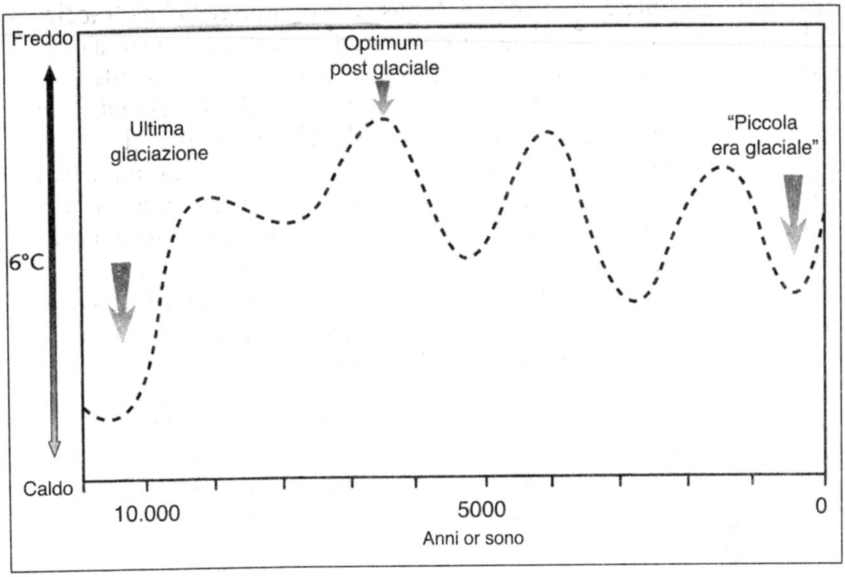

Grafico che mostra l'innalzamento e l'abbassamento della temperatura dalla fine dell'ultima glaciazione.

quel tempo. Ricorrendo a domande pleonastiche del tipo: «Possiamo ricomprendere questo dato all'interno del nostro schema?», oppure: «Naturalmente, anche per questo ci deve essere un motivo», Hapgood immagina che i mammut ritrovati a Berezovka siano precipitati in un grande crepaccio perennemente gelato e profondo «qualche decina di metri», una fessura poi ricompostasi a seguito di uno dei tanti scivolamenti della crosta e definitivamente sigillata dal ghiaccio. Nei millenni successivi, la formidabile azione erosiva delle acque di un fiume avrebbe poco alla volta riconsegnato ogni cosa alla luce, ma non prima che una nuova recrudescenza climatica consentisse agli esemplari di continuare a conservarsi nella loro interezza, così come abbiamo potuto rintracciarli oggi. Pure in questa dimensione di idee, sembra che Hapgood si renda comunque conto di come uno slittamento della crosta terrestre non possa essersi verificato così celermente da congelare all'istante, come un lampo repentino, intere specie animali. Per questo non disdegna di chiamare anche in causa l'attività di vulcani che con le loro emissioni di ceneri, polveri, lapilli e mefitici gas tossici sarebbero stati, alla fine, i veri agenti decisivi per la loro fine. Inutile dire che chi è venuto dopo di lui ha fatto proprie queste teorie con il massimo slancio).

I paleontologi sono d'accordo nel riconoscere che alla fine dell'ultima era glaciale si registrò la scomparsa e l'estinzione di alcune specie animali – naturalmente, specie diverse a seconda dei luoghi e anche in tempi lievemente differenti – ma sono anche i primi a sostenere che tutto questo non accadde a causa di un'improvvisa catastrofe naturale, come abbiamo visto fino ad ora, mentre è decisivo considerare che la definizione di "estinzione di massa" quando usata dai paleontologi non significa affatto la scomparsa in un determinato territorio di un'intera specie di animali, quanto piuttosto che i resti fossili di un dato animale ritrovati all'interno di uno strato geologico, in quello successivo non si rintracciano più, molto probabilmente perché, per un motivo o per un altro, si tratta di una creatura estinta. In realtà, una delle cause sulla quale si insiste maggiormente, si riferisce alla caccia intensa cui l'uomo sottoponeva alcune specie, una volta fattosi esperto e insuperabile cacciatore, al punto da non temere neppure di spingersi in territori "difficili" come le fredde lande della Siberia e dell'America settentrionale, capace oltretutto di modificare le tattiche e le tecniche di caccia adattandosi a tutti quei diversi climi imposti dai profondi mutamenti occorsi col finire del periodo glaciale. Specialmente nell'Europa centrale, nei grandi siti di ritrovamenti archeologici del Paleolitico superiore, i resti di mammut emergono con grande insistenza, tanto da quasi equiparare in quantità quelli venuti alla luce nelle plaghe siberiane. La maggior parte di questi reperti non sono riaffiorati in crepacci o lungo le rive scoscese di fiumi. In questo caso si tratta di animali oggetto di una caccia intensa, come testimoniato dalle raffigurazioni parietali delle grotte paleolitiche della preistoria europea, dove l'importanza del mammut per il popolo dei Cro-Magnon è quanto mai evidente. Certamente, in tutti questi movimenti contribuirono in modo decisivo condizioni climatiche e fattori ambientali (per esempio, temperature troppo rigide anche per i mammut, pur avvezzi al gelo, con più limitate opportunità di procacciarsi del cibo), ma essendo dimostrato che il Pleistocene non fu un periodo caratterizzato dall'estinzione in massa alla fine dell'era glaciale di specie animali per cause naturali, va da sé che la maggior parte dell'attività debba ascriversi all'operato dell'essere umano. Di nuovo, parlare di "estinzione di massa" è ingannevole e fuorviante se lo si intende nei termini soliti, vale a dire, in questo caso, come se la Siberia pullulasse solo di carcasse di mammut. Si deve immaginare, infatti, che non pochi esemplari conservatisi facessero parte di gruppi spintisi nei territori in cui noi oggi li abbiamo ritrovati approfittando delle fasi intermedie di intervallo dell'ultima glaciazione o durante periodi di clima più favorevole a quello odierno sul finire della stessa era, e qui colti, come di sorpresa, al momento delle nuove e repentine recrudescenze di gelo ritornate su quelle regioni.

I Flem-Ath (come altri autori venuti ancora dopo, come vedremo) non hanno però mezze misure e si appoggiano alle teorie di Hapgood per giustificare la loro visione catastrofica e le numerose estinzioni di massa, a loro dire verificatesi ovunque alla fine dell'era glaciale. Hapgood, a sua volta, sembra ispirarsi a un testo popolare di Frank C. Hibben dal titolo *The Lost Americans* pubblicato nell'ormai lontano 1946. È stato attraverso l'opera di Hibben che il ritornello delle estinzioni in massa di milioni e milioni di animali, così caro a tutti gli atlantologi, si è introdotto nella letteratura specialistica. Peccato che il concetto sia nient'altro che una fantasia dello stesso autore, in queste pagine particolarmente immaginifico, se solo poco più di dieci anni dopo in un suo nuovo libro dal titolo *Prehistoric Man in Europe* (1959) queste riflessioni stravaganti sulle estinzioni di massa non fanno più capolino. Insomma, l'impressione che si ha è che Hapgood sia andato all'affannosa ricerca di tutto quanto potesse in qualsiasi modo dare credito alla sua teoria degli scivolamenti superficiali della crosta terrestre, ritenendo di rintracciare nel primo libro di Hibben un sostegno più che decoroso. Peccato che già nel momento in cui Hapgood dava alle stampe il suo lavoro, questo di Hibben fosse ampiamente superato, e lo sia stato ancora di più, ovviamente, quando sulla scena sono comparsi i Flem-Ath, per trasformarsi oggi in qualcosa di obsoleto quando tanti autori ancora lo rievocano, quasi come se tutte le nuove conoscenze relative alla cronologia degli stadi/interstadi dell'era glaciale e le ultime conquiste della paleontologia non fossero mai avvenute.

Un altro aspetto correlato all'immagine di una catastrofe planetaria verificatasi alla fine dell'ultima glaciazione, con l'estinzione in massa di intere specie animali, è quello dell'innalzamento del livello delle acque. Anche su questo argomento sia Hapgood che i Flem-Ath possono considerarsi dei capiscuola, seguiti con un certo entusiasmo da molti atlantologi che sono venuti dopo nella lunga storia della Sindrome atlantidea. I Flem-Ath condividono in pieno e su tutto il fronte l'idea proposta da Hapgood secondo la quale i periodici dislocamenti della crosta terrestre sarebbero avvenuti a seguito dello sbilanciamento delle masse terrestri del pianeta e soprattutto a causa della distribuzione non equilibrata di quelle polari. (Tengo a ricordare che lo stesso Hapgood ha abbandonato questa teoria sin dal 1970 con il libro *The Path of the Pole*, preferendo concentrarsi sul rinvenimento di prove attestanti la realtà degli scivolamenti che non sulle teorie che li spiegano). Al principio di Hapgood, molto sagacemente, i Flem-Ath aggiungono anche come fattore scatenante le lievi ma importanti irregolarità dell'orbita terrestre, con le conseguenti influenze gravitazionali esercitate dalla Luna, dai pianeti e dal Sole. Indipendentemente dal modo in cui questi slittamenti accaddero, essi portarono a improvvisi periodi in cui le calotte polari di ghiacci eterni presero progressivamente a sciogliersi, essendosi venute a trovare, a causa degli spostamenti superficiali, in zone caratterizzate da un clima più temperato.

Anche oggi, ovviamente, questo problema è attuale, poiché è inevitabile che un surriscaldamento generale del clima e lo scioglimento di gran parte delle masse ghiacciate polari porterebbe a un conseguente innalzamento dei livelli delle acque del pianeta in tempi relativamente brevi. (Anche se i Flem-Ath sostengono che, alla fine, la cosa non sarebbe così grave, in quanto le calotte polari si riformerebbero nuovamente nelle stesse zone di prima, predisponendosi a un nuovo slittamento, e così per sempre, in un ciclo pressoché continuo). Poiché altri autori non solo condividono questa immaginazione, ma se ne sono appropriati per approfondirla ancor meglio, ritengo sia importante spendere qualche parola su ciò che ha da dire la geologia ufficiale a proposito dell'innalzamento del livello delle acque terrestri registrato alla fine dell'ultima era glaciale.

Il livello degli oceani terrestri nel corso delle ere glaciali scendeva soprattutto perché la maggior parte delle precipitazioni si manifestava sotto forma di neve nelle regioni polari e montane, non avendo tempo di sciogliersi per andare a gettarsi nelle acque dei fiumi che correvano ai mari. In altre parole: l'acqua che evaporava dagli oceani ricadeva sotto forma di neve sui ghiacciai che non facevano che espandersi. Durante l'ultima era glaciale, il livello delle acque è calato di almeno 120 m nel corso della fase più gelida, circa 18.000 anni fa. Un millennio dopo i ghiacci hanno incominciato a liquefarsi determinando un nuovo innalzamento dei mari, con un rapido incremento attorno a 14.000 anni or sono valutabile da 2,4 a 3,7 cm all'anno fino ad almeno a 11.000 anni fa. Difficile vederci in questa lenta crescita l'impeto di un improvviso diluvio universale. Il picco di recrudescenza di gelo verificatosi attorno al 10.500 prima del nostro tempo, rallentò il fenomeno per almeno 700 anni, e quando questa fase cessò, circa 8000 anni or sono, il livello parve attestarsi intorno a un valore inferiore di circa 25 m rispetto a quello odierno. Da questo momento in avanti ha sempre continuato a salire con molta gradualità (fatte salve rare fluttuazioni) fino ad adesso. Le prove dei diversi livelli raggiunti sono rintracciabili negli strati geologici di antiche spiagge, in terrazze marine e barriere coralline. Qui la datazione al carbonio, e con i diversi metodi all'uranio, degli organismi viventi consente di proporre utili indicazioni. I luoghi sono numerosi e sparsi in ogni angolo del mondo: Florida, Barbados, Massachusetts, Olanda, Brasile, alcune isole del Pacifico e Nuova Guinea, dati ulteriormente arricchiti dalle informazioni aggiuntive derivate dallo studio di quelli climatici dei sedimenti oceanici, dei depositi di löss dell'Eurasia, dei carotaggi dei ghiacci polari, degli strati sedimentati sul fondo dei laghi andini e della sequenza dei pollini in alcuni siti particolari. Ma lievi mutamenti di livello legati a episodi o fenomeni di breve durata sono impossibili da mappare in dettaglio, in correlazione a località differenti. L'analisi dei

Innalzamento del livello delle acque a partire dal picco dell'ultima glaciazione.

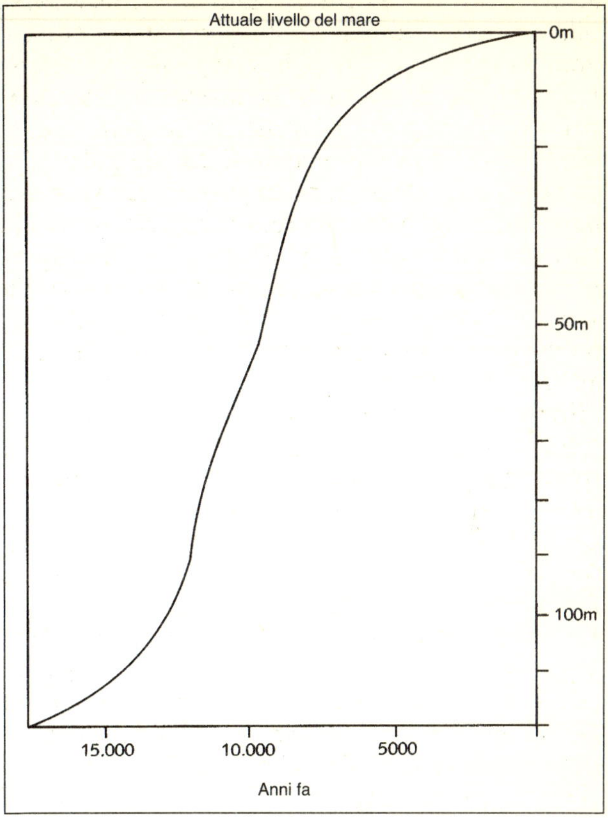

carotaggi dei sedimenti marini osserva la registrazione delle fluttuazioni valutando la presenza relativa di alcuni piccoli organismi, più o meno favoriti dalle acque calde o fredde, mentre la variabilità volumetrica dell'oceano dà indicazioni in merito ai cambi di temperatura; ma, come si sa, datare i prelievi è operazione quanto mai ardua, tenuto conto degli ampi margini di flessibilità previsti dalla datazione al radiocarbonio in relazione all'esteso periodo coperto dai campioni, al punto che l'errore stimato potrebbe anche essere superiore al millennio.

Non è assurdo pensare che un temporaneo incremento delle dimensioni dei ghiacciai, come accadde, per esempio, nella recrudescenza di freddo verificatasi circa 10.500 anni or sono, abbia anche provocato immediatamente dopo un aumento del loro scioglimento, non appena il clima si era riassestato su livelli meno rigidi, detto per inciso proprio in prossimità della fatidica data citata da Platone per la drammatica fine di Atlantide. Se questo rientra nella logica, è però doveroso anche osservare che non sempre un incremento del volume dei ghiacci sulla superficie del pianeta deve essere necessariamente seguìto da un corrispondente e immediato aumento della loro liquefazione e comunque anche una crescita di 60 cm all'anno non è assolutamente detto debba provocare chissà quale tremendo cataclisma planetario. L'analisi di sedimenti prelevati sul fondo marino del golfo del Messico ha rivelato il possibile afflusso di acqua nuova e fresca verificatosi circa 11.600 anni or sono (in perfetta linea con quel che si racconta nel *Crizia* e che sostengono i Flem-Ath), un fenomeno correlabile ad un improvviso aumento del tasso di scioglimento dei ghiacci che al tempo ricoprivano l'America del Nord, non necessariamente dovuto a qualche fluttuazione della temperatura (o solo per questa causa). Ma, di nuovo, la datazione al radiocarbonio copre un lasso di tempo troppo esteso per poter esprimere una datazione attenta e puntuale, mentre la stima approssimata della massa volumica dei ghiacci che si sciolsero non permette di valutare se l'innalzamento del livello delle acque che ne conseguì si verificò in modo rapido e spettacolare oppure gradualmente tranquillo. Secondo alcuni geologi questo fresco apporto di nuova acqua avvenne lungo una scala temporale di qualche migliaio di anni. Per gli atlantologi, invece, fu un evento drammatico, dove un'immensa montagna di ghiaccio si sciolse in modo estremamente rapido inducendo un innalzamento dei livello delle acque oceaniche tale da provocare l'inabissamento dell'Atlantide descritto da Platone, oltre che una costellazione di altri avvenimenti, quelle catastrofi che seminarono i sopravvissuti in ogni angolo del mondo, apportatori di una civiltà che era stata letteralmente spazzata via in un lampo dalla faccia del pianeta.

Dopo queste sortite nei campi della scienza geologica e paleontologica, i Flem-Ath tornano al mondo dei miti, dedicando una puntata delle osservazioni a sostegno della loro ipotesi alla considerazione comparativa degli idiomi di popoli molto lontani fra loro. Nella fattispecie, genti dell'America settentrionale e della terra di Sumer, facendo proprio il lavoro linguistico e semantico di alcuni ricercatori sovietici. Sulla scia di questo nuovo filone le possibilità proposte variano dalla dilatazione indietro nel tempo delle straordinarie rovine della città di Tiahuanaco (allo stato attuale delle ricerche la datazione ufficiale scientifica oscilla dal 500 a.C. al 1000 d.C., ma ne parleremo più avanti), all'età della Sfinge (ovviamente retrocessa sempre più indietro nel tempo, anche se non ci sono motivi di ordine storico e archeologico per ritenerla più antica del 2500 a.C.), all'antichissima età della concezione progettuale del complesso delle grandi piramidi della piana di Giza (sulla scorta, come vedremo, di annotazioni decisamente poco sostenibili). Ancora viene chiamato in ballo il nome Aztlan, senza menzionare la data del 1168 d.C. che gli stessi Aztechi indicavano come il momento in cui avevano abbandonato la loro terra di origine. Non mancano poi, ovviamente le considerazioni sul continente artico come sede natia della razza ariana, anche se l'introduzione di questa ipotesi non condivisa dai Flem-Ath sembra più che altro predisposta ad arte per giustificare la loro teoria sull'Antartide come sede iniziale del germe della civiltà atlantidea.

E così si arriva a proporre che ci sia stato un tempo in cui anche il territorio antartico godeva di un clima mite. L'intero discorso parte e si fonda sulla datazione del 9600 a.C., senza alcuna considerazione a proposito dell'alternarsi dei periodi glaciali e interglaciali e delle altrettanto ormai assodate fasi di relativa mitigazione delle temperature succedutesi negli oltre due milioni di anni dell'era pleistocenica, per di più citando specie di animali presenti in Norvegia e in Siberia, pur se adatte a climi più miti di quelli glaciali, continuando a far finta che i periodi intermedi meno rigidi non siano mai esistiti. La scienza non fa mistero a proposito di provvidenziali corridoi liberi dai ghiacci simili a quelli che consentirono agli antichi progenitori degli Indiani d'America di transitare per tutto il nord del continente dopo aver valicato lo stretto di Bering, probabilmente proprio nel periodo in cui i mari segnavano un vistoso abbassamento del livello delle loro acque, nel corso del millennio conclusivo dell'ultima era glaciale. I ghiacciai scendevano dalle regioni settentrionali e lungo i crinali dei monti come il complesso delle Montagne Rocciose e delle Alpi, con vasti tratti di penetrazione liberi dai ghiacci e praticabili.

In modo certamente molto azzardato, i Flem-Ath citano, non senza una certa sicumera, datazioni precise per segnalare i punti di riferimento dello schema degli slittamenti della crosta terrestre della loro ipotesi: 91.600, 50.600 e 9600 a.C., tutte date che non collimano per niente con le pur numerose fasi conosciute dell'ultima glaciazione identificate dalla geologia. Altrettanto interessante è osservare come in un documento redatto da Rand Flem-Ath nel 1981 ed inserito come appendice in *La fine di Atlantide*, l'eventualità di fenomeni di dislocazione della crosta terrestre come ipotizzati da Hapgood accaduti da qualche parte fra 17.000 e 12.000 anni or sono, non vengano in qualche modo ricondotti alla fatidica data del 9600 a.C. Fra i tanti convincimenti adombrati dai Flem-Ath esiste poi quello dell'acclarata capacità dei gruppi umani di passare dalla Siberia, utilizzando come ponte lo stretto di Bering, per approdare nel continente nordamericano e discendere lungo la costa del Pacifico fino in California e in Sudamerica, per spingersi fino a quella lontanissima regione, all'epoca priva di ghiacci, che essi chiamano piccola Antartide, corrispondente nelle mappe odierne ai territori antartici occidentali, questo a partire sin dal 50.600 a.C.! (Dopo il 9600 invece, ulteriori fenomeni di slittamento della superficie terrestre provocarono l'invasione dei ghiacci anche di questa regione, obbligando i popoli che l'abitavano ad andarsene, risalendo a ritroso nuovamente verso l'America del Nord). Inutile chiedersi da quali prove archeologiche i Flem-Ath derivino la certezza che le Americhe fossero già abitate a partire dal 50.000 a.C. Anzi, dicono di usare prudenza citando queste datazioni, aggiungendo che, comunque: «un lasso di tempo che va da quaranta a ottantamila anni sembra più che sufficiente per la nascita di una civiltà autoctona avanzata, stanziatasi su di un'isola dal clima temperato anche in mancanza di sollecitazioni provenienti dall'esterno». La citazione, naturalmente, è rivolta alla parte occidentale del continente antartico prima dell'avvento dei ghiacci.

A questo punto nel successivo capitolo gli autori propongono una vivida descrizione della fine di Atlantide nell'Antartide, ritornando al racconto di Solone, ma non con le parole di Platone. Il lettore ne deriva così l'impressione che i sacerdoti saitici descrivano a Solone una catastrofe di dimensioni cosmiche, con terremoti e alluvioni scatenati da un'alterazione del percorso celeste del Sole, di cui Platone non fa menzione nel modo più assoluto. Collocare Atlantide al di sotto della crosta di ghiacci che oggi ricopre il territorio antartico, pone i Flem-Ath in una posizione di vantaggio rispetto agli altri atlantologi non orientati in questa direzione o che non abbracciano l'ipotesi dell'ubicazione sul fondo dell'oceano Atlantico. Essi, infatti, sono perfettamente liberi di accettare alla lettera e con assoluta serenità quel che Platone afferma a proposito, per esempio, dell'estensione e della grandezza dell'isola e della sua capitale e poi, chi può negare che sotto quella spessa coltre di ghiaccio non si celino davvero statue dorate, grandi strade lastricate e possenti canali circolari? E poi, ancora, chi potrebbe negare che la distrutta biblioteca di Alessandria d'Egitto, dove la cultura e la civiltà greca si fondevano con quella egizia, non contenesse interi archivi di preziose, quanto precise, mappe geografiche dei tempi atlantidei? (Dopo tutto, Atlantide era stata sommersa dal ghiaccio e la biblioteca se n'era andata in fumo). Alcune di queste mappe si erano però salvate per approdare a Costantinopoli dove avrebbero potuto essere esaminate dai Vichinghi e dai navigatori arabi, fornendo preziose ispirazioni per i viaggi di Cristoforo Colombo. Ecco, in sintesi estrema, la congettura finale dei Flem-Ath.

A riprova di quanto sostenuto, essi si appellano soprattutto ad un paio di rare mappe del XVI secolo provenienti dal mondo della marineria musulmana, le quali attesterebbero la continuità delle preziose conoscenze cartografiche e geografiche degli antichi Atlantidei, per nostra fortuna, perpetuatesi nei secoli. La prima è la mappa detta di Hadji Ahmed del 1559, in cui si osserva una configurazione dell'America del Nord improponibile per le conoscenze del tempo, oltre al fatto di segnalarla come ricoperta dai ghiacci (11.600 a.C.?), con il territorio della Beringia sommerso dalle acque. I Flem-Ath riportano questa mappa, sostituendola con un disegno moderno da loro stessi realizzato. Peccato che, fra le molte cose che sottacciono, non dicano anche che già la mappa di Hapgood da loro ripresa non fosse l'originale bensì una copia stilizzata, ma molto arzigogolata e arricchita di fregi, elaborata in Francia nel 1865. A proposito dei dettagli verificabili sull'originale lo stesso Hapgood è stranamente parco di annotazioni.

Concentrandosi solamente sul disegno dell'America del Nord della versione francese della mappa di Hadji Ahmed, i Flem-Ath sorvolano su tutto il resto, senza neppure accorgersi, fra l'altro, che nell'emisfero meridionale del pianeta viene raffigurato un continente polare del tutto anomalo e immenso, le cui estreme propaggini si spingono a occidente fino all'altezza dell'isola del Madagascar e a oriente fino al versante occidentale del Sudamerica, praticamente all'altezza del Tropico del Capricorno! Basterebbe solo questa osservazione per confutare l'idea che i cartografi redattori di questa mappa possedessero chissà quali straordinari strumenti ereditati da una altrettanto chissà quanto grande civiltà perduta. Contrariamente ai suoi epigoni, Hapgood annota come un'attenta osservazione della costa occidentale dell'America del Nord abbia indotto qualcuno a immaginare che essa sia stata ricavata sommando anche le ingenue indicazioni già contenute in un'altra mappa precedente, quella di Oronteus Finnaeus del 1532, che separa in due il Nordamerica per ragioni proiettive nella distensione sul piano cartaceo del globo terrestre. Pur non essendo d'accordo, Hapgood menziona egualmente questa eventualità. Originale o copiata dalla versione francese che sia, non si può di certo affermare che la mappa di Hadji Ahmed sia una rappresentazione accurata dell'America dei nostri tempi, ma neppure dell'ultimo periodo dell'era glaciale. (Detto per inciso, la prima mappa in cui le Americhe risultano separate dall'Asia è quella di Waldseemüller del 1507, forse anche la più antica su cui compare per la prima volta la scritta "America". Invece la prima carta in cui si evidenzia la vastità dell'oceano Pacifico è quella di Ribero del 1529).

Ma ancora più celebre della mappa di Hadji Ahmed è quella di Piri Reis del 1513, entrata a far parte delle variegate fantasie degli atlantologi da quando proprio Hapgood la consegnò alla scena del mondo e alla notorietà. A essere sinceri, Hapgood nella sua disamina si è dimostrato assai più preciso e puntiglioso di tutti gli altri ricercatori che se ne sono occupati, segnalandone le non poche inesattezze, ma al tempo stesso sottolineando come la redazione di una simile mappa testimoniasse della straordinaria ed evoluta abilità degli antichi cartografi. Da parte loro, i Flem-Ath, senza arrivare a dire, come fanno alcuni altri atlantologi, che la mappa di Piri Reis sarebbe la rappresentazione del nostro pianeta al tempo del Pleistocene fatta da esseri extraterrestri, si preoccupano di appurarne l'esattezza, verificando la corretta collocazione reciproca a livello di proiezione e accuratezza longitudinale di ventiquattro siti nella loro ubicazione reciproca. Allo stesso tempo, però, si guardano bene dal metterne in evidenza le tante inesattezze, quelle stesse che comunque Hapgood addebita ai successivi rifacimenti della mappa originale avvenuti nel tempo. La mappa, di cui possediamo soltanto la sezione di sinistra, venne ritrovata nel 1929 nell'antico palazzo del sultano di Istanbul (prima Costantinopoli, poi Bisanzio) quando l'edificio venne adibito a museo. È autografata da Piri Ibn Haji Mehmed, meglio e più semplicemente noto come Piri Reis, Piri il capo, o Piri l'ammiraglio come forse sarebbe meglio dire. Il documento porta la data del 919 del calendario musulmano, vale a dire ventidue anni dopo la scoperta dell'America da parte di Cristoforo Colombo. La peculiarità che la rese immedia-

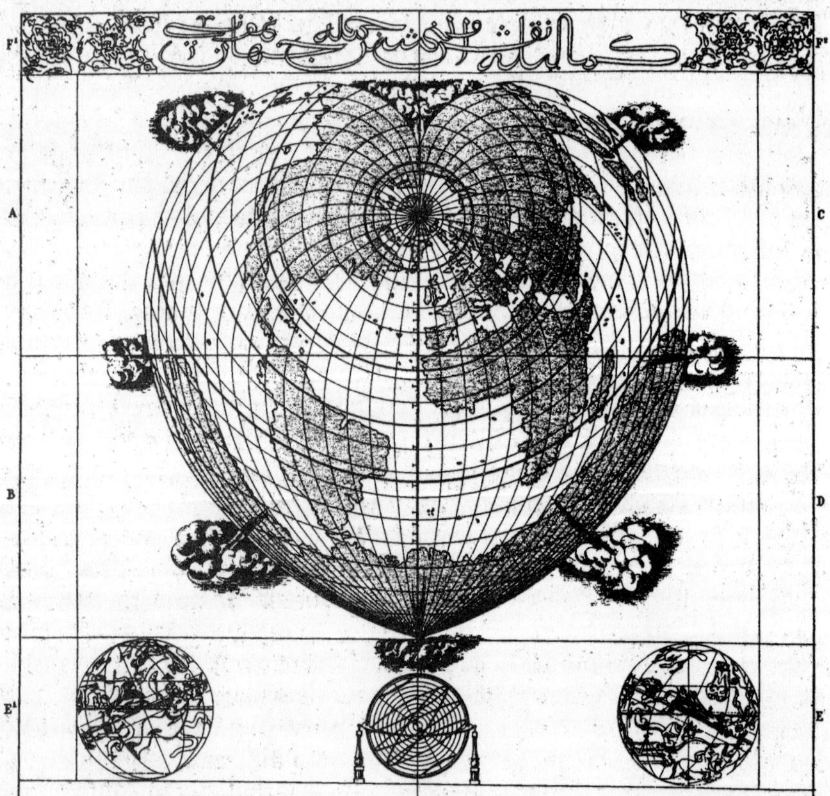

La carta di Hadji Hamed.

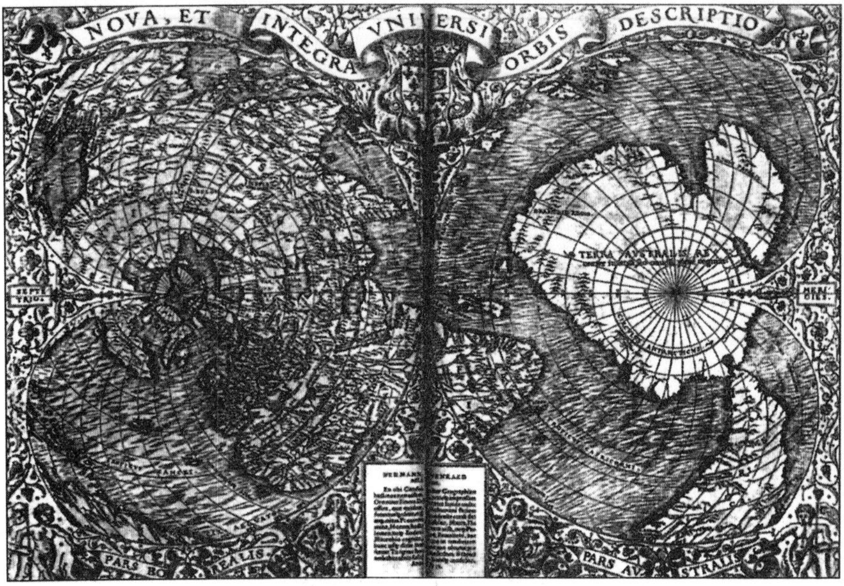

La carta di Oronteus Finnaeus.

tamente celebre è la raffigurazione, pressoché perfetta per il tempo, con cui vennero redatti i contorni del Sudamerica e la sua collocazione longitudinale relativa nei confronti del continente africano. Secondo Hapgood, inoltre, nella sua parte inferiore più estrema, la mappa mostrerebbe anche il continente antartico come doveva presentarsi in un tempo antico non identificabile quando era libero dai ghiacci.

Correttamente, però, lo stesso Hapgood non può non fare a meno di riconoscere con chiarezza i numerosi punti di imprecisione del pur prezioso documento. L'area geografica dei Carabi è completamente sbagliata, l'isola di Cuba non è solo orientata in modo scorretto, ma anche le dimensioni sono approssimative e viene chiamata Hispaniola. Il Rio delle Amazzoni compare due volte e mancano circa 1400 chilometri della costa del Sudamerica. Peggio ancora, fra la punta estrema del Sudamerica e il continente antartico non esiste alcun braccio di mare, come se le due parti fossero unite fra loro. Da ultimo, i contorni del territorio antartico non corrispondono né a quelli ricoperti dai ghiacci di oggi, né a quelli, privi di ghiacci, che l'analisi con ecosonde sembrerebbe rivelare. Stando alla mappa, le informazioni su questa regione giungerebbero da marinai portoghesi, pronti a spergiurare che la parte occidentale sarebbe stata abitata da mostri dalle fluenti criniere bianche e da buoi con sei corna. A proposito invece della parte orientale, quella che sia Hapgood che i Flem-Ath identificano con la vera e propria terra antartica, la leggenda della mappa di Piri Reis dice: «Si tratta di una terra desolata... si racconta che sia abitata da immensi serpenti. Per questo motivo gli infedeli portoghesi si guardano bene dall'attraccare sulle sue spiagge, che si dice siano caldissime». Davanti a tanto, il primo pensiero si accomuna al giudizio di Hapgood, secondo il quale, quasi certamente, la mappa di Piri Reis potrebbe derivare da una corruzione e da una serie di manipolazioni di precedenti e ancora più antiche carte geografiche, elaborate da chissà chi nella notte dei tempi. Peccato che lo stesso autore, Piri Reis, abbia l'onestà di trascrivere in una piccola nota a margine che quella sua mappa è scaturita dall'unione di alcune altre arabe e greche, di una appartenuta a Colombo, da schizzi e descrizioni verbali di navigatori e marinai. Insomma, un vero e proprio minestrone. Che i Flem-Ath si appellino al fatto che la mappa di Piri Reis giunga, in effetti, da Atlantide, via Alessandria d'Egitto e Costantinopoli, sembra giustificare ogni cosa, compresa la formidabile inesattezza della rappresentazione del continente antartico, guarda caso proprio il fulcro della loro ipotesi.

Oltre alle incertezze legate a questa mappa, i Flem-Ath non fanno meglio con la successiva prova che chiamano in causa, ossia la mappa di Athanasius Kircher del 1664, tratta dalla sua opera *Mundus subterraneus*. Egli intitola il documento con queste indicazioni: «Collocazione del continente sommerso di Atlantide secondo il racconto degli Egizi e di Platone». Etichetta che ci dice chiaramente come egli si sia dilettato nel redarre una mappa di sua immaginazione a proposito dell'ubicazione atlantica di Atlantide, sulla scorta delle indicazioni ricevute dalla lettura del testo platonico. Kircher, lo ricordiamo, è autore brillante, celebre per aver dato alle stampe opere pseudoscientifiche di mera immaginazione e per le sue "fantasiose" interpretazioni dei segni geroglifici egizi (inventore, per puro caso, della cosiddetta lanterna magica), convinto assertore della verità concreta e antica del continente atlantideo, sulla parola di Platone. Il particolare più evidente di questa sua mappa è l'immediata percezione di come sia messa sottosopra, il nord al posto del sud e viceversa. A dire il vero, la cosa non è né stramba né eccezionale, quanto tipica del suo tempo, come possiamo osservare nella fantasiosa dislocazione delle miriadi di isole nell'oceano Atlantico, che un autore del tempo, un certo Bianco, mostra nel suo libro. Sostenere che all'origine della mappa di Kircher ci sia un'antica carta egizia perché era così che gli antichi Egizi rappresentavano il mondo, mi pare una vera forzatura. Ciò nonostante, i Flem-Ath invitano il lettore a osservare la mappa di Kircher così come egli la propone, vista dalla regione polare meridionale, per constatare quante e quali siano in realtà le corrispondenze con la reale visione del globo. Operazione che, per quanto

I principali contorni della carta di Piri Reis.

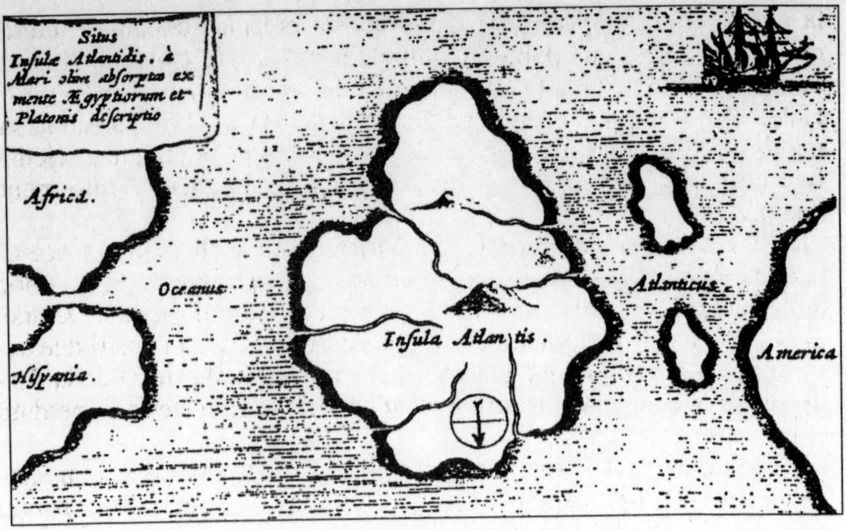

L'Atlantide secondo la mappa del 1664 di Athanasius Kircher.

muniti di buona volontà, non possiamo in alcun modo fare né condividere: sarebbe infatti necessario trasformare la Spagna di Kircher nel sud dell'Africa, e poi identificare l'Africa col Madagascar (vedi la figura alla pagina seguente), fingendo poi di non vedere come l'America di Kircher non somigli affatto alla punta del Sudamerica. Al contrario, non ci sono dubbi invece che la Spagna di Kircher è la Spagna e l'Africa è l'Africa (settentrionale), mentre la sua America altro non è che una sagoma informe senza alcuna specificità e non certamente l'estremità del Sudamerica. In tutti i casi, comunque l'Atlantide di Kircher non rassomiglia affatto alla sagoma del territorio che la ricerca sismologia assegna al continente antartico libero dai ghiacci, così come invece i Flem-Ath indicano nel loro libro. Per loro, infatti, «l'ombra di quella che fu Atlantide è ancora oggi visibile nell'attuale, moderna mappa del territorio antartico». No, neppure l'ombra, diciamo noi, qualunque cosa vogliano essi intendere con questo. Perché tutti coloro che, come i nostri autori, si divertono a giocare con mappe e carte ci ricordano tanto i dilettanti della linguistica che in ogni suono o fonema riconoscono ciò che vogliono, meglio, ciò che si aspettano, scambiando come si suole dire lucciole per lanterne.

In conclusione, i Flem-Ath terminano il loro lavoro con una panoramica che abbraccia alcune fra le strabilianti capacità degli antichi Atlantidei: la levitazione di grandi massi, la perfetta redazione di mappe cartografiche, la creazione di una lingua madre (quella stessa che costituirebbe la base dell'idioma tuttora parlato dalle genti che abitano la regione del lago Titicaca). Tutte queste presunte conquiste, unitamente alla diffusione dell'agricoltura nel mondo, fanno degli Atlantidei del continente antartico immaginati dai Flem-Ath qualcosa di speciale: «Non siamo al cospetto dell'ennesima antica civiltà scomparsa, ma di un'avanzatissima *cultura*, detentrice di una conoscenza scientifica così profonda da non poterla neppure immaginare, tanto meno comprendere».

Nella prefazione del libro, Colin Wilson predice che «questa ricerca colloca Rand e Rose Flem-Ath in un posto di preminenza nella storia delle scienze terrestri». Se questa rosea ipotesi non dovesse avverarsi, possiamo di certo affermare che un posto di eccellenza i nostri due autori se lo sono comunque meritato per lo meno nella storia della Sindrome di Atlantide con la loro ipotesi antartica del misterioso, perduto continente.

Dimentichiamoci i rilievi del crinale del fondo oceanico, dimentichiamoci le Antille, Bimini e quant'altre, seppur esotiche, ubicazioni, tutte pericolosamente soggette a essere investigate a fondo e, alla fine, smentite. La vera, autentica sede di Atlantide è il continente antartico, è lì che si deve cercare; o meglio, sarà lì che nel prossimo futuro dovremo volgere la nostra attenzione, come faremo anche guardando verso lo spazio cosmico, ultima, estrema frontiera alla caccia di Atlantide che affronteremo prima della chiusura di queste pagine.

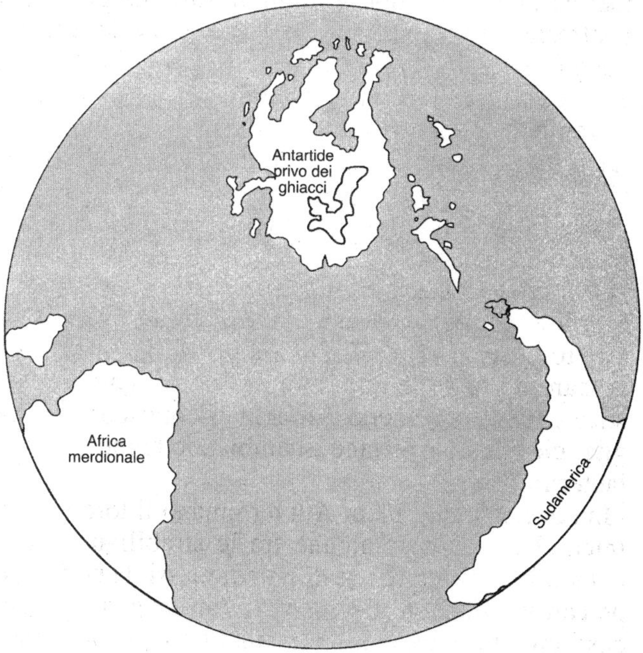

Ecco come i Flem-Ath interpretano la mappa di Kircher.

Poscritto

Proprio mentre stava uscendo questo mio lavoro, sul finire del 2000 Rand Flem-Ath pubblicava un altro libro in collaborazione con Colin Wilson, che nel frattempo si era occupato di tanti altri argomenti fra cui storie di delitti e occultismo. (Nel suo *Da Atlantide alla Sfinge*, Wilson affronta un'incredibile quantità di argomenti: l'antico Egitto, Bimini, il ribaltamento dei poli immaginato da Hapgood, il continente antartico, le teorie di le Plongeon e Churchward, i misteri del Sudamerica, la rabdomanzia, l'arte preistorica, gli allineamenti megalitici, le riflessioni di Jung e il suo lavoro sull'*I Ching*). La novità aggiunta in questo nuovo testo, rispetto all'altro suo libro intitolato *The Atlantis Blueprint*, è l'identificazione di una consistente serie di località sparse in tutto il mondo, in cui gli Atlantidei lasciarono la loro impronta di civiltà prima della totale scomparsa della loro isola, rintracciando dove possibile leggende attestanti indicazioni relative allo slittamento della crosta terrestre. Questi siti del tutto particolari vennero travisati dai sopravvissuti che li identificarono come località sacre collegate alla presenza di dèi, diventando la sede di importanti costruzioni in ogni parte del mondo: Stonehenge, Lasha, Troia, Isola di Pasqua, Bimini, Canterbury, Cartagine, Susa e un gran numero di altre. Sebbene il concetto di monumenti chiave distribuiti secondo allineamenti geometrici sulla superficie della Terra non sia affatto nuovo, sembra oggi essere tornato di gran moda negli scritti più recenti di autori come Graham Hancock e Erich von Däniken. Con quest'ultimo, i Flem-Ath condividono l'idea dell'importanza che in questo genere di cose giocava la sezione aurea, anche se poi la collocazione dei diversi siti topici viene da loro determinata dai valori delle latitudini e degli allineamenti polari precedenti i grandi sconvolgimenti contemplati nell'ipotesi di Hapgood. Il sistema, nel suo insieme, dispone di una notevole flessibilità grazie alla previsione di un "fattore x", opportunamente estratto dal cilindro degli autori tutte le volte che i conti, come si dice, non quadrano alla perfezione (una cometa, per esempio, torna sempre assai comoda). In questa operazione lo slancio e l'entusiasmo di Rand Flem-Ath è a dir poco contagioso, con tutte le svariate applicazioni numerologiche che sostiene di rintracciare e nella meticolosa attenzione con cui si impegna a utilizzare al meglio il materiale e le fonti di cui dispone. (In modo alquanto ingenuo, ci fa poi sapere che la sua passione per questi argomenti gli sarebbe come "scoppiata" dentro un giorno mentre stava scrivendo un romanzo di fantascienza, con alieni bloccati sulla Terra, e stava ascoltando, guarda caso, una canzone pop intitolata *Hail Atlantis*!).

Si dice anche che dopo il loro comparire in Africa, attorno a 100.000

anni or sono, i Cro-Magnon sarebbe vissuti per un lungo periodo di tempo nel continente antartico, giustificando in tal modo l'apparente assenza delle loro tracce nelle testimonianze archeologiche da questo momento fino al loro affacciarsi, di molto successivo, sulla scena europea. Flem-Ath racconta di essere stato straordinariamente impressionato da un'osservazione effettuata dallo spazio da parte del satellite orbitale Landsat, nella quale a circa 1400 m di profondità sotto i ghiacci dell'Antartide si scorgerebbe in modo nitido una formazione circolare, caratterizzata da un'unica e forte impronta magnetica. Ce n'è abbastanza per richiamare immediatamente la grandiosa città circolare di Atlantide, con le sue maestose mura di mattoni e metallo. Flem-Ath si domanda: «Sotto la calotta antartica esistono dunque i resti di una città perduta?». Superfluo osservare che la risposta non può che essere positiva. Con questo non si cura affatto di ciò che sostengono i geologi ufficiali, vale a dire che i ghiacci eterni di questi luoghi vantano date antichissime, pari a molte centinaia di migliaia di anni, informazione più che sufficiente per sbaraccare il campo anche solo al livello di ipotesi. Ma Flem-Ath si fa forte delle teorie di Hapgood e dei ritrovamenti dei mammut congelati nelle plaghe della Siberia, agli antipodi del continente antartico, utilizzando questo materiale come la prova più evidente che, per quanto i geologi non condividano, nel corso delle glaciazioni i poli andarono incontro a periodi in cui al freddo si erano alternate situazioni climatiche decisamente meno rigide.

The Atlantis Blueprint si appoggia quasi in tutto alle ipotesi di Hapgood, scostandosene solo in qualche tratto. Certo, non accresce la credibilità in ciò che si legge venire a sapere come negli anni Sessanta egli abbia cercato di convincere l'allora presidente degli Stati Uniti, Kennedy, a stanziare fondi a sostegno di una spedizione di ricerca che avrebbe dovuto rintracciare Atlantide lungo il crinale sottomarino dell'Atlantico (allo scopo, fra l'altro, di riportare alla luce le quantità d'oro di cui favoleggia Platone, pari a non meno di 500.000.000 di dollari), oppure che alla fine della sua vita abbia dichiarato pubblicamente di essere ormai convinto del succedersi in passato nelle Americhe e nel continente antartico di una serie di grandiose civiltà ciclicamente andate perdute nell'arco di centinaia di migliaia di anni. Come, in questo libro, non ispira di sicuro fiducia vedere storpiati i nomi di Finnaeus e Piri Reis, o la tomba di Ramesse IX collocata ad Alessandria, oppure ancora la ridatazione dell'avvento in Europa dei Cro-Magnon a oltre 64.000 anni or sono.

Per quanto riguarda la parte di Wilson, l'impressione è che si tratti, più che di sostanza, di un contributo, come dire, ad effetto, folcloristico (e, proprio per questo, a tratti persino stucchevole), una carrellata interminabile sui misteri del mondo che va ben oltre quelli che potrebbero essere i tematismi di un lavoro sull'enigma di Atlantide. Pur stilando un elenco decisamente incompleto, Wilson parla di: teschi di cristallo, fenomeni acustici all'interno della Grande Piramide, la scoperta da parte dei Fenici dell'energia atomica (da intendere come l'invenzione di lenti capaci di focalizzare le radiazioni solari), le imprese del colonnello Fawcett, le stanze segrete di Giza, le "pile" di Baghdad, le misteriose palle di pietra del Costarica, il più grande numero che mai sia stato scritto nel mondo antico (merito ascrivibile ai saggi di Ninive: 195.955.200.000.000, che diventa ancor più impressionante se lo si considera, come veniamo spinti a credere senza alcuna giustificazione, una datazione espressa in secondi!). Ma non basta: c'è l'enigmatico popolo dei Guanci delle Canarie, l'*Homo erectus* dello stretto di Flores, i Templari e la loro presenza a Gerusalemme e in Scozia, la massoneria, il *Libro di Enoch*, i rotoli del Mar Morto, la Sacra Sindone di Torino, l'inquietante mistero di Rennes-le-Château e molto altro ancora. Persino l'uomo dalla maschera di ferro e la mitica terra di Shangri-La strizzano l'occhio in queste affollatissime pagine. L'accalcarsi dei misteri e degli enigmi risulta a tratti così pressante che il lettore attento è come angosciato, assalito quasi dalla paura che, da lì a qualche pagina, anche altri interrogativi come quelli che hanno da sempre accompagnato la nostra ingenua fanciullezza, possano da un momento all'altro far capolino all'improvviso. Ma è un classico del genere, infilare tutto, e più di tutto, in libri come questi; in altre parole, ricorrere a tutto per non riuscire a spiegare niente, oppure, al contrario, non dire niente per spiegare tutto. Una cosa, però alla fine della lettura ci consola: venire a scoprire che la compagna, la moglie, del nostro impavido Rand Flem-Ath si chiama Rose De'ath.

10
Le altre Atlantidi

La collocazione di Atlantide nel continente antartico è diventato un punto preminente (per non dire pressoché costante) nelle speculazioni di tutti gli atlantologi che sono venuti dopo la pubblicazione dell'opera dei Flem-Ath. Portabandiera di Hapgood e Hibben, i due scrittori canadesi offrono un contributo alla Sindrome atlantidea che definire consistente è forse mostrarsi ingenerosi.

Negli ultimi anni, uno dei personaggi di maggiore spicco in questo campo si è rivelato Graham Hancock, un vero entusiasta propagandista della questione atlantidea, compresa di annessi e connessi, uno scrittore divenuto celebre dopo aver pubblicato nel 1992 un corposo lavoro sull'arca dell'alleanza. In questo libro, architettato con grande valentia, Hancock arriva fin sulle tracce del prezioso reperto – a suo dire gelosamente custodito in una chiesa copta ad Axum, in Etiopia – per poi lasciarsi sfuggire, dopo tanta fatica e nella più piena delusione di chi legge, l'occasione di gettare anche soltanto un'occhiata al prezioso manufatto. Poi, prima di dedicarsi al mistero di Atlantide, Hancock ha avuto il modo di lanciare la sua speculazione nello spazio, dedicando la fatica successiva, datata 1998, a uno dei misteri di Marte, la gigantesca faccia umana che sembra occhieggiare da uno dei tanti crateri del pianeta rosso: qualcosa che non è mai stato, né è, un mistero per nessuno, salvo che, naturalmente, per i ricercatori alternativi che, giocando sulla scarsa qualità delle immagini disponibili dell'area marziana detta di Cydonia, hanno fantasticato interventi artificiali ed extraterrestri per la realizzazione del volto. A margine di questo appunto, vale la pena ricordare come la solita cometa vagante e il solito imprevisto, catastrofico impatto col pianeta vengano assunti come fatti a spiegazione della improvvisa scomparsa della fantomatica civiltà marziana, cui dovremmo, per l'appunto, le grandiose realizzazioni piramidali e l'enigmatico volto sfingeo.

Il primo affondo su Atlantide, Hancock lo porta con un terzo libro, il celeberrimo *Impronte degli dèi*. Il capitolo d'apertura è un classico: la mappa di Piri Reis, su cui già Hapgood e i Flem-Ath tanto hanno dibattuto. (Al pari, si deve dire, di Erich von Däniken, nei suoi numerosi libri in cui si ventila l'ipotesi che nel corso della preistoria umana si siano verificate delle interferenze nelle questioni umane da parte di esseri provenienti dallo spazio, teoria che, per il momento, lasciamo da parte, ma alla quale ci dedicheremo comunque). Tutto ciò che già abbiamo ampiamente contestato a proposito di questa singolare mappa geografica, vale a dire assumerla come prova di dislocamenti preglaciali delle masse terrestri, di conoscenze cartografiche avanzate, di civiltà evolute ormai scomparse, torna puntualmente a galla. Ricordo di nuovo, anche se già li conosciamo, le numerose manchevolezze della mappa: rappresentazione della zona dei Caraibi completamente errata, soprattutto l'isola di Cuba; il Rio delle Amazzoni disegnato due volte; un'ampia parte della costa sudamericana completamente omessa; la mancanza del passaggio di transito fra il Sudamerica e il continente antartico; la raffigurazione dei contorni dell'Antartide non corrispondenti né a quelli di un tempo né a quelli attuali, così come invece ce li ha rivelati la ricerca scientifica grazie alle proiezioni ottenute col metodo sismico a riflessione scandagliando attraverso i ghiacci; l'evidente imprecisione della raffigurazione della restante parte della costa sudamericana al di sotto di San Paolo; l'attribuzione della redazione della mappa a marinai portoghesi, la segnalazione, qua e là, di mostri dalle bianche criniere, mucche dalle sei corna, serpenti giganteschi... Ma di tutto questo ad Hancock poco importa; anzi utilizza la duplice segnalazione del Rio delle Amazzoni e quei pochi altri errori che egli riconosce come prova palese dell'estrema antichità della mappa, sottoposta nel tempo a chissà quante manipolazioni. Ma quello a cui Hancock tiene maggiormente, in contrasto a ciò che lo stesso Piri Reis tramanda sulla sua mappa, è far sapere al lettore che egli non avrebbe in alcun modo potuto ricevere quelle informazioni sulla regione antartica dai marinai del suo tempo. Ci si chiede allora come possa affermare che la terra segnalata debba per forza corrispondere all'autentica vera terra antartica.

Seguendo Hapgood, Hancock si appella anche alla mappa di Oronteus Finnaeus del 1532, che offre alcune caratterizzazioni dell'Antartide, per quanto generalizzate, decisamente più interessanti. Tuttavia anche in questo caso, la mappa del geografo noto anche col nome di Oronce Finé non raffigura né l'Antartide del XVI secolo né, tanto meno, quello ipotetico di un passato in cui si trovava sgombero dai ghiacci. Il fatto che la mappa segnali catene montuose e fiumi che scendono verso il mare sembra più rispondere alla moda di rappresentazione convenzionale tipica del tempo che non a una raffigurazione veritiera, anche se derivata da mappe sorgenti molto antiche. La successiva mappa, datata 1569, di Mercatore segue quella di Finnaeus nel mostrare un vasto continente al polo sud; mentre quella ancora successiva (1737) del cartografo francese Philippe Buache sembra mostrare le masse terrestri dell'Antartide così come rivelate senza la presenza dei ghiacci. Fra le due sezioni in cui si divide il continente, compare un limpido tratto di mare, una situazione molto lontana da quella che è la realtà individuata sotto i ghiacci della parte occidentale, strutturata in un vasto territorio, e di quella orientale, frammentata in isole di cui almeno due di grandi dimensioni.

Tornando a Piri Reis, Hancock cerca di interpretare le indicazioni di una grande isola atlantica proprio a sud del Sudamerica (la mappa è punteggiata di isole e isolotti ovunque). A suo avviso questo starebbe a rappresentare la dorsale atlantica così come compariva nel momento dell'ultima era glaciale, in cui il livello delle acque si era maggiormente ribassato. Ma come dare a credito a una mappa che rappresenta la zona caraibica in modo così grossolanamente errato? Che ce ne facciamo della grande isola, chiamata Hispaniola, che altro non può essere che la rappresentazione di Cuba, fatta così male da riportarci indietro alle carte pre colombiane delle Antille? Né, pur sforzando la fantasia, potrebbe essere la Cuba dell'era glaciale, perché l'abbassamento del livello delle acque non potrebbe rivelare una sagoma e, soprattutto, un orientamento così lontani dal vero.

Fino a questo punto, comunque, Hancock introduce la questione delle antiche mappe in modo *soft*, pacato, con la mentalità aperta di chi potrebbe prendere in considerazione questi stimoli non come certezze, ma come possibilità. Adesso, in un modo altrettanto morbido, ecco che all'improvviso trasferisce il concetto di eventualità direttamente in quello di certezza. «Dunque, abbiamo visto come la mappa di Mercatore del 1569 riporti un'accurata definizione della costa dell'Antartide come doveva comparire migliaia di anni or sono, quando ancora era priva di ghiacci».

D'accordo, fino a questo passaggio, Hancock aveva sparato a zero sulle convinzioni dei geologi relative alle cappe di ghiaccio formatesi nel continente antartico e su quelle degli archeologi che negano nel modo più assoluto che in questo angolo di Terra si siano potute sviluppare delle civiltà progredite; ma, tutto sommato, la sua era una presentazione in ordine alle possibilità. Di colpo, tutto si trasforma e, agli occhi del lettore, compare un Hancock che non è più possibilista, perché dopo quello che ha presentato, la sua è diventata una ferma convinzione, una certezza. Davanti a tanto, non resta che ripetere quel che già si è detto: le mappe di Piri Reis, Finnaeus e Mercatore non riportano affatto i contorni precisi e autentici di quello che può considerarsi il continente antartico.

Ora però, è tempo di cambiare argomento e il nostro autore lo fa senza esitazione, chiamando in causa i "viracochas" dell'antico Sudamerica, quei saggi illuminati venuti dal mare che avrebbero potuto essere i depositari delle antiche credenze geografiche ipotizzate da Hapgood e delle conoscenze relative al continente antartico. Si spicca il volo e si approda in Perú.

Prima di procedere, è bene sapere che i viracochas erano i misteriosi stranieri dalla pelle chiara, ornati di barba, venuti dal mare, le divinità della pioggia delle origini incaiche, poi trasmesse alla civiltà inca. I sommi potenti, che avevano dato origine al Sole e alla Luna nella regione divina del lago Titicaca. Dopo aver creato tutto il resto del mondo, essi avevano vagato in lungo e in largo, benefici apportatori della civiltà. Questa precisazione ha ovviamente scatenato l'entusiasmo degli atlantologi che hanno visto nei viracochas un nome di copertura sotto il quale, in realtà, si nascondevano i grandi iniziati della perduta Atlantide (in qualunque luogo si fosse trovata), sparsisi nel resto del mondo per trasmettere le loro conoscenze, che ovviamente non sarebbero in alcun modo progredite non ci fossero stati loro.

Giunti in Perú con Hancock non dobbiamo abbassare la guardia, perché anche lui non riesce a evitare, come dire i "soliti sospetti". Si parte con le linee di Nazca, quella straordinaria serie di tracce sul terreno lungo la costa meridionale del paese che von Däniken ha reso celebri identificandole, secondo la sua immaginazione, in piste di atterraggio e segni di riferimento per astronavi aliene in arrivo dallo spazio. Hancock ci aggiunge del suo. Le immagina rappresentazioni astronomiche delle costellazioni del cielo americano. Nella grande figura del ragno vede l'insieme di Orione e nei lunghi tratti rettilinei le posizioni degli astri nel corso delle diverse ere temporali. Le linee che stanno a corona del ragno, dice Hancock, tratteggiano la declinazione del complesso di stelle della cosiddetta cintura di Orione, testimoniandone la storia per un lungo periodo. Diffuse leggende locali le associano al dio Viracocha, anche se la loro antichità non è ancora del tutto chiarita. Stando all'esame dei numerosi frammenti ceramici venuti alla luce sul posto, i disegni di Nazca non sarebbero molto antichi, ma realizzati (semplicemente rimuovendo lo strato superficiale del terreno per lasciare intravedere la diversa colorazione dello strato sottostante) fra il 200 a.C. e il 600 d.C., con motivi e figure tipici, ripresi anche nei soggetti delle ceramiche. Insomma, un po' troppo recenti per poter chiamare in causa Atlantide e i suoi diretti insegnamenti.

La tappa successiva è Cuzco, la gloriosa capitale dell'impero degli Inca a partire dall'XI secolo. Hancock invita il lettore a stupirsi al cospetto delle mura e delle costruzioni ciclopiche che la contraddistinguono, immaginando che, in realtà, queste opere non possano essere state realizzate dagli Inca, ma siano un retaggio dei ben precedenti viracochas. Per lui cercare di determinarne l'età col metodo del radiocarbonio e della termoluminescenza è un'operazione inutile. Ci trova d'accordo: provare a datare direttamente in questo modo i muraglioni di Sacsahuaman è difficile, anche perché il metodo è soprattutto indicato nella valutazione di frammenti che hanno subito trattamenti al calore, come per esempio la ceramica. Nulla vieta però di valutare questi monumenti all'interno di un contesto archeologico coerente ed allora, esaminati i frammenti ceramici relativi con i metodi scientifici più accreditati, riuscire a datare il complesso nel suo insieme. E, come abbiamo visto, le datazioni cronologiche fornite dalle osservazioni tratte dalla luminescenza sono utilissime per risalire all'identificazione temporale di altri reperti, come per esempio le costruzioni, coeve con i residui ceramici. Hancock sembra particolarmente soddisfatto nel constatare che, comunque, anche gli archeologi e gli esperti ufficiali fondano le loro elucubrazioni a proposito di Cuzco soprattutto su congetture e illazioni più che su certezze. Ma non per questo pare spaventarsi più di tanto, se, come sempre accade nel suo modo di presentare le cose, le possibilità si trasformano, con grande rapidità nel giro di qualche pagina, in fresche certezze inoppugnabili.

L'invenzione dei viracochas funziona a meraviglia mano a mano che avanziamo nel tempo, quando, per esempio, Hancock ci fa sapere di «antichissimi miti... fedelmente conservatisi», registrati anche dai conquistatori spagnoli, in cui si parla di un grande diluvio associato al tempo dei viracochas. Come Hancock possa sapere che queste leggende siano state fedelmente conservate dagli spagnoli non viene precisato, ma in proposito non dobbiamo comunque scordarci che già quei cattolici spagnoli erano approdati in Sudamerica portandosi appresso una loro propria storia di diluvio universale. Diffido sempre quando mi trovo al cospetto di qualche antica vicenda legata alla tradizione mitologica e culturale di popoli che sono stati oggetto delle visite dei missionari cristiani.

Il porto successivo cui Hancock attracca è la spettacolare cima di Machu Picchu, a circa 70 km dalla capitale Cuzco. In questo caso non c'è nessuno, che non sia completamente cieco, che possa concordare con la datazione ufficiale proposta dalla scienza e dagli archeologi, che fanno risalire questa piccola, incredibile città inca al XV secolo d.C. La realtà forse corrisponde a quanto indicato da un professore di astronomia degli anni Trenta che fa risalire la città a 4-2000 anni prima di Cristo. Questo stesso luminare di Potsdam e un altro illustre suo collega di La Paz, a seguito di alcuni ragionamenti di ordine astronomico, affermano poi che la città di Tiahuanaco, nei pressi del lago Titicaca, potrebbe datarsi a circa 17.000 anni or sono. Oltre che dalle stelle lo deducono dalla considerazione della sua attuale collocazione rispetto al lago: molto più lontana e sopraelevata di quanto non lo fosse una volta. Stando a loro, il grande centro venne distrutto da un formidabile evento tellurico 11.000 anni prima del nostro tempo. Hancock non teme di riportare la datazione che l'archeologia canonica assegna ad alcuni fra i reperti più rappresentativi di questa città (come, per esempio, la celebre Porta del Sole): il 500 d.C., con un margine di oscillazione che al massimo potrebbe spostare questa collocazione temporale fra il 1600 a.C. e il 900 d.C. Ma, a suo avviso, questo conta poco, perché esiste una cronologia alternativa che, per quanto non accettata da tutti, sembra più in armonia con i poderosi sommovimenti terrestri che si sarebbero verificati in questa regione e pone in serio dubbio la bontà di valutazione del metodo al radiocarbonio.

Poi Hancock passa alla correlazione comparata di leggende simili relative al dio Viracocha (o, meglio, a una delle sue tante manifestazioni nel mondo), chiamando in causa la storia della divinità egizia Osiride. Si interroga se una serie di similitudini tanto incredibili possa farsi risalire semplicemente a delle coincidenze: la cospirazione contro il dio, che viene ucciso, chiuso in un sarcofago, gettato nell'acqua e nel mare aperto. Ebbene, mi sento di rispondere affermativamente: si tratta per davvero di coincidenze. Chiunque abbia a che fare col suo prossimo, vivendo in una comunità, sa che le invidie sono all'ordine del giorno, che eliminare un nemico è normale; come rientra nell'ordine delle cose occultare le prove del proprio delitto, mentre sbarazzarsi di prove compromettenti gettandole in un corso d'acqua è uno dei primi pensieri, meglio ancora se nelle acque più profonde e tormentate del mare. Per quanto l'immaginazione umana sia contraddistinta da una creatività pressoché illimitata, esiste però un numero ristretto di scenari tipici e di sviluppi tematici attorno ai quali la fantasia si compiace di lavorare, costruendo leggende e storie. Allora, se il racconto di due popoli diversi, ma vicini, si assomiglia, mi pare logico immaginare che tale coerenza possa essere derivata da eventuali contatti. La vicenda di Mosè che viene affidato alle acque del Nilo racchiuso in un cesto di vimini, mi sembra emblematica di questo caso, quando nella vicina tradizione mesopotamica già esisteva (2300 a.C.) la storia identica di colui che sarebbe divenuto il grande re Sargon. Ma se le somiglianze si accendono in racconti relativi a popoli molto distanti fra loro, escludendo la possibilità del contatto, mi sembra logico ipotizzare una stessa fantasia in azione, indipendentemente dal luogo. L'esempio più incredibile di tutto questo non ci arriva forse dalla straordinaria somiglianza delle imbarcazioni leggere fatte di canne degli antichi Egizi e degli abitanti del lago Titicaca? Ma non c'è bisogno di inventarsi nulla di particolare: che cosa fareste voi davanti alla necessità di costruire un'imbarcazione disponendo solo e soltanto di canne flessibili per riuscire nell'impresa?

Verso la fine dei numerosi capitoli da lui dedicati al Sudamerica, ad un tratto, osservando gli attuali abitatori delle regioni che stanno attorno al lago Titicaca, Hancock cade pure lui nella solita trappola che qualsiasi atlantologo che si rispetti non è mai stato capace di evitare, alimentando la Sindrome di Atlantide. Vedendo gente indolente e ignorante muoversi stancamente lungo le strade solatie di Tiahuanaco, non riesce a fare a meno di chiedersi e chiederci: «Come si può anche solo pensare che questa gente sia l'erede di coloro che innalzarono i grandi monumenti della città, come si ostinano a credere gli studiosi ufficiali? Non viene, al contrario, più spontaneo immaginare ch'essa sia stata costruita da esseri dai poteri divini, stanziatisi in questi luoghi nella notte dei tempi?». Al tempo della sua precedente inchiesta giornalistica svolta in Africa (quella già citata sulle tracce dell'arca) mi ero fatto l'idea che Hancock fosse un uomo liberale e dalle larghe vedute; ma davanti a simili affermazioni ho dovuto ricredermi, perché anche lui sembra essere stato inghiottito da quel singolare sentimento colonialistico, tipico degli atlantologi, così saldamente portato avanti da Donnelly e Spence, che cova nell'inconscio; una linea di pensiero pericolosa, giustificata solo dal fatto che la ritengo abbracciata in modo, come dire, inconsapevole e quasi naif. Su questo fronte, l'idea di Hancock sembra riflettere un colonialismo non militare quanto religioso, con il riferimento a esseri dai poteri divini, che tanto richiamano le affiliazioni religiose che piacciono a tutti gli atlantologi. Si tratta di una religione che veste abiti civili, dove storia e scienza fanno la loro parte. Dio è posto come sullo sfondo, ben rappresentato da personaggi misteriosi e potenti come i viracochas, ultimi eredi di un'antica super-civiltà (chiamiamola pure col suo nome: Atlantide) sommersa sotto i ghiacci o annientata da qualche altra catastrofe. Ma, per concludere su questo argomento: è poi così strano che i discendenti di una cultura tanto complessa e nobile come quella degli Inca vivano ora in una condizione di declino? Non mi pare. Che cosa avrebbe dovuto allora pensare un pellegrino medievale una volta approdato in una Roma abbandonata e semidistrutta, terreno di pascolo per greggi? Chi avrebbe potuto convincerlo che quella gente, indolente e sudicia, ignorante e povera, era in realtà l'erede di quella formidabile civiltà che aveva innalzato monumenti meravigliosi come il Colosseo, il Pantheon e che aveva dominato per secoli il mondo conosciuto?

A queste considerazioni ne seguono altre ancora, direi alquanto sconclusionate, su Tiahuanaco. Hancock parla di figure che tengono in mano degli oggetti e che certamente vogliono simboleggiare qualcosa. Questi personaggi sono vestiti con scaglie di pesce e gli richiamano alla mente il racconto dello storico babilonese Beroso, quando cita il benefico progenitore Oanness, apportatore di civiltà e conoscenze, un essere simile a un pesce. Poi cerca di convincere il lettore che alcune immagini che fregiano la Porta del Sole sarebbero la rappresentazione di elefanti, ma solo per affrettarsi a fare quasi subito marcia indietro e, una volta tanto, dare ragione agli archeologi che parlano di teste crestate di condor, poste collo contro collo. Eppure,

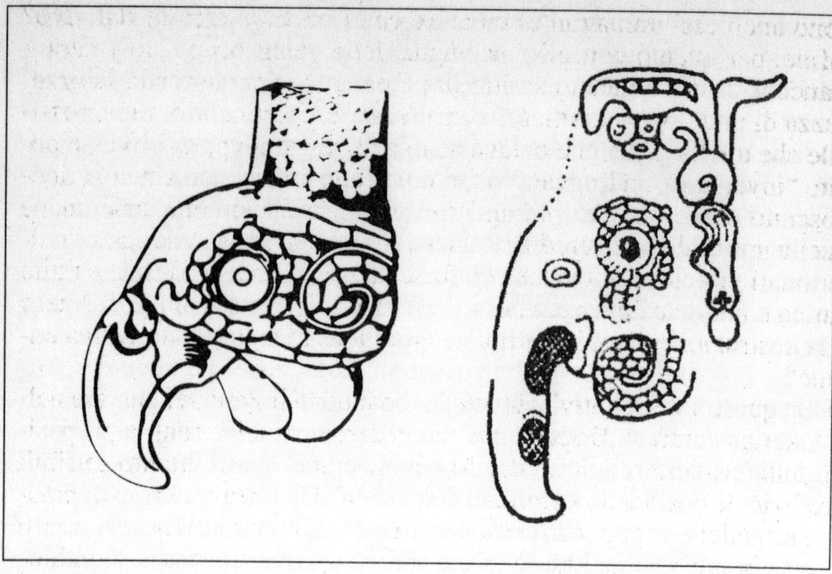

Ecco come la raffigurazione della testa di un condor – non stilizzata a sinistra, stilizzata a destra – potrebbe essere scambiata per quella di un elefante.

anche se è proprio così (ovvero si tratta senza dubbio di teste di condor), Hancock insiste nel dire che potrebbero essere immagini di un proboscidato diffuso nelle zone andine, del tutto simile all'elefante con tanto di proboscide e zanne, estintosi in quei luoghi la bellezza di 20.000 anni prima del nostro tempo!

In altre sculture Hancock riconosce invece un mammifero anfibio chiamato *toxodonte*, presente nelle regioni andine fino a 12.000 anni a.C. «Ai miei occhi questo fatto sembrava una straordinaria conferma dei dati astronomici-archeologici che facevano risalire Tiahuanaco alla fine del Pleistocene». Questo, a suo dire, mina in modo decisivo le pretese degli archeologi tradizionali che assegnano alla città non più di 500 anni, dal momento che il toxodonte poteva essere stato ritratto solamente dal vivo. Chi si chiedesse perché mai Hancock nel vedere questo singolare animale immagini possa essere stato disegnato solo dal vivo, non riceve ovviamente alcuna risposta. Cita poi anche altri animali estinti rappresentati nelle raffigurazioni scolpite e nei disegni ceramici della civiltà di Tiahuanaco e per tutti si volge sempre alla stessa conclusione, anche in questa occasione vittima della cecità mentale che sembra avvolgere la maggior parte degli atlantologi, vale a dire l'incapacità di riconoscere all'immaginazione umana risorse sufficienti per inventarsi animali fantastici. Se per raffigurare un animale simile al toxodonte l'uomo fu costretto a vederlo dal vivo, che dobbiamo dire, allora, di esseri come i grifoni, gli unicorni, le sfingi?

Sono anch'essi immagini di creature che l'umanità ritrasse dal vivo? Infine, per quanto concerne la lingua delle genti locali – l'aymarà – Hancock si rifà a quanto scritto dai Flem-Ath, riconoscendo la grandezza di una lingua altamente organizzata e sintetica. Com'era possibile che quella gente che oziava al sole delle grandi piazze avesse potuto "inventare" un linguaggio tanto perfetto e da alcuni studiosi riconosciuto come uno dei più antichi della Terra? Non era forse anche quella una delle tante eredità lasciate ai loro discendenti dai grandi, illuminati viracochas? Non erano forse stati i frammenti di una cultura antica e nobile ad aver permesso la realizzazione delle linee di Nazca e la costruzione degli incredibili muraglioni di pietra della civiltà andina?

Con questi interrogativi, Hancock abbandona il Perú per passare nell'America centrale. Dopo alcune considerazioni allarmanti a proposito della crudele religione dei Maya, si citano le altrettanto terribili profezie, le cosiddette "profezie dei Maya". Una, abilmente estrapolata da qualche ingegnoso scrittore dal contesto dei numerosi scritti maya, in cui si dice che il 2012 porterà la fine del mondo, induce Hancock a interrogarsi, in modo quasi angoscioso: «Immaginiamo che conoscessero cose che ci sono ignote... Immaginiamo, in altre parole, che una qualche tremenda catastrofe, nota ai saggi maya, si stia annidando nelle viscere della Terra, pronta ad esplodere in tutto il suo potenziale distruttivo». Noi, di rimando, ci chiediamo: «Di quali saggi sta parlando?». (A meno che – ed è un sospetto più che legittimo, considerato come di solito procedono le cose – questo modo di approcciare i problemi non sia applicato ad arte, sostenuto dalla filosofia tipica degli atlantologi: tanto per iniziare incominciamo a seminare un po' di panico nel lettore, così sarà certamente più pronto a digerire quel che verrà dopo. Eh, sì, forse è davvero così. Vediamo).

Il cuore, il centro della ricerca di Hancock è sempre lo stesso, il concetto già emerso nella considerazione delle civiltà andine: il sopraggiungere, da qualche parte, di esseri illuminati e superiori dispensatori di civiltà e di antico sapere. Qui non si chiamano viracochas, ma hanno altri nomi: Kukulkan, Gucumatz, Quetzalcoatl o Votan, ma sono tutti accomunati da un'origine esterna, portano la barba o candidi abiti e quant'altro. Come Viracocha aveva civilizzato le terre peruviane per poi andarsene affrontando il Pacifico, così Quetzalcoatl se ne va verso oriente, dopo aver dato il via alla civiltà del Messico e dell'America centrale. Nel sito di Tula, Hancock si imbatte in alcune raffigurazioni per lui misteriose (ma, attenzione, tali solo per lui), che stringono oggetti fra le mani, certamente né le lance né quegli attrezzi (*atlatl*) usati per scagliarle più lontano, individuati dagli archeologi. «Mi vennero in mente alcune leggende che narravano che gli dèi dell'antico Messico si erano armati di *xiuhcoatl*, serpenti di fuoco». Questo è quanto: Hancock getta la pietra della provocazione, ma non va oltre nel commento. Quando poi si dispiace della distruzione che gli spagnoli fecero di tutte le testimonianze scritte dei Maya, definite le «banche di memoria dell'America centrale», chiunque possegga un minimo di sensibilità non può che condividere.

A questo punto, però, il progetto di Hancock sembra avvicinarsi fin troppo, tanto da echeggiarla, all'opera di un autore che l'ha preceduto da molto tempo: Immanuel Velikovsky. All'inizio degli anni Cinquanta, nella scia del sempre imperante catastrofismo, questi propose l'ipotesi che anticamente la Terra avesse avuto un incontro cosmico ravvicinato con una cometa (nel tempo poi divenuta il pianeta Venere), evento che avrebbe generato nell'umanità un simile terrore da far sì che anche il ricordo venisse spazzato via dalla memoria collettiva, fatta salva la sua preservazione sotto le mentite spoglie di racconti mitologici e leggendari. In questa prospettiva, Hancock osserva, senza aggiungere alcun altro commento, come la perdita irrimediabile delle testimonianze scritte della civiltà maya abbia cancellato per sempre la «possibilità di riuscire a risalire e a rimuovere questa amnesia che ci impedisce di ricordare». Affermando questo, il nostro autore non si rende conto di dire una verità: quasi certamente, infatti, ciò che i conquistatori spagnoli cancellarono per sempre dal ricordo dell'umanità, era un tesoro di miti e leggende i quali, per quanto interessanti, non avrebbero in nulla contribuito a gettare lumi su quella che era stata la vera storia dei loro antenati. E, poi, alla fine, il suo così sentito e profondo dispiacere puzza un po' di bruciato: dopo tutto, infatti, se fosse stato il contrario, e se cioè le testimonianze avessero avuto una vera valenza storica e non fossero andate distrutte, gli atlantologi avrebbero corso il rischio di vedersi tarpare le ali, non avendo più lo spazio per lanciare le loro speculazioni fantasiose sul passato dell'umanità.

Come già fatto con il Perú, anche per queste altre parti del mondo e per le civiltà che ospitarono, Hancock ama spingersi sempre più indietro nel tempo rispetto al limite indicato dalle cronologie archeologiche ufficiali e, per questa finalità, va a caccia di tutto quanto possa in qualche modo sorreggere questa sua convinzione. La grande piramide di Cholula, per esempio, deve essere riportata molto più indietro nel tempo, prova ne sarebbero anche, fra l'altro, gli evidenti resti di un fiume di lava che sembra circondarla tutta alla base. Fatto curioso, anche Hapgood è ricorso a questa osservazione, quando, parlando della piramide a gradoni circolari di Cuicuilco, citando le indicazioni di alcuni illustri geologi, data la costruzione a circa 7000 anni or sono, valutando proprio la presenza di un antico fiume di lava alla sua base. Per queste costruzioni, la scala temporale proposta dagli archeologi è totalmente diversa: per loro la piramide di Cuicuilco risale al massimo al 600 a.C., mentre i primi segni della civiltà di Cholula sono databili attorno al 1000 a.C., questo in coerenza con il quadro evolutivo delle civiltà mesoamericane, con il popolo degli Olmechi inteso come capostipite di questo straordinario movimento culturale. Il fatto che il calendario maya risalga indietro nel tempo fino all'anno 3114 a.C. (opera dei proto-Olmechi, come Hancock è propenso a credere), non significa affatto che sia iniziato da quel momento, bensì semplicemente che il meccanismo di calcolo su cui si basa consente di spingersi indietro fino a quella certa data. Non per nulla, le prime indicazioni a proposito di datazioni certe di monumenti mesoamericani non riescono ad andare oltre il I secolo a.C. La prima cultura importante di queste regioni è quella degli Olmechi, ma è ovvio che la loro fioritura non nacque dal nulla, ma poggiando su precedenti acquisizioni, in quel processo di continuo accrescimento e perfezionamento che abbiamo avuto modo di seguire con attenzione nel capitolo dedicato alla preistoria dell'uomo. Ciò nonostante l'archeologia ufficiale non riconosce alcuna costruzione piramidale mesoamericana, realizzata in terra e tanto meno in pietra, tanto antica quanto Hapgood e Hancock invece sostengono, vale a dire almeno databile a 5000 anni or sono.

Secondo Hancock una delle tante migrazioni di massa che nel corso dell'ultima era glaciale portarono all'occupazione delle Americhe era composta da genti di tipo negroide. A supporto di questa affermazione richiama ciò che altri ricercatori (Donnelly compreso) avevano già indicato: le gigantesche, quanto straordinarie, teste della civiltà olmeca rinvenute nei siti archeologici di San Lorenzo, La Venta e Tres Zapotes. A mio avviso, sostenere che le figure rappresentate siano senza ombra di dubbio negroidi mi sembra eccessivo. Certo, ne presentano alcuni tratti, come il naso schiacciato e le labbra rigonfie, ma al tempo stesso mostrano anche occhi obliqui e zigomi alti, tipici delle razze mongoliche. Stando ad alcune testimonianze del tempo della conquista, sono gli stessi spagnoli i primi ad osservare alcuni tratti di tipo negroide nelle popolazioni indigene, mentre le caratteristiche di tipo mongolico sono ovviamente tipiche delle genti asiatiche da cui, per l'appunto, il ceppo amerindo parrebbe provenire. Per questo, fantasticare di una provenienza diretta di genti negroidi nelle Americhe mi sembra ipotesi più che azzardata. Per di più, queste grandi teste sono opere d'arte e non certo raffigurazioni precise o fotografiche e non possiamo conoscere quali siano state le motivazioni che ispirarono la mano degli artisti. Lo stesso discorso vale per le affinità caucasiche e semitiche che qualcuno osserva nelle sculture mesoamericane. La cosa, poi, diventa ridicola quando si voglia comparare, come qualcuno propone, i volti delle teste olmeche con quello della Sfinge della piana di Giza. Per smontare questa assurdità, basti una battuta: le teste mesoamericane hanno un bel, possente naso, la povera Sfinge non ce l'ha proprio, e tanto basti.

Il raffronto razziale è, come dire, la premessa che Hancock pone per dimostrare come nell'antichità esistessero collegamenti culturali fra l'Egitto e le Americhe (teoria già sottolineata da Donnelly e Spence) e indicare quindi la comune origine delle due civiltà, legate fra loro da un'unica sorgente di origine, una civilizzazione scomparsa, volendo un'Atlantide di altro nome. Dopo alcune osservazioni di scarso peso, Hancock riprende con assoluto vigore – per quanto ormai fuori dal tempo e obsoleta – una teoria cavallo di battaglia di Donnelly, vale a dire che «la civiltà egizia sorse come all'improvviso, dal nulla, ma già all'apice del suo splendore». Se sul finire del XVIII secolo Donnelly poteva, ancora ancora, essere scusato; per il nostro autore moderno per una simile uscita non c'è scusa che tenga. Il lungo percorso della civiltà egizia pre dinastica ci è ormai ben noto e i testi che ne danno ampia descrizione non sono solo tanti ma accurati e completi. Da parte mia, è un tema che ho in parte affrontato non solo in un capitolo iniziale di questo libro, ma assai più compiutamente in un altro mio lavoro dal titolo *Gli enigmi della Sfinge*. Contrariamente a quello che ritiene e sostiene Hancock, i geroglifici della scrittura egizia, per esempio, non comparvero sin da subito in una forma perfetta e, tanto per citare un altro aspetto macroscopico, anche la costruzione delle tombe andò incontrò a una lunga evoluzione tecnologica, passata, in oltre trecento anni, dalle prime modeste realizzazioni in terriccio e pietra alle grandiose piramidi che ancora oggi sono una delle meraviglie del mondo. Senza contare che tutto ciò che conosciamo di matematica, medicina, astronomia e (nella gran parte) religione dell'antico Egitto sono informazioni derivanti da testi di gran lunga successivi alla costruzione delle grandi piramidi e quindi, sostenere che questa civiltà sia nata dall'oggi al domani, completa e perfetta nella sua straordinaria coerenza e unità, è davvero una forzatura terribilmente grossa, che Hancock, comunque, non si spaventa nel fare. E se qualche lettore meno attrezzato e un poco più sprovveduto si lascia impressionare dalle sue citazioni di ricercatori e autorità della storia egizia (come, per esempio, Wallis Budge, che lasciò il British Museum nel 1924) provi a verificarne l'attendibilità, prima di lasciarsi incantare.

A questo punto ecco la solita tattica: la possibilità si trasforma, in modo repentino e senza aggiunta di alcuna altra considerazione, in certezza. Olmechi, Egizi e i popoli sumeri della Mesopotamia, derivarono tutti da una civiltà unica, molto più evoluta e antica. Il fatto che la cultura olmeca sia ritenuta più recente di quella egizia dell'antico regno, sembra non complicare i piani di Hancock: semplicemente le opere d'arte mesoamericane di cui si è detto potrebbero non essere opera degli Olmechi e quindi risultare più antiche, alla faccia di tutte le prove archeologiche che attestano diversamente. Oppure, dopo il primitivo, iniziale slancio da parte dei viracochas (Quetzalcoatl o qualche altra divinità, se si preferisce) che diedero il "la" alla civiltà, trascorso un lungo momento di flessione, questa venne rivitalizzata dalla cultura olmeca. A sostegno di questa teoria, Hancock predispone un elenco di assonanze culturali fra le civiltà d'Egitto (e sumerica) e delle Americhe, le quali dovrebbero abbondantemente bastare per dimostrare la comune eredità. Fra i punti toccati, il costume di divinizzare i sovrani defunti traslandoli nelle costellazioni celesti, il viaggio nell'aldilà a bordo di imbarcazioni e navi, cibarsi del cuore di coloro che erano stati uccisi ingiustamente, il mondo dell'oltretomba popolato da mostri spaventevoli e così via. La risposta è sempre la stessa, anche in questo frangente: sulla vita nell'aldilà e sulla morte esiste un parco limitato di immagini legate a questi concetti e, per quanto fervida, l'immaginazione umana costruisce sempre gli stessi scenari che, alla fine, risultano per forza di cose comuni. Credo debba essere stata una specie di penitenza per Hancock essere praticamente costretto a riesumare la già tanto bistratta proposta di von Däniken che vede nel personaggio ritratto sulla lastra tombale della piramide di Palenque un uomo all'interno di una macchina (si tratta, in realtà, dell'albero della vita dei Maya) e, peggio ancora, riprendere addirittura un'immagine proveniente dal sito olmeco di La Venta dove si osserva un altro personaggio che sarebbe anch'egli rinchiuso all'interno di una qualche macchina tecnologica.

A Uxmal siamo al cospetto di uomini barbuti, serpenti, croci e siamo invitati a chiederci quante possibilità ci siano che simboli così caratteristici ricorrano per puro caso in culture lontanissime fra loro e in periodi storici tanto differenti. Mah! Presso tutti i popoli gli uomini si lasciano crescere la barba (anche presso i Mongoli), serpenti se ne trovano in ogni angolo del pianeta (eccetto in Irlanda) e a proposito delle croci, non si tratta che di due linee disposte fra loro ad angolo retto.

In questo suo *Impronte degli dèi*, come già il lettore avrà inteso, Hancock non sembra apportare chissà quale contributo di novità alla tematica, tuttavia qualche concetto, se non nuovo, diciamo rinnovato, riesce a presentarlo. L'idea aleggia, qua e là nel testo e per esempio salta fuori quando si parla dell'impronta culturale impressa alle civiltà delle Americhe. Ora ritorna il momento di occuparsi di simboli e simbologie che ciclicamente compaiono non solo in luoghi lontani e diversi, ma in momenti e tempi storici differenti. È qui che Hancock compie un primo, valido scatto di novità; è qui che, per la prima volta nel libro, sterza decisamente cambiando rotta rispetto a quella della sindrome atlantidea tracciata da Donnelly; è qui che si schiera con un'altra corrente di pensiero, quella dell'esoterismo della Blavatsky, come nessun altro atlantologo ha mai fatto prima. «Non era la prima volta che mi veniva il sospetto di trovarmi davanti a segni e icone lasciati da qualche culto o società segreta che aveva cercato di tenere viva la fiamma della civiltà dell'America centrale (e forse anche altrove) nell'arco di lunghe epoche buie». Qui, in questo preciso momento, gli atlantologi si sposano con la teosofia e la massoneria, qui siamo al cospetto della fratellanza segreta detentrice dell'antico sapere, della sapienza universale, se si vuole riunire tutto questo in un'unica definizione. (Si noti, fra l'altro, come questo tentativo venga esercitato in modo morbido, con frasi zeppe di forse e può darsi). L'idea che l'azione di una società occulta e segreta sia stata il tramite della preservazione e della diffusione dei principi fondamentali della civilizzazione, transita dagli anni bui dell'Europa medievale – dove la Chiesa avrebbe potuto sostenere il ruolo ma non vantava le stimmate di società segreta – a quelli in cui affiorano le vere società occulte, i rosacroce e la massoneria. Questa ricca aggiunta alle tematiche degli atlantologi è quanto mai importante e coerente, in quanto le azioni delle società segrete sono difficilmente dimostrabili come rinnegabili e la loro sempre mascherata o immaginata incombente presenza contribuisce in modo eccezionale a celare l'incredibile elusività delle loro teorie. La ridondanza di segni e icone, il più delle volte interpretabili in vari modi, torna utile, alimentando ancor di più la consistenza o l'inconsistenza del loro credo. A questo punto, sottoscritta l'alleanza fra le parti, qualsiasi discrepanza nelle teorie immaginate dagli atlantologi e persino ipotesi fra loro contrastanti e opposte, possono essere giustificate con la conclusione che, probabilmente, sotto sotto, c'è qualcosa di misterioso e segreto, qualcosa che è bene venga protetto sotto una forma ermetica, espressa, nei vari contesti archeologici, in un codice occulto, accessibile solo a pochi.

Una volta che il concetto esoterico di antica sapienza è stato estratto dal cilindro, diventa possibile interpretare anche un testo emblematico come il *Popol Vuh* (il libro sacro del popolo maya, scritto in lingua quiqué utilizzando l'alfabeto spagnolo). Degli antenati quiquè si lege: «Erano esseri umani straordinari... cui non era negata alcuna conoscenza... essi visitarono i quattro angoli, i quattro punti dell'arcata celeste e la faccia rotonda della Terra». Se ci domandiamo come mai Hancock attribuisca a questa gente qualità eccezionali di astronomi e cartografi, la risposta arriva subito: furono loro a tracciare la mappa originale dalla quale venne poi ricavata quella di Piri Reis. Ma, attenzione, il lettore non si inganni: non stiamo parlando degli antenati maya od olmechi, per quanto antichi, bensì di altri ancora più indietro nel tempo, grandi colonizzatori e civilizzatori, coloro che, resisi conto che il loro mondo stava per scomparire, si sforzarono di preservare almeno qualcosa della loro grandiosa conoscenza, in parte ereditata, per esempio, nella complessa elaborazione del calendario e del sistema di pesi e misure in uso presso i Maya. Questo è uno dei grandi punti di forza della teoria che chiama in ballo la sapienza segreta che popoli progrediti e molto antichi lasciarono in eredità ad un mondo che stava completamente mutando: in linea di principio, infatti, si può spiegare ogni cosa. Hancock si dice fortemente impressionato dalla mania dei Maya di spingersi così tanto nei calcoli e si domanda se questa inspiegabile ansia, soprattutto nei confronti del tempo, non fosse determinata dal fatto di voler conoscere in anticipo ciò che sarebbero potuto accadere, catastrofi e cataclismi compresi. Per l'ennesima, volta, siamo nuovamente al cospetto della sottostima dell'immaginazione umana, la quale, come invece ben sappiamo, soprattutto nella sfera del religioso, gradisce spingersi nell'elaborazione quasi ossessiva dei concetti chiave, si tratti della nozione di disastri che ciclicamente si abbattono sul pianeta, come della necessità di accattivarsi il benevolo sguardo degli dèi supremi con una infinita sequela di sanguinosi sacrifici umani.

Al cospetto della città messicana di Teotihuacán, Hancock preannuncia un'idea portante della sua filosofia, un concetto che, molto generosamente da parte sua, riconosce condividere con altri ricercatori e scrittori. Il titolo del suo successivo lavoro – che stiamo per prendere in considerazione – tradisce già in parte il tema: *Heaven's Mirror*. L'immagine dello specchio del cielo suggerisce la possibilità che gli antichi luoghi sacri sparsi ovunque nel mondo altro non siano che la rappresentazione sulla Terra di alcune figure celesti, ovviamente riportate in una scala adeguata, insomma come se il nostro pianeta rispecchiasse, con le dovute proporzioni, alcuni spicchi del firmamento. A ben guardare, non siamo di fronte a un'idea né strampalata, né del tutto impossibile. I cieli notturni, in particolare in quelle località del pianeta dove l'osservazione era resa agevole e perfetta da un'atmosfera tersa e limpida, costituivano una grande fonte di ispirazione per i popoli antichi, molto di più di quanto non accada oggi. Prima dell'avvento di Copernico, Galileo e Newton, il complesso e misterioso movimento dei pianeti possedeva una valenza formidabile, sia reale che immaginifica, per tutte quelle popolazioni che ancora vivevano in un'era pre scientifica. (Superfluo ricordare che furono comunque i Greci a cogliere con maggiore profondità gli aspetti pre-scientifici del sapere umano). In una cultura variegata, che andava dalle precise calcolazioni di astrusi calendari all'immaginazione di divinità celesti che alimentavano una grandiosa fantasia mitologica (per quanto, questi, aspetti molto doversi l'uno dall'altro), le arcane associazioni dei corpi celesti che si muovevano nel cielo erano viste e intese come situazioni altamente simboliche e allusive. Per questo non ci deve sorprendere scoprire come molti degli edifici antichi più significativi erano costruiti in perfetto allineamento astrale e se, addirittura, intere architet-

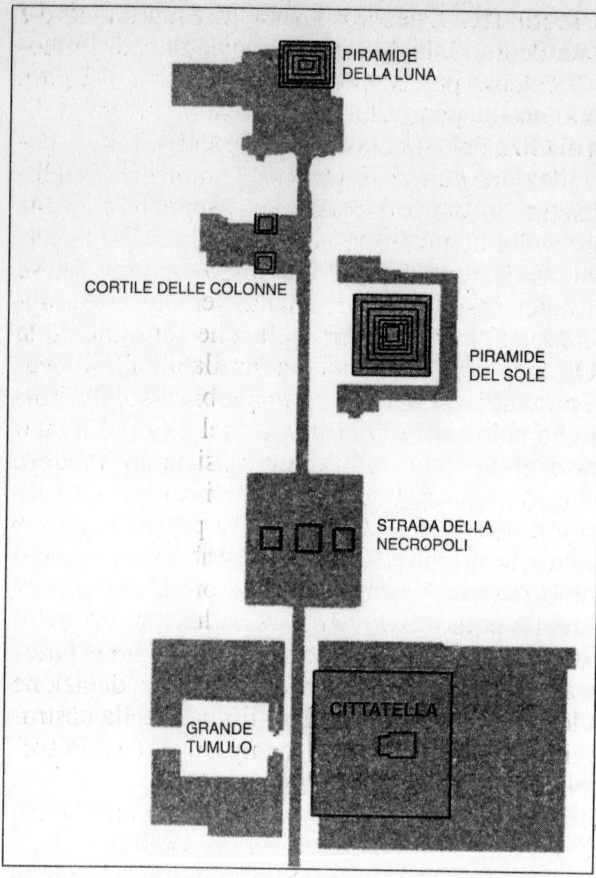

Un gruppo di monumenti a Teotihuacán, da alcuni autori interpretati, nella loro dislocazione, come raffigurazione del sistema solare.

ture templari venivano progettate come riflesso di una qualche configurazione celeste. Pur ammettendo questa ipotesi, risulta però estremamente difficile averne certezza, dal momento che le posizioni stellari non risultano essere mai le stesse non solo in relazione ai diversi periodi dell'anno, ma anche ai differenti momenti storici. Senza contare che è altrettanto complicato conoscere con esattezza quale costellazione piuttosto che un'altra potesse essere in voga in un dato momento presso una data civiltà e così via. Tornando a Teotihuacán, la proposta formulata da Hancock e dai suoi seguaci è che l'impianto urbano riproponga la disposizione del sistema solare e della Via Lattea, rispettando non solo l'ordine dei pianeti, ma anche la scala delle distanze relative, compresi i corpi più lontani come Urano, Nettuno e Plutone, noti alla scienza occidentale solo sul finire del XVIII secolo e oltre.

Ad essere sinceri, bisogna essere muniti di una buona dose di fede credulona nel cercare di intravedere nelle decine e decine di edifici cerimoniali presenti a Teotihuacán, generosamente distribuiti a nord e a sud della grande Piramide del Sole, le orbite dei pianeti che si muovono attorno al Sole. Il celebre precedente legato alla terra d'Egitto, dove qualcuno, fra cui anche Hancock, ha proposto di intendere la disposizione sulla piana di Giza del complesso delle grandi piramidi come specchio della costellazione celeste di Orione, è ampiamente fallito e gli stessi propugnatori lo hanno riconosciuto, seppure con una certa riluttanza. Troppe stelle non trovano alcuna corrispondenza terrestre, la scala dell'intero disegno e delle sue singole parti relative non è a posto. Forse l'unica assonanza, per quanto sempre molto approssimativa, la si potrebbe trovare nelle tre stelle che configurano la cosiddetta cintura di Orione, in qualche modo assimilabili all'allineamento delle tre grandi piramidi. Stop, per il resto nebbia assoluta. Tutto questo se si pensa che solo pochi anni prima, nel 1995 al tempo dell'uscita di *Impronte degli dèi*, Hancock aveva rassicurato il lettore affermando a chiare lettere che la maggior parte degli edifici che concorrevano a configurare il disegno progettuale della piana di Giza, a nord e a sud delle tre grandi piramidi principali, combaciava in cielo con la costellazione di Orione «con una precisione pressoché perfetta». Questa ipotesi avrebbe potuto e dovuto essere dunque abbandonata, ma molto era stato scritto e congetturato sulla correlazione Orione-Nilo da Hancock e altri; in particolare in riferimento alla datazione del 10.500 a.C., quando sarebbe stato progettato il piano della costruzione dei grandi edifici a Giza; una data che, compariva quasi in sordina ma modificata nel 10.450 anche nel lavoro del 1995.

Ciò che mi sento di dire in merito all'interpretazione astronomica che Hancock concede al progetto urbano della città di Teotihuacán è che si tratta di considerazioni del tutto indimostrabili e che le datazioni da lui e dai suoi accoliti proposte sono molto lontane da quelle a cui è giunta l'archeologia ufficiale, sulla base di lunghi studi dedicati allo schema dello sviluppo culturale delle civiltà mesoamericane, che prospettano un arco di tempo che va dal 400 al 700 d.C. (In realtà, perché secondo Hancock tutto questo debba essere necessariamente molto, ma molto più antico, non è chiaro, specie se si tiene presente, come, fra l'altro egli desidera, che la trasmissione di una conoscenza superiore può avvenire in qualsiasi momento storico. In verità, suppongono che in questi argomenti sia sempre più intrigante parlare di realtà molto antiche, per renderle più misteriose e venerabili possibile, sempre più vicine alla fantomatica, mitica supercivilità che ovviamente tutti questi studiosi amano contemplare come la madre di tutte le culture umane).

A questo punto Hancock fa osservare al lettore come in tutte le antiche mitologie esistano racconti che celano la rimozione, l'amnesia collettiva dell'umanità nel non voler ricordare le grandi catastrofi che

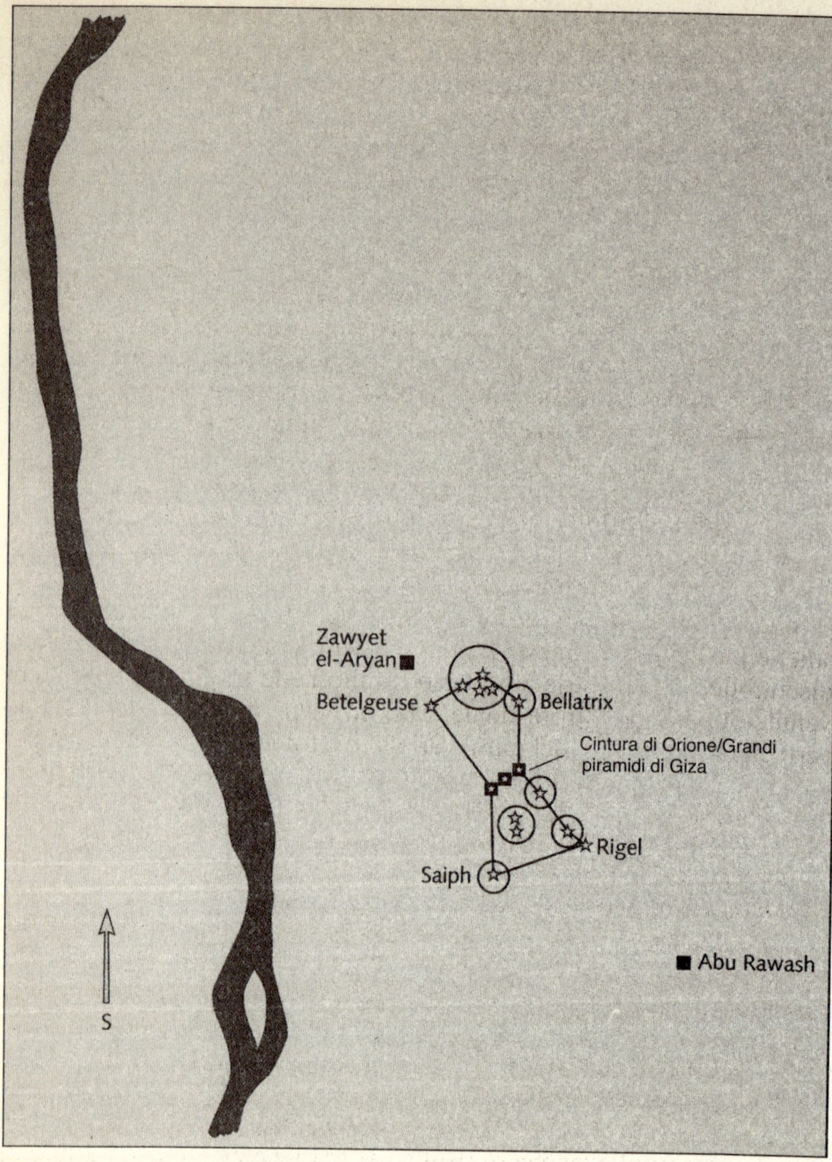

Le stelle della costellazione di Orione lungo la Via Lattea e la serie di monumenti lungo il corso del Nilo non collimano affatto, come alcuni vorrebbero far credere, se non nella corrispondenza con le tre grandi piramidi della piana di Giza.

ne hanno sconvolto il più profondo passato. Il dispiacere degli dèi, il grande diluvio, la storia di un uomo e una donna a bordo di una nave, i continui cicli distruttivi, la caduta del Sole e della Luna, terremoti e vulcani: in merito a questi scenari ricorrenti, Hancock pone una serie di interrogativi retorici. «Non è forse molto strano che lo stesso linguaggio simbolico e mitologico compaia in culture e tradizioni così lontane fra loro nello spazio?». Rispondo subito: no, per quelle motivazioni, psicologiche, sociali e comportamentali, che già ho addotto più volte in queste pagine e che parlano di una comune immaginazione fra i pur diversi popoli, in grado di innescare storie simili partendo da elementi archetipali e ancestrali simili. Di nuovo Hancock: «Siamo forse al cospetto di un grandioso, quanto straordinario, fenomeno inconscio di telepatia interculturale?». No, continuo a rispondere, sereno. E ancora: «Oppure, non sarebbe più semplice ammettere che le singole componenti mitologiche di queste storie venissero ereditate da una precedente grande civiltà che le aveva elaborate in tempi ancora antecedenti, grazie al lavorio intellettuale di una razza superiore e molto avanzata?». Sembra di intendere che Hancock faccia riferimento a società segrete, capaci, malgrado gli sforzi generalizzati dell'umanità di cancellare ogni ricordo delle catastrofi del passato, di trasmettere egualmente queste reminescenze tramite il metodo, alquanto discutibile, di inculcarle attraverso il mito nelle tradizioni delle genti venute dopo la catastrofe finale. Ma, mi viene da domandare: siamo certi che lo strumento del mito, variegato e folcloristico com'è, sia per davvero il mezzo migliore per cercare di convogliare e trasmettere notizie storiche e, se sì, quale sarebbe stato il vero scopo? Per quanto mi concerne, anche ora non mi resta che rispondere con un secco no. Alla fine, un Hancock meravigliato, serve al lettore un altro interrogativo: «Oppure, per qualcun altro, esiste un'altra spiegazione che dia ragione dell'enigma dei miti?». Alle solite: se per davvero in questo esiste un mistero, mi pare di averne già proposto la soluzione in più occasioni: si tratta di risposte simili a sollecitazioni simili, costruite con materiale mentale e psicologico simile. Nient'altro.

Hancock prosegue presentando una poco accurata disamina della geologia del Pleistocene e della primitiva evoluzione dell'uomo, quadro da porre come sfondo alle sue considerazioni sulla nascita della grande supercività, anche se risulta per lo meno clamoroso l'errore di segnalare la presenza dei Neandertaliani in tutto il mondo, considerato che occuparono invece soltanto la parte del continente euroasiatico. Ma, fin qui ancora bene. Le cose si fanno veramente insostenibili, quando il ragionamento scivola sull'era glaciale, quando il nostro autore non esita a sbarazzarsi anche dei suoi mentori, Hapgood e Hibben, pur di insistere nel difendere l'ipotesi dello scenario catastrofico. Inutile cercare nella sua esposizione anche solo una breve citazione a proposito della complessa articolazione di questo periodo geologico, dei momenti strettamente glaciali e delle alternanze dei periodi intermedi, del fatto che anche in questo particolare momento si succedevano delle estati e dei periodi di clima decisamente meno rigido. Per essere coerente con la sua immaginazione, Hancock dipinge agli occhi del lettore un momento solo ed esclusivamente governato da neve e ghiaccio, ma anche, ovviamente, da una collezione di catastrofi a schiera: terremoti, diluvi e inondazioni dovute alla crescita del livello delle acque, estinzioni di massa, tempeste di straordinaria intensità, attività vulcanica spaventevole, ovunque. Insomma, come a dire che il catastrofismo stia consumando la sua vendetta. Alla fine, chi legge trae l'impressione che l'evoluzione dell'uomo verso la meta del *sapiens sapiens* si sia verificata in questo contesto, mentre è ampiamente appurato a livello scientifico che furono i caldi bacini dell'Africa la culla di quella che sarebbe diventata l'umanità moderna.

Tutte le obiezioni e le contrapposizioni che abbiamo sollevato all'opera dei Flem-Ath, che ci hanno condotto a un'analoga contestazione nei confronti del lavoro di Hapgood e di Hibben, si possono, pari pari, applicare alla versione che Hancock dà della fine dell'ultima era glaciale, per non dire che se ne potrebbero sollevare altre ancora. È davvero singolare che un libro popolare e fantasioso risalente all'ormai lontano 1946 come è *Lost Americans*, l'opera di Frank C. Hibben, abbia l'insolita forza di allungare ancora oggi, a tanti anni di distanza, la sua ombra sulle idee di tanti altri scrittori.

La concezione che Hancock propone della vita dell'uomo antico atterrito e spaventato da un'impietosa era glaciale che ne condizionava ogni azione è, dunque, assai lontana da quella che ci viene invece proposta dall'archeologia tradizionale, dove il Paleolitico superiore è visto come un momento certamente particolare, ma inteso come testa di ponte per quelle civiltà e culture che riuscirono a imporsi nell'Europa occidentale e settentrionale nei periodi immediatamente successivi. Infatti, come già si è visto, la crescita del livello delle acque oceaniche derivata dallo scioglimento dei ghiacci non fu un fenomeno repentino e incontrollato, ma abbastanza regolare e scandito; al punto che se anche non più tardi del 1895, l'ennesimo catastrofista biblologo continuava a parlare di cataclismi senza precedenti, con la completa inondazione dell'Inghilterra e di mezza Europa, avere ancora soltanto la mezza idea di dargli retta sembrerebbe più una stoltezza che un atto di buona cortesia. Tutta questa agitazione per cogliere un solo e unico obiettivo: dimostrare che nei miti di tutto il mondo si ricordava un'unica grande catastrofe planetaria! Ma quante inesattezze. Una per tutte. Scrivendo nel non certo lontano 1995, lo stesso Hancock si diceva così convinto delle sue ipotesi da profetizzare addirittura un'imminente catastrofe per l'anno 2000, quando un inconsueto e rarissimo allineamento fra Nettuno, Urano, Venere, Mercurio e Marte avrebbe provocato «profondi effetti gravitazionali su larga scala». Forse che qualcuno, nel mondo, se ne è reso conto?

Tornando ai pianeti del nostro sistema solare, Hancock non perde occasione per svelare a chi ha la pazienza di leggerlo il misterioso fenomeno detto della precessione equinoziale. Raccomando a chiunque abbia intenzione di comprendere fino in fondo questo fenomeno di leggere il testo di Hancock con grande attenzione. Ma facciamola breve. La precessione degli equinozi si verifica perché l'asse terrestre, attorno al quale il pianeta evolve, non è perpendicolare rispetto al piano di riferimento del sistema sul quale la Terra si muove attorno al Sole, ma inclinato di un angolo di 23°, deviazione in parte dovuta anche all'attrazione della Luna che a sua volta orbita attorno al nostro pianeta. Poiché la Terra ruota velocissimamente, il suo asse non solo non riesce a mantenersi perpendicolare al piano dell'orbita lunare, ma se l'immaginiamo procedere come una trottola che disegni con la punta una linea, vedremmo quello che gli astronomi chiamano il moto conico dell'asse terrestre, in virtù del quale l'asse descrive due coni con vertice nel centro della Terra. Questo moto avviene in senso opposto rispetto alla rotazione e ha un periodo di circa 26.000 anni. Uno dei tanti effetti della precessione equinoziale in termini di osservazione astronomica consiste nel fatto che il levare del Sole in qualsiasi momento dell'anno non ha mai come sfondo di riferimento lo stesso quadro celeste, ma una situazione continuamente, seppure lentamente, cangiante.

Uno dei punti forti delle osservazioni di due storici della scienza, autori del celeberrimo libro dal titolo *Il mulino di Amleto*, datato 1969 (sebbene, come sovente accade quando si dibattono problemi di questo genere, non si tratti dei primi che se ne sono occupati), sta proprio nell'aver segnalato che quasi certamente le culture del mondo antico erano a conoscenza del fenomeno della precessione equinoziale di gran lunga molto tempo prima che venisse ufficializzato dal greco Ipparco attorno al 120 a.C. (Ipparco riuscì a constatarlo dalla valutazione dei dati trascritti dagli astronomi che lo avevano preceduto nello studio dei cieli, annotazioni così precise e puntuali da consentirgli di rendersi conto dei lievi mutamenti provocati dall'esistenza di questo fenomeno assolutamente impercettibile). È del tutto probabile che alcuni illuminati e brillanti astronomi antichi abbiano per davvero osservato tutto questo prima di Ipparco; ciò che suona già decisamente più singolare è che i due autori, de Santillana e von Dechend affermino con sicurezza non solo l'incredibile antichità della constatazione della precessione equinoziale, ma anche che del fenomeno se ne occupano le mitologie antiche quando mostrano ricordi di colonne, travi e alberi rotanti, mulini, zangole e così via, tutte immagini del turbinante movimento che accompagna la Terra lungo i suoi movimenti celesti, configurando il fenomeno della precessione degli equinozi. Superfluo annotare che al carro della precessione equinoziale si sono poi attaccati un po' tutti, scovandoci dietro infinite allusioni, specie di ordine numerologico-astrologico, con le dovute implicazioni nell'arte, nel folclore, nella mitologia, nell'architettura del mondo antico, al fine di dimostrare che tutto venne previsto, progettato e realizzato per incorporare anche la nozione della precessione, molto tempo prima che Ipparco se ne rendesse conto. E così, in questa nuova sinergia di pensiero, catastrofismo e precessione equinoziale si incontrano per il tramite del mito e di un'antica architettura sacra suggerita dal mito stesso. Ancora una volta, il mito viene, fantasiosamente, ritenuto lo strumento ideale per trasmettere accurate informazioni di tipo scientifico a proposito di un fenomeno tanto particolare come la precessione. Così in *Impronte degli dèi*, Hancock può dilatare la caccia al numero magico e simbolico anche nel campo della tradizione egizia e indù, richiamandosi alle Triadi, piuttosto che alla quantità di mattoni che sono stati necessari per innalzare un certo tempio o un dato altare sacro citato nel testo indù dei *Rig-veda*, tutti particolari da cogliere come momenti di appunto per fissare conoscenze e ricordi, graditissimo pane per i denti degli appassionati cultori della precessione equinoziale. In definitiva, l'idea che ne viene fuori sembra dunque essere quella che la precessione (con tutta la sua complessa gamma di movimenti, oscillazioni e ciclici ritorni) sia stato un elemento decisivo nell'avvento delle ere glaciali. Possiamo anche essere d'accordo, ma quanto lo possono essere stati infiniti altri elementi, come, per esempio, la variazione della distanza orbitale Terra-Sole, le fluttuazioni dell'apporto di calore da parte del Sole, l'intercettazione, più o meno accentuata, dell'irraggiamento solare a causa della polvere stellare o di immani eruzioni vulcaniche in atmosfera e via dicendo. L'idea successiva che il nostro autore propone non è però più condivisibile. Quando leggiamo che la mitologia derivata dalla conoscenza del fenomeno precessionale non è altro in realtà che il mezzo per trasmettere al di là del tempo il racconto di una serie di catastrofi planetarie verificatesi nel corso dell'ultima era glaciale, ci rendiamo conto che il castello che si vuole costruire è un castello di carte, che poggia su fondamenta ancora più precarie e ballerine. A questo punto, pare infinitamente meglio il progresso lento e sofferto, ma giustificato, del faticoso studio geologico che affidarsi a ipotesi basate su concetti oscuri e confusi, dove miti imperscrutabili e il conto del numero dei mattoni che compongono un dato edificio la fanno impropriamente da padroni.

Lo stesso per l'antico Egitto, certo il primo obiettivo su cui si è da sempre focalizzata l'attenzione degli atlantologi. In questo contesto,

Hancock non potrebbe partire peggio, andando subito a tirar fuori un argomento ormai obsoleto, tanto da farci domandare fino a che punto questi archeologi alternativi aggiornino la loro preparazione. «La Grande Piramide e tutte le sue compagne che svettano nella piana di Giza erano come spuntate da un buco nero della storia dell'architettura talmente abissale e immenso che né il suo fondo né la sua sponda opposta erano mai stati individuati». Peccato che non sia affatto così e che il buco nero, con le sue distanti estremità, esista solo e soltanto nella testa di Hancock. L'evoluzione architettonica nella realizzazione delle piramidi, infatti, non solo è ampiamente conosciuta, ma punteggiata di tappe decisive in diversi momenti storici: dai pozzi coperti nel terreno risalenti al 3500 a.C., alle tombe ricoperte con piatte lastre in pietra di mezzo millennio dopo, a quelle, sempre in pietra, con camere sepolcrali del 2800 a.C., alle piramidi a gradoni, realizzate con grandi blocchi calcarei di un secolo dopo, alle piramidi del 2600 a.C., a quelle più rinomate della piana di Giza innalzate attorno al 2500 a.C. Tutto questo sembra che per Hancock non esista e si compiace nel riesumare l'annosa questione se le piramidi fossero state veramente costruite come tombe regali per determinati sovrani e faraoni. Per sostenere questa ipotesi, torna alla carica con l'antica storia secondo la quale uno dei più illustri esploratori di epoca vittoriana della Grande Piramide avrebbe falsificato uno dei marchi di costruzione che gli antichi capomastri erano soliti apporre sui blocchi di calcare lavorati dalle loro squadre di carpentieri, andando ad apporre il nome geroglifico di Cheope, anche se ancora oggi non si riesce a capire come l'abbia potuto fare, dal momento che il cartiglio reale col nome del faraone compare nella parte retrostante del blocco calcareo, solo in tempi recentissimi venuta allo scoperto. Una tattica curiosa, ma evidentemente efficace, questa, tipica degli studiosi alternativi: prima insinuare il dubbio, far crescere il sospetto, poi, eventualmente, ma solo se di fronte a un'evidenza inoppugnabile, concedere che, tutto sommato, la spiegazione canonica dei fatti ci potrebbe anche stare. A proposito delle grandi piramidi egizie, che senso creare confusione se non per gettare discredito sull'egittologia ufficiale, aprendo la strada a suggestioni alternative, già in partenza segnate dal marchio dell'inadeguatezza?

Al pari di molti altri di coloro che possiamo chiamare tranquillamente egittologi alternativi, Hancock si appella alla famosa Stele dell'Inventario rintracciata nei pressi della Grande Piramide per cercare di dimostrare che la costruzione della Sfinge risale a tempi ancora più antichi delle piramidi stesse. Peccato che, dopo un po' debba arrendersi all'evidenza e riconoscere, come fatto da tutti gli archeologi che si rispettino, che la stele è un manufatto di almeno duemila anni più recente della Grande Piramide. Ma si ferma a questa osservazione, non va oltre. Non approfondisce, non rivela che la stele è il prodotto di un momento di rinascita dell'orgoglio nazionale egizio (una sorta di revival, come quello gotico in piena età vittoriana), dove la tendenza era quella di imitare un glorioso passato che non c'era più, con un atteggiamento nostalgico e romantico al tempo stesso. Dice, invece, trattarsi di una copia perfetta di quella originale scolpita al tempo del faraone Cheope. Il che non è vero, perché non c'è motivo archeologico e scientifico per crederlo, a cominciare dai molti anacronismi che la contraddistinguono, per primi quelli linguistici e idiomatici.

Da parte mia, ho approfondito con grande attenzione lo studio relativo alla possibile datazione della Sfinge nel mio libro *Gli enigmi della Sfinge*, a cui rimando. In sintesi, qui basti ricordare che gli egittologi alternativi non offrono una sola prova che ne indichi un'età superiore a quella delle piramidi, mentre le loro osservazioni a livello geologico, sebbene alquanto interessanti e stimolanti, possono trovare spiegazione in molti altri modi non necessariamente contrastanti con quelli canonici che datano con una certa precisione i regni dei faraoni Cheope e Chefren. Insomma, quando Hancock sostiene di avvertire l'impressione soggettiva che la Sfinge sia qualcosa di molto più antico delle vicine piramidi, dice una cosa esatta: siamo di fronte alla sua, personale e soggettiva idea che le cose stiano così.

Quando si ha a che fare con autori come lui, la soggettività entra in campo molto spesso. Per lui, ad esempio, la stanza sotterranea della piramide di Micerino sembra vibrare «come il complesso, multi valve, gigantesco cuore di un immenso Leviatano addormentato». Varcare la soglia che porta nella camera sepolcrale della piramide di Chefren per lui «è come superare il limite che introduce in un'altra dimensione». Dopo queste accattivanti premesse, Hancock passa a considerare la Grande Piramide e tutte le sue varie articolazioni interne che vengono interpretate in termini di significati numerici, in linea con l'idea di prima, ossia che il fenomeno della precessione equinoziale sia ricompreso in modo simbolico in molte delle architetture e delle mitologie dei grandi popoli dell'antichità. Nel passato, le dimensioni salienti della Grande Piramide sono state utilizzate per spiegare ogni genere di cosa: dai testi profetici della Bibbia al sistema universale dei pesi e delle misure. Controbattere a queste insulsaggini è estremamente facile: è sufficiente far notare come un qualsiasi complesso composto da spazi, camere e corridoi, con angolazioni, volumi e superfici differenti può prestarsi a qualsivoglia ipotesi modellabile con un po' di fantasia alle proprie esigenze interpretative, senza bisogno di andare a scomodare la Grande Piramide. Un po' la stessa risposta che un ufficiale di marina americano ha pensato bene di dare a proposito dei presunti, misteriosi canoni di misura che sarebbero presenti nelle dimensioni piramidali: «Trovata un'adeguata unità di misura, che si tratti di piedi, pollici, metri, verste, sono certo che uno dei grandi cornicioni che fregiano il Crystal Palace potrebbe corrispondere, in debite proporzioni, alla distanza intercorrente dalla piramide, che so, a Timbuctu, oppure al numero dei lampioni che illuminano Bond Street, o al peso specifico del fango, o anche al peso medio dei pesci rossi».

Come le grandi piramidi sono state rivoltate come un calzino per scovarci tutte le possibilità numerologiche, così i testi religiosi dell'antico Egitto sono stati esaminati al microscopio per esaltare i messaggi nascosti legati al fenomeno astrologico della precessione equinoziale. I Testi delle Piramidi, in particolare (dal momento che si tratta delle scritture più antiche, redatte appena qualche tempo dopo la costruzione delle grandi piramidi) hanno subìto valutazioni più che meticolose. Questi testi antichi, che riflettono in modo chiaro le tradizionali idee religiose di tempi primitivi, sono il più delle volte oscuri e difficili da tradurre, tuttavia non c'è verso di far cambiare idea a Hancock che li interpreta soltanto come traduzioni dall'atlantideo (o che altro) all'egiziano di brani riguardanti il fenomeno della precessione equinoziale. In linea con la sua idea di società segreta i cui adepti furono in grado di trasmettere arcane conoscenze, Hancock dà per scontato che tutto il sapere astronomico degli antichi Egizi non solo era in mano alla potente casta sacerdotale ma era tramandato in un codice segreto e sotto la forma del racconto mitologico, anche se non riesce a spigarci perché e per quale finalità, dal momento che non offre una sola prova che in qualche modo testimoni a favore di questa sua immaginazione. Stando a Hancock, gli Egizi (ma anche i Greci in parte) non sono accreditati di una conoscenza astronomica così come la intendiamo noi oggi e, così dicendo, ritengo che questa supposizione la applichi ad archeologi ed egittologi ufficiali. In effetti, le considerazioni della scienza canonica sembrano non accreditare granché sotto questo profilo alla tradizione egizia antica (fatte salve alcune conquiste dell'ultimo periodo, quello ellenistico alessandrino), raramente allineata a concezioni astronomiche, diciamo così, attuali, salvo non si abbia intenzione di andare a scavare all'interno di una rigogliosa mitologia muniti di una immaginazione vivida e fantasiosa.

Poiché Hancock continua ad appoggiarsi al concetto che la civiltà egizia sbocciò praticamente dal nulla (a dispetto del fatto che la storia dei primordi della cultura egizia anche prima della unificazione del regno sia ormai oggetto di chiara conoscenza da parte dell'egittologia ufficiale), tutto questo è dovuto all'irrimediabile declino che seguì la straordinaria gloria iniziale. (Idea che ci riconduce a quella di Platone, quando racconta come la razza semidivina di Atlantide era andata poco alla volta a trasformarsi in peggio). Come sempre, siamo al cospetto di un convincimento prettamente soggettivo, lo stesso che già abbiamo ritrovato in Donnelly: da una parte non si ammette che i faraoni del nuovo regno abbiano costruito piramidi come quelle dell'antico regno, ma dall'altra si concede loro la realizzazione di monumenti altrettanto grandiosi come Abu Simbel, i colossi di Memnone e la redazione di testi religiosi decisamente più raffinati di quelli delle Piramidi. Per tutto questo e per una nutrita serie di altre ragioni, Hancock ha poi la necessità di sospingere sempre più indietro nelle nebbie del tempo la civiltà egizia, per cercare di riuscire ad allinearla al momento della fuga degli Atlantidei (o chi altri), il popolo supercivilizzato detentore di una conoscenza astronomica eccelsa. Uno dei poli trainanti di queste argomentazioni sta nella datazione al 10.500 del complesso monumentale della piana di Giza per poterlo allineare in Terra a quella che all'epoca era la configurazione nel cielo della costellazione di Orione. Un altro punto di appoggio è l'interpretazione, diciamo così, romantica di alcuni fra i più antichi reperti egizi, come per esempio la celebre Pietra di Palermo. Come tutti sanno, l'elenco dei sovrani che vi compare, manca della sua parte iniziale, fortemente danneggiata. La tradizione asseriva che in principio la terra d'Egitto era stata governata da dèi e semidèi seguaci di Horus, prima di passare sotto la guida del primo vero re umano, attorno al 3000 a.C. Ebbene, sulla scorta di queste flebili informazioni e, soprattutto, contro tutte le osservazioni dell'archeologia tradizionale, Hancock si lancia nella speculazione di una lunga serie di sovrani dei primi tempi della civiltà egizia, così da collegarla con gli ultimi sovrani della superciviltà atlantidea. Secondo lui, le rovine di alcuni grandiosi monumenti (come, per esempio, l'Osireion ad Abido e i templi della Sfinge) attestano un'antichità molto più remota di quanto si creda; mentre l'uso che gli Egizi facevano delle barche funebri era un segno più che evidente del loro stretto collegamento con una cultura precedente intimamente collegata al mare. Per Hancock l'agricoltura in Egitto era già attiva a partire dal 13.000 a.C., mentre tutte le prove geologiche e archeologiche testimoniano soltanto della sporadica pratica di sradicare qualche vegetale spontaneo nel corso delle attività di caccia delle popolazioni stanziate lungo la valle del Nilo, ma non certo di una domesticazione intenzionale di vegetali commestibili da coltivare. Inoltre, se è vero che in altre parti del mondo la raccolta seppure improvvisata di sementi erbacee condusse poi alla pratica vera e propria dell'agricoltura, è altrettanto vero che questo non si verificò in Egitto, dove la cultura agricola si manifestò alquanto in ritardo rispetto ad altre zone del pianeta, vale a dire soltanto attorno al 5000 a.C. Tutti questi ragionamenti, alla fine spingono Hancock a parlare dei Campi Elisi egizi, Ta-Neteru, la terra degli dèi, per domandarsi: fu da questa stessa terra che, nel cosiddetto "primo tempo", giunsero Osiride e Thot, a bordo di barche capaci di vincere il mare, esperti scrutatori della volta celeste e sopravvissuti di un'antica, ormai perduta grande civiltà?

Unendo le forze con il compagno di ricerche e a volte coautore Robert Bauval, al cospetto del tempio funerario collegato alla piramide di Cheope, Hancock giunge, alla fine di questa sua prima incursione nel mondo del mistero atlantideo, con una fresca ondata di nuove osservazioni. Propone che il progetto della disposizione monumentale della piana di Giza, non sarebbe che lo specchio di quello che in cielo era il disegno della costellazione di Orione, così come appariva agli occhi degli uomini nel 10.500 a.C. (anche se, come il lettore ricorderà, abbiamo già sottolineato come, pur esercitando la fantasia più sfrenata, siano al massimo soltanto tre le stelle della complessa costellazione a trovare rispondenza sulla piana egiziana). Poi si parla di un culto di Osiride a Giza, antico di almeno 8000 anni, senza portare una sola prova di natura archeologica documentale che lo attesti. Giza viene intesa e presentata come un luogo di provocazione, una sfida alle umanità future a scoprirne tutti i reconditi segreti: la Grande Piramide è ormai pronta per essere disvelata, ma la si deve interrogare nei modi giusti, altrimenti i suoi segreti saranno custoditi per altre generazioni di uomini, diverse dalla nostra. Sia Hancock che Bauval arzigogolano a proposito delle "case zodiacali" presenti a Giza: Pesci, Ariete, Leone, Toro, senza badare al fatto decisivo che il nostro sistema zodiacale risale alla civiltà babilonese del I millennio a.C. e lungi dal precisare, ammesso che essi lo sappiano, che quello egizio era completamente diverso, nella sua configurazione circolare di costellazioni (diversa dalla nostra, che è ellittica). Un sistema, per di più, in uso, per quanto ci attestano i ritrovamenti letterari e archeologici relativi alle mappe celesti egizie, solo fino al 2000 a.C.

Quando ormai le pagine di *Impronte degli dèi* si stanno esaurendo, Hancock cita finalmente Atlantide, ma solo per farci sapere che non ne condivide l'ipotetica collocazione nell'oceano Atlantico, là dove l'aveva indicata Platone dando il via all'eterna questione. Né poteva essersi trovata nell'oceano Pacifico o in quello Indiano. Hancock si schiera con le ipotesi dei Flem-Ath e di Hapgood e punta sul continente antartico, indicato come «la vittima del drammatico, repentino e mortale, scioglimento dei ghiacci dell'ultima era glaciale, fra il 15.000 e l'8000 a.C.» (grandiosi alluvioni e poi gelo). Per far ammirare al lettore l'Antartide così come appariva privo dei ghiacci, Hancock rimette in ballo la mappa di Finnaeus, per arrivare a dire che ciò che ancora potrebbe rimanere di quella antica civiltà si trova ora sepolto al polo sud sotto strati di ghiaccio spessi chilometri. La catastrofe che distrusse la civiltà antartica, ridusse i sopravissuti a modi di vita poco superiori a quelli dell'uomo dell'età della Pietra, ciò malgrado essi furono capaci di elaborare un mirabile codice mitologico per incorporare tutte le loro avanzate conquiste astronomiche e progettare l'impianto della piana di Giza dove innalzare monumenti in grado di conservare nel tempo conoscenze preziose sulla precessione degli equinozi e quant'altro. Difficile capire come mai non abbiano cercato di ricostruire il loro precedente, avanzato stile di vita, questi geni dell'antichità «mastri costruttori, scienziati, ingegneri, cartografi, matematici, medici...». Per Hancock, mentre la massa dei sopravvissuti dovette ricominciare da zero, furono soltanto pochi eletti, una «minoranza di ben organizzati visionari» quelli che riuscirono a salvare le antiche conoscenze dopo la catastrofe finale, scegliendo le piramidi e una variegata tradizione mitologica per trasmetterle in codice a coloro che sarebbero venuti dopo di loro! Un movimento di privilegiati, trasformatosi col tempo in una società segreta, tutta tesa a preservare quanto ancora era salvabile.

Ad un tratto però sembra quasi che tutti gli ingegnosi sforzi che gli eredi delle grande civiltà perduta hanno fatto per trasmetterci le loro testimonianze svaniscano, come fossero stati semplicemente finalizzati a darci solo un segno tangibile della loro esistenza, un qualunque, anonimo messaggio del tipo «Kilroy è stato qui»; ma Hancock recupera l'immane fatica, arrivando a sostenere che essa va ben oltre, perché la dobbiamo anche intendere come un messaggio profetico, un monito che ci mette sul chi vive per altre catastrofi planetarie che potrebbero investirci, così come già tante volte accaduto. Ma se tutti questi disastri sono per davvero l'effetto della millenaria precessione degli equinozi o degli slittamenti della crosta terrestre, non riesco a vedere che poter fare per porci rimedio. Che potrebbe mai tentare di fare l'attuale umanità di fronte a una minaccia di tale portata? Un bel niente. Per consolidare questa sua ultima trovata e per sostanziare l'idea che una nuova fine del mondo si sta avvicinando, Hancock chiama in causa le profezie dei Maya, le previsioni (tutte sballate) del veggente Cayce, fin anche le catastrofiche previsioni di organizzazioni religiose come la Torre di Guardia e la Tract Society della Pennsylvania. Per fare poi buon peso, aggiunge la notizia che da lì a qualche anno, ossia nel maggio del 2000 (sta scrivendo nel 1995) una congiunzione celeste di cinque pianeti avrebbe già potuto produrre profondi effetti gravitazionali (come sappiamo non accadde nulla). Evidentemente, affinché gli straordinari sforzi dei sopravvissuti visionari atlantidei (la progettazione della piana di Giza e l'elaborazione di un complesso mitologico a dir poco eccezionale) siano in qualche modo giustificati, è presumibile immaginare che abbiano previsto chissà quali nuove, terribili catastrofi che ci aspettano. Ma, in fondo, l'ansietà che attanaglia tutti gli atlantologi quando si inoltrano in queste considerazioni sembra andarsi a collocare più in una dimensione religiosa che meramente speculativa. L'idea platonica del catastrofismo, espressa non soltanto nel *Timeo* e nel *Crizia*, era soprattutto una concezione scientifica, nei limiti ovviamente della scienza del suo tempo. Può darsi che abbia incominciato a entrare in crisi, quando proprio nel *Crizia* in merito alla distruzione di Atlantide aveva preso a configurarsi il concetto di punizione divina, immagine religiosa che andava ad interferire in modo evidente con lo stampo scientifico del dialogo. In Donnelly non c'è alcun aspetto di questo genere, se solo si fa eccezione per il continuo rimando, indietro nel tempo, delle diverse civiltà fino a quella eccelsa, da cui tutto sarebbe derivato. Da parte sua Spence, pur procedendo sulla falsariga di Donnelly, sembra mettere in campo una concezione più fatalistica; mentre la preoccupazione più grande di Hapgood è quella di sposare la sua inedita teoria con il maggior numero di altre che la possano avvalorare per rovesciare la geologia e l'archeologia tradizionali. Da ultimo, Hancock ha soprattutto enfatizzato l'aspetto fatalistico della questione, sforzandosi di dare consistenza alla teoria che vede nella costruzione dei grandi monumenti dell'antichità il tentativo di chi venne prima di noi di comunicarci delle informazioni e delle conoscenze rilevanti per la nostra vita odierna. Poco conta o importa, poi, nella sua mentalità, se la lettura del suo libro può suscitare in chi lo legge affanno e angoscia. Non sono cose che, a suo dire, valgono qualcosa. Per quanto mi riguarda, Hancock è soltanto uno scrittore tetro.

In questa ottica, il maggiore contributo da lui fornito a quella che ho chiamato Sindrome di Atlantide, viene espresso nel libro *Impronte degli dèi* e consiste nell'enfasi, già di per sé evidente, che tutti gli atlantologi concedono all'allarmismo, nel rafforzamento dell'idea che le mitologie e i grandi monumenti delle civiltà antiche conservino in codice preziosi messaggi dal passato per gli uomini del futuro e nella conferma che tutte queste operazioni vennero elaborate e messe in atto da società segrete. Il libro si chiude con un vago senso profetico, nel corso di una sua visita presso gli stanziamenti degli Indiani Hopi, in Arizona. Durante un lungo dialogo, gli viene confermata la fine del mondo, che cadrà nel 2012 secondo il calendario maya, oppure nel 2030 a causa di un ennesimo slittamento della crosta terrestre.

Alla resa dei conti, dopo tanto indagare, mi sento di affermare che stando all'archeologia canonica, la sviscerata disamina che Hancock porta avanti nella sua opera non dimostra affatto l'esistenza di una superciviltà antartica (ma anche insediatasi in qualsiasi altro luogo) o che una qualche forma di antica e preziosa conoscenza sia stata trasmessa, tramite l'operato di un gruppo di ispirati visionari, all'uomo d'oggi attraverso mitologie più o meno articolate e la progettazione e la realizzazione di complessi architettonici sparsi per il mondo, come quelli presenti in Egitto, Perú e Messico. Per dirla in breve, dunque, e parafrasando, le testimonianze archeologiche del passato non sembrano affatto segnate dalle impronte degli dèi.

11
Riflessi e miraggi

Graham Hancock ritorna, come dire, sul luogo del delitto nel 1998, dopo la breve parentesi dedicata ai misteri di Marte, con un nuovo libro *Heaven's Mirror*, un titolo che parla da solo a proposito della teoria che il cielo si rispecchi nella Terra. Sotto molti aspetti ricalca in buona parte *Impronte degli dèi*, con l'accortezza di disporre il materiale a disposizione in ordine diverso (ma ci sono anche alcune novità) e la piacevole sorpresa di un apparato fotografico a corredo veramente eccellente. (A questo proposito è singolare notare come la maggior parte dei libri dedicati all'archeologia alternativa siano sovente confezionati in modo modesto e sostenuti da un supporto fotografico pessimo, con la riproduzione di immagini trite e ormai scontate. Quest'ultimo di Hancock è invece ben fatto e ricco di immagini significative).

Si parte prendendo in considerazione la civiltà azteca, nel suo aspetto sanguinario e crudele, quello dei sacrifici umani, una terribile forma di cerimonia sacerdotale, spinta alle sue conseguenze più estreme. Per dimostrare che un filo di continuità unisce l'antica saggezza di Atlantide (o di qualsivoglia altra precedente civiltà antica) alla storia dell'umanità più recente, Hancock cerca di dimostrare che la cruenta forma del sacrificio umano in uso presso gli Aztechi non sarebbe stata altro che un'errata interpretazione di un antico itinerario di iniziazione astrale dentro i grandi misteri dell'antica saggezza. Al posto di intendere nel giusto senso metaforico e simbolico il desiderio dell'anima di separarsi dal corpo per approdare all'immortalità, gli Aztechi avrebbero preso alla lettera questo insegnamento esoterico, arrivando a distaccare in modo diretto e concreto la parte materiale dell'uomo dalla sua parte spirituale, immateriale. Sebbene come per la maggior parte delle pratiche religiose in genere, non si riesca a capire fino a che punto potesse esserci qualche scintilla di spiritualità in queste terribili usanze azteche, dove alla povera vittima veniva letteralmente strappato il cuore ancora palpitante dal petto, ciò che i sacerdoti pensavano di ottenere col sacrifico era rinnovare l'energia del Sole, in tal modo posponendo l'incombente fine del mondo. Dovessimo ancora pensarla in questo modo, dovremmo affrettarci a mettere in programma sin da adesso una nutrita serie di sacrifici umani, se solo, dando retta agli atlantologi, volessimo evitare la fine del mondo da loro prevista nella lettura delle profezie dei Maya per l'ormai prossimo 2012!

Un aspetto decisamente meno cruento nell'ambito della religiosità mesoamericana lo troviamo negli insegnamenti, saggi e umani, del dio Quetzalcoatl, personaggio a cui Hancock riconosce la preservazione della sapienza atlantidea nei lunghi periodi bui dei sacrifici umani. La recente scoperta di un presunto scheletro di tipo umano "caucasoide" (per Hancock lo è senza dubbio) nel sito di Kennewick, nella parte nordoccidentale degli Stati Uniti, datato al radiocarbonio attorno a 9300 anni or sono, manda in fibrillazione il nostro autore, che considera il ritrovamento la prova evidente di come in molte regioni americane la presenza degli Atlantidei (o come si preferisce chiamarli) si sia riuscita ad imporre ben prima della nascita della cultura degli Indiani. Molto più semplicemente, è invece probabile che il caso di Kennewick indichi soltanto la latitudine genetica del popolamento delle Americhe da parte di un consistente numero di tipi umani, tutti di origine asiatica, precedenti agli amerindi veri e propri. In tutti i casi, il ritrovamento in questione, compresa l'unica datazione fino ad ora eseguita, rappresenta un caso a parte e particolare, che non mostra addentellati col contesto. Come sappiamo, agli archeologi non interessano i casi isolati e unici come questo, per quanto suggestivi; per dare credito a qualche reperto deve sempre essere contestualizzato, ovvero accompagnato da altri ritrovamenti e corredato da una sommatoria di dati collaterali che lo confermino. (In merito, è singolare osservare come Hancock, da sempre fiero oppositore del metodo della datazione al carbonio, in questa occasione l'accetti senza alcuna remora).

Il passo successivo che si propone è stabilire l'esistenza presso le civiltà americane di un'avanzata scienza a livello geodetico e astronomico. Ecco allora ricomparire l'associazione fra la città di Teotihuacán e la Via Lattea, proprio come gli Egizi accostavano il corso del Nilo allo sviluppo del grande ammasso celeste. Se Hancock si dice profondamente impressionato dal ritrovare in due culture così lontane e diverse un'affinità tanto profonda, da parte mia mi limito ad osservare che si tratta semplicemente di una scelta naturale, pressoché spontanea, che anche due culture lontane fra loro e alquanto differenti possono aver fatto in modo del tutto indipendente. Per quanto le loro conquiste nell'osservazione del firmamento possano essere notevoli (addirittura spettacolari, per Hancock), non le possiamo di certo equiparare a una conoscenza scientifica, anche se riconosciamo loro una precisione molto accurata. Un concetto, questo, che tengo a ribadire: quand'anche ammettessimo che alcune osservazioni celesti abbiano condotto alla costruzione di complessi monumentali ad imitazione delle disposizioni stellari, ebbene, tutto questo non può in alcun modo essere considerato come appartenente al mondo della scienza.

Questa volta però Hancock non si nasconde dietro a un dito e si rende conto di quanto sia difficile immaginare che gli odierni nostri segni zodiacali possano essere quelli sul cui sfondo le antiche civiltà proiettavano le loro immaginazioni. Il nostro insieme zodiacale incominciò ad imporsi appena prima del I millennio presso la civiltà babilonese, per quanto alcune anticipazioni possano esserci state in quella sumerica, capostipite di tutti i movimenti culturali dell'area mesopotamica. Molti ricercatori sostengono che le straordinarie raffigurazioni di tori (assieme con cervi e cavalli) che si possono ammirare sulle pareti delle grotte di Lascaux, in Francia, risalenti a circa 15.000 anni sono, potrebbero indicare la possibilità di un'era del Toro di matrice babilonese. Ma, a parte osservazioni estemporanee come questa, il nodo cruciale consiste nel fatto che fin solo a qualche centinaio di anni prima del nostro tempo, la tradizione astrologica dell'antico Egitto nella compilazione delle sue imprecise quanto immaginifiche mappe del cielo non utilizzava affatto i segni zodiacali babilonesi, ma dava preminenza a costellazioni che non giacevano sullo stesso piano di eclittica delle nostre e di quelle mesopotamiche, ma a insiemi di stelle che si elevavano assai più in alto nel firmamento. (A proposito, c'è da ricordare che il tanto celebrato zodiaco del periodo greco del tempio di Dendera è una confusa miscellanea in cui compaiono segni sia egizi che babilonesi e non può in alcun modo risalire al IV millennio a.C., come invece Hancock cerca di farci credere). La stessa osservazione si può fare in riferimento al tanto sbandierato numero 72. Viene indicato dagli atlantologi come il numero corrispondente ad un grado celeste nel mutamento dello sfondo zodiacale per la levata del Sole; ma questo è valido se riferito all'attuale nostro sistema. Peccato che adottarlo, senza alcuna giustificazione, assumendo che fosse in voga anche in quel tempo non è corretto, come non lo è immaginarlo già suddiviso nei 360° attuali (detto per inciso, un'altra scoperta da far risalire all'astronomia babilonese).

Hancock prova a mettere in correlazione lo Zodiaco e altre costellazioni con i piani progettuali di alcuni importanti e significativi complessi edificati delle Americhe, come per esempio Uxmal, dove in realtà lo sforzo compiuto sembra molto approssimativo, dal momento che si considerano misure valutate ora all'esterno, ora all'interno ora a metà delle mura perimetrali. L'identificazione di Utatlan, in Guatemala, con la costellazione di Orione sembra meno improvvisata, anche se non emerge un piano progettuale vero e proprio e c'è da dire che Orione è senza dubbio la configurazione stellare più risplendente nel cielo, facilmente osservabile e, soprattutto, isolabile, presso tutte quelle civiltà che avevano modo di poterla osservare, esattamente come accade anche per la vistosa striscia stellata della Via Lattea. Una volta identificati questi luminosi ed evidenti punti celesti, l'eventualità di immaginare che essi venissero raffigurati sulla Terra attraverso la rappresentazione monumentale, non mi sembra rispondere a un fatto straordinario né necessariamente contemplare una comune eredità culturale; quanto, assai più semplicemente, ammettere l'opera congiunta di società segrete di preti-astronomi e scienziati-costruttori.

Per quanto concerne l'Egitto, Hancock propone, in pratica, quanto concettualmente sostenuto per lo sviluppo culturale delle Americhe, e, per l'ennesima volta, dimostra di non essere tanto sprovveduto sulla realtà dei fatti quanto sulla conoscenza delle preziose conquiste dell'archeologia contemporanea. In ambedue le regioni, infatti, la paziente ricerca archeologica ha portato alla luce e dimostrato un progressivo avanzamento verso la civiltà, lungo un processo che, come si è visto nei capitoli precedenti, risulta certamente meno eclatante e vistoso che non la considerazione di un singolo appariscente monumento, frutto meraviglioso del culmine della civiltà stessa. Inoltre, è stato ormai ampiamente dimostrato da una corposa serie di ritrovamenti e di osservazioni scientifiche che è per lo meno ingenuo lasciarsi impressionare da affinità che sono più apparenti che reali, come per esempio la suggerita somiglianza fra la Sfinge e le grandi teste di pietra olmeche, come Hancock continua a sostenere in queste pagine.

Anche il tema della precessione equinoziale, già affrontato con ricchezza di attenzioni in *Impronte degli dèi*, viene ulteriormente ribadito in questo suo nuovo libro. Un esempio: se a 72 si aggiunge la sua metà, vale a dire 36 e lo si divide per due, se si moltiplica per 10, 1000, 10.000 volte il numero 54 che si ottiene, si ricavano valori che hanno tutti un significato allusivo nelle dimensioni degli edifici e nelle storie tramandate dalle antiche mitologie. Invece (per una serie di considerazioni) 600 volte 72, passando per l'altezza e la circonferenza di base della Grande Piramide, ci conduce alle dimensioni della Terra; oppure ancora, si ottengono altre misteriose rispondenze se si prende il numero 2160 – corrispondente agli anni necessari per il passaggio nel quadro zodiacale dal dominio di un segno all'altro – e lo si manipola dividendolo per 10, moltiplicandolo per 100, raddoppiandolo nel suo valore di 4320. E così via pressoché all'infinito, in una ridda di numeri tutti "altamente" allusivi.

Ciò premesso, siamo alla Grande Piramide, per la quale Hancock immagina che il perfetto orientamento possa essere stato stabilito soltanto da «abili astronomi», quegli stessi esperti che io definisco molto più semplicemente, assidui e pazienti osservatori della volta celeste. Va da sé che chiamarli astronomi presuppone non solo la possibilità che essi fossero al corrente del processo della precessione equinoziale, ma che lo comprendessero anche. Ma, un conto è riuscire a stabilire, osservando il cielo, il corretto e perfetto orientamento dei quattro punti cardinali (operazione, tutto sommato, rapida); ben altra impresa, considerati i lunghissimi periodi di osservazione necessari, è identificare e quantificare un fenomeno celeste come la precessione degli equinozi e altro conto ancora è riuscire a comprendere che cosa significhi e che cosa in realtà stia accadendo. (Per una completa spiegazione della precessione rimando il lettore alle esaurienti pagine di *Impronte degli dèi*).

Nel suo nuovo lavoro del 1998, Hancock mette nuovamente in risalto l'assonanza fra l'allineamento delle grandi piramidi della piana di Giza e le stelle che compongono la cosiddetta cintura di Orione, anche se la ferma asserzione di tre anni prima in cui si parlava di «corrispondenza pressoché perfetta» fra tutte le restanti stelle della costellazione e gli altri monumenti della piana non viene più ribadita. Insomma, quello che fino a tre anni prima era uno specchiarsi eccezionale e unico, ora si ridimensiona e l'unica insistenza batte sull'allineamento fra le tre piramidi principali e le corrispondenti tre stelle della cintura di Orione. Se, dunque, questo dovrebbe essere un tipico, rappresentativo esempio del principio dello specchio terreno in cui si riflette il cielo stellato, beh, lasciatemelo dire, mi sembra davvero un po' pochino. Senza scordare, per aggiunta disdetta dei due ricercatori, Hancock e Bauval, che per far combaciare le due situazioni, se in cielo lo sguardo va rivolto verso settentrione, il ribaltamento speculare in Terra va eseguito puntando verso meridione. Se la «corrispondenza pressoché perfetta» a tratti può suggerire qualche osservazione stimolante, il ragionamento che cerca a tutti i costi di attribuire alla casta degli astronomi egizi una conoscenza superiore e una precisione straordinaria nelle loro osservazioni e nei calcoli celesti, si riduce a poco e non regge.

Eppure, a dispetto di questa ritrattazione pressoché totale a proposito di Orione, si disserta ancora per molto a proposito del firmamento che si specchia in Terra e, addirittura, nel mondo inferiore sottoterraneo, in particolare, in merito al preciso momento storico in cui gli Egizi abbinarono l'immagine della Via Lattea a quella del Nilo e del suo corso, stabilito alla culminazione precessionale più bassa, verificatasi attorno al 10.500 a.C. (L'idea è che un osservatore che nel 10.500 a.C. avesse puntato verso sud guardando le piramidi, tenendo il Nilo a sinistra, sollevando lo sguardo al cielo notturno, avrebbe scorto la costellazione di Orione – o per lo meno le stelle che ne compongono la cintura – con la Via Lattea distesa sulla sinistra dell'insieme stellato, in una corrispondenza perfetta fra alto e basso). Per amor di precisione, dobbiamo ricordare che nel libro precedente la data era lievemente diversa: il 10.450. Mi sono sempre domandato il perché di tanta meticolosa precisione, avendo a che fare con un fenomeno, quello della precessione degli equinozi, impercettibile nel tempo e che resta praticamente invariato anno dopo anno, per un gran numero di anni. Sempre attorno all'equinozio primaverile del 10.500 Hancock (e il collega Bauval) riportano come elemento significativo l'osservazione del levarsi del Sole sullo sfondo della Sfinge. Anche in questo caso vale l'osservazione fatta per la lentezza del processo precessionale, aggiungendo altre osservazioni, come, per esempio, non essere affatto dimostrato che verso il 2500 a.C., presunta datazione da attribuire alla costruzione della Sfinge, gli Egizi conoscessero i segni zodiacali babilonesi, Leone incluso. Per non parlare dell'assurda data del 10.500, periodo in cui non esisteva ancora una civiltà egizia in grado di produrre un'opera così straordinaria come la Sfinge. Come se non bastasse, non sappiamo neppure, non esistendo testimonianze, se anche in tempi tardi, una volta conosciuto lo Zodiaco babilonese, gli Egizi associassero la Sfinge al segno del Leone.

Hancock propone di far risalire la data di realizzazione della Sfinge al 10.500 a.C., costruzione coeva al progetto generale della spianata di Giza, mentre l'erezione delle piramidi e di tutti gli altri edifici avrebbe potuto essere stata realizzata in tempi molto successivi. A questo punto non possiamo fare a meno di domandarci: ma, dunque, Hancock è davvero così convinto che la casta sacerdotale egizia fosse tanto avanti nelle osservazioni celesti e conoscesse così a fondo il fenomeno della precessione equinoziale da riuscire addirittura a progettare il piano costruttivo delle piramidi di Giza la bellezza di otto millenni prima, al solo scopo di rappresentare in Terra la meravigliosa configurazione stellare celeste dell'anno 10.500 a.C.? Ma perché? Secondo Hancock il motivo sarebbe stato quello di far intendere ai posteri ch'essi già sapevano del fenomeno della precessione (in altre parole, rivelare, la loro profonda conoscenza astronomica). Ma di nuovo ci interroghiamo: perché?

Qua e là nel testo, Hancock non risparmia continue frecciate agli egittologi, che accusa di considerare gli antichi Egizi e la loro prestigiosa casta sacerdotale di essere «primitivi» e «semiselvaggi». A essere sincero, non ho notizia di un solo egittologo che la pensi così. Anzi, è esattamente il contrario, perché non c'è studioso che meglio possa rendersi conto e riconoscere la complessità e la raffinatezza del pensiero degli antichi Egizi di un egittologo, in grado non solo di analizzarne le prove più appariscenti, ma di leggerne i testi in modo diretto. Quindi gli egittologi sanno benissimo di trovarsi al cospetto di una civiltà completa e straordinaria, dalle sfaccettature molteplici e complesse. In verità, viene da credere che i tanto bistrattati egittologi di Hancock non esistano e corrispondano a quella schiera di immaginari personaggi ch'egli vorrebbe rinnegare perché non riconoscono le capacità di astronomi degli antichi Egizi e tutto quanto il resto, vale a dire quelle attribuzioni quasi fantascientifiche che lui stesso e i suoi seguaci sono soliti attribuirgli.

Nel fenomeno della precessione equinoziale Hancock scorge «un grande ciclo cosmico, simbolo di rinascita e rinnovamento dopo lunghi periodi di apparente estinzione». Si tratta di un'immagine stravagante, in quanto anche all'interno di un lunghissimo periodo di osservazione del fenomeno (diciamo, nella fattispecie, almeno 26.000 anni) non si scorgerebbero cambiamenti drastici e traumatici: le diverse case zodiacali non scomparirebbero dalla volta celeste al volgere degli anni e neppure sarebbe avvertibile il passaggio precessionale nell'ordine dei 2000 anni dalla dominazione di un segno all'altro. Siamo sempre di fronte a fenomeni lentissimi che non compromettono mai, in qualsiasi momento, la visibilità dell'intero arco zodiacale, indipendentemente da dove e quando il Sole si levi nell'equinozio primaverile. Chi volesse rintracciare nei cieli un simbolo evidente e diretto di rinascita e rinnovamento, avrebbe nel quotidiano moto del Sole e nell'annuale rincorrersi delle stagioni due candidati decisamente più abbordabili e facilmente identificabili. Se Hancock si rifà invece al ciclo di 26.000 anni, significa che più che altro tiene a sottolineare le proporzioni cosmiche della filosofia degli eterni ritorni che ama immaginare tipica dei suoi antichi, formidabili astronomi-sacerdoti. In questo spinge ben più oltre la visione degli atlantologi e di Donnelly in particolare, quando parlano di una religione fondata sull'immortalità, nel continuo rinnovarsi di momenti di rinnovamento. Ecco perché torna utile appellarsi alla precessione equinoziale: se da una parte trova ampio spazio un sereno e tranquillo processo di rigenerazione che si protragga per qualche migliaio di anni, dall'altro si inserisce anche l'eventualità che strada facendo si verifichino delle catastrofi, nel caso in cui, per esempio, l'oscillante asse polare terrestre dovesse mai slittare, ribaltando terra e cielo in modo violento. (Ma, viene da chiedersi: se fatti simili si verificano regolarmente, non è da sciocchi perdere tanto tempo nell'osservare tutti questi fenomeni, dal momento che tutto sarebbe comunque inevitabile; o sbaglio?)

Assodato che l'enfasi un tempo attribuita alla corrispondenza Giza-Orione è andata col tempo decisamente scemando, seguiamo ora Hancock nel suo viaggio per il mondo e raggiungiamo tutt'altra parte del globo: i complessi templari di Angkor Wat, in Cambogia. Tanto per gradire, dobbiamo sorbirci una prima "sparata", quando il nostro autore acutamente osserva che in antico egiziano *Angkor Wat* significa "Horus vive", un'altra di quelle trovate ad effetto tanto care agli atlantologi, ma non ritenute più significative già al tempo di Donnelly. Non basta: il lettore non potrà che essere affascinato da un'altra incredibile assonanza: il nome inglese della odierna capitale dell'Egitto

(Cairo) nella pronuncia assume lo stesso suono del monogramma greco di Cristo (*chi-ro*). Ma anche il cognome Hancock – e questo lo aggiungo io – non è poi così lontano da *ankh* (la croce della vita), dovete solo aggiungervi il suffisso *cock* (sciocchezza). Siccome Angkor si trova a circa 72° est di Giza (72, non dimentichiamolo, è uno dei numeri chiavi del fenomeno precessionale), il nostro autore non perde occasione per lanciarsi in una lunga dissertazione a proposito della profonda antichità del sistema fondato sui 360°.

La tesi più eclatante su Angkor sostiene che la vasta serie di monumenti modella e riflette perfettamente la costellazione a noi nota col nome di Drago (o Dragone), allo stesso modo e secondo il medesimo principio per cui si suppone (ma, come si è visto, non è così) che la disposizione delle costruzioni sulla piana di Giza rifletta la costellazione di Orione. In questo caso, infatti, l'unica cosa che sappiamo per certo è che gli antichi Egizi riconoscevano la costellazione che noi oggi chiamiamo Orione, uno dei tre insiemi di stelle che la loro astronomia condivideva con le nostre attuali, dal momento che per i restanti segni si trattava di tutt'altre configurazioni. Allo stesso modo, non esiste prova alcuna che gli antichi cambogiani tenessero in conto la costellazione del Drago all'interno delle loro presunte osservazioni della volta celeste. In più, per riuscire a intravedere la configurazione di questo insieme stellare nella dislocazione dei templi di Angkor, Hancock deve operare dei veri e propri giochi di prestigio nella scelta (tra l'altro non giustificata) di un edificio piuttosto che un altro, costruiti in tempi e per ragioni diverse e il più delle volte del tutto alieni da riferimenti di ordine astronomico. Una volta fatto del suo meglio (o del suo peggio, diremmo noi) per assestare il cielo con la piana di Angkor, Hancock non riesce lo stesso a raggiungere quella «corrispondenza pressoché perfetta» che tanto gli sembrava di aver colto invece sulla spianata di Giza. Si vede sin da subito, e in modo evidente, che la disposizione da lui indicata degli edifici non rispecchia la figura del Drago celeste. Questo pur precisando che l'immagine è quella risalente alla situazione astrologica del momento storico compreso fra l'800 e il 1200 d.C., periodo in cui venne innalzato il complesso templare, anche se alla fine non deve stupire venire a sapere che pure per questo insieme di preziose archeologie, Hancock abbia in serbo la solita, fatidica data del 10.500 a.C. In difesa di questa convinzione, non teme contrastare il sapere assodato: se in realtà ad Angkor non esistono reperti tanto antichi, non è detto – egli sostiene– che quelli che ammiriamo oggi non siano la ricostruzione negli stessi, precisi luoghi di precedenti edifici andati distrutti, realizzati un tempo sotto la guida di mappe stellari antichissime (ovviamente perdute) o innalzati (e qui proviamo l'ennesimo sussulto) seguendo misteriosi quanto arcani dati precessionali, codificati all'interno di un tessuto mitologico tutto da decifrare.

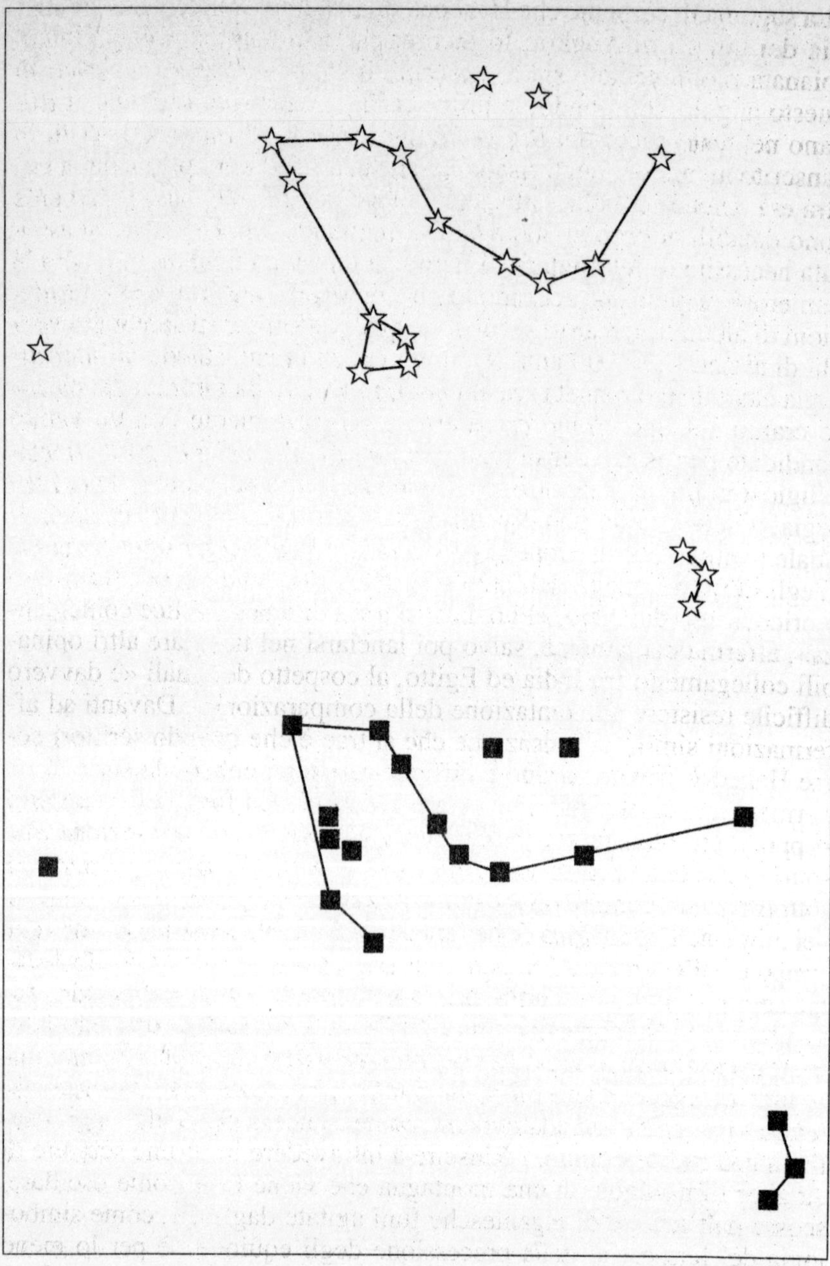

Anche andando a scegliere con cura i monumenti di Angkor (in basso) *che meglio si prestano come collocazione alla finalità della ricercata corrispondenza Terra-cielo, la loro sovrapposizione con le stelle che compongono la costellazione del Drago* (in alto) *offre ben scarse coincidenze.*

La sagoma di serpente che Hancock dice di individuare nella geometria dei templi di Angkor, lo incoraggia a immaginare che l'intera spianata monumentale sia lo specchio della costellazione celeste. In questo angolo del mondo, le prime raffigurazioni del serpente si trovano nel testo sacro dei *Rig-veda*, una raccolta di inni sacri scritti in sanscrito alcuni dei quali risalgono anche a 1500 anni prima della nostra era, anche se, nella fattispecie, i testi che menzionano il serpente sono databili attorno al 300 a.C. Dal momento che Hancock ha assoluta necessità di retrodatarli di molto, si affretta a mettere in risalto le numerose dispute che accendono gli studiosi di sanscrito e le affermazioni di alcuni ricercatori secondo le quali questi scritti sarebbero vecchi di almeno 870.000 anni (!), in un'epoca in cui, stando all'archeologia canonica, il pianeta era al massimo abitato da ominidi dal piccolo cranio del tipo *Homo ergaster/erectus*, certamente non un valido candidato per essere considerato l'autore di preziosi e importanti testi religiosi in lingua indoeuropea. E mentre siamo nel campo della filologia, non possiamo non divertirci con un'altra trovata di Hancock, il quale mette in correlazione la parola sanscrita *bija*, che significa seme (degli dèi) con quella dell'antico egiziano *bja*, che sta per ferro meteorico, sceso dal cielo. «Può darsi si tratti di una semplice coincidenza», afferma cautamente, salvo poi lanciarsi nel tracciare altri opinabili collegamenti fra India ed Egitto, al cospetto dei quali «è davvero difficile resistere alla tentazione della comparazione». Davanti ad affermazioni simili, la sensazione che si trae è che quando scrittori come Hancock trovano arduo e difficile resistere, ebbene la sorte di un normale lettore non può che essere quella di non farcela (a resistere) neppure per un istante, concedendosi dunque alla convinzione che sotto ci sia qualcosa di vero. Hancock è particolarmente attento nel sottolineare in continuazione come il concetto di precessione compaia nei miti e nell'immaginazione fantastica di civiltà separate fra loro dal tempo e dallo spazio. Con pari attenzione parla di «un profondo legame segreto, attenuatosi attraverso vasti archi di tempo e di spazio, assimilato in molti contesti culturali differenti, ma tutti riconducibili alla stessa radice di avvio». Al che, non possiamo che controbattere: ma se tutto ciò, come viene più volte ribadito, è sempre stato nascosto, attenuato e soggetto ad adattamenti, come è ancora possibile, oggi, risalire a una radice comune? Riuscire a intravedere in alcune sculture di Angkor l'immagine di una montagna che viene fatta come oscillare, scossa dall'azione di gigantesche funi agitate dagli dèi, come simbologia del fenomeno della precessione degli equinozi, è per lo meno tanto strambo quanto immaginare di vedere in certe raffigurazioni venute alle luce in tombe egizie del nuovo regno (vale a dire di 2000 anni più recenti) una presunta piramide attorniata da figure di serpenti e di esseri che sembrano trattenere delle corde fra le mani.

Ma da questo punto del libro in avanti (stiamo sempre prendendo in considerazione *Heaven's Mirror*), per spiegare con maggiore cognizione di causa perché il quadro celeste corrispondente al 10.500 a.C. potrebbe avere influenzato e determinato non solo la progettazione, ma anche la configurazione interna delle grandi piramidi risalenti al 2500 a.C. e il vasto insieme dei monumenti cambogiani del 1000 d.C., Hancock preferisce imboccare l'idea di un ordine segreto di astronomi-sacerdoti, capaci di conservare e far progredire la loro avanzata conoscenza privata attraverso tempi e presso culture diversi. Per giungere a questo, non trova di meglio che assumere alla lettera la tradizione egizia in cui si asserisce che i primi reggitori del paese furono personaggi dalla natura semidivina, prima che i sovrani umani ricordati dalle testimonianze storiche incominciassero a stanziarsi nella prospera valle del Nilo, giungendo dall'esterno del paese. Di chi poteva trattarsi se non dei sopravvissuti, esperti astronomi, scampati alla catastrofe che aveva completamente distrutto la loro patria, ossia, per noi, l'immancabile Atlantide? Ovviamente, il cataclisma in questione non può che essere uno dei tanti slittamenti della crosta terrestre previsti nella teoria di Hapgood: peccato che, nuovamente, non lo si riesca a correlare, nella sua drastica repentinità, con il fenomeno precessionale, che come abbiamo visto, è qualcosa di molto lento, un processo quasi inavvertibile che porta a spasso le costellazioni celesti in giro, sopra e sotto, per il firmamento. Volendo, si potrebbe immaginare la scelta del fenomeno come simbolica raffigurazione degli eterni cicli di rinnovamento, ma, lo ripeto, poiché la precessione equinoziale è un fatto celeste lentissimo e ordinato (che nel suo corso non subisce, almeno per quel che consta, alcun genere di brusca interruzione) non riesco a vederla come una rappresentazione, per quanto metaforica, del ciclo delle catastrofi che periodicamente avrebbero scosso (e dovranno ancora scuotere) il nostro pianeta. Circa 10.500 anni a.C. la costellazione di Orione si trovava nel suo punto precessionale più basso (quella del Drago al più alto); oggi, dopo la bellezza di 13.000 anni, è giunta al punto superiore, pronta a ricominciare un'altra volta un nuovo, completo ciclo precessionale. E dunque? Vi sembra che la precessione stia minacciando il pianeta più di quanto abbia fatto 13.000 anni or sono, quando Orione stava iniziando il suo ciclo e Drago lo stava concludendo? Non mi pare. Si tratta – e lo dico ancora una volta – di un meccanismo celeste lento e graduale che, in pratica, non ha fine come non ha principio. Se il millenarismo è qualcosa che si fonda sull'angoscia un millennio dopo l'altro, ebbene l'atteggiamento di Hancock, con la sua idea della precessione come momento scatenante, può a buon motivo definirsi una sorta di super-millenarismo di respiro cosmico e assoluto. Un concetto, questo, più religioso che non scientifico.

Dopo aver visitato una piccola isola della Micronesia, ricca di impressionanti reperti megalitici che Hancock si guarda bene dal datare (si tratta di costruzioni risalenti al massimo al 900 a.C.), il nostro autore riprende a speculare sull'idea di una fine cataclismatica dell'ultima era glaciale, dovuta (una novità, questa, per lui) all'impatto con i detriti di una grossa cometa verificatosi, questa volta, alla data tanto cara ai Flem-Ath, il 9600 a.C., con altri susseguenti episodi importanti registrati verso il 2350 a.C. e il 500 d.C. Secondo Hancock, anche questo quadro poco allegro è frutto del maestoso evolversi delle precessioni, con queste catastrofi "locali" messe in risalto per spiegare il declino culturale dell'umanità nelle date indicate. Con la certa promessa che altre catastrofi ancora colpiranno il nostro pianeta, le pagine del libro ci conducono alla più occidentale delle isole del Giappone, Yonaguni, che attira immediatamente il nostro interesse per una serie di fotografie subacquee, di cui alcune decisamente misteriose. Vi compare la stessa configurazione geologica, parte di una formazione estremamente singolare, che, comunque, tanto per sbarazzare il campo, già è stata ampiamente riconosciuta come tale, cioè opera della natura e non manufatto artificiale opera dell'uomo. Persino due fra i più accaniti archeologi alternativi lo riconoscono. Mi riferisco a Robert Schoch, che rimanda la Sfinge di Giza indietro nel tempo di molti secoli rispetto all'egittologia consolidata, e John Anthony West che sul medesimo argomento si mostra ancora più radicale di Schoch: anche per loro la formazione di Yonaguni, per quanto curiosa, è senz'altro naturale. Discese e piattaforme non sono state realizzate da alcuna civiltà, come potrebbe apparire a prima vista all'osservazione delle fotografie, sempre un po' confuse, scattate nelle acque dell'oceano. I frammenti di ceramiche e porcellane ritrovati nel sito datano il momento attorno al 2000 a.C., anche se il professore giapponese che per primo ha ipotizzato lo zampino dell'uomo in questa configurazione geologica naturale sostiene si debba retrocedere nel tempo di almeno ancora un millennio. Ne consegue che la lunga dissertazione che Hancock intrattiene col lettore per cercare di datare la struttura di Yonagumi quando questa si era trovata all'altezza del Tropico del Cancro (a causa di cambiamenti intervenuti a seguito della variazione dell'inclinazione dell'asse terrestre, una volta tanto non si parla di precessione!) è del tutto inutile e si rivela niente più di un mero esercizio retorico. Da questo chi legge potrebbe trarre un'utile lezione: molti dei temi e degli argomenti che Hancock affronta, per quanto assai differenti fra loro, possono essere tutti quanti osservati attraverso la stessa lente, la stessa luce che pretende di illuminare ogni cosa.

Sebbene le prove parlino più che chiaro, il nostro autore non ci sta e segnala la struttura sottomarina di Yonagumi come una delle tante postazioni sparse per il mondo lasciate in retaggio da quel gruppo di illuminati astronomi-sacerdoti appartenuti alla tante volte richiamata grandiosa antichissima civiltà del mare, scomparsa circa 13.000 anni or sono o giù di lì (perché, in verità, quel che conta è l'idea, non tanto qualche millennio in più o in meno). Grande è poi la soddisfazione di Hancock nel constatare come tutti questi luoghi significativi punteggino il pianeta con regolarità, intervallandosi con spazi geografici che coprono un numero di gradi significativi nella dimensione del fenomeno precessionale, testimoniando, una volta di più, la profonda conoscenza geodesica e astronomica di questo popolo antico e altamente evoluto nella scienza.

A questo punto, quale miglior esempio per sottolineare uno di questi luoghi speciali della celeberrima isola di Pasqua? Anche chi non sa assolutamente nulla sulla geografia del posto, ha senz'altro sentito parlare delle strane statue che la caratterizzano. Non si tratta di manufatti tanto antichi. Una serie di datazioni al radiocarbonio parla di un intervallo di tempo che va dal V al XVII secolo d.C. Le leggende del posto fanno risalire l'occupazione dell'isola a 1800 anni or sono, mentre le affinità della cultura locale affratellano questo scoglio sperduto nell'oceano al gruppo delle isole Marchesi, site a circa 3700 km a nord-ovest. I miti parlano di un mondo di contrasti e crudeltà, di cannibalismo, di una scrittura pittografica e di una religione che ha a che vedere con le celebri statue. In proposito Hancock si lancia nell'intrecciare parallelismi – alcuni anche sensati – fra la civiltà fiorita nell'isola di Pasqua negli ultimi secoli e quella egizia di quattro millenni or sono: in tutti e due i casi gli ancestrali fondatori giungevano dall'esterno, scampati a un terribile diluvio; i primi sovrani non erano semplici esseri umani, ma figure semidivine; le caste dei sacerdoti-astronomi e degli architetti erano molto sviluppate e potenti, venivano realizzati edifici sacri a tumulo. Ma c'è dell'altro. Il nome che gli abitanti dell'isola attribuiscono ai loro santuari, Aku, non suona molto simile all'egizio Akh (una delle componenti dell'anima umana)? Quando poi scopriamo che l'isola di Pasqua si trova su una longitudine che sta a perfetta metà strada fra Giza e Angkor, l'opera è completa. A questo punto, Hancock passa a un altro aspetto, considerando la possibilità che anticamente sull'isola di Pasqua lo spostamento delle grandi statue avvenisse per via magica, così come è da sempre stato folcloristicamente suggerito dai visitatori europei sin da quando l'isolotto venne scoperto dagli olandesi proprio nel santo giorno di Pasqua del 1722. Magie simili (telecinesi) sono state proposte anche per lo spostamento dei grossi massi con cui sono stati costruiti gli edifici egizi e i megaliti di Tiahuanaco in Perú. Quasi tutti gli autori alternativi quando approdano sulle sponde di questo argomento, vale a dire i misteri che avvolgono la costruzione degli edifici delle antiche civiltà, per dare una spiegazione eccitante non riescono a sottrarsi alla tentazione di estrarre la lampada di Aladino della magia. Deluderli è quasi un peccato, perché per l'isola di Pasqua, come d'altra parte per l'Egitto e il Perú, non c'è affatto bisogno di ricorrere alla magia per capire come i costruttori riuscissero a spostare i blocchi di pietra delle statue dalle cave di lavorazione ai luoghi cui erano destinati. Recenti esperimenti hanno infatti dimostrato come le operazioni di trasferimento, sebbene macchinose, siano realizzabili con le funi e le slitte lignee certamente a disposizione degli antichi abitatori dell'isola. Sono questi gli esempi più lampanti in cui emerge in modo clamoroso il desiderio direi "giornalistico" che anima scrittori come Hancock: qualsiasi pretesto è buono per inscenare una storia accattivante, la cui soluzione può benissimo – anzi, meglio ancora – sconfinare nel sempre affascinante terreno della magia. E anche se, bell'apposta, di solito questi libri sono arricchiti da un corredo di annotazioni e di bibliografia consistente, il lettore non deve mai perderne di vista il taglio, prettamente giornalistico. Inutile osservare che *Heaven's Mirror* rientra a pieno titolo in questa categoria di pubblicazioni. Ritiene, il lettore, trattarsi di una pura coincidenza il fatto che la maggior parte degli atlantologi moderni, a cominciare da Donnelly, per passare a Spence e finire a Hancock, sono, guarda caso, tutti giornalisti?

Non ho più intenzione di riprendere il discorso, d'altra parte già affrontato, sui misteri amerindi di Perú e Bolivia, delle linee di Nazca, del lago Titicaca, di Cuzco e Sacsahuaman e neppure di parlare ancora della Sfinge e delle presunte camere segrete che starebbero sotto le sue fondamenta, peraltro mai confermate da alcuno scavo. (Purtroppo, come accade per la Sfinge, anche l'importante sito di Tiahuanaco è oggetto di controversie fra gli archeologi ufficiali, che si contendono scavi e autorizzazioni, il tutto, ovviamente, a detrimento di ulteriori, importanti scoperte). Non lo voglio fare perché diremmo il già detto, in un continuo richiamo di allusioni e affermazioni. Come sempre, ancora una volta, Hancock non riesce a entrare nell'ordine di idee che le esperienze fondamentali dell'esistenza umana, per quanto variegate, non sono infinite e che idee e atteggiamenti simili possono tranquillamente essere nati in modo del tutto indipendente presso popoli e luoghi diversi e lontani fra loro. Né riconosce come anticamente l'utilizzo della mano d'opera, per realizzare i grandi monumenti che sono arrivati fino a noi, non fosse regolamentato dalla logica del profitto, poiché se per chi era addetto ai lavori il tempo era senz'altro un bene prezioso, esso però non gli apparteneva, dipendendo in modo esclusivo dal volere di capi e sacerdoti e dai loro programmi.

Con questo ultimo passo siamo giunti così alla fine del libro. Hancock, facendo una sintesi, si chiede quale senso attribuire a tutte le osservazioni messe insieme. Per quale motivo, riesumare il concetto di catastrofismo, cercando di diffonderlo in ogni angolo del pianeta? La sua risposta è pronta: «L'antica civiltà riteneva di aver maturato delle conoscenze decisive per l'umanità, altrimenti non avrebbe avuto alcun motivo per tentare di diffonderle in modo così esteso». In realtà, questa straordinaria diffusione del messaggio sembra regnare soltanto nella fantasia di Hancock, perché siamo proprio al cospetto di immaginazioni: i sacri luoghi che, a intervalli regolari, punteggiano la Terra; i dati relativi al fenomeno della precessione degli equinozi codificati in edifici, raffigurazioni e miti; il firmamento che si specchia in alcune sue parti sulla superficie del pianeta, come la piana di Giza e il complesso cambogiano di Angkor; le storie di grandi, ricorrenti catastrofi, velate nei racconti della tradizione e della mitologia; antichissime mappe del pianeta come appariva molto prima del sopraggiungere della civiltà riconosciuta, come nei casi delle preziose carte di Piri Reis e di quelle utilizzate da Cristoforo Colombo. Non c'è uno di questi argomenti che sia riconosciuto come un fatto concreto, anzi, tutti, scavando, presentano crepe che ne mettono in forte dubbio la credibilità. E poi questo sacro scopo non pare essersi concretizzato, sia perché probabilmente non esisteva, sia perché non è stato mai dimostrato che qualche conoscenza di vitale importanza per l'umanità futura (il ciclo precessionale e l'alternarsi delle catastrofi si direbbero i nodi in questione) fosse in possesso delle antiche civiltà del passato, cosa che avrebbe motivato i grandi sforzi per cercare di trasmetterla nel tempo.

Ciò che in realtà è stata intrecciata dai più recenti scrittori alternativi è una specie di fitta e intricata ragnatela, basata su considerazioni a volte anche estemporanee, con la quale sostenere l'idea che la civiltà umana scaturì da una sola originaria fonte, perpetuando segretamente la trasmissione di conoscenze e saggezza tramite l'operato di una setta occulta di sacerdoti. Una conoscenza antica che ci parla di un sistema cosmico basato sul ciclico ritorno di catastrofi che si manifestano con l'avvento di ere glaciali, impatti con corpi celesti o sconvolgimenti gravitazionali del pianeta; una minaccia che incombe anche oggi sulla nostra realtà; ma che ci affida anche la promessa di rinascite e rinnovamenti, oltre che di una vita dopo la morte. A ben guardare, alla resa dei conti, siamo al cospetto di un messaggio di natura religiosa: una piega che giaceva nascosta nel groviglio di considerazioni che hanno determinato quell'atteggiamento che mi piace chiamare Sindrome di Atlantide, ma che solo in tempi moderni si è completamente manifestata.

Se in *Impronte degli dèi* l'Antartide come sede della prima, autentica civiltà e la teoria degli slittamenti della crosta terrestre con conseguenti disastri planetari sono stati i concetti portanti, in *Heaven's Mirror* passano decisamente in secondo piano. Quasi come se il crescente slancio religioso avesse posto in un angolo, come indifferente, il problema fino a quel momento decisivo della giusta collocazione di

Atlantide. Ricorrendo ad un lessico di stampo inconfondibilmente religioso, Hancock parla di un mondo antico, come «illuminato» da una grande teoria «quella del significato e del mistero della morte e della possibilità della vita eterna». Parla di «una scienza dell'immortalità, in grado di liberare una volta per tutte l'uomo dal peso grossolano della materia». In quest'ottica, tutti coloro che ritengono che la materia sia un peso sono da considerarsi animati da uno spirito religioso. Calato alla perfezione in questa nuova dimensione cosmica, Hancock annuncia che questa scienza «esiste sin dagli inizi... è antica come le montagne... con adepti e maestri all'opera sin dall'alba della storia». Come una simile, antichissima e gloriosa civiltà travolta dal sopraggiungere dei ghiacci o sommersa dalle ondate oceaniche di un grande diluvio, sia riuscita lo stesso a proseguire nella propria evoluzione archeologica, non ci viene spiegato né risulta affatto chiaro, ulteriore conferma di come tutto questo non vada oltre e al di là di considerazioni folcloristiche.

C'è però da osservare come Hancock riesca a chiudere *Heaven's Mirror* in modo senza dubbio più felice che non il precedente lavoro. Se è vero che quando si affonda il discorso sul versante religioso aspetti come il fato, il destino, una certa apprensione la fanno da padroni, è anche indubbio che il retaggio è però sempre positivo e si apre alla limpida speranza. Forse è lo stesso autore a sentirsi più leggero e felice, ora che ha abbracciato la spiritualità degli antichi maestri da lui ipotizzati, come uno «strappo, fatto senza alcuna fatica, dall'attaccamento delle cose del mondo materiale». La consolazione, poi, è ancora maggiore all'idea che questi illuminati sono tuttora presenti sul nostro pianeta. Se sono stati capaci di programmare sin dal 10.500 a.C. la realizzazione delle grandi piramidi, concretamente innalzate solo nel 2500 a.C., per arrivare alla concezione del piano di Angkor attorno al 1100 d.C., allora la loro sapienza deve aver continuato a essere viva, trasmettendosi nel credo degli gnostici dell'oriente ellenistico piuttosto che nelle pagine dell'opera di Bacone, *La Nuova Atlantide*, scritta nel XVII secolo. In questo gigantesco affresco, datato 10.500 a.C., non sembra però di scorgere la configurazione terrena della costellazione dell'Acquario, anche se Hancock pare indicarne le misteriose geometrie a Bimini. In realtà, facendo mente locale, è presumibile che il tempo dedicato all'era acquariana ancora non sia stato realizzato, in quanto, come parte del grande quadro raffigurante in Terra la lunga dinamica della precessione equinoziale, andrà a compimento nel momento in cui i cicli del lentissimo spostamento porteranno la nascita del Sole a coincidere col punto dell'equinozio primaverile della grande Sfinge egizia, vale a dire all'estremità opposta del semicerchio di 13.000 anni previsto nel cambio precessionale. Emoziona persino un poco immaginare questi illuminati tuttora all'opera per dare corpo a un nuovo grande tempio, in qualche angolo di questo nostro pianeta, sotto lo sguardo silente delle stelle! Un quadro davvero mistico. Siamo di fronte a una nuova forma di religione, proposta da un giornalista? Chi lo può dire, strane cose avvengono di questi tempi in queste direzioni.

Ma Hancock non finisce qui la sua opera. A più riprese si è anche interessato di civiltà aliene, provenienti da altri mondi, come dimostrato con la sua collaborazione, nel 1998, alla redazione del libro *Mars Mystery*. Interessante osservare come un impatto con una cometa venga indicato come la causa della repentina scomparsa di questa antica (inesistente) civiltà extraterrestre, cancellata circa 20.000 anni fa, e per quanto non risulti per nulla chiaro se i presunti (inesistenti) monumenti marziani avessero in qualche modo da collegarsi con quelli terrestri di Giza e Angkor, parrebbe che anche quelli marziani siano stati eretti per segnalare all'umanità l'incombente minaccia di catastrofi a venire. Insomma, l'universo dipinto da Hancock sembra un continuo presagire nuove apocalittiche distruzioni. Come logica imponeva, ricerche più attente hanno ampiamente dimostrato che su Marte non esistono piramidi artificiali, né altre configurazioni sospette; tanto che, come era prevedibile sin dall'inizio, gli accaniti sostenitori di queste ipotesi sono praticamente scomparsi.

Ma il più illustre, oltre che ardente sostenitore della versione extraterrestre di Atlantide non è Hancock, ma un ricercatore di origine svizzera, lo scrittore Erich von Däniken. Si tratta di un personaggio attivo sin dall'inizio degli anni Sessanta, più volte contestato, ma sempre risorto, tanto che solo recentemente (2000) ha dato alle stampe il libro *L'impronta di Zeus*, un lavoro che, sotto certi aspetti, può considerarsi l'espressione più matura del suo punto di vista completamente alternativo. Con l'opera di von Däniken penetriamo in un mondo decisamente più "leggero" rispetto a quello tracciato da Hancock, con tutte quelle sue catastrofi dettate dal lento, inesorabile evolversi dei cieli, ma anche in un contesto meno gravato da tutte quelle disquisizioni a sfondo mitologico, filologico e numerologico che troppo sovente appesantiscono gli scritti di altri autori del campo. I libri di von Däniken sono sempre stati noti per la non eccessiva pedanteria scolastica, anche se c'è da dire che negli ultimi il corredo delle note bibliografiche e dei commenti si è fatto più corposo.

Sotto molti punti di vista, von Däniken può a ragione considerarsi l'atlantologo per antonomasia, per eccellenza. Ha condotto il tema fino alle sue conclusioni logiche, sempre che in un contesto come quello in cui ama muoversi si possa per davvero ancora parlare di logica. L'Antartide è un'ottima soluzione per indicare un potenziale luogo recettore di misteriosi segreti, visto che le possibilità di scandagliarlo sono remote e lo stesso può dirsi delle profondità oceaniche, considerate le analoghe difficoltà a perlustrarle e tenuto conto del sempre approssimato dettaglio di lettura delle fotografie sottomarine (detto per inciso, questo è lo stesso "alibi" che continua a mantenere attivi i cacciatori di Nessie, il mostro di Loch Ness). Tuttavia, anche su queste ipotesi, aleggia lo spettro della possibilità che, prima o poi, grazie alla messa a punto di qualche tecnica di rilevamento sempre più sofisticata, anche questi reami, per ora inaccessibili, possano risultare esplorabili, così come potrebbe accadere per lo spazio esterno a noi più vicino ed è, d'altra parte, già successo con la questione marziana, dove immagini sempre più precise e dettagliate dell'area sospetta di Cydonia hanno chiaramente evidenziato che le presunte piramidi e il grande volto marziano, segnalati dai ricercatori alternativi, in realtà sono soltanto fantasie o, al meglio, illusioni ottiche.

Al contrario, lo spazio è pressoché illimitato. Certo, possiamo parlare delle lune di Marte piuttosto che di un corpo qualsiasi all'interno del nostro sistema solare; ma nessuno ci impedisce di spostarci sempre più in là; la stella Sirio, per esempio, o la grande nebulosa di Andromeda o qualche altra galassia remota, zeppa di stelle e presumibilmente anche di pianeti pullulanti di vita, dove un'ipotetica meravigliosa civiltà potrebbe aver conseguito tecnologie superiori, del tipo muoversi a velocità superiori a quella della luce o altre simili diavolerie, potendo in tal modo interferire a piacere con la storia dell'umanità. Come sovente il patriottismo è l'ultima spiaggia di un ribaldo, così lo spazio stellare è l'ultimo rifugio degli atlantologi. (Con questo non vorrei che il lettore equivocasse: non intendo affatto sostenere l'impossibilità di vita su altri pianeti, né di civiltà progredite capaci di una qualche tecnologia avanzata; dico semplicemente che entusiasmarsi con tanta leggerezza per ipotetici viaggi intergalattici e stellari è quasi infantile, se solo si considerano le vastità, nello spazio e nel tempo, dell'universo che ci circonda, immensità di cui non riusciamo neppure a farci una vaga idea). Per amor di completezza, ci tengo però a sottolineare come, in ipotesi, un altro rifugio posto al di là del nostro universo conosciuto possa davvero esserci: Atlantide potrebbe, per esempio, trovarsi in un'altra dimensione della realtà di cui anche noi compartecipiamo, su un piano astrale, in qualche modo in grado di interferire con il nostro mondo. E, dunque, in questa dimensione, se un domani la religione proposta da Hancock riuscisse mai a trovare sfogo, non è da escludere possano sorgere nuovi teologi che ci parlano di un'Atlantide essenziale e spirituale, anche in questa veste capace di emanare un influsso benefico.

Ma, chiusa la digressione, torniamo a bomba a von Däniken, grazie al cielo alieno da questo genere di speculazioni. Non per nulla, la sua immagine degli antichi dèi celesti è del tutto scevra da sentimentalismi. Per lui, infatti, i misteriosi visitatori provenienti dal profondo dello spazio, sono interessati all'umanità da un punto di vista meramente antropologico, generosi apportatori di conoscenze tramite un linguaggio da loro stessi insegnato. Agli occhi dei nostri antenati, questi esseri provenienti dal cielo dovettero apparire simili a delle divinità benevole e ben intenzionate, «per quanto, come noi oggi sappiamo, non si trattasse ovviamente di dèi». D'altra parte, che non fossero esseri celesti né, tanto meno, angeli viene chiaramente dimostrato quando incominciano a lottare fra loro, a disobbedirsi e, soprattutto, ad «accoppiarsi con le belle figlie degli uomini». Ovviamente, davanti a simili affermazioni, ci si chiede come un processo evolutivo di vita su altri pianeti abbia potuto, guarda caso, allinearsi a quello terrestre, tanto da consentire unioni sessuali con i primitivi progenitori del nostro pianeta; ma anche ci interroghiamo sul concetto di bellezza di questi antichi visitatori e ci viene un sospetto: forse che, tali gusti, coincidono con quelli del fantasioso autore svizzero? Ad ogni buon conto, in qualunque modo si siano svolti i fatti, questo incrocio intergalattico di razze avvenne e, grazie anche a manipolazioni di ingegneria genetica, dall'unione nacque una razza di mutanti, mostri e giganti. I Titani e tutte quelle altre creature di cui ci parla la mitologia: «Dovette trattarsi di uno scenario davvero frankensteniano», afferma von Däniken. Un gran pasticcio di farraginosa biologia, preferiamo dire noi.

Poi, ad un tratto, i benevoli dèi se ne andarono, tornandosene nelle profondità dello spazio, ma promettendo che un giorno sarebbero tornati, e anche von Däniken infila nel suo contesto una nota di religiosità. Peccato che alcuni alieni – guarda caso quelli cattivi – decisero di rimanere per far procedere l'umanità sulla via del progresso grazie a ciò che ancora era rimasto della loro tecnologia. Von Däniken intreccia così affreschi in cui compaiono batterie solari, aerostati, singolari robot, comunque sempre pochino per gente abituata a muoversi in lungo e in largo nello spazio grazie a conoscenze tecniche e scientifiche che noi oggi neppure ci sogniamo. I rampolli di questi alieni "cattivi" diventarono in seguito i capostipite delle grandi dinastie che governarono il mondo antico, continuando a incrociarsi con gli ultimi dèi rimasti fino a quando la diluizione del seme portò alla totale scomparsa della traccia genetica venuta dallo spazio e, con essa, alla fine di quello che ancora restava vivo della tradizione tecnologica. «Questa è la mia teoria», sentenzia Erich von Däniken.

In *L'impronta di Zeus* von Däniken intende provare quanto sostiene – vale a dire il retaggio degli extraumani che diedero il "la" alla nostra civiltà – penetrando nella disamina del folclore e della mitologia dell'antica Grecia. Un consistente avvio (con la bellezza di oltre venti pagine) viene dedicato alla storia di Giasone e degli Argonauti, le cui avventure sono intese e interpretate, in modo erroneo, alla lettera.

Sembra che von Däniken sia incapace di ipotizzare che tutte queste vicende sono nate dall'immaginazione e dalla fantasia dell'uomo, una caratteristica di cecità che, come abbiamo già visto, è condivisa da molti altri autori di archeologia alternativa. E così la statua bronzea capace di muoversi che custodisce l'isola di Creta per lui non può che essere solo e soltanto un robot e non il prodotto di una fervida immaginazione, seppure legato a una costruzione effettivamente esistente. «Ma da dove venivano questi mostri d'acciaio... e da dove gli antichi trassero l'idea di draghi che sputavano fuoco? Creature simili non esistevano, né sono mai esistite lungo l'intero arco evolutivo della vita animale sulla Terra. Nessuno, pertanto, può esserseli immaginati». Poi il nostro autore si dice fortemente impressionato dal fatto che in una traduzione in tedesco del 1779 delle *Argonautiche* di Apollonio Rodio, scrittore del III secolo a.C., si ricorra alla parola "pilota" quando si parla della nave Argo, quella stessa definizione che von Däniken avrebbe usato, ma che l'antico traduttore gli aveva, come dire, quasi tolto dalla penna con largo anticipo. Confesso che sono rimasto strabiliato da tanta ingenuità, come se definire pilota colui che conduce e guida una nave sia una cosa tanto eccezionale, piuttosto che rientrare serenamente nell'usuale modo di dire e si riferisca soltanto a chi sta alla guida di un velivolo. Ma subito dopo ecco spuntare il perché: per von Däniken il vello d'oro che Giasone sta cercando di conquistare è in effetti un mezzo volante! (A proposito: la balena che inghiottì Giona era invece un sommergibile, anche se, per questa storia, non siamo collegati al mondo della classicità greca).

L'approccio che, di nuovo, von Däniken applica è quello suo tipico, caratteristico anche di tutti i suoi colleghi che scrivono di archeologia alternativa: il più semplicistico, quello a maggior effetto. Così le gigantesche ossa umane rinvenute in Cina e le grandi asce a mano venute alla luce in Africa sono la prova lampante che un tempo sulla Terra vivevano i giganti. Quegli stessi che, fra le molte costruzioni megalitiche, hanno eretto i muraglioni dell'isola di Malta, anche se non ne conosciamo le motivazioni. Così quando ci parla dei *pithoi*, i grandi vasi rinvenuti a Cnosso, davanti all'unica spiegazione secondo la quale si trattava di contenitori di combustibile (niente di diverso che una miscela di olio ed acqua) utilizzato per far funzionare le ormai traballanti macchine volanti degli ultimi degenerati eredi divini, diventa davvero difficile per un lettore che ancora tenga al suo senso critico non ritenere il libro (come forse tutti gli altri di questo autore) nient'altro che un esercizio di fantasia, una specie di gioco divertente, una presa in giro. Indifferente a tutto questo, von Däniken prosegue portando avanti la tesi dei punti strategici, una serie di postazioni dislocate in tutto il mondo antico conosciuto, poste a distanze prestabilite e governate dalla legge della sezione aurea, luoghi idonei dove queste macchine volanti avevano agio di atterrare. (Da quel che pare di capire, doveva trattarsi di specie di aerostati muniti di un qualche congegno propulsore). Siamo al cospetto di un chiaro richiamo al concetto pure espresso da Hancock quando parla di località speciali determinate dalla numerologia collegata alla precessione equinoziale, anche se nel caso di von Däniken si aggiunge un motivo, diciamo così, esotico in più, quando si riconosce che in realtà questi nodi strategici segnalavano i punti in cui le antiche divinità potevano congiungersi con le figlie dell'uomo, sacerdotesse dei loro templi. Quando il loro potere venne completamente meno, gli dèi furono sostituiti dai sacerdoti, loro rappresentanti in spirito, concetto dal quale sorsero le religioni così come le conosciamo.

Quando finalmente von Däniken approda al tempio di Delfi (detto per inciso, il libro è illustrato da fotografie di modesta qualità dello stesso autore che offrono un quadro generale e approssimativo delle diverse località) è colto da un'altra intuizione: i grandi lastroni di pietra posti a fondamenta della costruzione «inducono chiunque immediatamente a pensare che si tratti della pista di decollo e atterraggio di un elicottero». Peccato però che gli ormai derelitti discendenti dei gloriosi dèi di un tempo sapessero solo più viaggiare su aerostati, sospinti da vapore. Ma non basta, ancora. Per von Däniken le ubicazioni originali di tutti questi luoghi sacri e particolari sarebbero state alla base della grande sapienza matematica che ispirava Platone ed Euclide, ovviamente senza badare al fatto di cadere pure lui nel solito, immancabile errore di confondere l'Euclide matematico alessandrino del 300 d.C. con il ben più famoso, coevo di Platone, Euclide di Megara che però non era affatto un matematico. Si tratta di un errore di antica data, risalente addirittura a tempi medievali e per questo consiglierei al nostro audace autore di procurarsi un'enciclopedia più aggiornata: nel suo caso sarebbe una spesa ben fatta, in grado di pagarsi in tempi piuttosto rapidi. (In caso contrario, potrebbe rivolgersi al solito agguerrito team di esperti cui, di norma, dicono di riferirsi altri autori alternativi come lui). Platone ed Euclide erano due allievi di Socrate, e von Däniken non esita a immaginare il primo seduto ai piedi del secondo, intento a impartirgli lezioni di matematica (errato). In aggiunta, data le conversazioni del *Timeo* e del *Crizia* all'anno 401 a.C. e non al 421 a.C., fantasticando Platone presente, sano e vegeto. Ma nulla più ci sorprende, anche il fatto che egli non esiti ad assumere alla lettera l'intera storia di Atlantide non appena questa fa capolino nei due citati dialoghi. Perché, naturalmente, veniamo subito richiamati all'amore della verità che tanto stava cuore al grande filosofo, senza tenere in alcun conto il suo classico modo di procedere sia a livello narrativo che filosofico. Poi von Däniken aggiunge una nuova osservazione: mai Platone si sarebbe sognato di rendere pubbliche false notizie su Atlantide essendo ancora in vita i protagonisti del *Timeo*. In verità, un tempo erano certo stati in vita (anche se a proposito dell'effettiva esistenza di Timeo non sono pochi a muovere qualche dubbio), ma quando Platone aveva dato forma scritta ai dialoghi se n'erano già tutti andati: Socrate, morto suicida; Crizia, scomparso da molto; Ermocrate, caduto nel tentativo di fare rientro a casa, a Siracusa, nell'inverno del 408/407 a.C. e infine Timeo (ammesso sia esistito davvero), morto almeno una ventina di anni prima che le due opere venissero composte.

Assumendo alla lettera tutto ciò che Platone racconta a proposito della grande isola, tramite la quale era possibile raggiungerne altre più piccole e alla fine approdare al continente, von Däniken si accontenta di identificare Atlantide con l'America, così come hanno fatto molti altri "alternativi". L'abbondante presenza di oro, argento e oricalco lo induce a pensare, proprio come Allen, al fascinoso Perú: dopo tutto, perché gli antichi peruviani non avrebbero potuto ricavare la misteriosa lega dell'oricalco, avendo a disposizione nella loro terra tanti nobili metalli? In modo analogo, egli si adegua alla causa della distruzione: l'accrescersi improvviso del livello delle acque oceaniche a seguito dello scioglimento dei ghiacciai dell'ultima glaciazione (tema sul quale spende non poche parole, come se si trattasse di qualcosa di sconosciuto e sul quale fosse necessario soffermarsi a lungo). A proposito della sua versione sulle strutture geologiche naturali al largo dell'isola giapponese di Yonaguni non esita a scrivere: «Sono stati individuati monoliti tagliati dalla mano dell'uomo... scalinate... strade pavimentate... strutture a forma di altare e persino una piccola torre». Davvero presto per dirlo: proviamo a dare un'occhiata a qualche altra fotografia, caro Erich! (di "Grandi scalinate" si è parlato negli anni Settanta a proposito di alcune immagini scattate sottacqua, al largo di Gibilterra, da alcuni ricercatori sovietici a bordo di un sottomarino. Uno studio attento ha poi chiarito trattarsi di configurazioni del tutto naturali, derivate da particolari geometrie delle rocce basaltiche). Anche le tracce di Bimini sono per lui dei manufatti, sepolti dalle acque nella notte dei tempi «quando il mare si era inesorabilmente chiuso su di loro». Tutte illusioni. Simili a quelle che hanno fatto credere a Hapgood che lo spesso strato di lava che si trova alla base delle grandiose rovine della piramide di Cuicuilco le spingesse indietro nel tempo attorno a 7-8000 anni or sono, quando invece un'accurata ricerca archeologica le ha dimostrate ben più vicine a noi, vale a dire non più antiche di 1200 o 1500 anni, assodando a chiare lettere che 7000 anni fa in quei luoghi non esisteva neppure ancora l'umana presenza.

Rimbalzati ancora una volta sulla figura di Hapgood, eccoci di nuovo alle prese con la mappa di Piri Reis, la tanto discussa mappa. Contrariamente a quanto aveva fino a quel momento sostenuto in altri scritti, questa volta von Däniken ne riconosce alcune pecche, ma parla soltanto di piccole discrepanze rispetto al vero «particolari del tutto insignificanti, di cui quasi non ci si accorge», un modo alquanto generoso e comprensivo per descrivere una piccola mappa su cui compare segnato due volte il Rio delle Amazzoni e, fra le tante altre inesattezze, la grande isola di Cuba viene indicata con un nome improprio, sagomata e orientata in modo del tutto errato. Von Däniken concorda con Hapgood nell'immaginare la mappa nata dal tentativo di Piri Reis di conciliare e mettere insieme una scalcinata pianta precolombiana con un'accurata e precisissima mappa atlantidea. Poi veniamo a sapere che un insegnante tedesco a El Salvador avrebbe portato alla luce, tramite l'interpretazione di un testo maya, la tradizione relativa all'esistenza di una città chiamata Aztlan, fiorita in Guatemala attorno al 12.901 a.C., rimpallandoci di nuovo, con questa notizia, su uno dei campi di battaglia tanto cari al nostro autore: le incisioni di Copán, in Honduras, e la stele di Palenque, a suo dire indiscutibili raffigurazioni in cui traspare l'applicazione di una raffinata tecnologia. In una delle fotografie presenti nel libro vediamo una stele di Copán in cui compare una figura che stringe fra le mani, all'altezza del petto, quello che egli definisce un "pannello di controllo", che sembra essere manovrato con le dita. Un'immagine che ricorda da vicino un'altra simile, quella del cosiddetto "astronauta di Palenque", dove è ormai stato da tempo chiarito che i presunti comandi spaziali altro non sono che allusivi riferimenti simbolici alla morte e all'albero della vita del popolo maya. Per finire, grazie al cielo, con una simpatica affermazione che suona pressappoco così: «Non ho alcuna intenzione di mettermi sulle tracce della perduta civiltà di Atlantide, tuttavia scommetterei che il continente perduto, un tempo, si trovava proprio nell'area caraibica». Punto e fine della trasmissione.

Volendo assegnare un motivo di riconoscimento a von Däniken in relazione alla Sindrome di Atlantide, possiamo ascrivergli la ferma idea di averla ricacciata nello spazio più profondo. Anche se, alla fine, afferma che avrebbe potuto trovarsi nel mare dei Carabi, è nello spazio, esterno e lontano, che a suo dire vanno ricercati i semi della superciviltà che ha innescato la nostra sulla Terra. E, a questo punto, mi sento di raccomandare a tutti gli atlantologi di dargli retta senza esitazione e di gettarsi con lui in questa ipotesi. Non tanto perché abbia la forza e le coerenza di dimostrarla come valida e neppure perché la sostenga con argomentazioni credibili, quanto perché, per lo meno, li conduce da qualche parte, visto che non ci sarebbe davvero più alcun altro luogo da immaginare.

Perché, alla fine, potremo forse spingerci un pochino ancora oltre nelle perlustrazioni oceaniche o in quelle antartiche, speculando su quanto gli abissi oceanici potrebbero di volta in volta mostrarci o, sorpresi, cercando di interpretare come realizzate da mano umana le singolari configurazioni che un tempo si trovavano al di sopra del livello delle acque prima della fine dell'ultima glaciazione. Ma, dopo tutto, a ben guadare, fino ad ora non è ancora mai venuto fuori nulla di credibile, né al largo delle coste argentine, né di quelle settentrionali del Sudamerica o del grande golfo del Messico; come nel versante orientale del mare Arabico o nelle regioni della Malaysia, oppure nel tratto di mare compreso fra l'Australia e la Nuova Guinea, né al largo della Cina o dell'America del Nord: nulla, in definitiva, che risponda appieno ai requisiti necessari per farci davvero sobbalzare sulla sedia. A questo proposito, non sono d'accordo nel ritenere di spendere impegno, lavoro e quattrini (anche se degli altri) per continuare in questa assurda caccia al sensazionalismo. Di gran lunga molto meglio lanciarci fuori, nello spazio cosmico di cui ci parla von Däniken; ma non al semplice livello interplanetario (visto già il clamoroso fiasco dell'esperienza marziana), ma, assai meglio, sulla scala dello spazio intergalattico, anche perché, in tal modo, la nostra sfida sarebbe, come dire, al sicuro.

12
Il travagliato parto di una montagna

La "caccia" ad Atlantide non finirà mai e non tutti i "cacciatori" ritengono di doversi muovere nello spazio per trovarla. I tentativi di farcela rintracciandola sulla Terra continueranno sempre. Nel 1998 un libro intitolato *Atlantis in America* ha riportato in auge speculazioni di studiosi antichi come Fracastoro e Dee, riproponendo una cometa come agente distruttivo, una catastrofe verificatasi attorno al 10.530 a.C. (addirittura straordinaria la precisione di questi atlantologi!). In un altro lavoro del 2000, invece, viene presentata una mole impressionante di dati e osservazioni con l'unico scopo di dimostrare l'origine terrestre del continente perduto; peccato che i risultati ottenuti, flebili e poco convincenti, non siano proporzionati agli sforzi compiuti. Con il libro *Gateway to Atlantis* di Andrew Collins intendo terminare la rassegna delle opere più rappresentative all'interno del vasto panorama degli scritti degli atlantologi. Ben si adatta, questa opera, alla nostra chiusa, in quanto rappresenta una sintesi completa di tutte le considerazioni proposte nel tempo relative alla soluzione terrestre dell'enigma atlantideo. Proviamo a vedere di che si tratta.

L'approccio iniziale di Collins (un autore che in precedenza si è occupato del giardino dell'Eden e di tematiche inerenti) è, come dire, intimo. Lo incontriamo all'interno di una grotta di una non nominata isola tropicale, intento a scavare in un deposito archeologico, dove si è sentito "chiamare" – è lui stesso a dircelo – «da un'invisibile forza, una sorta di *genius loci*». Dopo breve ricerca, si imbatte in alcuni segni concentrici graffiti sulla roccia, in tutto simili ad altri rintracciati su monumenti megalitici dell'Europa occidentale. Nel tipico stile in cui questo genere di ricercatori si prodiga per convincere il lettore di soppesare i fatti con estrema obiettività, Collins confessa quanto sia difficile «non considerare quei segni come la rappresentazione di orbite planetarie o di evoluzioni stellari». La sensazione che prova è fortissima: «Queste caverne devono essere state testimoni di eventi arcaici... accaduti all'alba della storia». Impossibile dire perché avverta questa sensazione con un simile impeto, ma tant'è. Proseguiamo.

Collins cita Platone, Teopompo, lo pseudo-Aristotele e Strabone per evidenziare come già i saggi del mondo antico ben sapessero dell'esistenza di un altro grande continente al di là dell'oceano. Ne fanno testimonianza schietta le loro opere giunte fino a noi, dove leggendo con una certa elasticità si evince come questi illustri autori discutessero di terre oltre il mare, un po' come noi oggi lo facciamo a proposito di mondi nello spazio. Per Collins è «pressoché certo» che Platone sapesse di America e Indie Occidentali; mentre la generale mancanza di riferimenti a queste terre (e quindi anche di particolari) nella letteratura classica sarebbe dovuta al fatto che «soltanto pochi eletti» erano a conoscenza di queste cose. Ecco, dunque, come il tema del segreto, dell'occulto, compie il suo ingresso nella tematica di Collins, «informazioni... deliberatamente tenute segrete al mondo esterno». Platone aveva saputo da Solone di un mondo al di là dell'oceano, il quale, a sua volta, lo aveva rilevato dai colloqui con i sacerdoti egizi di Sais. Su questo argomento non si torna più, dando la notizia come assolutamente certa. Tuttavia, lo stesso Collins sembra non poter fare a meno di stupirsi quando Platone afferma che i potenti sovrani di Atlantide (già dominatori delle Americhe) erano anche riusciti a imporre il loro dominio su vaste aree del Mediterraneo. Forse, si dice Collins, queste storie appartenevano non tanto alle dichiarazioni di Solone, quanto ai racconti che la tradizione popolare tramandava a proposito del suo soggiorno egiziano, il tutto mescolato con qualche affermazione di Erodoto. Inoltre, non esclude la possibilità che lo stesso Platone abbia visitato l'Egitto (tengo a precisare che il filosofo non disse mai di esserci stato, anche se alcuni aneddoti potrebbero far pensare di sì): «È possibile che Platone venisse a conoscenza della storia di Atlantide – o che, per lo meno, ne trovasse ampia conferma – nel corso di un suo soggiorno in terra d'Egitto». Tutto è concepibile, quello che conta è riuscire a dimostrarlo.

Poi Collins si impegna con grande accanimento per dare credibilità all'ipotesi di Atlantide nel mare dei Sargassi, per quanto Platone insista a dire che il suo lembo orientale più estremo si trovava appena al di là delle Colonne d'Ercole, l'attuale stretto di Gibilterra. Cita Platone quando descrive i vasti banchi di terra che sorgono nel mare aperto, Aristotele quando parla delle acque poco profonde che si estendevano al di là delle Colonne d'Ercole e richiama anche lo pseudo-Scila (un autore pressoché coevo di Platone e Aristotele) quando narra dei naviganti bloccati dai vasti banchi di alghe marine e delle navi fenice impantanate appena al di là delle coste africane. Anche se è soltanto nel racconto dello pseudo-Scila (assunto come una delle prime testimonianze scritte di marinai) che vengono citate in modo esplicito le grandi estensioni di alghe marine, per Collins questo basta e avanza per far identificare la zona di mare (con i bassi avvallamenti e le grandi secche) con quella tipica dei Sargassi. Come tutti sanno, questo singolarissimo mare si trova molto a occidente rispetto Gibilterra o alla costa dell'Africa, ben al di là della dorsale centrale atlantica. Solo componendo insieme, in modo fantasioso, gli scritti di Platone e Aristotele (che non fa altro che seguire il suo maestro quando parla di banchi di sabbia) con quelli dello pseudo-Scila, Collins riesce a imbastire la sua ipotesi atlantidea sul mare dei Sargassi (detto per inciso, uno specchio d'acqua niente affatto poco profondo, con valori variabili dai 1500 ai 7000 m).

Un'altra convinzione di Collins è che i marinai fenici fossero venuti a conoscenza del mar dei Sargassi prima di Platone. L'ipotesi non è del tutto strampalata, ma citare a sostegno un autore del IV secolo d.C. per descrivere un ipotetico viaggio cartaginese avvenuto nel V secolo a.C. è per lo meno poco convincente. Tuttavia, sembra alquanto improbabile che le squadrate navi fenice o greche, munite di una sola grande vela e prive di un timone centrale, del tutto impossibilitate a contrastare i venti, abbiano potuto raggiungere il lontanissimo mare dei Sargassi «traballando lungo le correnti e le rotte occidentali» come afferma L. Sprague de Camp. Collins prosegue, osservando che i banchi di terra potevano essere l'avamposto che segnalava le basse acque del gruppo di isole delle Bahamas-Bimini. Così: «Immaginando di prendere per buona la supposizione che Platone... alludesse al mare dei Sargassi, e quindi di conseguenza anche alle Bahamas, non ci resta che trarre una e una sola conclusione», sentenzia il nostro autore. Torna però molto difficile comprendere come una conclusione tanto certa e perentoria possa essere tratta da presupposti così labili e poco concreti. Ad ogni buon conto, vediamo. «Che lo abbia fatto per caso o con intenzione, Platone collocò senza ombra di dubbio la sua isola-continente nella parte occidentale più estrema dell'oceano Atlantico». Affermazione del tutto gratuita, dal momento che l'unica cosa che Platone afferma con chiarezza è che la parte orientale più estrema del continente atlantideo arrivava quasi a toccare le Colonne d'Ercole!

Per giustificare l'estrema lontananza del mare dei Sargassi e del complesso delle isole Bahamas, Collins sostiene che quando Platone indica in senso figurato il mare delle alghe (ipotesi, tengo a sottolineare, del tutto ingiustificata, poiché non esiste tratto del racconto del filosofo greco che induca a pensare a questo lembo di mare) in realtà egli lo fa solo per segnalare un'ubicazione indicativa della grande isola scomparsa. Un modo per lo meno singolare di ragionare. Il tentativo di dare un po' più di consistenza all'ipotesi, chiamando in causa le noci di cocco, suona molto debole. Tanto è vero che quando Platone descrive i meravigliosi frutti esotici di cui Atlantide è ricolma – fra cui, secondo Collins, anche le noci di cocco – la maggior parte degli interpreti l'intende come un riferimento poetico al benefico albero dell'ulivo. Pur sapendo che la noce di cocco non venne introdotta nelle Indie Occidentali che al tempo delle conquiste coloniali, Collins si richiama, per questa connessione atlantidea, a un'inedita diffusione del frutto, invocando una leggenda haitiana in cui si racconta come, dopo un disastroso diluvio che aveva spazzato via la vita da ogni dove, noci di cocco gettate a terra si trasformassero in uomini e donne pronti a ripopolare il pianeta. Già, quasi dimenticavo: ci sono sempre le tradizioni e i miti che sistemano ogni cosa! (A proposito dei numerosi elefanti che vivevano in Atlantide, non spende invece una sola parola).

Poi Collins ricorda come Platone ricerchi tracce della sua perduta città citandone altre come Atene, Siracusa, Babilonia ed Ecbatana, anche se però è convinto che le notizie più attendibili sull'isola e sulla sua topografia il filosofo le avesse ereditate dalle tradizioni marinare del tempo e soprattutto dalle mappe dei mercanti e dei marinai. «Mi preme liberare il racconto di Platone da tutte le sfumature di ordine politico e fantasioso», scrive Collins, «per dimostrare come realmente il suo racconto contenga la descrizione di una grande isola, sede di un reame o di un impero molto progredito e potente, fiorito nell'Atlantico migliaia di anni prima di qualsiasi storia conosciuta». Ma le sfumature o meglio le intenzioni politiche ed etiche del grande filosofo non costituiscono un sovrappiù inutile, bensì sono la parte dominante e centrale della sua narrazione, mentre i suoi colti dettagli sono le notizie al tempo disponibili e non possono essere intese come informazioni introdotte dall'altra parte dell'oceano all'antico mondo delle civiltà mediterranee grazie alle imprese di audaci navigatori. In merito alle tanto discusse dimensioni di Atlantide, Collins non concorda con Platone e le riconduce a proporzioni decisamente più modeste che non quelle di «un'isola... più grande della Libia e dell'Asia messe insieme». E allora ci chiediamo: perché se, come dice Collins, Platone va preso alla lettera per tutto ciò che afferma, quando parla di dimensioni deve essere interpretato? E anche lo sforzo di convincere il lettore che l'intenzione del filosofo era solo quella di chiarire che era la sfera dell'influenza del potere marittimo di Atlantide ad estendersi quanto la Libia e l'Asia non regge affatto, dal momento che non è per nulla quello che Platone voleva dire. Egli effermò in chiaro e semplice greco una cosa soltanto, vale a dire che Atlantide era più grande della Libia e dell'Asia messe insieme. Punto e basta, nient'altro.

Pur ammettendo che la gran parte delle storie classiche relative a isole meravigliose e straordinarie potrebbe essere nata da occasionali e sporadici approdi non più ripetutisi in luoghi come, per esempio, il gruppo delle Canarie, Madeira e anche le più lontane Azzorre, Collins tiene a ricordare una citazione tratta da un brano dello pseudo Aristotele, in cui si narra di un'isola con grandi fiumi navigabili, luoghi che, a suo dire, sarebbero rintracciabili solo in terre poste al di là delle Colonne d'Ercole. Si potrebbe però anche aggiungere che l'immagine di grandi fiumi percorribili potrebbe essere un mero frutto della fantasia o, al limite se così non fosse, il ricordo dei grandi fiumi navigabili che si trovano sulla costa occidentale del continente africano (dove, tra l'altro, potevano essere avvistati degli elefanti), il tutto fantasiosamente condito con l'idea, sempre eccitante, di storie di isole fantastiche. L'utilizzo da parte del nostro autore di un passaggio di Plinio, molto confusamente interpretato, a sua volta adattato da un precedente cronista classico, per dimostrare che le favolose isole delle Esperidi avrebbero potuto indicare le Indie Occidentali, non regge. L'ipotesi si basa sull'affermazione di Plinio in cui si presenta l'opera di un geografo, vissuto prima di lui, il quale sosteneva che le Esperidi si trovavano a circa quaranta giorni di mare dalle isole delle Gorgoni, identificate con il gruppo delle isole di Capo Verde, senza osservare che Plinio scrive che il viaggio avrebbe condotto «all'antico Atlante» (quasi certamente la catena montuosa che non si trova affatto in direzione delle Indie Occidentali) e senza sottolineare come Solino, un geografo del IV secolo, avesse già chiarito l'intera questione a suo tempo. Tutto questo per Collins non ha significato, perché ciò che conta per lui è «aver dimostrato in modo inconfutabile che le Esperidi corrispondevano alle Indie Occidentali».

Un altro caso in cui un'autorità successiva ne cita un'altra precedente lo ritroviamo nel tentativo di sostenere il concetto secondo cui nel mondo classico vi erano alcuni illuminati che conoscevano l'esistenza di una grande terra oceanica ai limiti estremi dell'Occidente. La citazione, questa volta, si rivela ancora più fragile della precedente appena accennata. L'autorità in questione è Proclo, vissuto attorno al 450 d.C., il quale cita un oscuro e sconosciuto storico romano del 100 a.C., che avrebbe fatto menzione di alcune isole site nel «mare esterno». Tre delle quali di grandissime dimensioni e quella centrale dedicata al dio Nettuno, vale a dire la nostra antica conoscenza Poseidone latinizzato. Gli abitanti di queste isole tramandavano memoria di una precedente isola ancora più grande, «qualcosa di prodigiosamente immenso», che dominava un tempo su tutte le altre terre emerse dell'Atlantico. Inutile osservare che a Collins basta questo per affermare che i Romani conoscevano il gruppo di isole delle Indie Occidentali, dove il ricordo della sommersa e scomparsa Atlantide continuava a essere vivissimo.

Resta difficile evitare la conclusione che, come tutti coloro del mondo classico che si sono occupati di Atlantide, anche Marcello abbia semplicemente fatto riferimento a Platone, non avendo a disposizione alcuna altra fonte credibile. Osservazione che, d'altra parte, vale anche per lo stesso Proclo, con o senza la citazione a Marcello, all'inizio ricordato semplicemente nella forma generica di «certi storici», per essere chiamato solo alla fine direttamente in causa come autore dell'opera *Storia d'Etiopia*. Che cosa c'entrino mai le Indie Occidentali in un lavoro sull'Africa qualcuno me lo dovrebbe spiegare. Ad ogni buon conto, Collins è sicuro che le tre grandi isole ricordate dal duo Proclo-Marcello sono Cuba, Haiti e Portorico (le cosiddette Grandi Antille), mentre il resto delle isole fa capo al gruppo delle Piccole Antille delle Indie Occidentali. Le storie di grandi diluvi e alluvioni che i nativi caraibici di queste isole raccontarono ai conquistatori spagnoli al tempo della scoperta europea di queste terre lontane, spingono Collins a immaginare che i portentosi sconvolgimenti succedutisi alla fine dell'era glaciale possano aver frazionato una grande massa di terra in porzioni più piccole. Il racconto di queste catastrofi sarebbe giunto all'orecchio delle civiltà mediterranee per merito degli audaci navigatori fenici, i quali, avendo visitato le Indie Occidentali prima del tempo di Platone, avrebbero diffuso la notizia della loro esistenza. Questa ipotesi va intesa come una modifica di quella di Lewis Spence e, prima ancora di lui, di altri autori quali le Plongeon, Brasseur e un certo, ignoto, Hyde Clarke, che Collins indica come il primo, vero sostenitore (1885) dell'idea di collocare l'antica Atlantide nelle Antille. (Mi si consenta di ricordare che le leggende relative a diluvi raccontate dai nativi ai conquistatori spagnoli sono tutte da prendere con beneficio d'inventario).

Se, dunque, siamo pronti ad accettare la possibilità che Atlantide si trovasse nelle Indie Occidentali, i cui ultimi abitatori ancora la ricordavano, seppure solo più a livello folcloristico, anche dopo migliaia di anni dalla scomparsa, e se accettiamo l'ipotesi che queste storie, questi racconti abbiano attraversato l'oceano per arrivare a diffondersi nel mondo della civiltà classica del Mediterraneo, tanto da trovare memoria al tempo di Platone nei dialoghi *Timeo* e *Crizia*, ebbene, diventa allora conseguente accettare la possibilità concreta che in tempi molto antichi l'uomo fosse capace di valicare l'immensa distesa oceanica. Se così è stato, dovremmo allora poter disporre di reperti significativi, attestanti che civiltà come quella egizia o fenicia già avevano fatto approdare le loro navi in quelle terre lontane, oppure che emissari delle Americhe avessero toccato le sponde del Nordafrica. Intendo, e sottolineo, reperti significativi e non ritrovamenti banali come, per esempio, una singola moneta fenicia che avrebbe potuto perdersi in tempi successivi o i resti di una lampada pseudoromana e così via. Ciò che serve sono i contesti archeologici propri all'interno dei quali vengano alla luce oggetti e ritrovamenti "stranieri" in intima unione con reperti locali. Ebbene, corre obbligo sottolineare come, a tutt'oggi, questo non sia ancora emerso. Non è possibile dimostrare secondo i parametri e i criteri dell'archeologia scientifica che siano intercorsi scambi di oggetti e idee fra il Nuovo Mondo e il vecchio. Questo quand'anche si verificasse un'eccezione. Perché anche in questo frangente ipotizzare che in tempi precedenti l'impresa di Colombo fra Atlantico e Mediterraneo corresse un intenso scambio, sarebbe cosa difficile da sostenere. Ben diverso è il caso, per esempio, dei numerosi ritrovamenti di materiale minoico, inserito in un chiaro contesto egizio dinastico, venuti alla luce nel sempre ricco delta del Nilo, inequivocabile testimonianza di un sicuro collegamento fra le due civiltà, compresi magari dei flussi migratori dall'isola di Creta. Nulla di questo, per ora, è a disposizione degli studiosi per quanto concerne i presunti rapporti antichi fra il nuovo e il vecchio continente: alcun reperto "americano" è mai venuto alla luce in un contesto archeologico credibile del mondo classico e viceversa.

In questo contesto, malgrado i notevoli salti mortali, Collins (e con lui tutti gli altri sostenitori di questo collegamento transoceanico) non riesce a fare di meglio che appellarsi ad alcune circostanze decisamente ambigue, del tutto insufficienti a colmare il vuoto delle prove convincenti inseribili in un contorno archeologico attendibile. Il tabacco e la cocaina sono due dei punti di forza della sua ipotesi, visto che tracce di ambedue le sostanze sono state rintracciate in alcune mummie egizie (compresa quella del grande faraone Ramesse II), sia insieme che, a volte, il solo tabacco. Tracce di tabacco sono state trovate in siti archeologici brasiliani ipoteticamente coevi con quelli egizi, mentre in Messico ne abbiamo notizia solo a partire dal 100 a.C., vale a dire in data decisamente troppo tarda. In tutti i casi, comunque, il tabacco è una pianta un tempo indigena anche dell'Africa, in territori dunque molto vicini all'Egitto. Non esistono prove testimoniali, scritte o dipinte, che gli Egizi si dilettassero a fumare pipe o sigari, ne deduciamo pertanto che molto probabilmente le foglie di tabacco venivano utilizzate come componenti nei processi di imbalsamazione (ammesso che le tracce della sua presenza non siano, molto più semplicemente, dovute a contaminazioni moderne, come molti studiosi cono convinti che sia). Per la cocaina il quadro è un poco più problematico, dal momento che si tratta di una pianta esclusivamente americana (se ne possono trovare altre specie simili solo nelle isole Mauritius). Tuttavia, per quanto ne so, una sola spedizione archeologica ha rinvenuto tracce di cocaina in una mummia egizia e, a ulteriore complicazione dei fatti, il team di ricercatori non solo non ha voluto fare partecipi delle proprie affermazioni altri ricercatori, ma non ha mai più insistito nel presentare questo argomento come un significativo momento di discussione. Ed invece sarebbe stato importante che la ricerca fosse proseguita, visto il grande interesse, ammesso però che esistessero i presupposti sicuri per farlo. Poi, c'è un'obiezione logica e indiscutibile: non si capisce come mai se, per davvero, il tabacco e la cocaina passarono al di là dell'oceano Atlantico grazie all'intensa e coraggiosa attività delle navi fenicie, lo stesso non sia potuto accadere, per esempio, per vegetali infinitamente più utili, come la patata e il pomodoro, approdati in Europa soltanto dopo la scoperta dell'America da parte di Colombo nel 1492. Ma, a parte vegetali più o meno esotici, per dimostrare la fondatezza della sua teoria anche Collins si appella con grande foga alle teste "negroidi" di stampo olmeco e al presunto aspetto "semitico" e "caucasoide" di alcune stele delle civiltà del Nuovo Mondo, da lui ritenute prove più che palesi per dimostrare l'intensità dei rapporti anticamente instauratisi fra le due parti del mondo, senza parlare della similitudine riscontrata fra i tratti scritturali ed il sistema calendariale del vecchio e del nuovo continente. Inutile sottolineare che, ancora una volta, si tratta di mere illazioni, perché ad un esame dei fatti non condizionato, scritture e calendari non presentano alcuna similitudine.

Un modo senz'altro interessante per verificare il sistema con cui Collins, ma come lui tutti gli scrittori alternativi, tratti gli argomenti, viene bene illustrato dal caso dell'iscrizione di Paraiba. Comune vizio degli atlantologi sembra essere quello di gettare sul tavolo della discussione materiale dubbio, che loro stessi a mente serena non esiterebbero a ricusare. In altre parole, la tendenza è sempre quella di enfatizzare al massimo tutte le informazioni, anche quelle che si vede sin da subito possono cadere alle prime obiezioni. Questa strategia, secondo me, comprende anche il saccheggio di informazioni sospette, con lo scopo di gettare una fitta cortina fumogena negli occhi del lettore, quando in realtà il materiale presentato non trattiene in sé alcuna validità e consistenza. (In verità un'utilità ce l'ha: riempire le pagine di libri voluminosi e redditizi, per esempio). L'iscrizione di Paraiba proviene dal Brasile e viene indicata dagli atlantologi come il ricordo del viaggio di una nave fenicia dalle coste del Mar Rosso fino al Sudamerica. Sin dalla fine del XIX secolo gli studiosi l'hanno riconosciuta come un falso clamoroso ed oggi molti sono concordi nel ritenerla «un'abile frode perpetrata dalla massoneria brasiliana», come lo stesso Collins sembra propenso a credere. Ma allora, viene da chiedersi, perché dedica a questo argomento fasullo la bellezza di più di due pagine, fitte fitte? Su questa medesima lunghezza d'onda, Collins non teme di citare altri singolari ritrovamenti come quello di una moneta punica, una lampada in stile romano, la lama di una spada, un non ben specificato naufragio avvenuto nelle acque al largo del Brasile, e certe molto dubbie e contestabili traduzioni di presunte iscrizioni puniche ritrovate sul suolo americano (alcune, se non tutte, non sarebbero neppure iscrizioni umane, perché mai dovrebbero essere puniche). Bontà sua, il nostro Collins ha almeno il coraggio di dichiarare che comunque tutti questi ritrovamenti non costituiscono una prova indiscutibile della presenza nell'antichità di navi fenicie nelle Indie Occidentali. Quand'anche, infatti, qualche casuale affondamento di una nave fenicia o romana in rotta nell'Atlantico avesse fatto approdare dalle coste del vecchio a quelle del Nuovo Mondo qualche moneta, frammenti di anfore o quant'altro ancora, va da sé che una presenza così poco significativa non avrebbe in alcun modo potuto avere delle conseguenze di alcun genere sullo sviluppo delle civiltà sull'uno o sull'altro versante. Ma Collins è inarrestabile e quando sostiene di riconoscere mattoni di evidente fattura romana nelle strutture delle costruzioni maya (manufatti, ovviamente, privi dei caratteristici marchi di fabbricazione), la sensazione è proprio quella di essere ormai giunti sul fondo del pozzo. Ma il bello viene subito dopo, quando Collins sostiene di conoscere come mai, malgrado l'assiduo scambio di commerci intessuto dai Fenici o dai Romani con le terre d'oltre oceano, nella letteratura classica non vi sia pressoché alcuna citazione di tutto questo. Perché? Domanda al lettore. Il fatto stesso che non si trovino prove, per Collins costituisce già di per sé la prova più evidente della realtà della sua intuizione.

Ciò che, questa volta, eccita la sua immaginazione è la citazione platonica di un nome atlantideo nella sua forma originale. Si tratta di Gadirus, nome per il quale Platone, tramite il filo diretto di una continuità egizio-greca, propone la traduzione: Eumelo. In effetti Gadirus è un nome fenicio, legato a quella stessa radice che oggi ritroviamo per esempio in Cadice, l'antica Gades, il vivace porto spagnolo che si affaccia sulla costa atlantica, proprio dirimpetto a dove avrebbe dovuto trovarsi la parte più orientale della grande isola di Atlantide. Ma, a ben vedere, non sembra esserci proprio niente di suggestivo o, tanto più, di allusivo nell'uso che Platone fa di questo nome: il greco Eumelo ("ricco di pecore") non è affatto la traduzione della radice semitica che sta alla base di Gades (che significa, probabilmente, "limite", "confine"), ma semplicemente costituisce un tocco di colore folcloristico all'interno del racconto. Non esiste uno straccio di indizio che dimostri che gli abitanti di Atlantide parlassero fenicio o anche solo che notizie dall'altra parte del mondo giungessero in Europa tramite questi audaci navigatori del passato. A questo punto del libro, Collins si lancia in una ricca disamina della mitologia e delle leggende delle popolazioni antillane, affrontando temi come quello delle sette città, dell'Eldorado e così via. Il nodo dei Fenici fa nuovamente capolino quando il nostro autore giunge a concludere che la radice *a-t-l* del nome Atlantide non può che essere una radice di stampo fenicio, che sta per "elevato". Certo, si tratta di una speculazione teorica a livello filologico valida quanto può esserlo qualsiasi altra, in questo caso capace di dare spiegazione del mito di Atlante e del nome assegnato all'omonima catena montuosa. Peccato che, in tutto questo, non ci sia alcuna prova che questa radice abbia qualcosa a che vedere con il nome dell'isola perduta ricordata da Platone. Mosso dal desiderio di assegnare al continente scomparso un nome che appartenesse al mondo e alla tradizione in cui viveva e tenuto conto che la grande isola si trovava nel bel mezzo dell'oceano Atlantico (per via della catena montuosa che sembrava correre verso il mare), Platone optò come logica conseguenza per Atlantide. Senza dimenticare che il grande filosofo avrebbe potuto ancora ricordare la recente inondazione che proprio in quel tempo aveva investito l'isolotto di Atalanta, nelle vicinanze di Atene. Non esiste alcun motivo logico per collegare in modo così forzoso il mito di Atlantide con quello delle fantasiose isole di Antilia (o, se si preferisce, la versione ancora più primitiva, delle isole Atulliae) di cui davano testimonianza le mappe europee del XIV e XV secolo. Peccato però, come già abbiamo visto, che questa fantomatica isola altro non fosse che una sorta di riflesso della sagoma della terra del Portogallo proiettata sulla parte occidentale dell'Atlantico. A questa punto, infatti, chiunque potrebbe osservare come il nome portoghese di "ante ilha" costituisca un'altrettanto valida speculazione filologica per dare ragione del nome di Antilia (Antille) quanto quella che invece ricorre alla radice *a-t-l*.

Il successivo passo che Collins compie nel suo voluminoso lavoro, è ricordare come in certe leggende dei nativi americani, questi tramandino di essere giunti nelle Americhe da isole lontane, site ad oriente; va da sé che nomi come azteco o Aztlan siano quelli su cui il nostro autore fa maggiore leva. C'è però da osservare che tutte queste storie vennero ricordate solo dopo la conquista spagnola e, per di più, da cronisti europei cristiani o da scrittori indigeni convertiti, mentre gli storici ortodossi sembrano non avere difficoltà a dimostrare che le antiche origini di queste genti hanno radici certamente locali. Ogni volta che in un racconto si parla dell'urgenza di valicare il mare attraverso acque oscure, attraverso banchi di sabbia e scogliere, Collins non si lascia sfuggire l'occasione di immaginare qualche esodo di massa verso la regione delle Indie Occidentali, in parte flagellate e sommerse da copiose inondazioni dovute al repentino sollevarsi del livello delle acque oceaniche a causa del disgelo sul finire dell'ultima glaciazione. Seguendo questa ipotesi, le genti del Messico e dell'America centrale (e alcune degli stati del sud-est dell'America del Nord) sarebbero approdate alle loro terre tradizionali da qualche angolo dei Caraibi o del gruppo delle isole Bahamas. Collins ci ricorda che il mito delle sette caverne viene sovente rispolverato nella tradizione di questi popoli per indicare il loro luogo di origine, poi abbandonato per stabilirsi sulla terra ferma continentale: sette grotte, come le sette baie o le sette città delle favolose isole delle mappe precolombiane, anche se, nella fattispecie, il simbolico numero sette potrebbe collegarsi alla leggenda dei setti vescovi scampati all'invasione e alla persecuzione moresca della Spagna. Per dimostrare che l'autentica patria di origine degli Aztechi fu questa e poi da qui passare ad Atlantide, collocando un po' a braccio questi luoghi a quelle regioni dell'oceano Atlantico che le antiche mappe indicavano genericamente come Antilia (retaggio di ciò che era rimasto dopo le grandi catastrofi), devo sinceramente confessare che mi pare una forzatura grossolana. Un po' come innalzare qualcosa su fondamenta sempre più deboli e insicure a mano a mano che il tentativo di costruire ha l'ambizione di procedere; insomma, la stessa sensazione che si trae quando si legge l'opera di Lewis Spence.

A questo punto diventa chiaro che Collins sta ormai puntando deciso su Cuba, come baluardo degli ultimi resti della perduta Atlantide. Per lui Cuba corrisponde all'antica Antilia, come altri autori già hanno indicato prima, indifferenti al fatto che nelle mappe dimensioni, sagoma e orientamento non corrispondano affatto a questa grande isola. Per dare sostanza a questa ipotesi, prende ad occuparsi della ricerca archeologica a Cuba. In questa operazione viene fuori un aspetto ammirevole, ma al tempo stesso quasi ridicolo, della sua opera, quando riconosce come più valide della sua teoria le varie obiezioni che lui medesimo pone in campo. Nel caso specifico, è lui stesso ad ammettere che gli antichi abitatori dell'isola, i Taino, con il loro livello di vita e di civiltà al grado dell'età della Pietra non avrebbero in alcun modo potuto essere i potenziali eredi di Atlantide, senza poi sottolineare il fatto che il loro arrivo a Cuba risalirebbe al 500 d.C., originari com'erano delle regioni venezuelane dell'Orinoco, opposte a una delle estremità terminale dell'isola stessa. A caccia di qualche informazione un poco più convincente che non quelle legate ai Taino, Collins ci dà notizia di alcuni ritrovamenti, risalenti alla fine del XIX secolo, che hanno portato alla luce tumuli, grotte, un'ascia di giada e un idolo in pietra nera: davvero poca cosa, mi pare, e per di più tutti reperti la cui osservazione non è disponibile ai ricercatori. Alcuni studi più recenti, tratteggiano un quadro della civiltà cubana antica, prima dell'avvento del popolo Taino, legato a genti che facevano uso di pietre scheggiate, ossa e conchiglie, attorno al 5000 a.C. Alcune pietre erette e certe realizzazioni in terra sono state accostate da alcuni archeologi ad altre del tutto simili costruite dai popoli di agricoltori dell'antico territorio della Florida attorno al 2000 a.C. Questa notizia sembra rincuorare Collins nella sua speculazione, tanto da spingerlo a scrivere di una «cultura preistorica estremamente sofisticata», ma, come al solito, sarebbe sempre meglio, prima di simili affermazioni, mettersi d'accordo sul significato da attribuire all'aggettivo sofisticato. In merito, si parla di arte pittorica delle caverne, ma siamo lontanissimi dalla straordinaria perfezione degli affreschi rintracciati nelle grotte europee di Altamira e Lescaux. Vi compaiono uomini filiformi, animali e pesci; ma si tratta di opere attribuite all'arte dei Taino. Qualcuno semina il sospetto che, almeno in alcuni casi, ci si trovi di fronte a lavori compiuti sulle pareti delle grotte da parte di schiavi negri delle piantagioni. Ma si sono rintracciati anche lavori di matrice differente. Come, per esempio, quelli della Caverna 1, sulla piccola isola detta "della giovinezza", appena a sud di Cuba, dove compaiono disegni astratti e geometrici di stampo – e questa volta Collins ha ragione – senza dubbio diverso e di qualità superiore.

Il "pezzo da novanta" venuto alla luce su questa isola della giovinezza è un insieme di cerchi concentrici di circa 1 m di diametro che presentano nel centro il segno di una doppia freccia, una composizione che ci riporta a quello di cui Collins ci parla proprio in apertura del libro: una splendida, sintetica immagine del sistema solare. Non ci sono dubbi in merito al fatto che questo disegno è senz'altro superiore a tutti gli altri (qui non compaiono omini a stecco), tuttavia non possiamo certo dire che le due pessime fotografie riportate nel volume aiutino il lettore a rendersene conto. Il fatto che le grotte contenenti le raffigurazioni geometriche presentino anche dei fori chiaramente artificiali, specie di pozzi di luce, nella sommità e che l'isolotto della caverna coi cerchi e le frecce simbolo del sistema solare possegga sette baie, dà ulteriore stimolo al fantasioso Collins nell'immaginare che proprio questi luoghi siano stati la patria dei capi dell'antica Antilia (anch'essa con le sue sette baie), arrivando a speculare che i disegni circolari con la freccia al centro starebbero a simboleggiare il raggio di Sole che penetra nell'oscurità della grotta della loro natività! Se proviamo a informarci sulla possibile datazione di questi posti, veniamo a sapere che «l'arte parietale delle caverne di Mona [un'altra piccola isola che si trova fra Portorico e Haiti, con aspetti di arte derivata da Cuba] sono databili fra il 5000 a.C. e il 250 d.C.». Insomma, per dirla franca, una datazione un po' troppo vaga per poterci speculare sopra. Ad ogni buon conto, in ultima istanza, tutto questo trambusto di idoli e asce preistoriche, di pietre erette e glifi in grotte che potrebbero essere più o meno antichi, viene utilizzato da Collins per suggerire l'ipotesi che Cuba potrebbe essere stato il luogo di partenza da cui scaturirono le civiltà mesoamericane – o, almeno, da cui provenivano i padri fondatori – vale a dire le culture continentali di Olmechi, Maya, Zatopechi, Toltechi ed Aztechi. Dunque, non ci sono dubbi: Cuba, con la sua piccola isola dalle sette baie ricca di grotte dipinte non può che essere stata l'antica Antilia dalle sette città, Aztlan, Atlantide!

Qui giunti, il libro prosegue con una fitta discussione per verificare se sia Cuba o Haiti la grande isola che meglio si adatta alle parole che

Platone dedica ad Atlantide, questo a dispetto del fatto che Collins già abbia prima specificato come a tratti ciò che il filosofo afferma non debba essere preso alla lettera e che, in tutti i casi, la zona atlantica dei Caraibi non possa in alcun modo configurarsi alla descrizione platonica nel suo insieme. Ma tutto questo poco importa. Di colpo le montagne che si trovano a nord-ovest di Cuba diventano l'anello di alture che circondava Atlantide e la grande pianura occidentale dell'isola si trasforma nell'immensa piana (rettangolare?) dell'isola perduta. L'isola della giovinezza invece è la città di Atlantide, sorgente ad un'estremità, ora sommersa, dell'isolotto che un tempo era collegato a Cuba stessa e le sue caverne decorate sono il preciso luogo di nascita, la autentica origine delle primitive dinastie atlantidee. L'immancabile candore, quasi sprovveduto, di Collins lo spinge a esclamare: «Peccato che, fino ad ora, non sia ancora emerso alcun reperto di una vera città atlantidea... non conosciamo ancora alcun re di Atlantide, non sono ancora emersi i grandiosi sistemi idraulici dei giganteschi canali, né ancora possediamo alcuna prova di una intensa attività marittima attuatasi prima dell'avvento delle popolazione paleo-amerinde, vale a dire prima del 6000 a.C.». Quasi diverte la menzione di una vera città atlantidea quando in questi siti non esiste neppure l'ombra di una città antica, atlantidea o meno, e non si può fare a meno di domandarsi quale avrebbe potuto essere la tanto intensa e decantata attività marinara sviluppatasi prima dell'arrivo e dell'imporsi delle antiche popolazioni amerinde.

Alla fine, il meglio che Collins riesce a mettere insieme nell'accostamento fra il racconto di Platone e l'isola di Cuba consiste in un paio di pittogrammi, raffigurati in immagine di nuovo pessime, che sembrano figure di tori. La provenienza di uno è sconosciuta, mentre l'altro proviene da un sito nella provincia dell'Avana. Nessuna datazione. Vicini compaiono uomini disegnati a bastoncino, che richiamano alla memoria quelli dell'arte dei Taino. Peccato che questa apparente lotta fra l'uomo e il toro non sia altro che l'opera di schiavi neri africani, impressionati da ciò che succedeva nell'arena dei tori della capitale. Ovviamente, per Collins la realtà è diversissima: le immagini raffigurerebbero, infatti, i sacrifici taurini, ricordati da Platone, che erano soliti consumarsi ad Atlantide, anche se lui stesso è il primo a riconoscere che anche nei più antichi siti archeologici dell'isola non sono mai venute alla luce ossa taurine. Insomma, ancora una volta ogni sua congettura sembra appesa ad un filo più che sottile.

Non è la prima volta, in questa nostra lunga e intensa disamina della letteratura degli atlantologi, che scopriamo come mito e folclore si rivelino il materiale più idoneo per colmare le grosse lacune lasciate dalla mancanza di prove di natura archeologica. Anche Collins prende, come si suol dire, la palla al balzo e incomincia a sciorinare l'antica mitologia caraibica, quando ancora le Antille erano una sola, immensa isola, frantumata in tanti segmenti di terre più piccole da terribili inondazioni. Storie analoghe si rintracciano presso la tradizione delle Bahamas. La causa del disastro fu uno *tsunami* (un'ondata gigantesca) di origine vulcanica (almeno nel caso delle Bahamas). Ma Collins osserva anche come nel periodo post-glaciale l'innalzarsi del livello delle acque oceaniche abbia messo in atto un'azione progressiva e lenta di sommersione delle terre, per esempio della scogliera della Great Bahama, verificatasi nel corso di molti secoli, nel periodo compreso fra l'8000 e il 3000 a.C. In questo discorso tornano ad affacciarsi le grotte dell'isola della giovinezza ed allora Collins non può fare a meno di riparlarne, tornando sui suoi passi e proponendo una nuova interpretazione dei disegni geometrici dei cerchi concentrici e delle doppie frecce che li trapassano. L'immagine del vitale raggio solare che penetra nel mistero delle grotte per accendere di vita la stirpe dei nobili sovrani dell'isola, non sembra essere più così valida, soprattutto perché piuttosto ostica da chiarire ai lettori. Chiamando in causa un altro disegno rintracciato sulla parete di un'altra caverna, Collins dichiara di essere stato come folgorato «dalla scena di una cometa che si muove nel cielo», quello stesso corpo celeste che anticamente precipitò su Antilia, portando la distruzione all'Atlantide di Platone. Il disegno dei grandi cerchi concentrici e delle due frecce che li trapassano al centro, starebbe a simboleggiare proprio questa catastrofe, con le due frecce una a rappresentare la cometa e l'altra l'enorme sollevarsi delle acque all'impatto, né più né meno di ciò che accade quando si getta un grosso sasso in una pozza di fango: niente *tsunami* sismico o vulcanico. «Che dire se, per davvero, questo disegno ci ricorda un qualche impatto cosmico?», si chiede Collins a questo punto nel chiudere questa riflessione, confidando nella sensibilità di chi legge, certamente pronto a "sentire" all'unisono con lui che «un tempo, in qualche momento della storia delle Bahamas e delle isole caraibiche, questa zona venne violentemente devastata da una catastrofe celeste, una sensazione che, per quanto mi riguarda, non potrà lasciarmi mai». Addirittura! È proprio tipico di questo genere di scrittori avvertire "singolari assonanze", "per chissà quale arcano motivo", continuandosi a chiedere "ma perché?" (costruendoci sopra un'incredibile mole di fantasie artificiose), speculare in merito a "un certo non so che" e "vivere sensazioni" così intime e profonde da cui, per quanto cerchino di scacciarle con la razionalità, non riescono a liberarsi.

Per dare corpo a questa nuova intuizione, Collins indica nell'effettivamente strano panorama di una regione detta Carolina Bays il possibile punto di impatto della cometa, un fatto del tutto simile a quello che avvenne a Tunguska, in Siberia (un caso che, detto per inciso, molti altri ricercatori alternativi amano invece interpretare come lo schianto non di un corpo celeste ma di un'astronave extraterrestre). Il terreno della zona di Carolina Bays è tutta una serie di grosse depressioni ovaloidi, simili a quelle che si incontrano a volte in alcune zone del sud-est degli Stati Uniti, a cui per ora non si è ancora riusciti a proporre una datazione e sulla cui origine non si sa praticamente nulla. Fedele all'ingenuo candore che contraddistingue tutte le pagine del suo lavoro, Collins è il primo a riconoscere che non ci sono prove che il risultato di queste singolari configurazioni del terreno sia dovuto alla precipitazione di una cometa, così come ricorda che, fra le tante teorie, non un solo geologo abbia ammesso come possibile una causa di ordine extraterrestre. Malgrado tutto, è pronto a datarle attorno all'8500 a.C., correlandole senza esitazione all'impatto con una cometa (o, per lo meno, a un suo fondamentale contributo), verificatosi alla fine dell'ultima glaciazione. Per dare consistenza a questo assunto, Collins cita l'osservazione di un ex progettista missilistico della seconda guerra mondiale (di cui non viene rivelato da quale parte si schierasse), secondo il quale proprio sul versante orientale delle Bahamas si potrebbero notare «gli evidenti segni dell'impatto». Ovviamente, non si sottolinea la completa assenza di strati geologici significativi nei carotaggi dei sedimenti oceanici dell'Atlantico che uno scontro cosmico di tale portata si sarebbe necessariamente trascinato dietro. Così come non sono venute alla luce tracce di lava recente, che sarebbe certamente scaturita all'atto dell'impatto, o di qualsivoglia frammento di provenienza extraterrestre nei carotaggi dei ghiacciai in corrispondenza della data indicata, laddove invece alterazioni magnetiche avrebbero potuto segnalare il fenomeno con una certa chiarezza. Come possibile spiegazione della brusca chiusura dell'ultima era glaciale, l'ipotesi dell'impatto con una cometa non regge. In prima battuta sorge spontanea una domanda: se l'ultimo periodo glaciale ha trovato la sua conclusione per lo scontro della Terra con una cometa, questo significa che anche le precedenti ere dei ghiacci ebbero fine con una catastrofe simile? Improbabile. Ma sembra che a Collins questa obiezione fondamentale interessi poco. Mettere in scena un quadro apocalittico e catastrofico lo eccita di più, al punto da arrivare a citare l'eterno Frank C. Hibben e il suo *Lost Americans* del 1946. (Al che, dando retta agli atlantologi, verrebbe la tentazione di immaginare che per lo meno nell'ultimo mezzo secolo nessun altro studioso si sia più espresso in merito alle ere glaciali).

In questo modo ecco che anche l'impatto con una cometa diventa un ingrediente aggiuntivo che va ad alimentare il caos delle confuse ipotesi catastrofiche di distruzione di massa già ben sostenute da Hapgood tramite la teoria del dislocamento della crosta terrestre.

Per Collins però la cometa è il tramite indispensabile per giustificare la gigantesca onda di marea (*tsunami*) che avrebbe investito e inghiottito Atlantide nella sua ubicazione nell'area delle Antille, oltre che il repentino innalzamento del livello delle acque verificatosi alla fine dell'ultima era glaciale che avrebbe reso l'inondazione una minaccia pressoché continua e permanente. (L'idea della cometa proposta dal progettista tedesco non è affatto originale. Già nel 1788 Gian Rinaldo Carli l'aveva suggerita come ipotesi accettabile; Donnelly l'aveva presa in considerazione con una certa serietà e nel 1922 il tutto era stato rinfrescato da Karl Georg Zschaetzsh nel suo libro dal discutibile titolo *L'autentica origine della razza ariana*. Anche il colonnello Alex Braghine utilizzò l'ipotesi della cometa nel suo libro del 1940 intitolato *Shadow of Atlantis* e Comyns Beaumont la rimise in ballo nel 1946 nel delirante *Riddle of Prehistoric Britain*, dove La Manica viene identificata con le Colonne d'Ercole e Atene situata in Scozia! Nel 1950 era poi toccato a Immanuel Velikowsky incorporare la teoria della cometa nel suo best-seller *Mondi in collisione*, mentre tre anni dopo era toccato a Jürgen Spanuth con il suo *Atlantis in Heligoland*).

Ma Collins si rende conto che qualsiasi osservazione geologica e qualsiasi interpretazione degli antichi glifi e dei disegni rupestri non conduce a nulla di conclusivo se non si riesce in qualche modo a dimostrare che attorno all'8500 a.C. la regione delle Antille e delle isole Bahamas era abitata da essere umani capaci di testimoniare le tante catastrofi: la cometa, l'ondata gigante e la terribile susseguente inondazione. (Secondo quanto sostiene in *Gateway to Atlantis*, infatti, a quest'epoca l'isola di Cuba rappresentava il vero cuore pulsante della mitica Atlantide. Platone, dunque, aveva riferito il giusto quando sosteneva che la catastrofe si era verificata in un momento storico molto vicino a questa data). Poi il nostro autore avverte che «malgrado le forti opposizioni della archeologia canonica», con questo intendendo, probabilmente, la richiesta continua di dati affidabili che una ricerca seria deve necessariamente esigere, «esistono prove evidenti che dimostrano come nelle aree sommerse delle isole caraibiche e delle Bahamas giacciano ancora preziose testimonianze della scomparsa, mitica Atlantide». In realtà, le sole cose che si rintracciano sono impronte di piedi umani di epoca sconosciuta, di nuovo la strada di Bimini di cui già si è detto, le strane, poco decifrabili, immagini riprese dal cielo e alcuni rapporti relativi a ritrovamenti di ossa umane in grotte subacquee. Possiamo stare certi che flebili indizi di questo genere non eccitano di sicuro la fantasia degli archeologi, abituati a prove ben più concrete; tanto meno possiamo credere che a qualcuno di loro venga anche solo alla lontana in mente di collocare lo "smagliante gioiello" della civiltà atlantidea nell'isola di Cuba o nell'arcipelago antillano, sulla scorta di queste modeste, non probanti segnalazioni.

Collins insiste: a suo dire queste aree sono la testimonianza acclarata dell'esistenza in epoca neolitica di un'avanzata cultura, portata a termine a causa di una catastrofe: il violento incontro del pianeta con una cometa attorno all'8500 a.C.

Il termine "neolitico" sta per età della Pietra nuova, quel modo di vivere tipico dei primi nuclei umani stabili di agricoltori, prima dell'avvento dell'era dei metalli, con l'uso di oggetti ceramici, ma ancora molto lontano dalla scoperta della scrittura. Ammettendo pure che prove di un certo peso testimonino della certa presenza, attorno all'8500 a.C., in questa area del mondo di una cultura umana (attenzione: prove che, a tutt'oggi, non sono disponibili), corre obbligo far presente al lettore che non potremmo parlare del sofisticato livello di vita che Platone ascrive all'Atlantide del suo racconto, un regno caratterizzato da una civiltà estremamente sofisticata.

Su questa lunghezza d'onda, Collins è pronto a scommettere che proprio a Cuba o nelle sue immediate prossimità verranno alla luce i grandi canali circolari, solcati da navi, che circondavano la splendente capitale dell'isola, i grandi palazzi dorati e argentei, le statue lucenti. Come possa esprimersi in questo modo davanti alla pochezza delle testimonianze fin qui messe insieme (qualche osso, idoli litici, pietre erette, asce, qualche tumulo in terra, pittogrammi di scarsa qualità) è un vero mistero.

Ma tant'è. E così, mentre ci avviciniamo alla fine del suo voluminoso libro, ci viene alla mente il verso di un poeta latino se solo pensiamo che, al termine di un lavoro così intenso e faticoso, Collins non sa offrirci niente di più che l'immagine di un nucleo di incolti agricoltori cubani dell'era neolitica, per di più incapaci di lasciare dietro di sé pressoché nulla dopo aver scomodato l'intero mondo dello scibile dalla mitologia, alla geologia, filologia, cartografia, archeologia e cosmologia:

> *Parturiuntur montes, nascetur ridiculum mus.*
>
> (La montagna ha partorito, è nato un ridicolo topolino.)
>
> ORAZIO, *Ars Poetica*, v. 139

In aggiunta, se si considera che in cima a tutto questo incredibile fardello di osservazioni e notizie sta l'idea preminente che, molto tempo dopo (sebbene non si disponga di uno straccio di prova per sostenerlo), si afferma che furono i mercanti e navigatori fenici a salvare la memoria dell'Atlantide scomparsa per trasmetterla in modo accurato fino al tempo di Platone, il senso di smarrimento lascia posto a un sorriso ironico.

Come colpo finale, il libro di Collins chiude i battenti delle ultime pagine con un volo pindarico di fantasia relativo al dio Crono, padre delle divinità olimpiche, i giganti Nefilim citati nella Bibbia e l'avventuroso viaggio in Messico, via Britannia e Cuba, di una nave equipaggiata con una ciurma di uomini di colore, in una saga accaduta fra il 2200 e il 1250 a.C. Sull'ipotesi Collins specula precisando che «se gli arditi marinai abbiano utilizzato il passaggio a nord-ovest o la corrente nordequatoriale passando per le isole Canarie è cosa ancora tutta da stabilire». Nei passaggi finali del libro, riemerge l'antica immagine di un'élite dominante, che arriva dall'esterno, capace di imporsi e di interferire nella vita di comunità meno progredite. Un concetto che mi piace poco, perché mi riesce ostico non collegarlo subito a una sorta di risorgente colonialismo di fine XX secolo, atteggiamento che è stato portato alle sue conseguenze estreme dal nazismo (guarda caso, esso stesso non alieno ad abbracciare ipotesi di archeologia alternativa).

Anche se Collins non condivide, né insiste, il tasto dell'antica civiltà supercivilizzata a livello tecnologico e scientifico o quello della "saggezza arcaica" come molti altri atlantologi amano fare, il suo atteggiamento di fondo è comunque decisamente allineato con quello dei suoi colleghi scrittori alternativi. E, come loro, cerca sempre, davanti a qualche ritrovamento singolare o a una assonanza casuale, di trarre più acqua possibile al suo mulino, non perdendo mai l'occasione di mettere in un angolo quello che invece per la vera archeologia, quella scientifica, è uno dei nodi di massima importanza: la validità del contesto culturale, la coerenza dei ritrovamenti e dei reperti venuti alla luce, datazioni coerenti e plausibili in grado di corroborare i dati raccolti. Come per tanti suoi colleghi, Collins si appella al folclore, assumendo tutte le leggende che parlano di fuoco e pietre che precipitano dal cielo come prova dell'ipotesi catastrofica, senza, naturalmente, dare alcun peso, al punto da neppure citarle, alle storie in cui si racconta di divinità dal mostruoso corpo serpentino, prive di ombelico, anche quando questi racconti si intrecciano in modo inestricabile coi primi, solo per non correre il rischio di mettere in rilievo la natura completamente immaginifica e fantasiosa delle une e delle altre leggende.

Insomma, anche Collins, alla fine, fa sua la parola d'ordine che guida la battaglia di tutti gli archeologi non allineati, vale a dire sovvertire, anche con modi non del tutto urbani, almeno in parte se non nella sua totalità, l'approccio, da loro ritenuto ottuso, della ricerca ufficiale accademica. Davanti a tanto accanimento, non posso fare a meno di immaginare coloro che sostengono ipotesi tanto discoste da quelle ufficiali, impegnati in un'eterna crociata per smantellare e criticare il lavoro dei ricercatori canonici e sempre pronti a chiedersi, quasi fingendo un finto stupore, come mai studiosi ritenuti illustri e luminari disdegnino, peggio ancora ignorino, le loro intuizioni e le loro conquiste. Per loro non esistono altre alternative: questo insano comportamento è suggerito dall'invidia, dalla cecità professionale, se non, addirittura, dalla paura di perdere posti di prestigio e potere nel consesso accademico. Per gli archeologi contestatori, le pubblicazioni degli studiosi ufficiali sono nient'altro che aria fritta, materiale privo di alcun interesse, di ipotesi affascinanti e zeppe soltanto di noiosi e ripetitivi dati, esaltati come decisivi, su granelli di polline, minuscoli frammenti di ceramica, grafici incomprensibili, statistiche inutili, in grado di consentire progressi minimi appesantiti come sono da rigorose batterie di discutibili test scientifici per scandagliare ogni reperto, vecchio o recente che sia. Davanti a questo allegro e spensierato menefreghismo, mi diverto quasi a condividerlo, perché sovente le pubblicazioni professionali sono davvero ostiche. Ma lo stesso sconcerto proverei alla lettura di qualche articolo su «Nature» relativo alla chimica cellulare o alla fisica delle stelle. (Ma non per questo mi sento autorizzato a ritenere poco credibili od ottusi gli autori di questi articoli specialistici). D'altra parte, c'è da osservare che rovistare nelle pubblicazioni alternative come, per esempio, *Gateway to Atlantis* costituisce di per sé un impegno niente affatto trascurabile da parte del lettore che intenda mantenere un certo criterio valutativo procedendo nella lettura, senza stare a scomodare le conclusioni finali che sono di solito inesistenti. In genere, infatti, questo tipo di lavori dedicati all'archeologia alternativa cerca sempre di procedere con fare leggero e impegnativo allo stesso tempo, per arrivare ad alcuna conclusione certa, come sovente apertamente riconosciuto anche dai lettori più bendisposti e appassionati.

Tornando all'opera di Collins, possiamo dire che non abbia apportato alcun nuovo dettaglio interessante alla nostra lista diagnostica attribuibile alla Sindrome di Atlantide. L'interpretazione letterale del racconto di Platone, l'idea di un'antica, iniziale civiltà svanita per sempre, il rinnovato interesse per il folclore e le leggende, l'inclinazione al catastrofismo, il tema delle élite segrete e occulte, l'ipotesi del frequente interscambio reciproco di germi di civiltà attraverso l'Atlantico fra il Vecchio e il Nuovo Mondo prima della scoperta di Colombo, la tendenza ad affrontare in modo dilettantistico questioni di natura geologica e filosofica, la sfida continua avverso il sapere archeologico riconosciuto e ufficiale, sono tutti segni già ben consolidati nel contesto della Sindrome in questione. A suo merito invece, Collins è abile nell'evitare la seduzione legata all'idea di un'antica tecnologia avanzata e della remota scienza astronomica, come, più in generale, di un'antica saggezza. Alla fine, l'aspetto che forse più di ogni altro viene messo in luce ed esaltato nei suoi scritti – sebbene, tengo a precisarlo subito, non rappresenti l'unico esempio – è la straordinaria capacità di lavorare duramente e di accumulare una grande quantità di materiale senza costrutto, caratteristica che, ad ogni buon conto, è tipica di tutto questo genere di libri e pubblicazioni.

13
Perché?

La nostra disamina della letteratura atlantologica non ha potuto che essere selettiva. L. Sprague de Camp, scrivendo negli anni Cinquanta, segnalava che sul tema di Atlantide erano già stati pubblicati non meno di duemila libri. In un così vasto pelago di opinioni, mi sono dunque limitato a ricreare gli sviluppi delle argomentazioni principali del mistero atlantideo, a partire da Platone, passando per i nodi cruciali delle opere di Donnelly e Spence, per arrivare ai nostri giorni, con una certa enfasi sugli ultimi anni ed i mass media (ora ci si è messo anche Internet) che hanno dato nuovo impulso all'intera questione, ma soltanto per motivi commerciali ed economici. La straordinaria diffusione dei film di fantascienza, sia al cinema che alla televisione, ha contribuito in modo decisivo a incrementare ulteriormente le possibilità degli atlantologi di mettere in bella mostra le loro ipotesi alternative, assunte come momenti ispirativi da parte di registi e produttori.

Mi sarebbe piaciuto aver avuto pagine sufficienti per esporre e conoscere anche le idee su Atlantide di altri "luminari" della materia come Otto Muck, il dottor Malaise e il comandante Nutter; come sarebbe stato oltremodo interessante scandagliare lo scaffale delle ultime uscite per esaminare le più recenti proposte librarie. Proprio in questi giorni, per esempio, ho avuto notizia della pubblicazione di un libro in cui si mettono in relazione la scomparsa di Atlantide con l'apertura delle acque del Mar Rosso, le piaghe d'Egitto, la misteriosa mummia rinvenuta nella Tomba 55 lungo la via che porta a quella di Tutankhamon nella Valle dei Re. Davanti a un materiale così vasto, inutile dirlo, la mente tentenna. Per fortuna, però, mi sento di dire con cognizione di causa che libri come questo e legioni di tanti altri simili, nella maggior parte dei casi non hanno l'autorità e la forza di aggiungere nulla ai punti essenziali che costituiscono quel particolare atteggiamento di ricerca e di interpretazione dei fatti collegati alla grande isola scomparsa, che ci è piaciuto battezzare Sindrome di Atlantide. Strada facendo, abbiamo anche provato a confrontare, seppure in estrema sintesi, le principali speculazioni dell'archeologia alternativa legata ad Atlantide con i metodi e gli approcci dell'archeologia canonica con il preciso scopo di offrire al lettore, magari a prima acchito fortemente suggestionato dalle ipotesi formulate dalla letteratura atlantologica, non tanto una forzatura per convincerlo della bontà o meno di un'idea, quanto un'altra prospettiva dalla quale poter osservare le stesse informazioni: si potrebbe dire, scusando il bisticcio di parole, una sorta di alternativa all'archeologia alternativa. E, più di una volta, ci siamo divertiti, con una punta di sarcasmo, a criticare anche duramente le teorie controcorrente.

Quello che ora ci resta fare è mettere insieme un'immagine conclusiva della plurisfaccettata Sindrome e domandarci (quasi assumendo una specie di ruolo medico) per quale motivo mai le sue "vittime" si mostrino così propense a subirla, siano esse gli autori dei libri che i loro lettori. Nelle osservazioni che seguono, non voglio imporre l'idea che tutti coloro che sostengono le tesi alternative su Atlantide presentino sempre e immancabilmente i sintomi completi della Sindrome o che qualcuno di loro ne abbia esaltato soltanto alcuni in modo più specifico. Adesso quel che mi preme è costruire una vera e propria caratterizzazione di un dato metodo di approccio per la ricostruzione del passato dell'uomo, così come adottato ormai da un bel po' di tempo da un folto gruppo di ricercatori e scrittori e, ovviamente, a seguire, da coloro che leggono i loro libri.

Il mito di Atlantide nasce con Platone e con lui non si parla mai di una superciviltà, come invece viene congetturata da tanti altri autori successivi. Forse nella mentalità greca del tempo non si doveva neppure parlare di civiltà, quanto piuttosto della raffinata elaborazione di un modo di vivere barbarico, alla cui origine stava l'opera di un dio. Tralasciando queste considerazioni più o meno sottili, ciò che sembra certo è che comunque non si trattava della *fons et origo* (fonte e origine) delle civiltà seguenti del mondo conosciuto, dal momento che Atene le era coeva e indipendente. Ma sia la radiosa Atlantide che la valorosa Atene dell'antico passato sono per Platone dei semplici episodi nella lunga storia dei cicli catastrofici di distruzione e rinascita della storia dell'umanità, ai suoi occhi massimi esempi di come il mondo dell'esperienza umana potesse raggiungere vette di realizzazione razionale e scientifica. Per il grande filosofo scienza e religione erano legate in modo indissolubile, così che ogni catastrofe naturale andava intesa allo stesso tempo sia come una punizione divina che come un normale drastico mutamento delle forze della natura coinvolte nell'eterno rinnovarsi dei tempi. Questo schema di cose, questa veduta essenziale della realtà, risultava così razionale e conseguente, che il problema della reale ubicazione dell'isola e di quello che poi le accadde – temi che, al contrario, hanno suscitato l'interesse di un'infinita schiera di autori e scrittori dopo di lui – sembra non interessarlo, quasi si accontentasse di aver lanciato il sasso per poi nascondere la mano. Nelle pagine iniziali di questo libro, come il lettore ricorderà, abbiamo citato alcuni brani dei dialoghi di Platone appositamente per rendere l'idea di come egli tratti l'argomento. Ebbene, adesso che siamo ormai giunti alla fine, mi sembra interessante citarne altri, per precisare ancora quale fosse lo scopo del suo racconto atlantideo. Nella sua opera *Repubblica* troviamo Socrate che dice: «Dapprincipio raccontiamo storie ai bambini. Si tratta, di solito, di storie inventate, anche se a volte trattengono semi di verità». E continua: «Poi cerchiamo di rendere la fantasia il più vicino possibile alla realtà, per rendere utili e istruttive le bugie e le falsità». Nel *Protagora* ci sentiamo domandare sempre da Socrate: «Ora forse che dovrei, come un vecchio che si rivolge ai giovani, esporre la mia spiegazione dei fatti sotto forma di storia oppure affrontarla con un'argomentazione ragionata?... Ritengo sia assai più piacevole raccontare una storia». In *Fedro* poi lo stesso Socrate si sente come rinfacciare: «Per te, Socrate, lo sappiamo, la cosa più facile sta nel raccontare storie, vengano esse dall'Egitto o da qualsiasi altro luogo ti piaccia». Atlantide ha tanto l'aria di essere, per intenderci, una delle storie d'Egitto, architettata con lo scopo di presentare la concezione platonica della storia umana, oltre che un monito alla civiltà del suo tempo in merito alla giusta strada evolutiva da imboccare.

Coloro che hanno una mentalità, come dire, letteraria e che non mostrano alcun interesse nei confronti delle affermazioni scientifiche e filosofiche di Platone, hanno preso alla lettera i suoi scritti su Atlantide. Ma prima dell'avvento delle grandi esplorazioni da parte dei viaggiatori, questi studiosi non avevano tanto campo libero a disposizione per mettersi a speculare sulla autentica ubicazione dell'isola scomparsa nei flutti. Con la scoperta del Nuovo Mondo avvenuta sul finire del XV secolo, e con l'esplorazione dell'Estremo Oriente e del continente africano, l'immaginazione ha potuto incominciare a galoppare, rinnovando il mito di Atlantide di una nuova linfa nel moltiplicarsi dei luoghi dove il continente avrebbe potuto trovarsi: dal Messico al Sudafrica, dalla Mongolia alle Spitzbergen. Tuttavia è singolare osservare come malgrado Platone proponga una sua ubicazione, siano stati invece il Nuovo Mondo e la parte più occidentale dell'oceano Atlantico i siti preferiti dalle elucubrazioni successive. Nel XIX secolo i tempi erano maturi per consentire a Donnelly di proporre, per non dire inventare, e diffondere la sua ipotesi dell'unica, primordiale e iniziale grande civiltà, madre di tutte le altre, anche se, sia in lui che in Spence che viene dopo, nulla tradisce l'idea che si tratti in qualche modo di una superciviltà. L'affresco della Atlantide da loro proposta è quello di una cultura dell'età del Bronzo o di un'età della Pietra avanzata, un mondo senz'altro pieno di sorprese per il loro tempo, ma non certamente contraddistinto da un'alta tecnologia, da un'astronomia avanzatissima o, più in generale, da un'antica saggezza, così come la intendono gli scrittori che sono venuti dopo di loro. Nel concetto di civiltà primaria e iniziale, che seppe influenzare tutte le altre a essa successive, si nasconde ancora una volta il seme di un concetto di superiorità, legato a una qualità primordiale superiore che tutto il resto dell'umanità seppe solo scimmiottare proponendolo, nel tempo, nel contesto delle diverse civiltà sorte dopo in ogni angolo del pianeta. In Donnelly, comunque, questo concetto non trova forzature e nelle sue opere tiene a presentare queste sue teorie come il frutto della mentalità razionale e scientifica del secolo illuminato in cui egli vive.

Dopo Donnelly e Spence, si può dire che l'atteggiamento degli atlantologi si incanali lungo due diverse direzioni (anche se Spence, sul finire della sua attività, in parte le anticipò entrambe). Si tratta di divergenze in atto tutt'oggi, a loro volta suddivise in altre sottodiramazioni ancora. Da una parte ci sono coloro che continuano a ipotizzare una normale spiegazione per Atlantide, inquadrata, bene o male, nei termini dell'archeologia tradizionale: Thera, l'antica Anatolia, la Cuba antidiluviana sono esempi significativi. Dall'altra parte, invece, si schierano le falangi di coloro che mostrano maggiore intraprendenza e collocano il continente perduto nella sconosciuta e inaccessibile regione antartica o nelle profondità degli abissi oceanici. Nell'insieme e nel complesso delle cose, c'è però da osservare come un'ipotesi tradizionale stia sempre più perdendo colpi rispetto a quella che contempla una supercività dotata di una scienza sviluppata e favorita da un'antica saggezza, con il contorno piccante delle fantasie dei più audaci che disquisiscono di anti gravità, conoscenze astronomiche spinte, conquiste ed evoluzioni spirituali e quant'altro. Gli atlantologi che prediligono ipotesi come quella antillana nel Neolitico o mediterranea nell'età del Bronzo, tendono a ricorrere al catastrofismo per dare ragione di quanto sarebbe accaduto, ma in questa operazione non elevano il concetto a principio cosmico modellatore del mondo come invece fanno senza mezzi termini altri gruppi, con tutti gli annessi e connessi legati ad arcane segnalazioni in codice e avvertimenti immortali. In quest'ultimo schieramento si può distinguere un'ulteriore ramificazione fra chi sostiene l'alta tecnologia e chi ripiega su conquiste di altro genere: da una parte sottomarini e raggi laser, dall'altra l'osservazione delle stelle e del proprio ombelico come strumento di meditazione spirituale. Il concetto di antigravità rappresenta un nesso importante fra queste due diverse realtà, ponendosi come ipotetico mezzo strumentale utilizzato, per esempio, nel sollevamento dei blocchi costruttivi delle piramidi egizie piuttosto che dei giganteschi monoliti della città di Tiahuanaco, dove la conoscenza di una fisica superiore unita alla padronanza di poteri mentali altrettanto formidabili sembrerebbe conciliare i due atteggiamenti, quello prettamente scientifico e quello spiritualista. Da ultimo, infine, troviamo la doppia diramazione teorica fra coloro che immaginano la nascita della superciviltà qui su questa Terra e quelli che invece la suggeriscono come sopraggiunta dallo spazio cosmico esterno al pianeta.

Va da sé che con una simile abbondanza di materiale, i tratti di collegamento che possono intrecciarsi fra i molti scritti degli atlantologi possono produrre osservazioni tanto clamorose quanto contraddittorie. Così possiamo esaltarci nella descrizione della superciviltà, madre di tutte le altre, e poi scoprirne i protagonisti ridotti a girovagare nei cieli del pianeta su scalcinati aerostati alla ricerca di propizie condizioni per praticare del sesso. Oppure imbatterci nei miracolati sopravvissuti di una superciviltà terrestre, perdutasi nelle profondità dei ghiacci o delle acque, tutti presi a predicare un messaggio religioso di immortalità e spiritualità antimaterialista, relegati in qualche enclave sperduta del pianeta, ciò malgrado allo stesso tempo pronti a sacrifici umani in massa, per via di qualche arcano, quanto imperscrutabile, collegamento che li lega all'antica sapienza dei progenitori codificata e trasmessa nei modi più strani. Oppure ancora, essere invitati con forza a credere che pochi insignificanti reperti neolitici o dell'età del Bronzo costituiscano la prova irrefutabile della presenza un tempo in quel dato luogo dell'ennesima versione di una superciviltà perduta.

Ma al centro, nel cuore più vivo della Sindrome di Atlantide, sia nelle ipotesi più tradizionali che in quelle più stravaganti, si rintraccia una convinzione radicata e profonda che sottrae all'umanità una delle sue prerogative più strabilianti: la fantasia, l'immaginazione, l'inventiva. Nel corso del libro, come il lettore attento può ricordare, mi sono più volte rammaricato nel constatare come immancabilmente quasi tutti gli atlantologi, per loro natura così immaginifici, rinneghino questa qualità all'umanità in generale, ritenendola incapace di inventare e immaginare storie, come Platone avrebbe potuto fare con la leggenda di Atlantide e gli indiani Ute con le loro storie folcloristiche che spiegano come i vari gruppi umani si siano diffusi sulla Terra portandovi la civiltà. Ecco dove la forza dell'immaginazione degli atlantologi decade miseramente: essi non sono mai capaci di sganciarsi dai pregiudizi che condizionano il loro tempo e i loro luoghi.

Non credo di stare eccessivamente esemplificando se mi sento di dire che la moderna atlantologia non è nella sua essenza niente di meglio di certe poco simpatiche asserzioni ascrivibili alla religione occidentale e al colonialismo, impostesi in modo sfacciato per tutta la storia passata dell'umanità. La convinzione che la civiltà scaturisca come dono degli dèi (non importa di che tipo), introdotta nel mondo da un'élite di sacerdoti (non importa di che tipo) si trova, a mio avviso, perfettamente allineata sulla stessa lunghezza d'onda di questi pregiudizi religiosi e sociali. (Non troviamo nulla di tutto questo in Platone, che vede la civiltà come qualcosa in continuo rinnovamento, secondo un meccanismo senza fine sempre e ovunque, a seguito del movimentato evolversi dei mutamenti del mondo. Anzi, al contrario, è lui il primo a criticare l'atteggiamento imperialistico dei suoi atlantidei quando ricorda il loro espandersi nell'Europa e nell'Egitto). Su questo piano, non stupisce dunque il grande interesse mostrato dal nazismo nei confronti delle teorie atlantologiche: il nazismo, infatti, fu il prodotto di un movimento romantico di autodidatti, imbottito dei pregiudizi popolari dei propri tempi e luoghi (pregiudizi, in questo caso, estremamente pericolosi), volto all'espansionismo (più verso l'Europa che non verso le colonie d'oltremare) a danno di quelle popolazioni a cui intendeva sottrarre i territori. Nelle aspirazioni e nelle imprese del nascente nazismo sembra quasi di trovare il gusto all'avventura romantica che contraddistingueva le storie per ragazzi tanto in voga alla fine del XIX secolo e all'inizio del successivo. Racconti di esploratori bianchi in mezzo, quando andava bene, a indigeni scemotti, sovente ostili senza ragione; storie di razze, città e tesori perduti, il più delle volte ambientate in contesti archeologici di matrice egizia o simile. (Uno degli aspetti più deprimenti del cinema americano degli appena trascorsi anni Ottanta è stato proprio il tentativo di resuscitare e ridare fiato a questo filone. Un peccato che un movimento libero come l'attività cinematografica all'interno di una nazione fondamentalmente democratica come quella americana abbia rispolverato tradizioni negative, appartenenti all'epica delle storie imperialistiche di spionaggio precedenti l'ultima guerra).

L'ideologia nazista, spaventosamente romantica, si può dire sia stata l'estrema e più perniciosa espressione del mito della divina élite riconosciuta, il grido più prepotente che si possa trarre dalla convinzione che esista una qualche segreta fratellanza sacerdotale di vecchi preti saggi, che si battono per conservare e trasmettere accesa la fiamma della conoscenza e della spiritualità lungo il tempo, dal buio della preistoria alla luce della storia. Sarebbe stato meglio dunque, soprattutto dopo la seconda guerra mondiale, che alcuni atlantologi, fatto un esame di coscienza, avessero smesso di fomentare nei loro scritti idee non positive, a sostegno del colonialismo come dell'accondiscendenza missionaria religiosa, se non altre ancora peggiori. Come, allo stesso modo, dovrebbero smetterla di appellarsi altrove, per esempio all'intervento degli extraterrestri, tutte le volte che affrontano il problema della nascita della civiltà, ritenendo impossibile che i suoi germi abbiano potuto trovare fecondo sviluppo in seno a normalissimi esseri umani, che adattatisi all'ambiente e traendo da esso stimoli hanno saputo imboccare la strada del progresso, anche considerando che la storia di Atlantide altro non è che un rimandare indietro nel tempo il riconoscimento di queste capacità umane. Infatti, se si continua a respingere l'idea che ciascuna civiltà umana sia stata capace di autodeterminarsi, insistendo invece nel dire che essa è frutto sbocciato da una precedente e più antica, non si fa altro che rimandare il problema di comprendere quale mai sia stata a sua volta la genesi di quest'altra civiltà antesignana. Facendo a meno di chiamare in causa extraterrestri o prodigiose divinità come Poseidone, si mantiene ancora viva la voglia di indagare, di scoprire attraverso quali processi naturali possa essersi configurata l'evoluzione sociale dell'umanità. E una volta scopertili, sapremo anche che, come tutte le belle cose di questo mondo, questi meccanismi hanno avuto il potere di replicarsi ancora e ancora nelle tante e diverse civiltà del mondo, rendendo in tal modo del tutto inutile il concetto di civiltà nata per prima o prevalente rispetto a tutte le altre. (Sempre tacendo del fatto che, comunque, non esiste uno straccio di prova che questa fantomatica iniziale e unica civiltà si sia per davvero sviluppata). Senza contare infine che se si invocano alieni e divinità come Poseidone si è poi costretti a riconoscere di aver abbandonato il campo della ricerca razionale per andare a congetturare in un reame diverso, dai confini imposti solo dall'immaginazione, quelli della fantasia popolaresca e della religiosità.

Altre spinte psicologiche al lavoro vicino al cuore della Sindrome di Atlantide contemplano una condizione di ansietà e di terrore dell'imprevedibile. Il gusto per il catastrofismo che accompagna, in misura maggiore o minore, la gran parte delle opere degli atlantologi contiene già di per sé una forte percentuale di insicurezza. D'altro canto, se comete ed asteroidi possono spuntare improvvisamente dalle profondità del cosmo, se la crosta terrestre può scivolare senza preavvisi ed i poli ribaltarsi dal giorno alla notte, se il fenomeno della precessione equinoziale può sconvolgere periodicamente l'intero pianeta; insomma, se in un attimo tutta la civiltà può essere spazzata via senza lasciarsi dietro alcuna traccia, allora non stiamo soltanto vivendo sotto la continua minaccia degli incidenti automobilistici ed aerei, epidemie fatali, oppressioni politiche, guerre nucleari, discriminazioni e odi razziali, carestie e mortalità diffusa, come abbiamo sempre creduto, ma a tutto questo si aggiunge anche qualcosa di ancora più grande, cosmico e planetario, e, quel che è peggio, assolutamente imprevedibile. Questo tasto è una leva forte a cui i lettori più sensibili sono particolarmente vulnerabili e sulla quale molti autori alternativi sono convinti si debba senz'altro agire.

Il senso d'incertezza determina anche la necessità di approdare rapidamente a una proposta, una risoluzione, una spiegazione che in qualche modo metta tutto a posto. Non importa se non siete proprio addentro ai problemi della scienza archeologica o se sull'argomento non siete del tutto ferrati come si dovrebbe: per sistemare ogni cosa basta appellarsi a una superciviltà capace di dare ragione della costruzione delle piramidi egizie, piuttosto che di Stonehenge, di Cuczo o delle linee di Nazca (con una convinzione sempre più crescente nel momento in cui abbiate anche solo incrociato qualche documentario o qualche programma televisivo dedicato all'argomento). Come detto prima, l'effetto sarà ancor più coinvolgente, nel momento in cui dovesse mai risvegliare dentro di voi qualche sopita idea di tipo religioso o imperialista stipata nei cassetti della vostra memoria e dell'inconscio. A che servono rapporti accademici e rendiconti di campagne di scavi, documenti pieni soltanto di dati asettici su granellini di polline e frammenti ceramici, fitte pagine di dati cronologici desunti da datazioni al radiocarbonio, distribuzione di siti archeologici su mappe che non suscitano alcun interesse e sezioni tratteggiate di postazioni di rilievo del tutto illeggibili. Tutto questo non serve a niente, perché voi ben sapete come è andato a svilupparsi il passato, in nulla diverso dalla storia più recente. Tutto si deve all'opera di visitatori superiori, che hanno illuminato la strada dei nostri antichi predecessori. Se questo fosse accaduto 10.000 anni or sono, ci sarebbe poi tanto da meravigliarsi? E poi, visto che anche noi oggi siamo ormai sul punto di fiondarci nello spazio cosmico (o, per lo meno, questa era l'intenzione fino a pochi anni or sono), che altro di più naturale che immaginare che furono per davvero dei viaggiatori spaziali a consegnare all'umanità la scintilla della civiltà? È evidente che ognuno di noi, se vuole, può abbracciare un'ipotesi come questa; è solo questione di buon senso. Ecco come L. Sprague de Camp pone la questione, nel suo solito elegante modo di esprimersi, quando affronta le ormai antiche teorie archeologiche diffusioniste così vicine alla tendenza di fondo degli atlantologi: «Dunque, stando ai diffusionisti, ogni cosa, tutto, arriverebbe da qualche altra parte, non importa da dove. L'uomo comune che sappia un poco di antropologia o abbia letto qualcosa di atlantologia è fortemente attratto da ipotesi simili, forse perché non avendo da parte sua mai inventato nulla è convinto che anche tutti gli altri uomini non siano in grado di farlo».

Una possibile soluzione ha il pregio di andare al di là di una mera spiegazione, offre anche un supporto emozionale. Quando la condizione di ansietà cresce, c'è sempre la necessità di avere una qualche rassicurazione. I modi in cui questa può essere accettata sono molti. Per esempio, assumere la forma di credere in qualcosa di complesso, una sorta di grande principio cosmico che procede per collassi e rinascite continue, da intendere e traslare sul piano della spiritualità in termini di morte e rinascita, in un ciclo di immortalità. Oppure, potrebbe assumere l'aspetto di "fratelli dello spazio" o di una fratellanza segreta già accorsi un tempo in nostro aiuto e tuttora attivi per il nostro bene. Un modo per tranquillizzarsi, che allontana l'angoscia e, tutto sommato, riconosce una finalità all'apparente vuoto dell'esistenza. Per altri autori e lettori della letteratura atlantologica, l'idea in genere di un'archeologia alternativa (è difficile parlarne in particolare) serve come prezioso antidoto in opposizione a quello che essi ritengono l'atteggiamento ciecamente rigido della cosmologia scientifica e dell'evoluzionismo darwiniano. Qualsiasi schema o proposta che si contrapponga ai principi dogmatici della scienza moderna appare ai loro occhi come una pista da percorrere per far sapere al mondo che le cose possono anche essere viste sotto un altro profilo. Più nello specifico, qualsiasi ipotesi inedita come, per esempio, una nuova datazione per la Sfinge o l'interpretazione in chiave astronomica dei monumenti maya, oppure ancora una nuova valutazione degli influssi delle sculture egizie sulle culture del Medio Oriente, sono accolte da questa categoria di persone come vera e propria manna discesa dal cielo. Perché ogni pur piccolo granellino che infilandosi nell'ingranaggio possa in qualche modo inceppare il punto di vista ufficiale e consolidato dell'archeologia canonica, rappresenta per gli atlantologi e gli studiosi alternativi un motivo di grande entusiasmo, come conforto per le loro ipotesi controcorrente.

Parlare di manna celeste non è comunque improprio, dal momento che una forte impronta di natura religiosa informa quasi sempre il pensiero e le aspettative di questi personaggi. Questo anche perché il concetto di "antica sapienza" è sempre molto presente nella tematica atlantologica, come retaggio inamovibile dell'infatuazione generale nei confronti dell'egittologia e del fascino che l'Europa ha sempre subìto nei confronti del racconto biblico della *Genesi*. E quando questo impeto "religioso" non è bastevole, è una sorta di sentimento pseudoromantico quello che tende a spingere irresistibilmente la gente verso l'apprezzamento dell'archeologia alternativa. Sono molti coloro che considerano la scienza moderna, di cui l'archeologia ritiene di far parte, insoddisfacente sotto l'aspetto religioso e altrettanto numerosi quelli che non vi scorgono alcun aspetto romantico, specie oggi, in un'epoca in cui la fantascienza è decisamente assurta fra i momenti più popolari di intrattenimento per la gente. Non che con questo si voglia contrastare chi spaccia l'atlantologia alla stregua di un altro aspetto del filone commerciale dell'intrattenimento e dello svago, perché effettivamente lo è e, pertanto, sulla questione è meglio non sprecare più altre parole.

Un'altra chiave di lettura da non trascurare nella considerazione dei motivi che innescano e sostengono la Sindrome di Atlantide sta nell'entusiasmo provato dai "pazienti" che ne sono affetti, trovando essi un'enorme soddisfazione nel considerarsi degli affiliati di una specie di setta privilegiata. Si tratta del senso di appartenenza, di un gesto di sfida verso l'autorità costituita, quell'atteggiamento che tende sempre a trasformare il gruppo di "coloro che sanno" in una congrega di fratelli consapevoli della vera conoscenza, dell'autentica realtà delle cose, contrapposta in modo fiero a quanto l'ortodossia accademica sostiene, fra l'indifferenza e il menefreghismo generale. Tirando le somme, mi sembra di scorgere in tutto questo una vena di propensione al martirio (con i sostenitori della causa che si sacrificano per condurre al martirio i loro guru tanto contestati). Tra la fitta ragnatela di lettori dediti all'archeologia alternativa e il mondo sempre aperto e frizzante dei tanti siti Internet, si può scorgere un grande insieme, composto da tipi umani più diversi, ma uniti dal sacro fuoco dell'entusiasmo, quello che, a loro dire, gli evita di incontrarsi nelle inutili e noiose conferenze tipiche della scienza ufficiale o di confrontarsi in sterili dibattiti sulle pagine di riviste accademiche che nessuno legge. La personalità solitaria che, di norma, contraddistingue i personaggi di questo mondo alternativo, sembra trovare la sua collocazione più spontanea e naturale al tavolo di lavoro, travestendo il suo interesse in un atteggiamento che vuol far credere sia di ricerca (a volte paludandosi addirittura da caposcuola), badando bene però dall'affrontare in modo diretto tutte quelle critiche che gli studiosi ufficiali sono soliti scambiarsi e affrontare. Alla base di questo senso di cameratismo che lega coloro che soli "sanno", sta la fiducia cieca che le "prove" alternative, quelle che abbiamo qua e là presentato in queste pagine, siano decisive. Questo è un dei sintomi certi, un indicatore della Sindrome: numerologi, filosofi dilettanti, riscopritori di miti e leggende, acuti interpreti delle chiavi di trasmissione di una conoscenza codificata e arcana, una prova che sostiene le loro teorie, fondate su una serie di anomali ritrovamenti, considerati in modo completamente avulso dall'autentico contesto archeologico del sito e del momento storico. In questo quadro, la mitologia sembra esercitare un'attrattiva del tutto particolare, avendo recuperato presso questi ricercatori tutti i suoi aspetti più coloriti e intriganti. Peccato, però, che non sia mai stata la mitologia ma la scienza a spiegare i misteri del mondo.

Ho cercato, per quanto possibile, di evidenziare le principali caratteristiche di quella che ho chiamato nel corso del libro la "corrente atlantologica", eccole: una predisposizione a prendere "alla lettera" i testi antichi; il rifiuto di riconoscere come l'umanità sia dotata di una spiccata immaginazione; l'assoluta incapacità di liberarsi dei pregiudizi e dei condizionamenti del proprio tempo; l'acuto desiderio di prospettare una qualsiasi soluzione sia come spiegazione dei fatti che come momento di rassicurazione; il bisogno di sentirsi membro di una sorta di "fratellanza segreta", unica a godere di una conoscenza esoterica esclusiva, ereditata da un lontano passato, come la maggior parte degli autori tende a far credere. Abbiamo anche visto che i lettori (alla fine i veri committenti di tutto questo movimento, poiché leggono con trasportata passione e non per il semplice gusto di ingannare il tempo) presentano alcuni di questi tratti, mentre gli autori li ostentano praticamente tutti al gran completo. Questo è però comprensibile, dal momento che chi pubblica è certamente assai più coinvolto e, soprattutto, interessato che non chi legge, tanto che se vogliamo, in chiusura, caratterizzare la Sindrome con ancora maggiore puntualità non possiamo esimerci da qualche altra considerazione anche in questo campo. E ci chiediamo: ma perché, in definitiva, tutti questi autori si danno così da fare per dare alla stampa libri così stravaganti?

Platone, da quel che sappiamo, era un benestante. Malgrado le non poche vicissitudini della sua vita, non ha mai avuto bisogno di danaro. La cosa peggiore che i coevi commentatori della sua opera e della vita possono aver detto è muovergli l'accusa di plagio, aver copiato gli scritti di altri autori per redarre i suoi, ma non di farlo per lucro. In tutti i casi, pur ammettendo che qualcosa di vero sotto ci sia, non ci sono dubbi che il grande filosofo non agì mai spinto dalla cupidigia del guadagno, né per vanagloria. Oggi è ormai assodato che Platone scriveva per diffondere le sue idee, che erano sempre da lui difese con un insolito livello di fervore morale. Mi sembra di poter onestamente affermare che da lui in avanti questa stessa cosa non si possa più sostenere per nessun altro atlantologo, sebbene non mi pare neppure corretto dire che poi tutti scrissero solo e soltanto per un tornaconto economico. Certo, l'aspetto dei quattrini ha avuto ed ha un risvolto determinante sin dai tempi di Donnelly, che ne guadagnò parecchi coi suoi libri su Atlantide. Per ricevere conferma di questo, è sufficiente dare una scorsa alle classifiche dei libri più venduti: il filone, come si dice, "tira" molto e di conseguenza rende.

D'altro canto, come già abbiamo osservato, se anche la letteratura atlantologica rientra anch'essa, come il più delle volte pare, nel grande calderone dell'intrattenimento, ebbene non si capisce perché le cose non debbano stare così. Come diceva il saggio dottor Johnson: «Non esiste al mondo uomo sano di mente che non scriva qualcosa se non per soldi». Eppure, malgrado tutto, credo che nel mondo dell'atlantologia ci sia anche qualche altra spinta. Una delle più forti, di cui sono sempre più convinto, è la dedizione, in alcuni casi addirittura sfrenata, che certi autori sembrano portare verso la noia, loro sacra dea. Come ho sovente fatto notare nelle pagine di questo libro-critica, quasi tutti gli autori si beano, si compiacciono di essere sfilacciati, verbosi, lunghi, estremamente noiosi nell'insistere ad accumulare materiale e in descrizioni complicate. Uno sforzo titanico che non è mai compensato dalle conclusioni che sono sempre poca cosa, fondate come sono, d'altra parte, su pilastrini di sostegno davvero fragili, incapaci di attribuire alle loro teorie consistenza e coerenza credibili. (Sono quasi certo che nei punti più noiosi e fumosi della lettura, chi affronta questi libri salti pari pari passaggi e paragrafi interi; senza con questo voler nulla togliere all'indiscussa autorità dei loro autori preferiti). Peccato, però, che l'unico merito di tanta fatica, stia proprio e solo nella tanta fatica spesa. Ma dal momento che il mondo è pieno di gente che lavora duro per vivere, non mi sento certo di valutare in modo diverso, e quindi di criticare, gli scrittori alternativi che sudano sette camicie per mettere insieme una massa straordinaria di materiale di discussione. Ciò che però non posso tacere è che mi parrebbe più salutare destinare tante energie alla ricerca di materiale meno dubbio, forse più difficile da rintracciare, ma per lo meno più convincente.

Se il lettore ha fatto caso, nel contesto della letteratura alternativa il sesso debole non è quasi rappresentato. Possiamo citare Rose Flem-Ath che scrive col marito, oppure il caso di madame Blavatsky, anche se, a rigore, i suoi scritti non rientrano in alcuna delle pur numerose suddivisioni del corpo letterario atlantologico che abbiamo presentato nelle precedenti pagine. Al contrario, nell'ambito dell'archeologia ufficiale la tradizione vanta un gran numero di donne, vere protagoniste della ricerca nel campo di siti indagati, rapporti pubblicati, insegnamento, articoli e volumi dati alle stampe. Alcuni fra i più illustri archeologi ed esperti di preistoria sono donne, un particolare importante, questo, che ci consente di sviluppare qualche altra osservazione in merito.

Nel campo della ricerca in questione, infatti, mi sembra di intravedere un pizzico di, come dire, impronta prettamente maschilista, nel modo in cui vengono condotte le cose. Molti, ma non tutti, gli autori sembrano perseguitati da una specie di ossessione. (Occasionalmente certi lo hanno persino candidamente ammesso). Il particolare si fa evidente nel curioso modo in cui questi personaggi tentano disperatamente di utilizzare a proprio vantaggio qualsiasi informazione, anche il dato più banale, uno straccio di notizia (o pseudo tale), che gli arrivi a tiro. In questo mi fanno venire in mente quei collezionisti più che accaniti che si dannano pur di poter dire di possedere tutti i sottobicchieri di una data marca di birra o tutti i pezzi di porcellana prodotti da una data casa di fabbricazione; perché la smania che spinge gli atlantologi a primeggiare disponendo del materiale più ponderoso è del tutto simile a quella che anima un collezionista invasato. Ebbene, in questo, per predisposizione naturale, le donne sono meno propense che non gli uomini. Quando un'ipotesi che si ritiene preziosa sta al centro di un atteggiamento ossessivo come questo, è quasi naturale che chi la sostiene con tanta enfasi si aggrappi a tutto quello che può, cerchi di utilizzare ogni cosa per portare acqua al proprio mulino. In genere, questo non accade quasi mai presso i ricercatori professionisti, gli accademici, forse meno pressati dall'aspetto materiale delle cose che, dopo tutto, non coincide quasi mai con la loro vera ragione d'essere. Ma, ovviamente, c'entrano anche altre cose. Per esempio, gli accademici hanno imparato sin da giovani e non lo scordano mai che, per quanto valida, non esiste una teoria che possa spiegare tutto, così come sanno che certi dati (o tali solo in apparenza) ritenuti validi possano non esserlo più se traslati in un ambito diverso. I professionisti sono avvezzi a tutto questo, alla relatività del campo d'indagine. Questa consapevolezza non esiste presso coloro che scrivono, in modo dilettantistico, di archeologia alternativa.

Lavorando il più delle volte da soli, senza il conforto, ma anche il beneficio, di potersi confrontare con altri che potrebbero criticare in modo utile (ma anche magari aspramente) il loro lavoro, questi autori sono molto vulnerabili, nel senso che cedono con grande facilità alla necessità impellente che avvertono di dover a tutti i costi padroneggiare il vasto materiale di cui dispongono, per tacitare almeno in parte la furente ossessione che li domina. Ogni cosa deve adattarsi perfettamente alla teoria proposta, ogni particolare deve svolgere il suo ruolo di dettaglio di prova – ovviamente nel contesto in cui lo considerano loro – per confermare e sottolineare la validità del loro assunto. Tutto quel che scovano nella letteratura del passato, ogni nuova utile acquisizione scaturita da qualche inedita ricerca scientifica, qualsiasi informazione fornita da giornali e televisione, insomma tutto, sembra voler appellarsi alla loro ricerca: una volta inglobata, infatti, qualsiasi notizia considerata buona alla causa, potrà in qualche modo essere adattata allo schema immaginato delle cose, schema che, neanche a dirlo, è inteso come la panacea universale che tutto giustifica e spiega. In quest'ansia succede che il più delle volte vengono assunti dati tanto stravaganti, strambi, anomali e sospetti che anche il più spregiudicato dei ricercatori ufficiali li respingerebbe al volo senza poterne immaginare alcun utilizzo né immediato né successivo. Prove di quanto dico ce le offrono gli stessi scrittori alternativi, quando, se necessità esige, senza neppure troppe contorsioni dialettiche, sono pronti a chiamare in causa informazioni e dati che solo qualche pagina prima avevano respinto e contestato come non validi. (In modo analogo, a seconda del libro da editare, fluttua il loro entusiasmo). Si ha l'impressione che tutto sia legato e dipenda, sebbene solo in modo temporaneo, dalla loro volontà, a seconda del momento e delle situazioni. (A proposito, tengo a mettere in guardia i loro adepti e seguaci, dal momento che questo campo d'interesse è molto aperto, in merito alla nascita di nuovi leader o pseudo-guru). Si tratta, anche in questo caso, di una forma di mania ossessiva, forse però utile a comprendere la noiosa insistenza con cui molti di questi scrittori continuano a perseverare disquisendo sempre sugli stessi tematismi. (Attenzione: con questo non intendo dire che tutto debba essere ricondotto ad una cieca ostinata ossessione – sicuramente sì, quando il materiale è inconsistente e incoerente come spesso capita – dal momento che cose simili accadono anche in tutti gli altri campi della conoscenza). Non intendo neppure dire che nelle schiere degli studiosi ufficiali di archeologia non ci sia nessuno agitato da qualche ossessione, voglio solo sottolineare come, senza dubbio, se ne trovino molti di più nel contesto alternativo.

Mentre stiamo discutendo di tormenti ossessivi non possiamo non spendere due parole sulla suscettibilità. Può essere temperata e, tutto sommato, controllata nel momento in cui qualcuno proponendo un'ipotesi controcorrente contesta l'ufficialità archeologica, oppure può risultare, come nella maggior parte dei casi, virulenta come quella, per intenderci, che caratterizzava le Plongeon, esempio tipico e clamoroso di un genere di invettiva (egli si scagliava contro gli archeologi accademici del suo tempo) che dà bene il senso delle reazioni che gli alternativi mostrano nei confronti della scienza canonica: «Non solo non sanno nulla sulla civiltà americana, ma a giudicare da alcune lettere in mio possesso rifiutano anche di imparare... I cosiddetti luminari dei nostri giorni sono sempre in prima fila quando debbono contestare le nuove idee e coloro che le propugnano. Purtroppo, questa opposizione continuerà ad esistere fino a che l'arroganza e la presunzione che aleggiano fra le mura delle nostre istituzioni accademiche a causa di queste persone non svaniranno completamente». In realtà, come tutti sanno, sono stati proprio gli studi e le iniziative universitarie a gettare le basi di fondamenta per la conoscenza della preistoria americana. Da parte sua, invece, le Plongeon era un tal scriteriato che persino la maggior parte degli atlantologi preferisce evitarne la frequentazione. Questo non vuol dire che non sfoderino però il suo stesso accanimento contro la scienza ufficiale. Ma questo comportamento, come più volte abbiamo evidenziato, è naturale, addirittura sintomatico e prudente. Se propongo una teoria inedita che contrasta con le idee e le conquiste consolidate della scienza archeologica ufficiale in un dato ambito e se gli accademici la respingono o, peggio ancora, la ignorano del tutto, è ovvio che mi sentirò fortemente toccato nella mia suscettibilità. Nel profondo di me stesso posso chiedermi se, per caso, non abbiano ragione loro e se la mia ipotesi non sia da rivedere o addirittura tutta sbagliata, tenendo anche in conto la mia preparazione da autodidatta nel campo. In altre parole, mi sento insicuro e gli stratagemmi dell'uomo per compensare e coprire la propria insicurezza sono tanti.

Nel frattempo se sono anche impegnato nella campagna promozionale per la vendita dei miei libri, la prima cosa che mi sento di fare è rassicurare i miei potenziali lettori della bontà del mio lavoro, scagliandomi contro coloro che si oppongono alle mie idee. Se a tutti questi "sentimenti" si aggiunge poi quel diffuso senso di quasi disprezzo che i dilettanti sono soliti mostrare verso i professionisti, il quadro si completa. (Detto per inciso, l'unico altro campo del sapere umano, oltre a quello archeologico, in cui questo succede è quello della ricerca medica. In genere, infatti, la gente normale lascia in pace fisici e ingegneri e tanti altri professionisti, ma sembra incapace di non avere dubbi sulla medicina ufficiale. Questo determina la caccia a una pletora di altre soluzioni terapeutiche, la cosiddetta "medicina alternativa". A questo punto risulta chiaro che la nostra salute come il nostro passato sono gli aspetti che più di tutti gli altri sembrano toccare da vicino il nostro personale concetto di essere umano, verso il quale ci sentiamo quasi in dovere di poterci esprimere a livello individuale più che verso qualsiasi altra questione del nostro vivere. Inutile sottolineare che, al pari degli archeologi alternativi, anche i terapeuti alternativi sbandierano ai quattro venti la veridicità dei loro credo e delle loro intuizioni mediche. Ho però conosciuto molte persone che hanno pagato a caro prezzo l'essersi ciecamente ed esclusivamente affidate alla medicina non ortodossa).

Non di rado gli atlantologi si presentano all'opinione pubblica come ricercatori offesi e ricusati dalla spocchia degli studiosi professionisti. (Qualche volta questa acrimonia mostra aspetti puerili, come il ragazzino che fa il broncio per avere rimediato un brutto voto). Essi criticano e condannano la ricerca ufficiale come piatto conformismo che non lascia spazio all'avventura, né, tanto meno, la mente libera di confrontarsi con soluzioni alternative. Il passo successivo della strategia d'attacco è accusarli di egoismo professionale, intenti some sono a difendere titoli, cattedre e reputazione, con profondo spregio di tutto ciò che non si adatti e adegui alle loro aspettative, pronti, per questo, a gettare discredito, anche tramite macchinazioni a vasto raggio, sulle verità proposte dagli atlantologi, chiamando in causa incoerenti ma subdole ipotesi di congiure riguardanti la sicurezza nazionale piuttosto che la religione. Al lettore esperto verranno subito alla mente, per esempio, gli uomini in nero dell'ufologia. A chiusura del cerchio, infine, l'ultima accusa è quella di baronia, ossia di voler volutamente tener ristretto e chiuso il numero degli addetti ufficiali ai lavori per impedire l'inserimento dei ricercatori alternativi. L'archeologia accademica è già di per sé lacerata in forti e numerose correnti, scuole di opinioni che si contrastano, niente affatto indulgenti fra loro o verso le precedenti generazioni di studiosi. I "nuovi archeologi" degli anni Sessanta, con l'importanza attribuita al contesto e alle scienze naturali sono frequentemente in disaccordo con i colleghi che li hanno preceduti, sostenitori della vecchia scuola meramente descrittiva. A loro volta le scuole post-processuali delle ultime generazioni archeologiche contestano l'enfasi assegnata all'investigazione troppo scientifica e preferiscono un mix di indagine in cui anche sensazioni di natura soggettiva possano dire la loro, arrivando persino, a volte, ad avvicinarsi ad alcuni concetti dell'archeologia alternativa. A questo proposito, mi piacerebbe avere spazio per riportare alcuni brani significativi tratti da «Current Anthropology» per dare l'idea di quale sia l'accanimento con cui le diverse scuole di pensiero si affrontano; atteggiamenti che farebbero la gioia di tanti martirizzati archeologi alternativi.

Ma se è senz'altro vero che la solidarietà non è uno dei pregi distintivi degli accademici più affermati, ci si può rivolgere a quelli meno noti. Anche in questo caso essi fanno fronte comune contro le ipotesi alternative, ma questo sembra un atteggiamento dettato più dallo scarso peso che viene assegnato alla ricerca alternativa nella sua sostanza che non tanto dal timore di perdere reputazione o cattedra. Per gli archeologi alternativi, poi, è estremamente difficile confrontarsi, perché il confronto non viene mai accettato, vista la totale indifferenza della scienza ufficiale nei confronti delle loro speculazioni considerate sciocche e dilettantistiche. Che farsene, si chiedono, di proposte, il più delle volte legate a una moda passeggera, che messe insieme danno l'idea di una serie di cose senza costrutto, fondate su concetti di partenza che non hanno alcuna coerenza e consistenza? Che farsene di osservazioni che non possono, né sembra potranno mai, essere provate, di teorie già di per sé dubbie, per di più contrarie a tutto ciò che la ricerca ufficiale ha sin da sempre elaborato? Non c'è bisogno di essere un vecchio "volpone" uso solo a difendere i propri interessi, per riconoscere che sarebbe assolutamente antieconomico occuparsi di tematiche simili. L'esatto contrario, ci viene offerto dalla "confraternita" degli archeologi alternativi, schierati tutti in modo fortemente solidale fra loro contro la scienza ufficiale. Per quanto le loro ipotesi siano lontane e difformi, per quanto le loro idee risultino incompatibili, questi personaggi si muovono compatti, all'interno di una sorta di movimento sindacale in difesa della loro Atlantide e della loro singolare categoria di ricercatori e scrittori contro l'ufficialità, accusata di immobilismo. Peccato che quando la scienza ufficiale si trova a scegliere e adottare nuove teorie non è affatto restia a farlo, prova ne siano, per esempio, la relativamente rapida adozione con cui sono stati inglobati concetti come la relatività o la rivoluzione portata in archeologia dal metodo della datazione al carbonio.

A dire il vero, risulta abbastanza meschino e puerile, anche se sotto certi versi comprensibile, il modo in cui alcuni atlantologi sono soliti contestare gli studiosi accademici. Sarebbe meglio accettassero il loro ruolo, vale a dire quello di intrattenitori della fantasia popolare, e lasciassero perdere la scienza ufficiale, l'archeologia accademica. Nel modo in cui stanno adesso le cose è come se un abile imbroglione saltasse su a dire di possedere doti paranormali straordinarie (qualunque esse siano) aggredendo l'opinione pubblica e tutti coloro che si permettessero di mettere in dubbio questa sua affermazione. Malgrado tutto, però, anche davanti ai tanti nasi arricciati e alle smorfie degli accademici, gli alternativi sembrano lo stesso fare a gara, in una patetica contesa intestina, per assicurare alle proprie affermazioni e teorie il supporto, anche minimo, di un luminare appartenente alla scienza ufficiale. A volte si tratta di citare semplicemente il lavoro di un geologo o di un archeologo, chiamato in causa in un contesto neutrale, per avvalorare la presunta datazione di un ritrovamento, se solo questa possa in qualche modo adattarsi alle esigenze atlantologiche o anche solo non entri in diretto conflitto. Il più delle volte invece, si tratta di segnalare le teorie dell'una o dell'altra personalità accademica, espressasi in ambiti esterni a quello della propria competenza. Così all'atlantologo torna comodo assumere come buona l'ipotesi geologica di un insegnante di storia, oppure la teoria egittologica di un geologo e via dicendo. In questa prospettiva, l'accanimento contro la scienza canonica cessa quasi d'incanto in casi tipici, come questi: la tal autorità rinomata come esperto geologo che si esprime sul mistero dell'antico Egitto, oppure il celebre professore di Harvard, che si cimenta nella traduzione di enigmatici graffiti sconosciuti, poco importando che la celebrità gli derivi da una specializzazione in zoologia e che lo studio degli animali invertebrati non costituisca di certo l'optimum per imbarcarsi nella decriptazione di antiche scritture. Sappiamo benissimo che essere bravi in un campo non è patente di altrettanta capacità in un altro. Questo concetto è ben noto presso gli accademici, che, in genere, non si disturbano reciprocamente invadendo i campi di competenza specifica. La gente comune questo purtroppo sembra non saperlo e il solo fatto che uno studioso possa vantare di essere un luminare in un campo l'autorizza a ritenerlo altrettanto esperto anche in altri settori di studio, indipendentemente dal fatto che questi altri ambiti siano lontanissimi da quello originale della sua specializzazione scientifica.

A seguito di queste considerazioni, viene pressoché spontaneo provarsi a domandare che cosa si nasconda in realtà dietro la magica parola che risponde a "ricerca". Ricordo che quand'ero giovane, quando pensavo alla ricerca mi immaginavo solo e soltanto un gruppo di geni, vestiti con un camice bianco, intenti a sperimentare qualcosa di innovativo, armeggiando tra tubi e provette. Poi l'ho immaginata solo più come uno studio originale all'interno di nuovi e inediti campi di indagine, con tanto di rigorose verifiche indipendenti messe a punto da gruppi diversi di studiosi. Al giorno d'oggi, invece, per molti fare ricerca sembra essere null'altro che raccattare materiale, leggere tutto quanto possibile su un dato argomento, non scordando di navigare a lungo in Internet, specularci sopra, tirare delle somme e quindi proporre delle ipotesi conclusive. Ma questo non è fare ricerca, questo è "giocare" a fare ricerca, giocare a fare gli studiosi. Così molto sovente in ambito atlantologico capita che prendano a ricircolare le solite vecchie notizie, ammantate di novità o di un nuovo smalto e niente di più; vecchie informazioni che rivelano la loro età nel momento in cui si vada a spulciare fra note e bibliografia. A proposito: il ricco apparato di note a piè di pagina, che sembra ormai essere diventato un corredo assolutamente necessario in un libro di archeologia alternativa, rivela un interessante sviluppo. Per il suo tramite, chi scrive invoca l'aura di una paternità scientifica senza che in realtà il lavoro la possegga, rendendo estremamente confusi gli apparenti confini fra un vero testo accademico e uno alternativo, con buona pace dei lettori che già si muovono in una condizione di estrema confusione. Oggi la stragrande maggioranza dei libri di archeologia alternativa presenta una mole di annotazioni a dir poco straordinaria; ma si tratta quasi sempre soltanto di notizie folcloristiche o, quando va bene, informative.

Al contrario, le illustrazioni di questa categoria di libri sono sempre state scadenti e poco professionali, soprattutto le fotografie. Si tratta, in genere, di immagini anonime, malamente riprodotte in bianco e nero, di una serie di monumenti antichi più o meno collegabili col testo scritto, comprendenti a volte un paio di studi originali dell'autore che tenta invano di scardinare l'interpretazione di qualche misterioso geroglifico, venuto alla luce in qualche esotica località turistica. (Questo particolare è in linea con il motivo della "ricerca" personale che questi scrittori amano mettere in risalto e che gli editori non si fanno pregare di esaltare nelle fascette promozionali che appiccicano alle copertine dei loro libri). La frequente non correlazione fra le immagini e il testo e la persistente presenza dell'autore in molte fotografie rende questo materiale iconografico lontano dall'essere inteso come scientifico. Simili, vale a dire non scientifiche, pur tuttavia decisamente più gradevoli e pertinenti, risultano invece le immagini che costituiscono il supporto delle ultime pubblicazioni alternative: fotografie di qualità eccellente, al punto che sovente viene la tentazione di osservare come questo corredo costituisca senz'altro la parte più pregevole dell'intero lavoro. Non penso ci si debba aspettare questo standard superiore delle immagini per tutti i libri a venire, ma lo prospetto come probabile, dal momento che anche gli editori si sono resi conto con ragione che, dopo tutto, con una spesa minima, i risultati delle vendite possono incrementarsi. Resta lo stesso da meravigliarsi come in questa nostra era dell'immagine, un simile banale accorgimento possa bastare a garantire una maggiore vendita. (A proposito: con le tavole fuori testo inserite in questo volume ho tentato di offrire tutte e due gli standard di qualità tipici della produzione libraria atlantologica).

Ma, al di là delle immagini, sono le idee che vengono presentate in questi libri che debbono essere valutate. Da parte mia ho messo in guardia sulla precarietà e sulla debolezza di molte di esse, permettendomi a volte persino di scherzarci sopra, nella speranza che qualcuno fra i miei lettori abbia condiviso il mio divertimento. In definitiva, per la sua gran parte, ritengo infatti che quella che ho etichettato come la Sindrome di Atlantide non sia altro che un passatempo e, alla fine, non ci vedrei niente di strano né di sbagliato se il tutto venisse mantenuto su questo piano di divertimento, senza altre pretese. (Anche se, bisogna riconoscerlo, con alcuni fra gli autori più accaniti immaginare di parlare a proposito delle loro opere di una forma di letteratura di svago è assolutamente impossibile). Il vero guaio consiste nel fatto che invece gli atlantologi mandando avanti questi loro discorsi spacciandoli come la verità. E così, alla resa dei conti, diventa fastidioso entrare in questa dimensione e pressoché inevitabile, per difendere il vero, esprimere un parere non positivo. Ma, attenzione, solo sulla questione di principio di per sé, non tanto sul fatto che questo genere di letteratura diffonda delle idee sbagliate e a volte persino un poco pericolose, in merito al nostro passato. Perché, purtroppo, non è questo soltanto il campo in cui ciò succede: milioni e milioni di persone vivono l'intera loro vita con la testa piena di idee e pensieri sbagliati, corrispondenti alla loro versione, come dire, locale, nazionalistica e religiosa, della "non verità". In altre parole, chi in un campo chi un altro, tutti noi siamo coinvolti in questa cosa terribile, è triste riconoscerlo ma purtroppo è inevitabile.

D'altra parte, quando ci si appella all'immagine di una realtà presentata in ogni sua piega come qualcosa di razionale tutto da scoprire, diventa conseguente ambire a conoscere al meglio possibile ciò che accade in questo nostro mondo e ciò che già è accaduto. Se è però vero che non possiamo sempre conoscere l'autentica e completa realtà delle cose, è però altrettanto vero che possiamo servirci di metodi e di sistemi conoscitivi con i quali cercare di avvicinare sempre più la verità e, mano a mano che il tempo passa, riuscire, cosa forse ancora più importante, a smascherare ciò che è falso nella sua vera natura. Perché, per quanto miti e misteri possano essere affascinanti, il fascino più vero e profondo per una mente indagativa è sempre e solo quello dettato dalla verità e grande è la suggestione che essa sa esercitare (al contrario della non verità, che nasconde soltanto dei pericoli). Chi indaga con attenzione e con consapevolezza non può che mostrare scetticismo nei confronti di tutti quei metodi di indagine che mostrano la loro debolezza, evitando cinismo gratuito nei confronti delle certezze, conquistate a duro prezzo, da parte della scienza ufficiale. Ecco, una cosa che si deve dire a proposito degli atlantologi è che sono troppo cinici e non abbastanza scettici. Sono convinto che sia la mancanza di una base forte di sostegno e, soprattutto, l'inutilità di molte affermazioni da parte della ricerca archeologica alternativa, ciò che più di ogni altra cosa irrita gli studiosi canonici, che non intendono avere nulla a che fare con queste provocazioni se non combatterle e smantellarle. Oltre a questo, un altro grosso loro rammarico è quello di vederle gettate in pasto a schiere di lettori del tutto impreparati a valutarle per quello che sono. Questo, al contrario, non accade con gli studi e le ricerche della scienza ufficiale, anche perché, nel campo, oggi sono davvero tanti i programmi televisivi e le pubblicazioni che diffondo le conquiste archeologiche non solo in modo corretto, ma con divulgazioni firmate dai più grandi esperti riconosciuti del settore. Abbiamo detto, forse anche più di una volta, come il nuovo modo di porsi della scienza davanti all'opinione pubblica trascuri quasi del tutto quell'anelito di romanticismo e di religiosità che la gente richiede e avverte, sentimenti forti e appaganti. Continuo però a ripetere che, quand'anche fosse per davvero così, alla fantasia e alle concessioni immaginifiche, credetemi, è sempre meglio la certezza della scienza.

Ma, in realtà, esiste ancora un grosso inceppamento: per molti la scienza e il suo mondo sono ostici da comprendere e assimilare anche solo nelle loro affermazioni fondamentali. Per esempio, credo che più o meno tutti sappiamo che la vita sul nostro pianeta si è sviluppata attraverso il meccanismo dell'evoluzione biologica, ma comprendere il lavorio e gli effetti della mutazione, dell'eredità genetica e della selezione naturale risulta ancora molto difficile per troppa gente. La stessa cosa vale in campo archeologico: facile accettare e capire nella fantasmagoria della scoperta, il ritrovamento di una tomba tipo quella di Tutankhamon; decisamente meno facile penetrare nel contesto religioso, culturale e politico che sosteneva il periodo di Amarna della storia egizia del Nuovo Regno, al quale per l'appunto il giovane sovrano egizio apparteneva, dal momento che una simile comprensione richiede uno studio lungo e approfondito che non può in nessun caso essere sostituito da nient'altro. E l'egittologia è soltanto una disciplina settoriale e specialistica nell'ambito della storia antica e dell'archeologia. L'archeologia, infatti, abbraccia non solo i circa 5000 anni che siamo soliti considerare Storia, ma anche i millenni senza fine della preistoria, spingendosi indietro nel tempo per milioni di anni. Insomma, il mondo dell'archeologia è un universo sconfinato, niente affatto agevole da comprendere e da studiare a fondo. Al contrario, le fantasie e le costruzioni immaginifiche del passato non solo sono tante, ma risultano facili da assimilare, anche nei casi, diciamo così, più articolati e complessi, quando, per esempio, gli autori chiamano in causa concetti astronomici e numerologici. Ma le fantasie possono essere ingannevoli, diverse dalla vera storia della passata umanità, che, nella sua complessità ci sfida alla comprensione. In definitiva, i princìpi e le pretese degli atlantologi sono troppo semplicistici e crudi per offrire uno stimolo intellettuale a chi ama ricercare per davvero. Quanto è invece più eccitante cercare di scoprire scientificamente quali sono stati i processi evolutivi che hanno portato dalle scimmie antropomorfe alla nascita dell'uomo e in lui al sorgere della coscienza e del linguaggio, oppure quanto più è interessante portare alla luce il lento processo sociale tramite il quale la civiltà è riuscita ad approdare alle comunità stanziali e agricole. Questi sono sforzi culturali e di ricerca che valgono, stimoli autentici per delle menti ansiose di conoscere la verità. Conoscenze, per di più, che suonano come promesse per aiutarci a meglio comprendere quale è il nostro posto nel gigantesco schema dell'evoluzione biologica e cosmica del creato. Mi pare che in tutto questo già ci sia una dose di fascino e di mistero più che sufficiente per appagare chiunque. Invece, in alternativa, speculazioni ardite sulla venuta di superesseri dallo spazio, in merito a confraternite occulte di saggi, astronomi sacerdoti o fantasie su perdute civiltà ora sepolte da montagne di ghiaccio, continuano a sembrarmi sempre più ciò che per davvero temo che siano: assurdamente ridondanti e banali, nefande addirittura più che irrilevanti per un vero, reale e autentico interesse di studio nei confronti del nostro passato più antico.

Bibliografia

Archeologia generale

PAUL G. BAHN (a cura di), *The Atlas of World Archaeology*, Time - Life Books, 2000.

MARTIN BELL - MICHAEL WALKER, *Late Quaternary Environmental Change*, London, Longman; New York, John Wiley & Sons, 1992.

ARTHUR COTTERELL (a cura di), *Penguin Encyclopedia of Ancient Civilizations*, London, Penguin, 1988.

PAUL JORDAN, *Early Man*, Stroud, Sutton Publishing, 1999.

STEVEN MITHEN, *The Prehistory of the Mind*, London, Thames & Hudson, 1996.

COLIN RENFREW - PAUL BAHN, *Archaeology, Theories, Methods and Practice*, London, Thames & Hudson, 2000.

CHRIS SCARRE (a cura di), *The Times Atlas of Past Worlds*, London, Times Books Ltd., 1988.

ANDREW SHERRATT (a cura di), *The Cambridge Encyclopedia of Archaeology*, Cambridge University Press, 1980.

TJEERD H. VAN ANDEL, *New Views on an Old Planet*, Cambridge University Press, 1994.

RUTH WHITEHOUSE - JOHN WILKINS, *The Making of Civilization*, London, Collins, 1986.

Atlantide

WILLIAM H. BABCOCK, *Legendary Islands of the Atlantic*, American Geographical Society, 1992; ristampa New York, Books for Libraries Press, 1975.

CHARLES J. CAZEAU - STUART D. SCOTT, *Exploring the Unknown*, New York, Plenum Press, 1979.

LYON SPRAGUE DE CAMP, *Lost Continents: The Atlantis Theme in History and Literature* [1954], New York - Dover, 1970 (trad. it. *Il mito di Atlantide e i continenti scomparsi*, Roma, Fanucci Editore, 1980).

RICHARD ELLIS, *Imagining Atlantis*, New York, Alfred A. Knopf, 1998.

PHYLLIS FORSYTH, *Atlantis: The Making of Myth*, Montreal, McGill - Queen's University Press, 1980; London, Croom Helm, 1980.

ZDENEK KUKAL, *Atlantis in the Light of Modern Research*, Prague, Academia, 1984.

J. V. LUCE, *The End of Atlantis*, London, Thames & Huston, 1969 (trad. it. *La fine di Atlantide. Nuove scoperte su un'antica leggenda*, Roma, Newton Compton, 1976).

EDWIN S. RAMAGE (a cura di), *Atlantis - Fact or Fiction?*, Indiana University Press, 1978.

JAMES RANDI, *Flim - Flam*, Prometheus Books, 1982.
WILLIAM H. STIEBLING, *Ancient Astronauts, Cosmic Collisions*, Buffalo, Prometheus Books, 1984.
RONALD STORY, *The Space - Gods Revealed*, New York, Harper & Row, 1976; London, New English Library, 1978.
ID., *Guardians of the Universe?*, London, New English Library, 1980.
DOROTHY B. VITALIANO, *Legens of the Earth*, Indiana University Press, 1973.
ROBERT WAUCHOPE, *Lost Tribes and Sunken Continents*, University of Chicago Press, 1973.

Opere di "Atlantologia"

J. M. ALLEN, *The Andes Solution*, Gloucester, Windrusch Press, 1998.
GEOFFREY ASHE, *Atlantis - Lost Lands, Ancient Wisdom*, London, Thames & Hudson, 1992.
FRANCESCO BACONE, *La Nuova Atlantide*, Roma, Bulzoni, 2001.
CHARLES BERLITZ, *The Mystery of Atlantis*, New York, Grosser & Dunlop, 1969 (trad. it. *Il mistero di Atlantide*, Milano, Sperling & Kupfer, 1976).
H. P. BLAVATSKY, *The Secret Doctrine*, Pasadena, Theosophical University Press, 1970 (trad. it. *La dottrina segreta*, Milano, Armenia, 1986).
ALEX BRAGHINE, *The Shadow of Atlantis*, New York, Dutton, 1940.
JAMES G. BRAMWELL, *Lost Atlantis*, New York, Harper, 1938.
EDGAR EVANS CAYCE, *Mysteries of Atlantis Revisisted*, New York, St. Martin's Paperback, 1997 (trad. it. *I misteri di Atlantide*, Roma, Edizioni Mediterranee, 1996).
JAMES CHURCHWARD, *The Lost Continent of Mu*, New York, W. E. Rudge, 1926 (trad. it. *Mu: il continente perduto*, Milano, Sugarco Edizioni, 1978).
ANDREW COLLINS, *Gateway to Atlantis: The Search for the Source of a Lost Civilization*, London, Headline Book Publishing, 2000.
BEAUMONT W. COMYNS, *The Riddle of the Prehistoric Britain*, London 1946.
ERICH VON DÄNIKEN, *Chariots of the Gods?*, New York, Bantam, 1971.
IGNATIUS DONNELLY, *Atlantis: The Antideluvian World*, New York, Harper, 1949 (ed. or. 1882).
ID., *Ragnarok, The Age of Fire and Gravel*, New York, Appleton, 1883.
RAND FLEM-ATH - ROSE FLEM-ATH, *When the Sky Fell: In Search of Atlantis*, London, Weidenfeld & Nicolson, 1995 (trad. it. *La fine di Atlantide*, Casale Monferrato, Edizioni Piemme, 1997).
RAND FLEM-ATH - ROSE FLEM-ATH - COLIN WILSON, *The Atlantis Blueprint*, London, Little Brown & Co., 2000.
GRAHAM HANCOCK, *Fingerprints of the Gods*, London, Heinemann, 1995 (trad. it. *Impronte degli dèi*, Milano, Corbaccio, 1996).
ID., *Heaven's Mirror: Quest for the Lost Civilization*, London, Michael Joseph, 1998.
CHARLES HAPGOOD, *Maps of the Ancient Sea Kings*, Philadelphia - New York, Chilton Book Co., 1966.
ID., *The Path of the Pole*, New York - London, Chilton Book Co., 1970 (riedizione rivista di *Earth's Shifting Crust,* Museum Press, 1958).
PETER JAMES, *The Sunken Kingdom: The Atlantis Mystery Solved*, London, Jonathan Cape, 1995.
OTTO MUCK, *The Secrets of Atlantis*, London, Collins, 1978 (trad. it. *I segreti di Atlantide*, Milano, Siad, 1979).

PLATONE, *Timeo* e *Crizia*, in *Tutte le opere*, vol. IV, Roma, Newton & Compton, 1997.
G. DE SANTILLANA - H. VON DECHEND, *Hamlet's Mill*, Boston, Nonpareil Books, 1977 (trad. it. *Il mulino di Amleto*, Milano, Adelphi, 1983).
WILLIAM SCOTT-ELLIOT, *The Story of Atlantis and Lost Lemuria*, London, Theosophical Publishing House, 1962 (trad. it. *Storia dell'Atlantide e della Lemuria scomparsa*, Trieste, Sirio, s.d.).
JÜRGEN SPANUTH, *Atlantis: The Mystery Unravelled*, London, Arco, 1956.
LEWIS SPENCE, *The Problem of Atlantis*, New York, Brentano's, 1924.
ID., *Atlantis in America*, London, Ernest Benn, 1924.
ID., *The History of Atlantis*, London, Rider, 1926.
ANDREW TOMAS, *Atlantis: From Legend to Discovery*, London, Robert Hale & Co., 1972 (trad. it. *I segreti dell'Atlantide*, Milano, Mondadori, 1976).
IMMANUEL VELIKOWSKY, *Worlds in Collision*, London, Gollancz, 1950 (trad. it. *Mondi in collisione*, Milano, Garzanti, 1955).
COLIN WILSON, *From Atlantis to the Sphinx*, London, Virgin Books, 1996 (trad. it. *Da Atlantide alla Sfinge*, Casale Monferrato, Edizioni Piemme, 1997).
EBERHARD ZANGGER, *The Flood from Heaven*, London, Sidgwick & Jackson, 1992.

Indice analitico

Indice